教育部 财政部职业院校教师素质提高计划职教师资培养资源开发项目
通信工程专业职教师资培养资源开发（VTNE027）（负责人：曾翎）

现代交换网与承载网维护

XIANDAI JIAOHUANWANG
YU CHENGZAIWANG WEIHU

主　编　曾　翎　甘忠平
副主编　段景山　黎保元　刘　川
雷弘麟　赖　敏

电子科技大学出版社
University of Electronic Science and Technology of China Press
·成都·

图书在版编目(CIP)数据

现代交换网与承载网维护 / 曾翎，甘忠平主编. -- 成都：电子科技大学出版社，2018.8

(教育部财政部职业院校教师素质提高计划成果系列丛书)

ISBN 978-7-5647-5532-4

Ⅰ. ①现… Ⅱ. ①曾…②甘… Ⅲ. ①通信交换 – 通信网 – 高等职业教育 – 教材 Ⅳ. ①TN915.05

中国版本图书馆CIP数据核字（2018）第005061号

内 容 提 要

本书为教育部、财政部职业院校教师素质提高计划成果系列丛书之一。本书以工作过程系统化的行动导向教学理念为指导思想，将职教师资培养的“专业性、职业性、师范性”三性融合。本书以交换网与承载网维护岗位工作任务为主线，以交换与承载技术的发展为辅线，以真实工程维护项目为载体，设置了软交换设备安装、软交换网络业务开通、软交换网络维护、承载网设备安装及组网、IP承载网维护和光传输承载网维护6个学习情境。本书注重实际生产岗位对交换与承载网技术人员职业水平的要求，选材适当，实用性强，突出应用和维护实践。本书可作为通信工程专业职教师资本科相关课程的教材用书，也可供相关专业教师、学生和工程技术人员学习参考。

现代交换网与承载网维护

曾 翎 甘忠平 主编

策划编辑 郭蜀燕 杨仪玮
责任编辑 兰 凯

出版发行 电子科技大学出版社
成都市一环路东一段159号电子信息产业大厦九楼 邮编：610051
主 页 www.uestcp.com.cn
服务电话 028-83203399
邮购电话 028-83201495

印 刷 四川煤田地质制图印刷厂
成品尺寸 185mm×260mm
印 张 22
字 数 490千字
版 次 2018年8月第一版
印 次 2018年8月第一次印刷
书 号 ISBN 978-7-5647-5532-4
定 价 88.00元

教育部　财政部职业院校教师素质提高计划成果系列丛书
通信工程专业职教师资培养资源开发（VTNE027）

项目牵头单位：电子科技大学

项目负责人：曾　翎

项目专家指导委员会

主　任：刘来泉

副主任：王宪成　　郭春鸣

成　员：（按姓氏笔画排列）

刁哲军	王继平	王乐夫	邓泽民
石伟平	卢双盈	汤生玲	米　靖
刘正安	刘君义	孟庆国	沈　希
李仲阳	李栋学	李梦卿	吴全全
张元利	张建荣	周泽扬	姜大源
郭杰忠	夏金星	徐　流	徐　朔
曹　晔	崔世钢	韩亚兰	

出版说明

《国家中长期教育改革和发展规划纲要（2010—2020年）》颁布实施以来，我国职业教育进入加快构建现代职业教育体系、全面提高技能型人才培养质量的新阶段。加快发展现代职业教育，实现职业教育改革发展新跨越，对职业学校“双师型”教师队伍建设提出了更高的要求。为此，教育部明确提出，要以推动教师专业化为引领，以加强“双师型”教师队伍建设为重点，以创新制度和机制为动力，以完善培养培训体系为保障，以实施素质提高计划为抓手，统筹规划，突出重点，改革创新，狠抓落实，切实提升职业院校教师队伍整体素质和建设水平，加快建成一支师德高尚、素质优良、技艺精湛、结构合理、专兼结合的高素质、专业化的“双师型”教师队伍，为建设具有中国特色、世界水平的现代职业教育体系提供强有力的师资保障。

目前，我国共有60余所高校正在开展职教师资培养，但由于教师培养标准的缺失和培养课程资源的匮乏，制约了“双师型”教师培养质量的提高。为完善教师培养标准和课程体系，教育部、财政部在“职业院校教师素质提高计划”框架内专门设置了职教师资培养资源开发项目，中央财政划拨1.5亿元，系统开发用于本科专业职教师资的培养标准、培养方案、核心课程和特色教材等系列资源。其中，包括88个专业项目、12个资格考试制度开发等公共项目。该项目由42家开设职业技术师范专业的高等学校牵头，组织近千家科研院所、职业学校、行业企业共同研发，一大批专家学者、优秀校长、一线教师、企业工程技术人员参与其中。

经过3年的努力，培养资源开发项目取得了丰硕成果。一是开发了中等职业学校88个专业（类）职教师资本科培养资源项目，内容包括专业教师标准、专业教师培养标准、评价方案，以及一系列专业课程大纲、主干课程教材及数字化资源；二是取得了6项公共基础研究成果，内容包括职教师资培养模式、国际职教师资培养、教育理论课程、质量保障体系、教学资源中心建设和学习平台开发等；三是完成了18个专业大类职教师资资格标准及认证考试标准开发。上述成果，形成了共计800多本正式出版物。总体来说，培养资源开发项目实现了高效益：形成了一大批资源，填补了相关标准和资源的空白；凝聚了一支研发队伍，强化了教师培养的“校—企—校”协同；引领了一批高校的教学改革，带动了“双师型”教师的专业化培养。职教师资培养资源开发项目是支撑专业化培养的一项系统化、基础性工程，是加强职教教师培养培训一体化建设的关键环节，也是对职教师资培养培训基地教师专业化培养实践、教师教育研究能力的系统检阅。

自2013年项目立项开题以来，各项目承担单位、项目负责人及全体开发人员做了大量深入细致的工作，结合职教教师培养实践，研发出很多填补空白、体现科学性和前瞻性的成果，有力推进了“双师型”教师专门化培养向更深层次发展。同时，专家指导委员会的各位专家以及项目管理办公室的各位同志，克服了许多困难，按照两部对项目开发工作的总体要求，为实施项目管理、研发、检查等投入了大量时间和心血，也为各个项目提供了专业的咨询和指导，有力地保障了项目实施和成果质量。在此，我们一并表示衷心的感谢。

编写委员会

2016年3月

前　言

通信网是现代信息社会的基础设施，交换网与承载网是通信网的重要组成部分，交换与承载技术是通信网的核心技术。目前软交换技术已普遍应用于中国电信、中国移动和中国联通三大运营商的固网和移动网络，光纤通信系统也成为通信行业规模最大、技术最成熟和可靠性最高的传输网络，而下一代网络NGN选择IP网作为承载网。因此，交换网与承载网的维护也显得越来越重要。

本书是校企合作开发的教材，它从交换网与承载网维护的职业岗位能力出发，以真实工程维护项目为载体，以典型工作任务为驱动，保证了任务驱动式教学实施的可操作性。通过本书的学习，学生可以了解现代交换网与承载网的基本知识；掌握软交换与承载网结构、功能及工作原理；熟悉设备维护管理流程；具备设备的安装、验收、维护与管理等基本技能；能进行工程技术指导、简单技术交流，处理常见故障，实施网络优化；并具备基本的通信类课程教学能力。

本书共设置6个学习情境，14个工作任务，具体安排如下。

学习情境1：软交换设备安装，主要介绍了NGN和软交换概念、网络体系结构以及SoftX3000设备；

学习情景2：软交换网络业务开通，主要介绍了软交换网络语音业务、多媒体业务、与PSTN对接业务、与IMS网络对接业务的开通；

学习情景3：软交换网络维护，主要介绍了软交换例行维护项目和内容、软交换网络故障处理方法和工具等；

学习情景4：承载网设备安装及组网，主要介绍了承载网技术分类、光传输承载网设备及组建；

学习情景5：IP承载网维护，主要介绍了IP承载网日常维护项目和方法、IP承载网故障处理原则和方法以及IP承载网优化措施；

学习情景6：光传输承载网维护，主要介绍了光传输日常维护项目和基本操作、光传输承载网故障定位原则和处理方法、光传输承载网优化流程和内容等。

本书由曾翎、甘忠平主编，任务1至任务4由甘忠平编写，任务5至任务7由黎保元编写，任务8和任务12由刘川编写，任务9至任务11由雷弘麟编写，任务13和任务14由赖敏编写，全书由甘忠平统稿，段景山统审。本书在编写过程中得到了讯方通信技术有限公司、四川电信公司等企业工程技术人员的大力支持，在此表示由衷的感谢。

由于编者水平有限，书中难免有错误与疏漏之处，恳请广大读者批评指正。

编　者

2018年5月

目　录

学习模块一　现代交换网维护

学习模块二　现代承载网维护

学习模块一

现代交换网维护

XIAN DAI JIAO HUAN WANG WEI HU

学习情景1　软交换设备安装

学习情境概述

1．学习情境概述

本学习情境聚焦软交换设备的安装，软交换设备安装是通信工程建设中的核心部分，其前接工程准备工作，后续软件调试，是整个工程项目的基础。通过学习与实践，掌握软交换设备的硬件与安装流程，掌握硬件安装的注意事项等。

2．学习情境知识地图（见图1.1）

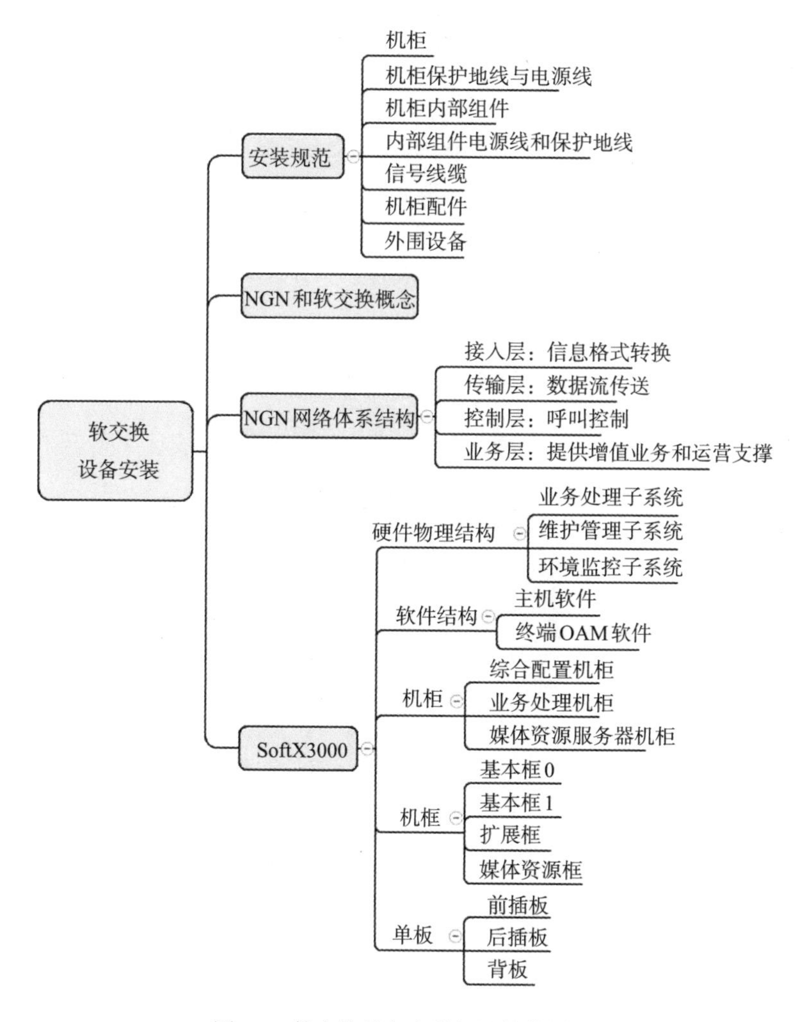

图1.1　软交换设备安装知识结构图

主要学习任务

主要学习任务如表1.1所示。

表1.1 主要学习任务列表

序号	任务名称	主要学习内容	建议学时	学习成果
1	软交换设备安装	按照硬件安装流程和规范等完成SoftX3000软交换设备的安装任务	6课时	熟悉硬件安装流程和规范，能够熟练使用工具仪表

任务1 软交换设备安装

任务描述

软交换设备是NGN网络的控制层设备，能够提供多种增值业务和智能业务，其硬件安装工程的质量关系到软交换设备的运行状况。在实际通信网中，常用的软交换设备型号较多，如华为的SoftX3000、中兴的ZXSS10 SS1a和ZXSS10 SS1b等。某高校拟新建软交换实验室，已购置华为公司的软交换设备SoftX3000。该实验室由系统集成商A公司承建，现公司委派小王完成设备的安装。如果你是小王，如何根据学校要求和实验室环境完成SoftX3000设备的安装？

图1.2 软交换实验室场景

任务分析

SoftX3000软交换设备的长期、安全、稳定运行与硬件安装工程的质量有密切关系。为了有效提高设备运行的稳定性、可靠性及工作效率，必须保证安装工程系统化、规范化。SoftX3000硬件安装的总体流程如图1.3所示。

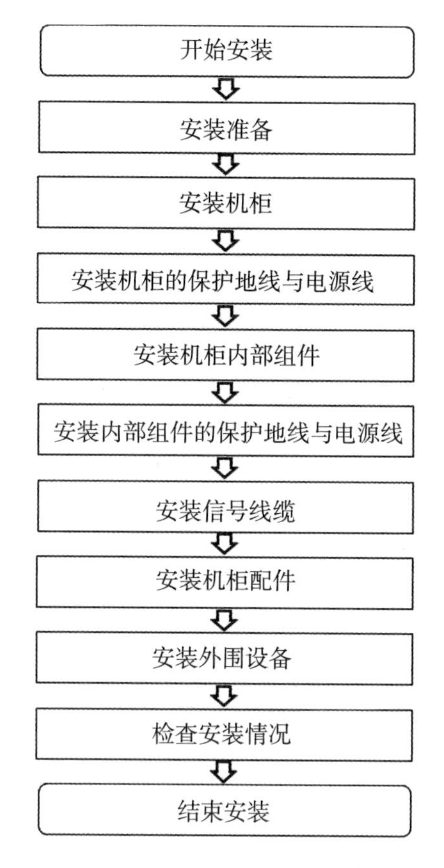

图1.3　SoftX3000硬件安装的总体流程

1．安装准备

熟悉SoftX3000设备的硬件总体结构、技术参数及设备安装的必备条件，准备安装工具，安装配套的走线架或走线槽。SoftX3000设备的硬件总体结构请阅读“知识链接与拓展”中的SoftX3000系统结构。

2．安装机柜

在防静电地板环境或水泥地面环境下依次安装各个机架并完成机架的并柜连接。

3．安装机柜的保护地线与电源线

在机柜安装完毕后，安装机柜的保护地线与电源线，保证设备良好接地，以防止在后续安装工作中静电对设备的影响。

4．安装机柜内部组件

根据设备实际配置将BAM服务器、LANSwitch、走线槽和假面板等安装在正确位置，并将单板装入业务机框。BAM服务器的相关知识请阅读“知识链接与拓展”中的终端系统结构。

5．安装内部组件的保护地线与电源线

在机柜内部组件安装完毕后，安装各内部组件的保护地线与电源线，保证机框等内部组件良好接地，以防止在后续安装工作中静电对设备的影响。

6．安装信号线缆

安装网线、串口线、数据线、监控线等内部线缆，以及外部网线等外部线缆。

7．安装机柜配件

SoftX3000的配件指机柜门板、保护地线等附件。

8．安装外围设备

安装外围设备主要包括维护终端系统的安装。

9．检查安装情况

在硬件安装完成后，需要对硬件安装情况进行检查，并对不合格之处进行整改，直至完全符合标准。

必备知识

1．机柜安装规范

· 主走道侧各行机柜应对齐成直线。

· 列内机架应相互靠拢，列内机面平齐。

· 接触机柜或机框的裸面时，应佩戴干净的手套。

2．机柜保护地线与电源线安装规范

· 电源线和保护地线布放时，应同其他线缆分开布放，在机柜内走线时，应分开绑扎，不得混扎在一束内；在走线槽或地沟等机柜外走线时也应分别绑扎。

· 电源线和保护地线在机柜侧的布放：电源线和保护地线连接至机柜内部接线端子时，走线应平直，弧度圆滑；电源线和保护地线在机柜上方的走线架内布放，建议每段绑扎距离为200mm；电源线和保护地线从机柜侧面上下机柜时，沿侧面走线槽布放，理顺绑扎不同颜色的电缆，并绑扎成束。

3．机柜内部组件安装规范

· 各内部组件的位置需要根据工程设计文件的要求安装。

· 机柜的空余位置必须安装假面板。

· 安装过程中需要佩戴防静电手套或防静电腕带。

4．内部组件的电源线和保护地线安装规范

· N68-22机柜内部电源线在设备出厂前已经连接在机柜配电框的相应接线端子处，机柜内部组件安装完成后将电源线的另一端接上即可。

· 保护地线应采用黄绿双色塑料绝缘铜芯导线。

5．信号线缆的布放原则

· 每根信号线缆在安装前都要做导通测试，并且两端必须要作标记或粘贴工程标签，以标识线缆所连接的设备，保证线序。按规范填写标签，并粘贴整齐、牢固。

· 信号线缆不应有破损、断裂、中间接头。

· 上下方向走线时沿机柜左右立柱走线并绑扎，水平布线时尽量沿各绑线条走线并绑扎。

· 机柜间走线时，走机柜底部横穿走线。

6. 机柜配件安装规范

· 机柜门安装完成后，保证开、关顺畅。

· 机柜门的接地线与机柜门的接地端子可靠连接。

7. 外围设备安装规范

· 外围设备与SoftX3000设备之间做地线互连，即将外围设备的保护地线与SoftX3000设备机柜的保护地线连接到同一个保护接地排上。

· 连接电缆的截面积应不小于4mm^2。

任务完成

一、安装准备

安装准备包括施工准备、机房施工条件检查和开箱验货。

1. 施工准备

工程安装前仔细阅读与工程安装相关的施工技术文件，详细了解工程的相关信息。施工前准备十字螺丝刀、一字螺丝刀、扳手、力矩扳手、羊角锤、斜口钳、水晶头压线钳、冷压钳、剥线钳、测线器、冲击钻、卷尺、角尺、水平尺、铅直测定器、万用表、防静电腕带、线扣、手套、防静电手套、梯子和吸尘器等工具仪表。部分工具仪表如图1.4所示。

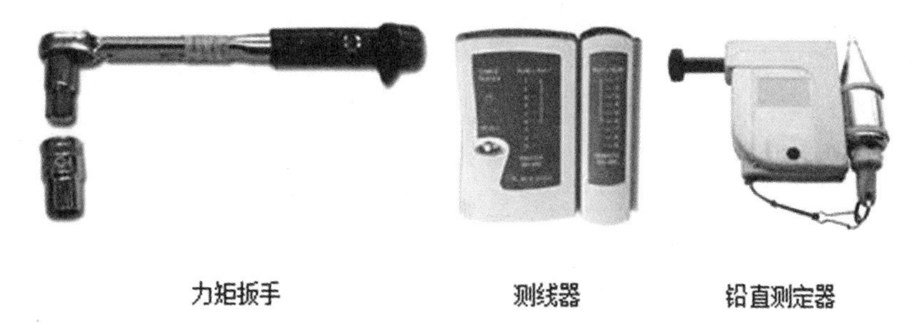

图1.4　SoftX3000硬件安装的工具仪表

2. 机房施工条件检查

在工程开工前根据相关规范进行施工条件检查，包括机房建筑条件、环境条件、供电条件、接地条件和配套设备的检查，确认工程准备工作的完成情况。机房施工条件检查如表1.2所示。

表1.2　机房施工条件检查

序号	检查项目	检查内容
1	建筑条件检查	机房的面积、高度、承重、沟槽布置等
2	环境条件检查	照明条件达到设备维护的要求，照明系统齐备。 空调通风系统足以保证机房的温湿度条件。 有效的防静电措施。 机房设计达到了规定的抗震等级。 安全的防雷措施。 各种消防设施均完好无损、无异常
3	供电条件检查	交流电供电设施齐全，功率满足要求。 直流配电设备满足要求。 设置了交流安全地的引出端子
4	接地条件检查	接地电阻不大于10Ω，符合国家的相关技术规定
5	配套设备检查	准备好IP承载网的接口、工作台等

3．开箱验货

开箱验货之前应首先检查货物是否完好，然后根据装箱单逐项检查，防止出现错货、缺货及货物损坏。

二、安装机柜

实验室SoftX3000软交换设备采用N68-22机柜，且未安装防静电地板，故需在水泥地面环境下安装N68-22机柜，此时采用膨胀螺栓直接固定的方式。安装机柜前，先完成在机柜上方安装走线架及线缆布放等相关工程。安装机柜包括定位机柜、钻孔并安装膨胀螺栓、安装并调平机柜、绝缘测试。

1．定位机柜

根据施工平面设计图给定的定位尺寸来确定机柜的安装位置，按照厂商设备安装规范，机柜前后门保留不少于800mm的维护操作空间。机柜安装位置如图1.5所示。

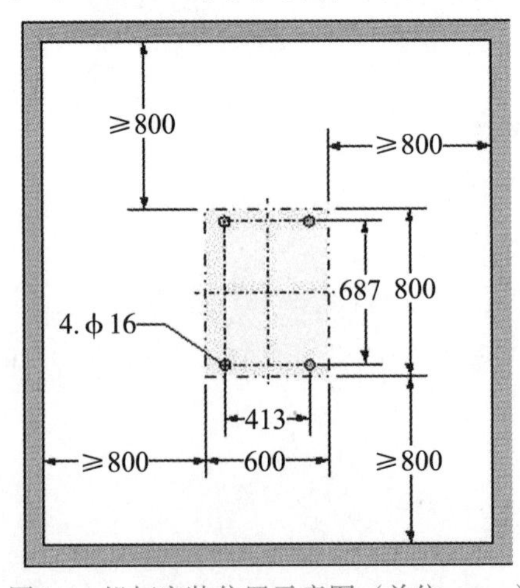

图1.5　机柜安装位置示意图（单位：mm）

2．钻孔并安装膨胀螺栓

使用冲击钻，选择φ16适当长度的钻头，在水泥地面上的膨胀螺栓孔标记处钻孔，深度为52mm～60mm，同时保证各孔深度一致。然后将膨胀螺栓垂直放入孔中，并用羊角锤敲打，直至膨胀管全部进入孔内，最后将螺栓、弹垫和平垫一起拧下。

3．安装并调平机柜

把机柜安放到规划好的位置，使机柜底的四个安装孔对准相应的膨胀螺栓孔。机柜与地面之间铺2块绝缘板，使绝缘板的安装孔对准相应的膨胀螺栓孔。将膨胀螺栓穿过机柜的下围框垂直插入地面中的膨胀螺栓孔中，然后使用力矩扳手紧固膨胀螺栓。最后根据水平尺中的水泡偏差中间刻度的多少来检查机柜的水平度和垂直度，保证水平偏差度小于5mm，垂直偏差度小于3mm。

4．绝缘测试

调万用表至MΩ档。将万用表的一只表笔接至膨胀螺栓，另一只表笔接至机柜接地螺栓，测量膨胀螺栓和机柜间阻值。检查测量电阻阻值，测量电阻应大于5MΩ。

三、安装机柜的保护地线与电源线

1．安装准备

测量直流配电柜至设备机柜配电框接线端子的距离，预留足够长度的电缆。制作OT端子（即圆形冷压端子），然后将OT端子焊接或压接牢固。确定直流配电柜和设备机柜均采用上走线方式。

2．安装保护地线

确定保护地线在直流配电柜中的具体位置，从保护地排引出PGND（Protective Ground，保护地）线，如图1.6所示。将PGND电缆接至机柜顶部的接地螺栓上，紧固螺栓。设备机柜的PGND接线方式与直流配电柜的情况相同。

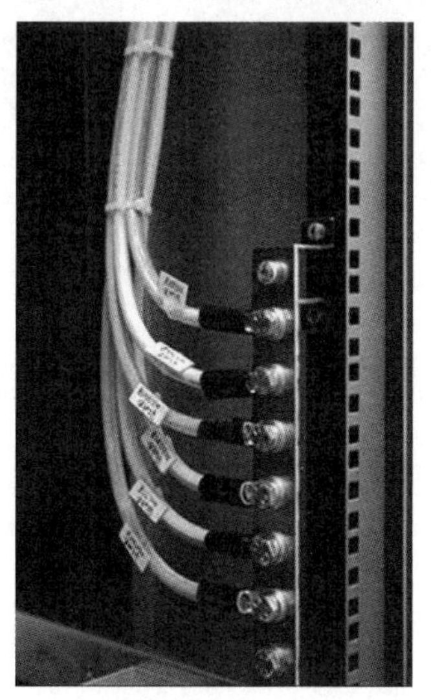

图1.6　直流配电柜中PGND的位置

3．安装电源线

确定设备机柜-48V电源线（蓝色）的接线端子位置，然后将电源线的冷压端子接至机柜配电框上标有“-48V1”“-48V2”的接线端子，并紧固螺钉；将RTN线的冷压端子接至机柜配电框上标有“RTN”的接线端子上，并紧固螺钉。如图1.7所示。

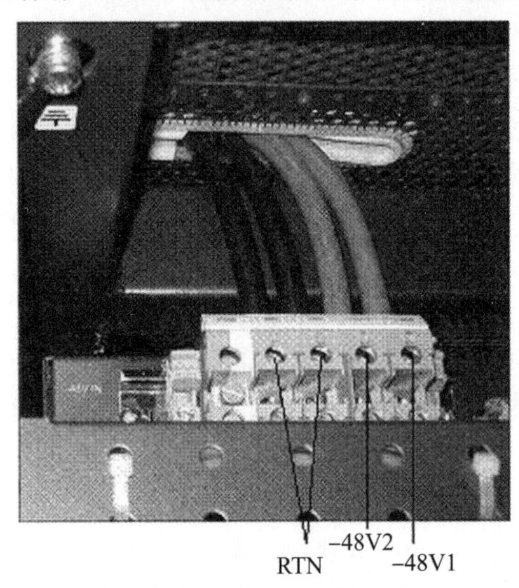

图1.7　设备机柜中接线端子的位置

确定直流配电柜侧直流输出接线端子的具体位置，电源线另一端分别接至直流配电柜的两组电源“-48V1”“-48V2”的同一路输出接线端子上，将冷压端子直接插入配电框上的接线座中，并紧固螺钉；将RTN线另一端接至直流配电柜的“GND”输出接线端子上，将冷压端子直接插入配电框上的接线座中，拧紧螺钉即可。如图1.8所示。

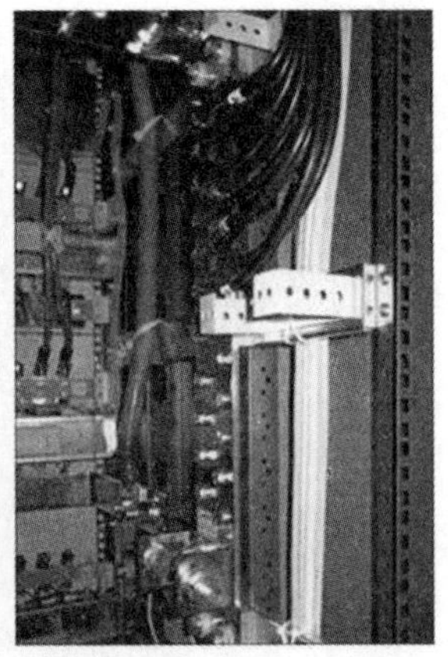

图1.8　直流配电柜中接线端子的位置

4．收尾

电源线和保护地线布放完毕后，在设备机柜侧，根据条形过线孔余留空档的大小切割橡胶盖板，将空挡位置盖住。将不同颜色的电缆分开理顺，按200mm的间距绑扎成束。用万用表检查电源线是否连接正确，在电源电缆两端距电缆根部30mm处粘贴标签。

四、安装机柜内部组件

根据实验室软交换设备SoftX3000配置情况，安装的机柜内部组件包括BAM服务器和LAN Switch。BAM服务器是SoftX3000设备与操作维护终端连接的桥梁，而LAN Switch可实现设备间的通信。BAM服务器和LAN Switch的相关知识请阅读“知识链接与拓展”中的SoftX3000系统结构。

1. 安装BAM服务器

将BAM服务器放在综合配置机柜的相应滑道上，如图1.9所示。将BAM服务器轻轻推入机柜内，使用BAM服务器自带的松不脱螺钉将服务器两侧的安装弯角固定到机柜前面侧柱的方孔条上，拧紧松不脱螺钉。

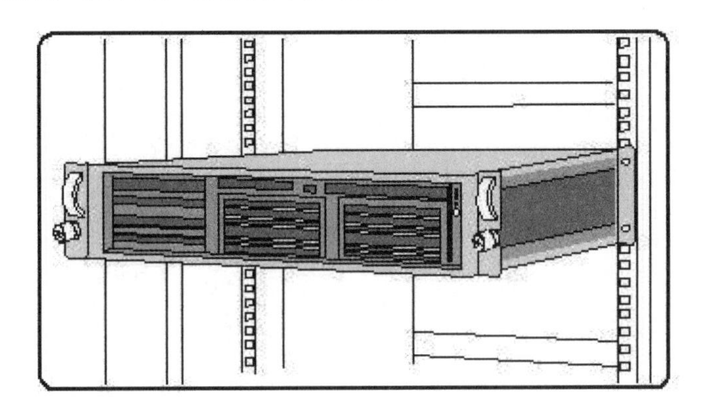

图1.9　BAM服务器的安装

2. 安装LAN Switch

将安装弯角固定到LAN Switch前面板的两侧，将LAN Switch轻轻放在综合配置机柜的相应滑道上，并轻轻推入机柜内，如图1.10所示。使用面板螺钉将LAN Switch两侧的安装弯角固定到机柜前面侧柱的方孔条上，拧紧各个螺钉。

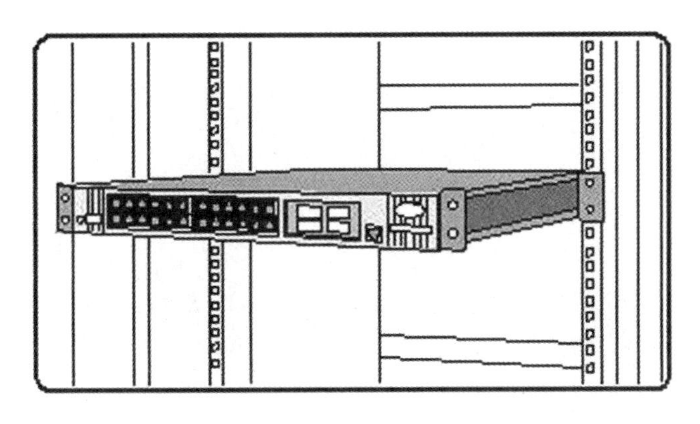

图1.10　LAN Switch的安装

五、安装内部组件的电源线和保护地线

在机柜内部组件安装完成后，需进一步安装内部组件的电源线和保护地线，包括业务机框的保护地线和电源线、LAN Switch的保护地线和电源线以及BAM服务器的保护地线和电源线。

1．安装业务机框的保护地线和电源线

在业务机框的后部上方，左右各有一个接地端子，用一根型号为10AWG的黄绿色保护地线将业务机框上的接地端子连接到机柜立柱的接地点上，并紧固螺钉，如图1.11所示。

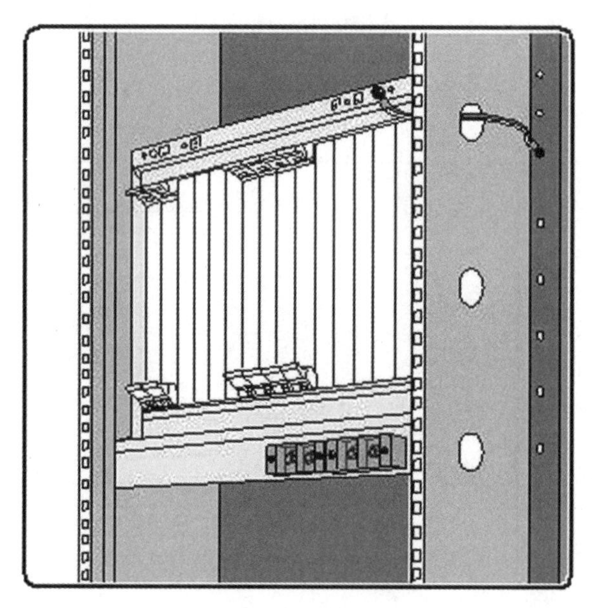

图1.11　业务机框的保护地线安装

使用十字螺丝刀将业务机框接线盒的透明保护盖拆下，将蓝色电缆的OT端子接到业务机框的-48V接线柱上，并紧固螺钉；将黑色电缆的OT端子接到业务机框的RTN接线柱上，并紧固螺钉，如图1.12所示。电源线安装完成后，安装业务机框接线盒的透明保护盖，并用十字螺丝刀紧固螺钉，将线缆绑扎整齐。

图1.12　业务机框的电源线安装

2．安装LAN Switch的保护地线和电源线

LAN Switch机壳接地柱位于设备后面板上，电源输入模块位于设备后部的左侧，如图1.13所示。

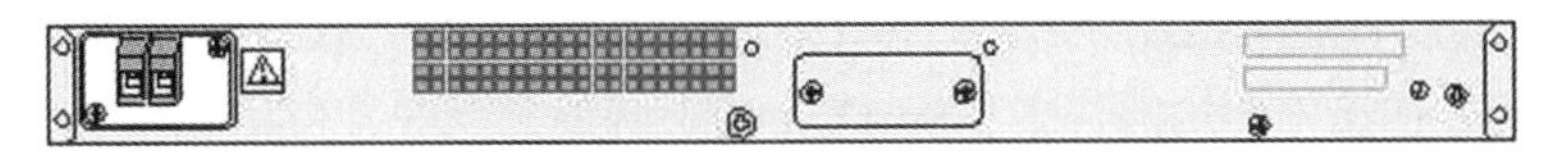

图1.13　LAN Switch的保护地线和电源线接口图

将蓝色电缆的冷压端子插入配电框-48V输出接入孔，将黑色电缆的冷压端子插入配电框RTN输出接入孔，并紧固螺钉；使用十字螺丝刀拧下机架两侧固定LAN Switch的面板螺钉，将LAN Switch拉出一段距离，以方便拆卸安装弯角；使用十字螺丝刀取下LAN Switch两侧的安装弯角，然后将LAN Switch轻轻推入机柜内；在机柜后面双手抓住LAN Switch，水平向外缓慢拉出一定距离，以方便拆卸设备电源输入口的紧固螺钉；将电源线的一端插入LAN Switch自带的电源输入塑料头，并紧固螺钉；将保护地线一端接到LAN Switch后面板的接地柱上，将保护地线另一端与机柜立柱的接地点相连，并紧固螺钉，如图1.14所示。

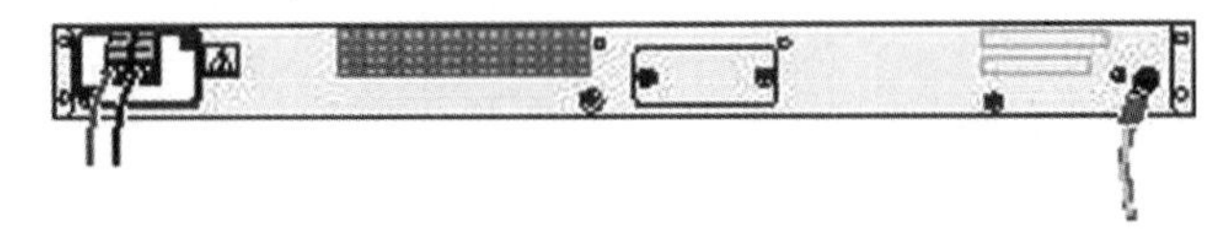

图1.14　LAN Switch的电源线和保护地线安装

电源线和保护地线安装后，安装LAN Switch的安装弯角，然后将LAN Switch完全推入机柜，并用十字螺丝刀拧紧固定LAN Switch的面板螺钉。电源线沿机柜左侧立柱方孔条内侧走线，保护地线沿机柜右侧立柱方孔条内侧走线，理顺多余的线缆并就近绑扎到方孔条上。

3．安装BAM服务器的保护地线和电源线

将蓝色电缆的冷压端子插入配电框-48V输出接入孔，将黑色电缆的冷压端子插入配电框RTN输出接入孔，并紧固螺钉；将保护地线的OT端子与机柜立柱的接地点连接，并紧固螺钉；电源线缆沿右侧走线柱下走线，均匀绑扎，将另外一端3V3母型连接器与服务器电源模块上的3V3插座连接，拧紧连接器注塑头上的注塑螺钉，如图1.15所示。检查并确认连接器已被插座右侧的锁口卡紧。

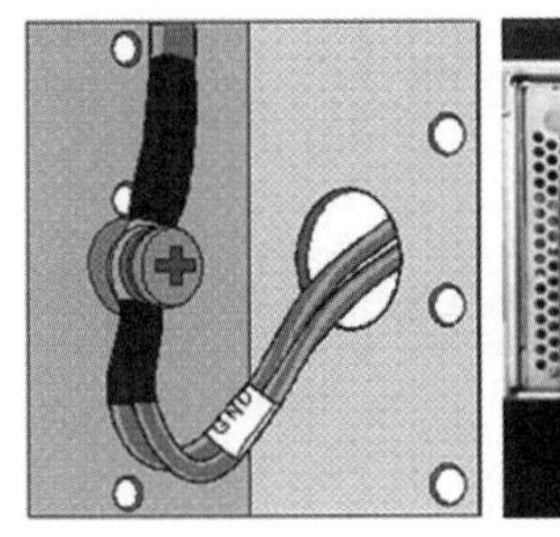

图1.15　BAM服务器的保护地线和电源线安装

六、安装信号线缆

信号线缆分内部信号线缆和外部信号线缆。根据实验室配置情况，内部信号线缆主要包括配电框的监控串口信号线缆、HSCI板与SIUI板之间的直通网线、LAN Switch与HSCI板之间的直通网线以及LAN Switch与BAM之间的直通网线。外部信号线缆即外部网线，用于连接外部组网设备，SoftX3000上的外部网线接口由BFII板提供。

1. 安装配电框的监控串口信号线缆

按照串口信号线缆上的标签将监控串口信号线缆线连接到配电监控板的串口插座上，将串口信号线缆沿机柜右边外侧的走线槽走线并绑扎固定。将两条监控串口信号线缆的另一端按照标签分别连接7#槽位和9#槽位的SIUI板的“COM3+”监控口，如图1.16所示。检查串口信号线缆是否正确连接，并绑扎固定。

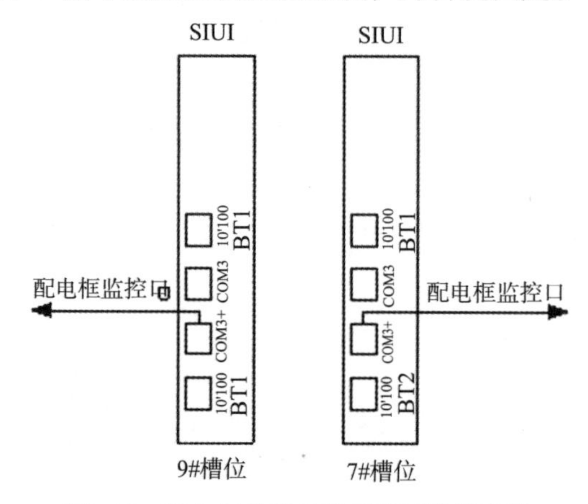

图1.16　配电框的监控串口信号线缆连接

2. 安装HSCI板与SIUI板之间的直通网线

查找在机柜后部走线槽里标签为HSCI板与SIUI板之间的直通网线，将直通网线两端的水晶头分别插入热插拔控制板HSCI和系统接口板SIUI的网口，如图1.17所示。检查直通网线是否正确连接，将直通网线理顺，并沿走线槽绑扎固定。

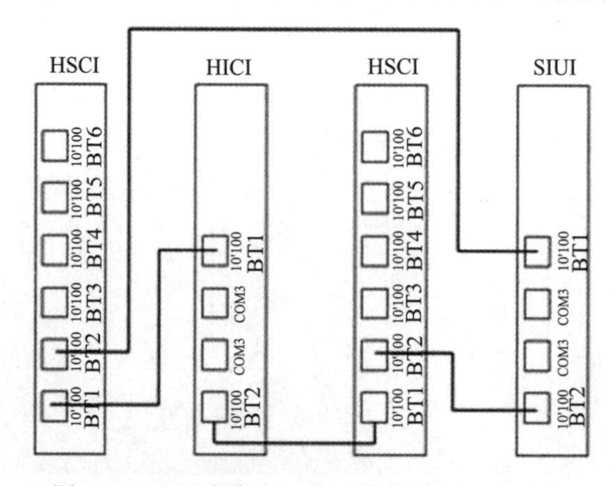

图1.17　HSCI板与SIUI板之间的直通网线连接

3．安装LAN Switch与HSCI板之间的直通网线

查找在机柜后部走线槽里标签为LAN Switch与HSCI板之间的直通网线，按照标签分别将两条直通网线一端的水晶头插入主备HSCI板位于最上方的网口“10/100BT6”，如图1.18所示。将直通网线沿机框横梁走线，然后沿左侧垂直走线槽下走线，再沿LAN Switch下方的走线槽布放至LAN Switch前面板。检查直通网线是否正确连接，将直通网线理顺，并沿走线槽绑扎固定。将这两条网线另一端的水晶头分别插入主备LAN Switch前面板上相应位置的网口。检查直通网线的布放情况，确认7＃槽位的HSCI板连接1＃LAN Switch，9＃槽位的HSCI板连接0＃LAN Switch。

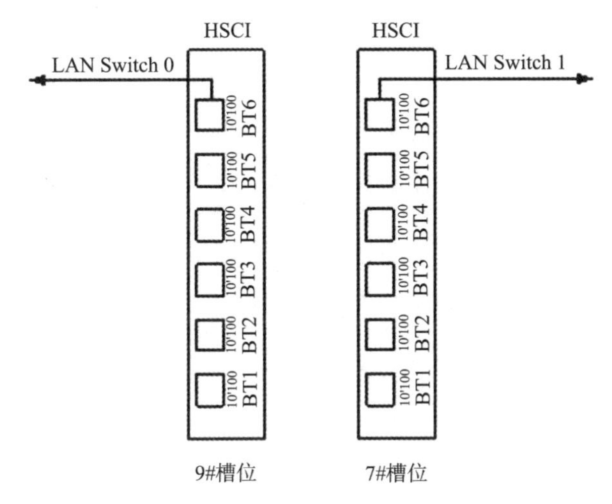

图1.18　LAN Switch与HSCI板之间的直通网线

4．安装LAN Switch与BAM之间的直通网线

查找在走线槽中标签为LAN Switch与BAM之间的直通网线。将直通网线一端水晶头插入LAN Switch网口，线缆留有一定的余量。从LAN Switch下方的走线槽穿到机柜后部，向左侧分流。将直通网线理顺，沿左侧竖直走线槽下走线绑扎固定。将另一端水晶头插入服务器的相应网口。检查直通网线是否正确连接，并绑扎固定。

5．安装外部信号线缆

SoftX3000外部网线的一端连接SoftX3000设备中BFII板（IFMI板的后插板）上10/100Mbps以太网接口，另一端接0＃NET Switch和1＃NET Switch，通过局域网交换机或路由器连接IAD、AG、TG和SG等设备。

查找在机柜后部走线槽里标签为NET Switch与BFII板之间的网线，按照标签分别将两条网线一端的水晶头插入主备BFII板的以太网口，将这两条网线另一端的水晶头分别插入主备NET Switch前面板上相应位置的网口。检查网线是否正确连接，将网线理顺，并沿走线槽绑扎固定。

七、安装机柜配件

安装机柜配件包括机柜门和保护地线的安装。

1．安装机柜侧门

使用扳手适当拧松安装侧门的M6×16组合螺钉，将侧门的卡槽从上往下卡入M6×16组合螺钉，将侧门扣入门楣安装架的开口槽，安装孔位对齐后紧固上下两个M6×12沉头螺钉，如图1.19所示。

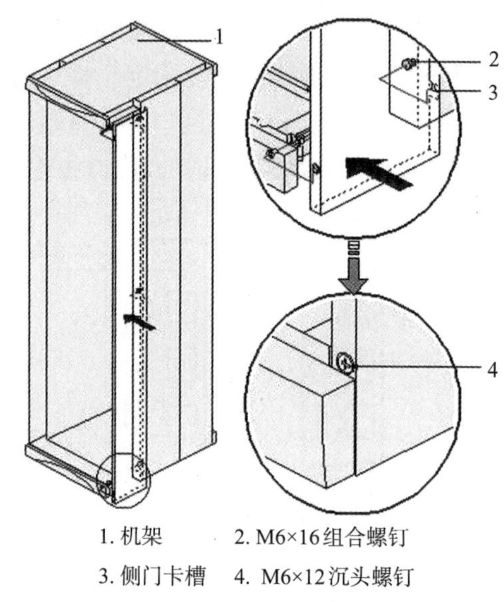

1. 机架　2. M6×16组合螺钉
3. 侧门卡槽　4. M6×12沉头螺钉

图1.19　机柜侧门安装

2．安装机柜前后门

将门的下端轴销与机柜下围框的轴销孔对准，安装门的下端；拉下门上端的三角形钩销，将钩销的通孔与机柜上围框的轴销孔对齐，松开手，在弹簧力作用下钩销复位将门安装在机柜上，如图1.20所示。在机柜左上角粘贴机柜标示号。

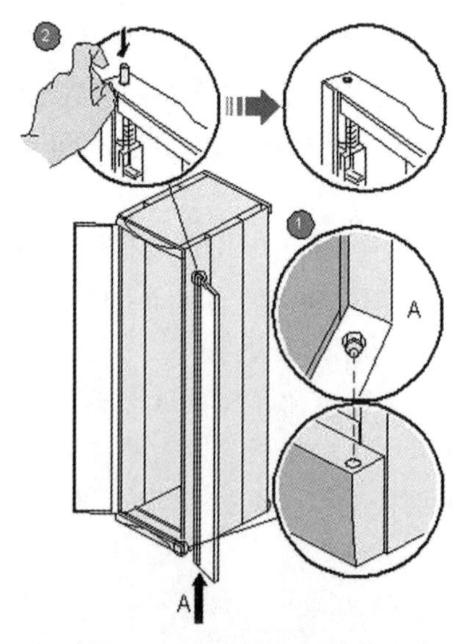

图1.20　机柜前后门安装

3．安装机柜门的保护地线

在机柜侧门及前后门下端轴销附近的接地端子和机柜底座的接地螺钉间安装保护地线，并紧固螺钉。并将万用表的黑表笔、红表笔分别与机柜门的接地端子和机柜底座的接地螺钉接触，察看保护地线是否良好连接。

八、安装外围设备

实验室SoftX3000带有多台电脑终端即工作站，用作操作维护终端。终端设备通过RJ45接口网线与SoftX3000设备之间通信。

安装终端设备时，首先在实验室指定位置安装工作台，将终端设备置于工作台上。然后连接终端设备的电源线、接至显示器的信号线等连接线；将连接外部的网线的一端接入终端设备，将网线通过走线槽或走线架接至机房内相应设备；同时使用保护地线将终端设备连接至维护监控室的保护地接地排上。最后检查并确认线缆是否正确连接，粘贴标签，理顺并绑扎线缆。

九、检查安装情况

当所有硬件安装工作完成以后，需要对安装情况进行检查，包括安装检查和上电检查。安装检查包括机柜安装、电源线和接地线安装、信号电缆安装、插头插座安装、外围设备安装和其他设备安装的检查。上电检查涉及机柜供电情况、机框供电情况、单板供电和运行情况的检查。

1．检查机柜安装情况

检查项目和方法如表1.3所示。

表1.3　检查机柜安装情况

序号	检查项目	检查方法
1	机柜放置应符合设计要求	根据实际工程设计文件检查
2	机架固定可靠，符合工程设计的抗震要求，垂直偏差度应小于3mm	使用水平尺测量和铅直测定器检查
3	所有螺钉全部拧紧，每个螺钉均有平垫、弹垫，且未垫反	查看
4	机柜侧门、前后门等附件应安装完全。且前后门应开关顺畅	门、门锁等开关顺畅
5	机柜内外部，包括机柜前、后门、侧板等应干净，不得有污损、手印等	查看
6	机柜所有进出线孔应封闭处理，盖板的出线口大小应合适切割。现场也可采取整齐美观、绝缘、阻燃的其他材料进行可靠封闭	查看
7	机柜内部应无多余扎带头、线头和其他的杂物	查看
8	配发的拉手条及假面板应全部安装	查看
9	防静电腕带应插入机柜上的防静电安装孔内	查看
10	配发的机柜标签，应粘贴干净、整齐	查看

2．检查电源线和接地线安装情况

检查项目和方法如表1.4所示。

表1.4 检查电源线和接地线安装情况

序号	检查项目	检查方法
1	配电柜等电源设备安装位置应符合工程设计文件	根据实际工程设计文件检查
2	-48V电源线应采用蓝色电缆、RTN电源线应采用黑色电缆、PGND保护地线应采用黄绿色电缆	查看
3	电源线和保护地线一定要采用整段材料，中间不能有接头	查看
4	电源线和保护地线的余长要剪除，不得盘绕	查看
5	所有电源线、地线均连接牢固、极性正确、接触良好	查看
6	接线端子处的裸线及OT端子柄应用绝缘胶带缠紧，或套热缩套管，不得外露	查看
7	两根或两根以上的电缆安装在一个接线柱上时，应采取交叉安装或背靠背安装方式。必须重叠时应将OT端子做45°或90°弯处理。重叠安装时应将较大OT端子安装于下方，较小OT端子安装于上方	OT端子安装标准
8	电源线、地线与信号线分开绑扎布放。机柜外电源线、地线与信号线间距保持大于3cm的距离	查看
9	电源线和保护地线两端应粘贴电源线工程标签	查看

3．检查信号电缆安装情况

检查项目和方法如表1.5所示。

表1.5 检查信号电缆安装情况

序号	检查项目	检查方法
1	全部信号电缆在布放前通过导通测试	客户确认
2	检查电缆连线正确，插头有无松动现象	查看
3	走线路由应与工程设计相符 信号线应与电源线分开绑扎	根据实际工程设计文件检查
4	信号线缆不能布放于机柜的散热网孔上	查看
5	电缆在转弯处应放松，不得拉紧	查看
6	走线应平直、顺滑，机柜内电缆不应交叉，机柜外电缆应按机柜绑扎成束	查看
7	上走线时，走线槽道内或走线梯上的电缆应排列整齐，外皮均无损伤。应将线缆固定在走线梯横梁上，绑扎整齐，成矩形，如果走线架与机柜顶的间距大于0.8m时，应在机架上方架设线梯以减小因电缆自重而产生的应力	查看 大于0.8米架设线梯
8	各处电缆应按要求留出余量，线扣接头应剪齐，无尖刺外露等现象	查看

续表

序号	检查项目	检查方法
9	电缆绑扎位置、线扣绑扎间距正确	查看
10	各信号线两端标志应清晰（贴标签），标签、线扣朝向一致；建议标签粘贴在距连接器20mm处	查看
11	有固定螺钉的电缆，必须把螺钉拧紧	查看

4. 检查插头插座安装情况

检查项目和方法如表1.6所示。

表1.6　检查插头插座安装情况

序号	检查项目	检查方法
1	各电缆插头的锁扣应扣紧	查看
2	网线插座和各母板的HEADER插座等不应有缺针或插针弯曲等现象	查看
3	未使用的插头应进行保护处理，加保护帽	查看

5. 检查外围设备安装情况

检查项目和方法如表1.7所示。

表1.7　检查外围设备安装情况

序号	检查项目	检查方法
1	终端设备的放置应符合工程设计要求	根据实际工程设计文件检查
2	终端电源电压应符合要求	测量电源电压

6. 检查其他设备安装情况

检查项目和方法如表1.8所示。

表1.8　检查其他设备安装情况

序号	检查项目	检查方法
1	所有标签应整齐、干净、字迹清晰，并贴于正确位置	查看
2	走线槽及机架底部、走线架及机架顶部等，不应有线扣、线头、干燥剂袋等施工遗留物，所有部分应整齐、干净	查看
3	应将剩余的物品清除出机房，需要放置于机房内的物品应摆放整齐	查看

7. 检查机柜供电情况

检查机柜供电情况步骤如表1.9所示。

表 1.9　机柜供电情况检查步骤

步骤	检查项目	检查方法
1	关闭直流配电柜，将所有与设备及终端等相连的交流电源插座、设备电源开关置于OFF状态	查看
2	检查直流配电柜各路输出电源，确认工作电源与工作地RTN或保护地PGND之间未出现短路故障。电源与地间断开，各电源插座的相线（俗称火线）、地线、零线之间无短路现象	用万用表电阻档测量
3	确认设备机柜上方配电框的各电源开关均置于“OFF”	查看
4	接通直流配电柜的供电电源	查看
5	在空载的情况下，确认其输出电压处于额定电压范围（-57V ~ -40V）内	用万用表检查
6	确认配电框上标识为“ALM”的红色告警指示灯应闪烁，电源告警蜂鸣器应鸣响	查看、聆听

8．检查机框供电情况

检查机框供电情况步骤如表1.10所示。

表 1.10　机框供电情况检查步骤

步骤	检查项目	检查方法
1	确认机柜内所有机框的插槽均未配置单板	查看
2	按照SW4、SW5→SW6→SW2→SW4→SW3→SW6的顺序，将机柜上方配电框的电源开关置于“ON”，依次给各个内部组件上电。此时，应无电源告警，即配电框上标识为“RUN”的绿色运行指示灯闪烁，标识为“ALM”的红色告警指示灯不亮，电源告警蜂鸣器不响	查看、聆听
3	确认综合配置机柜中各内部组件、业务插框及其他设备的输入电压值在额定范围（−57V ~ −40V）内	用万用表检查

9．检查单板供电和运行情况

检查单板供电和运行情况步骤如表1.11所示。

表 1.11　单板供电和运行情况检查步骤

步骤	检查项目	检查方法
1	检查并确认业务插框电源输入接线位置正确、接线牢固紧密	查看
2	将配电框上的电源开关均置于“OFF”	查看
3	插入业务插框的电源板	查看
4	将配电框上的电源开关均置于“ON”，检查并确认电源板和插框风扇运行正常	查看
5	将配电框上的电源开关均置于“OFF”	查看
6	将SMUI、SIUI、HSCI单板依次插进母板上的插槽并紧固单板拉手条	查看
7	将配电框上的电源开关均置于“ON”，观察单板指示灯，确认单板运行正常	查看
8	将ALUI单板插进母板上的插槽并紧固单板拉手条，检查并确认单板运行正常	查看
9	将其他业务单板依次插进母板上的插槽并紧固单板拉手条，检查并确认单板运行正常	查看

至此SoftX3000软交换设备硬件安装工作全部完成。

任务评价

SoftX3000软交换设备安装完成后，参考表1.12对学生进行他评和自评。

表 1.12　软交换设备安装评价表

内容 项目	学习反思与促进	他人评价	自我评价
应知应会	熟知NGN网络体系结构	Y　N	Y　N
	熟知SoftX3000软交换设备系统结构和硬件组成	Y　N	Y　N
	熟知SoftX3000软交换设备安装流程	Y　N	Y　N
	熟知SoftX3000软交换设备安装规范	Y　N	Y　N
专业能力	熟练阅读工程安装相关施工技术文件	Y　N	Y　N
	熟练使用工程安装工具仪表	Y　N	Y　N
通用能力	合作和沟通能力	Y　N	Y　N
	自我工作规划能力	Y　N	Y　N

知识链接与拓展

1.1 NGN和软交换的概念

从广义上讲，NGN（Next Generation Network，下一代网络）泛指一个不同于现有网络，大量采用新技术，在IP网基础上融合传统电信网、电视网，可以提供语音、数据和多媒体业务，能够实现各网络终端用户之间的业务互通及共享的融合网络。下一代网络包含下一代传送网、下一代接入网、下一代交换网、下一代互联网和下一代移动网。下一代传送网以自动交换光网络（Automatically Switched Optical Network，ASON）为基础；下一代接入网是指多元化的宽带接入网；下一代交换网指网络的控制层面采用软交换或IP多媒体子系统（IP Multimedia Subsystem，IMS）作为核心架构；下一代互联网以IPv6为基础；下一代移动网是指以3G和4G为代表的移动网络。

从狭义上讲，下一代网络特指以软交换设备为控制核心，能够实现语音、数据和多媒体业务的开放的分层体系架构。

软交换的基本含义就是将呼叫控制功能从媒体网关中分离出来，通过软件实现基本呼叫控制功能，从而实现呼叫传输与呼叫控制的分离，为控制、交换和软件可编程功能建立分离的平面。软交换主要提供连接控制、翻译和选路、网关管理、呼叫控制、带宽管理、信令、安全性和呼叫详细记录等功能。与此同时，软交换还将网络资源、网络能力封装起来，通过标准开放的业务接口和业务应用层相连，可方便地在网络上快速提供新业务。

从广义上讲，软交换是指以软交换设备为控制核心的软交换网络，包括接入层、传输层、控制层和业务/应用层，通常称为软交换系统。从狭义上讲，软交换仅指位于控制层的软交换设备。

1.2 NGN网络体系结构

以软交换为核心的NGN网络在功能上可分为接入层、传输层、控制层和业务/应用层4层，其网络体系结构如图1.21所示。

一、接入层

接入层的主要作用是通过各种接入手段将各类用户或终端连接至网络，并实现不同信息格式之间的转换。接入层设备没有呼叫控制功能，它必须和控制层设备配合，才能完成所需要的操作。接入层的设备主要有SG、TMG、AMG、UMG、IAD等。

（1）信令网关SG（Signaling Gateway）：它连接No.7信令网与IP信令网的设备，主要完成PSTN（Public Switched Telephone Network，公用交换电话网）侧的No.7信令与IP网侧的分组信令的转换。

（2）中继媒体网关TMG（Trunk Media Gateway）：是位于电路交换网与IP分组网之间的网关，主要完成PCM信号流与IP媒体流之间的格式转换。

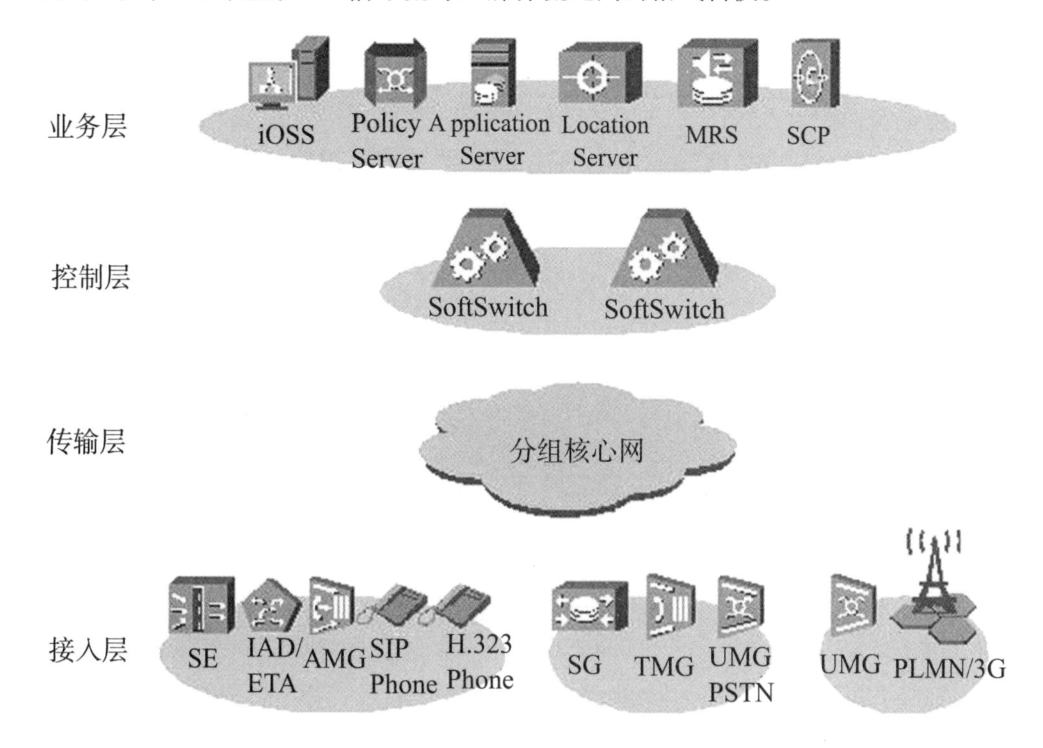

图1.21 基于软交换的NGN网络体系结构

（3）接入媒体网关AMG（Access Media Gateway）：也称UA（Universal Access Unit），用于为各种用户提供多种类型的业务接入，如模拟用户接入、ISDN用户接入、V5用户接入和xDSL接入等。

（4）通用媒体网关UMG（Universal Media Gateway）：主要完成媒体流格式转换与信令转换功能，具有TMG、内嵌SG、UA等多种用途，可用于连接PSTN交换机、PBX、接入网、NAS（网络接入服务器）以及基站控制器等多种设备。

（5）综合接入设备IAD（Integrated Access Device）：用于将用户终端的数据、语音及视频等业务接入到分组网络中，其用户端口数一般不超过48个。

（6）SIP Phone：SIP电话，一种支持SIP协议的多媒体终端设备。

（7）H.323 Phone：H.323电话，一种支持H.323协议的多媒体终端设备。

二、传输层

传输层主要完成数据流（媒体流和信令流）的传送，其实质就是NGN网的承载网络，用来将接入层中的各种网关、控制层中的软交换设备、业务/应用层中的各种服务器平台等各个网元连接起来。传输层采用分组技术，提供一个高可靠性的、提供QoS

保证、大容量的、统一的综合传送平台。NGN选择IP网络作为承载网络，主要由骨干网、城域网各设备（如路由器、三层交换机等）组成。NGN网络中，各网元将各种控制信息和媒体信息封装在IP数据包中，通过传输层的IP网相互通信。

三、控制层

控制层实现呼叫控制，其核心技术是软交换技术，用于完成基本的实时呼叫控制和连接控制功能。软交换设备SoftSwitch是NGN的核心设备，主要完成呼叫控制、媒体网关接入控制、资源分配、协议处理、路由、认证（鉴权）、计费等功能，并可向用户提供基本语音业务、多媒体业务以及API接口，软交换设备功能如图1.22所示。

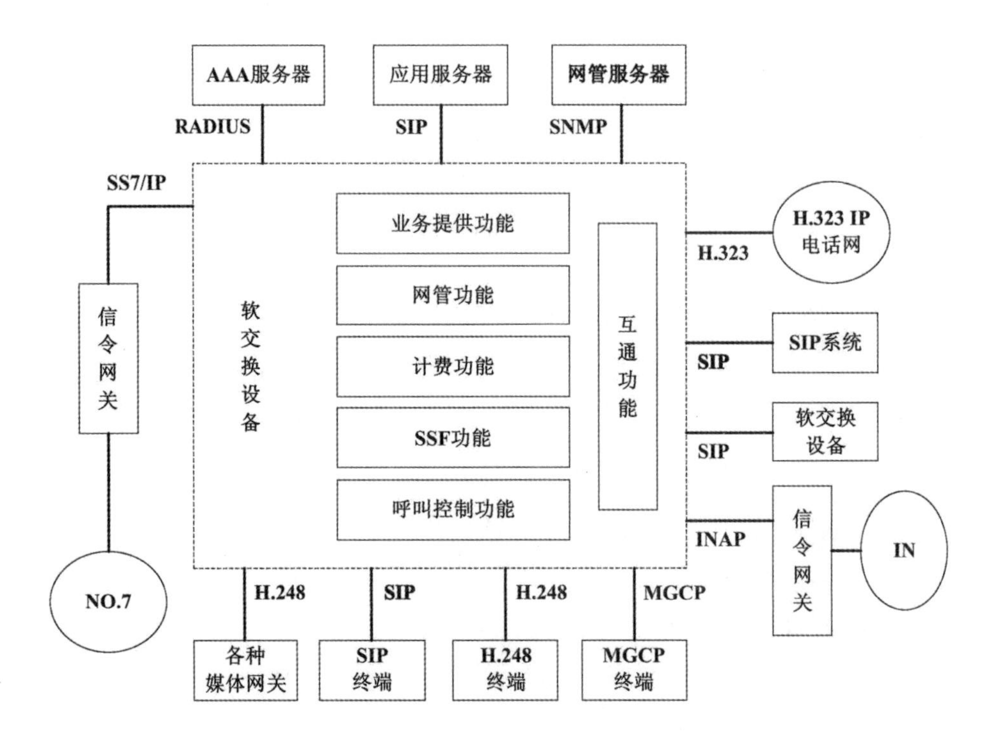

图1.22　软交换设备功能及协议图

1．呼叫控制功能

软交换设备可以为呼叫的建立、维持和释放提供控制功能，包括呼叫处理、连接控制、智能呼叫触发检测和资源控制等。

2．业务提供功能

软交换设备能够提供PSTN/ISDN交换机提供的业务，包括基本业务和补充业务；与现有智能网配合，提供现有智能网所能提供的业务；与第三方合作，提供多种增值业务和智能业务。

3．业务交换功能

软交换设备与网关设备配合能提供智能网中SSP（业务交换点）的功能，该功能可实现与智能网SCP（业务控制点）的通信，使软交换用户可以享受原智能网业务。

4．协议转换功能

软交换是一种开放、多协议的实体，必须采用标准协议与各种媒体网关、终端和网络进行通信，这些协议包括H.248、SCTP、ISUP、TUP、INAP、H.323、SNMP、SIP、M3UA、MGCP、BICC等。

5．互连互通功能

软交换可通过各种网关与标准协议实现与现有七号信令网、智能网、IP电话网、PSTN网、其他软交换的互连互通。

6．资源管理功能

软交换应能提供资源管理功能，对它所管辖范围内的各种资源进行集中管理，如资源的分配、释放和控制等，这里的资源指的是为实现端到端之间的通话所需要的诸如端口、线路、带宽、媒体等各种硬件资源。

7．计费功能

软交换应具有采集详细话单和复式计次的功能，可根据运营需求将话单传送至计费中心，同时具备智能计费功能。对于新型的多媒体业务，软交换还可以按流量来计费。

8．认证与授权功能

软交换设备能够支持本地鉴权认证功能，可以对其管辖区内的用户、媒体网关和智能终端进行认证与授权，以防止非法用户或设备的接入。

9．地址解析功能

软交换设备可以完成E.164地址至IP地址、IP地址之间的互相转换，并能够根据转换后的结果进行选路。

10．语音处理控制功能

软交换控制媒体网关可选择语音压缩算法（包括G.729、G.723等），采用回波抵消技术以减少回声；还可向媒体网关提供语音包缓存区，减少抖动对语音质量的影响。

11．操作维护功能

操作维护系统是软交换设备中负责系统的管理和操作维护的部分，是用户使用、配置、管理、监视软交换的工具。软交换设备支持SNMP配置管理、脱机/在线配置、远程配置等多种配置管理方式，提供数据备份功能、提供命令行和图形化界面两种方式对整机数据进行配置、提供数据升级功能等。软交换设备具备完善的故障管理和安全管理功能、能够提供业务统计功能。

由此可见，软交换设备是多种逻辑功能实体的集合，是下一代网络中语音/数据/视频业务呼叫、控制、业务提供的核心设备，也是目前电路交换网向分组数据网演进的主要设备之一。

四、业务层

业务层用于在呼叫建立的基础上提供附加的增值业务以及运营支撑功能，业务层的主要设备有iOSS、策略服务器、应用服务器、位置服务器、MRS和SCP等。

（1）综合运营支撑系统iOSS（integrated Operation Support System），包括统一管理NGN设备的网管系统和融合计费系统。

（2）策略服务器Policy Server，用于管理用户的ACL（Access Control List）、带宽、流量和QoS等方面的策略。

（3）应用服务器Application Server，负责各种增值业务和智能网业务的逻辑产生和管理，并且还提供各种开放的API（Application Programming Interface）接口，为第三方业务的开发提供创作平台。

（4）位置服务器Location Server，用于动态管理NGN网内各软交换设备之间的路由，指示电话目的地的可达性，并保证呼叫路由表的最佳效率，防止路由表过大和不实用，减少路由的复杂度。

（5）媒体资源服务器MRS（Media Resource Server），用于提供基本和增强业务中的媒体处理功能，包括业务音提供、会议、交互式语音应答（IVR）、通知和高级语音业务等。

（6）业务控制点SCP（Service Control Point），是传统智能网的核心构件，它存储用户数据和业务逻辑。SCP根据业务交换点SSP上报来的呼叫事件启动不同的业务逻辑，根据业务逻辑查询业务数据库和用户数据库，然后向相应的SSP发出呼叫控制指令，以指示SSP进行下一步的动作，从而实现各种智能呼叫。

1.3 SoftX3000软交换设备

一、认识SoftX3000软交换设备

华为SoftX3000软交换系统是大容量软交换设备，它采用先进的软、硬件技术，具有丰富的业务提供能力和强大的组网能力，应用于NGN网络的控制层，完成基于IP分组网络的语音、数据、多媒体业务的呼叫控制和连接管理等功能。在传统PSTN网络向NGN网络的融合发展过程中，SoftX3000具有端局、汇接局、长途局、关口局、SSP等多种用途。SoftX3000具有以下特点。

1．丰富的业务提供能力

SoftX3000不仅全面继承传统PSTN、智能网的各项业务能力，而且还提供基于NGN网络架构的各项增值业务，具有丰富的业务提供能力。

2．强大而灵活的组网能力

SoftX3000提供开放、标准的协议接口，不仅支持MGCP、H.248、SIP、H.323、SIGTRAN等信令或协议，而且还支持No.7、No.5、R2、DSS1、V5等传统PSTN信令，具有强大而灵活的组网能力。

3．大容量、高集成度

SoftX3000在满配置的情况下，仅需安装5个机柜，不仅设备占地面积小，而且运

行功耗低（小于12kW）。单个业务处理模块（FCCU）的BHCA值最大为400k，可处理9000 TDM中继或5万用户的呼叫。在满配置的情况下，SoftX3000最多可支持40个业务处理模块，系统BHCA值达16000k，最大可支持36万TDM中继或200万等效用户。

4．高可靠性

为确保系统的高可靠性，SoftX3000在硬件设计、软件设计、系统过载控制和计费系统等诸多方面采取了大量的措施。硬件设计上广泛采用单板的主备份、负荷分担、冗余配置等可靠性设计方法，并通过优化单板和系统的故障检测及隔离技术提高系统的可维护性。软件设计上采用分层的模块化结构，具有防护性能、容错能力、故障监视等功能。提供4级过负荷限制、话务控制等多种过负荷控制机制，充分保障系统的可靠性。计费系统实现话单数据的双备份和海量存储。通过以上措施，SoftX3000系统的MTBF（平均故障间隔时间）达到53年，年平均中断时间仅为0.89分钟。

5．高安全性

SoftX3000具有完善的安全性设计，可有效防止恶意攻击、非法注册、匿名呼叫、窃听、盗用账号等非法行为，确保网络和用户的安全。

6．平滑的扩容能力

SoftX3000在硬件设计和系统处理能力设计方面均充分地考虑了用户未来的扩容需要，具有平滑的扩容能力。硬件设计上SoftX3000采用OSTA平台作为硬件平台，用户通过积木式的机框扩展，可在1～18框之间任意配置，充分满足平滑扩容的需求。系统处理能力上SoftX3000设计的BHCA值高达16000k，为将来的业务扩展留有充足的空间，可以充分满足用户不断增长的业务或扩容需求。

7．完善的计费能力与话单管理功能

SoftX3000具有完善的计费能力，不仅支持对语音、数据和多媒体等各种业务进行计费，提供多种计费方式与话单类型，而且还提供了完善的话单管理功能。

8．优良的性能统计功能

SoftX3000提供优良的性能统计（业务统计）功能，支持多种测量指标与灵活的测量任务，采用列表和图形等多种方式显示性能数据，实时性强，可充分反映设备的业务负荷信息与运行状况。

二、SoftX3000系统结构

1．硬件物理结构

SoftX3000采用OSTA平台作为硬件平台，OSTA平台采用19英寸宽、9U高的标准机框结构，框内单板采用前后对插的方式进行安装，前后共21对槽位，统一后出线，如图1.23所示。

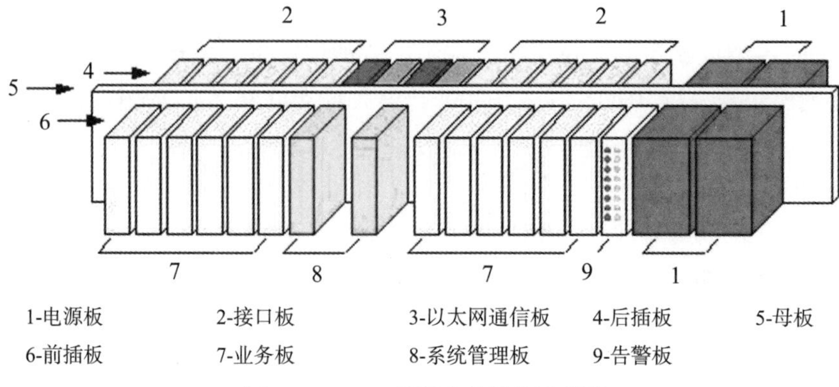

图1.23　OSTA机框总体结构示意图

在SoftX3000的OSTA机框中，前插板由业务板、系统管理板、告警板组成，后插板由接口板、以太网通信板组成，电源板则前后均可安装。系统管理板、以太网通信板、告警板、电源板为机框的固定配置，分别安装在固定的槽位，占用9个标准单板插槽的宽度；剩余的12个插槽则用于安装业务板与接口板。

SoftX3000硬件物理结构可分为业务处理子系统、维护管理子系统和环境监控子系统三个部分，如图1.24所示。

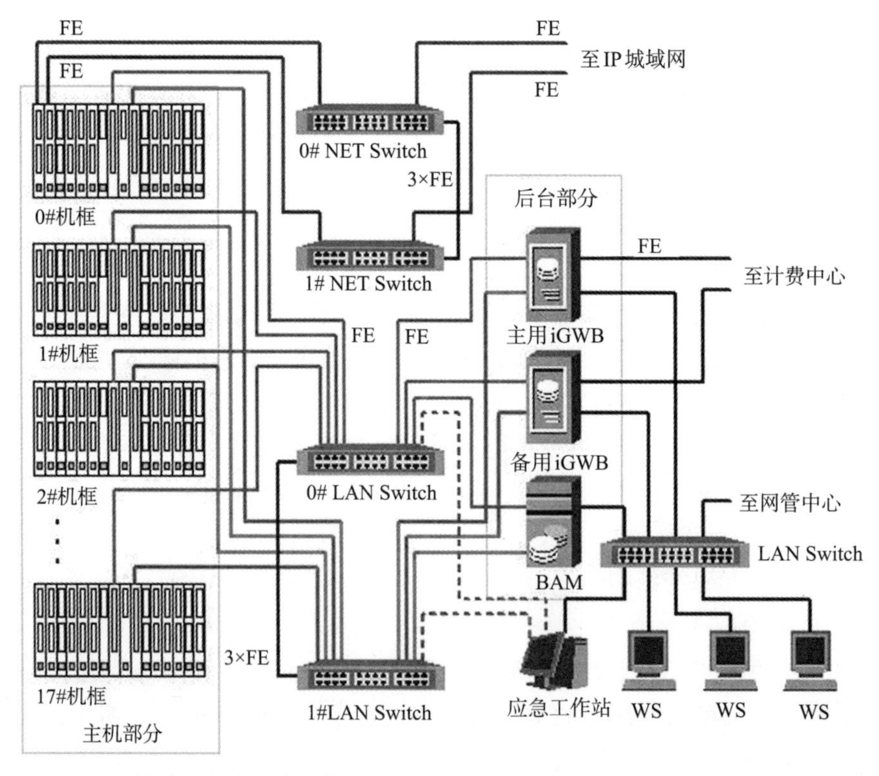

图1.24　SoftX3000的硬件物理结构

（1）业务处理子系统

业务处理子系统又称为“主机”或“前台”，是SoftX3000的核心部分，由OSTA（Huawei Open Standards Telecom Architecture Platform）机框和连接设备构成，主要完成业务处理、资源管理等功能。

（2）维护管理子系统

维护管理子系统又称为“后台”，由BAM、应急工作站、WS、iGWB和连接设备构成，主要完成操作维护、话单管理等功能。

（3）环境监控子系统

环境监控子系统包括每个业务处理框的电源监控模块、风扇监控模块和每个机柜的配电框监控模块，主要用于保证SoftX3000正常的工作环境。

SoftX3000系统设备间的通信主要包括4部分。

（1）各机框之间通信

各机框之间通过内部以太网进行通信，每个机框均有两条网线连接至0#LAN Switch与1#LAN Switch。

（2）主机与后台通信

各机框与后台通过内部以太网进行通信，BAM、iGWB、应急工作站均有网线连接至0#LAN Switch与1#LAN Switch，其中应急工作站与两个LAN Switch之间的FE网线正常情况下不连接，如图1.24中虚线所示，只有当BAM与主机系统通信不正常时，应急工作站与两个LAN Switch之间的FE网线才连接。也就是说，应急工作站正常情况定时备份BAM的数据，一旦BAM出现故障，应急工作站立即承担BAM的功能。

（3）后台设备之间通信

BAM、应急工作站和主备iGWB各有一网线连接至LAN Switch，各WS通过TCP/IP协议以客户机/服务器的方式与BAM、iGWB进行通信。通过该LAN Switch还对外提供网管接口。

（4）与外部IP网络通信

主机系统通过两个NET Switch连至IP城域网，只有基本框0和基本框1才提供网线连接至0#NET Switch与1#NET Switch。主备iGWB各有一网线连接至计费中心。

2．软件结构

SoftX3000的软件系统由主机软件和终端OAM（Operation Administration and Maintenance）软件两大部分组成，其体系结构如图1.25所示。

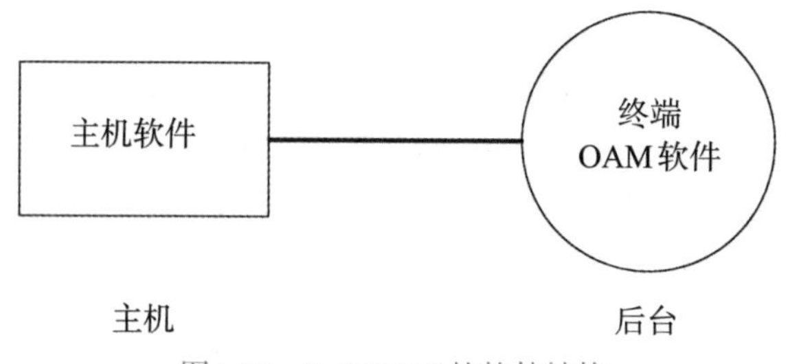

图1.25 SoftX3000的软件结构

（1）主机软件

主机软件是指运行于SoftX3000主处理机上的软件，主要用于实现信令与协议适配、呼叫处理、业务控制、计费信息生成等功能，并与终端OAM软件配合，响应维护人员的操作命令，完成对主机的数据管理、设备管理、告警管理、性能统计、信令跟踪和话单管理等功能。

（2）终端OAM软件

终端OAM软件是指运行于BAM、iGWB以及工作站上的软件，它与主机软件配合，主要用于支持维护人员完成对主机的数据管理、设备管理、告警管理、性能统计、信令跟踪和话单管理等功能。终端OAM软件采用客户机/服务器模型，主要由BAM服务器软件、计费网关软件和客户端软件三部分组成。其中，BAM服务器软件安装在BAM，计费网关软件安装在iGWB，二者均为服务器；客户端软件安装在工作站，是客户机。

3．终端系统结构

SoftX3000终端系统主要包括BAM、iGWB、应急工作站和工作站等设备。

（1）BAM

BAM（Backend Administration Module，后管理模块）是SoftX3000设备操作维护系统的服务器，充当SoftX3000与工作站连接的桥梁。BAM将工作站（近端/远端）的维护操作命令转发到SoftX3000，将SoftX3000响应回送到相应的操作维护工作站上，同时完成告警信息、业务统计等数据的存储和转发。

（2）iGWB

iGWB（iGateway Bill，计费网关）服务器处于SoftX3000与计费中心之间，是完成话单接收、预处理、缓存以及计费接口功能的设备，其话单处理能力为每秒处理1700张详细话单。

（3）应急工作站

应急工作站上安装应急工作站软件，该软件可通过网络自动同步（备份）BAM的数据内容。当BAM停止工作后，应急工作站会利用这些备份数据恢复BAM数据库，并且将暂时代替BAM进行工作。待BAM故障恢复后，再切换恢复到原来的工作模式。因此，应急工作站主要作为系统BAM数据的备份设备。

（4）WS

WS（Workstation，工作站）是SoftX3000的维护终端和操作终端，主要实现对数据配置、设备状态查询、维护等功能。

三、SoftX3000设备硬件组成

1．机柜

SoftX3000软交换设备采用N68-22机柜，其机柜的尺寸为高2200mm、宽600mm、深800mm。一个机柜最多可以容纳4组标准的19英寸插框，机柜的可用空间高度为46U。

SoftX3000机柜可分为综合配置机柜、业务处理机柜和媒体资源服务器机柜三种类型，其中媒体资源服务器机柜只在SoftX3000设备采用独立MRS（Media Resource Server）时配置。

综合配置机柜为必配机柜，提供基本业务处理、设备对外接口（如IP）、前后台通信和计费存储等功能。配置媒体资源框的情况下，还提供媒体资源服务功能。

除了前后台通信和计费存储等功能外，业务处理机柜提供与综合配置机柜相同的功能。业务处理机柜的配置数量根据系统容量确定，最多为4个。

当等效用户数大于10万用户时，系统需要配置媒体资源服务器机柜，用于安装独立的媒体资源服务器，替代媒体资源框向设备提供媒体资源服务。

现网中，根据不同的组网及容量配置，SoftX3000最多可以安装5个机架，对应的机架编号为0～4，其中，综合配置机柜所在机架的编号固定为0，其余机架按排列的顺序（从左至右或从右至左）依次编号，如图1.26所示。

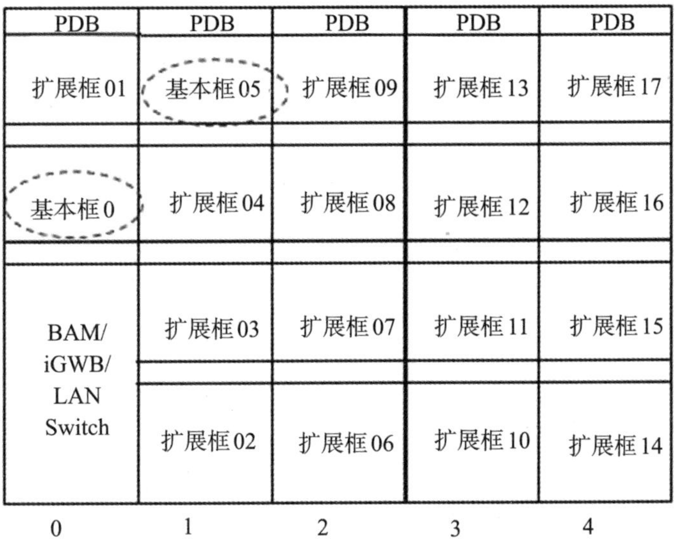

PDB	PDB	PDB	PDB	PDB
扩展框01	基本框05	扩展框09	扩展框13	扩展框17
基本框0	扩展框04	扩展框08	扩展框12	扩展框16
BAM/iGWB/LAN Switch	扩展框03	扩展框07	扩展框11	扩展框15
	扩展框02	扩展框06	扩展框10	扩展框14
0	1	2	3	4

图1.26　SoftX3000机架示意图

2．机框

机框的作用是将各种插入插框的单板通过背板组合起来构成一个独立的工作单元。SoftX3000采用华为OSTA平台作为硬件平台，OSTA平台同时具有共享资源总线、以太网总线、H.110总线和串口总线四种背板总线，采用19英寸宽、9U高的标准机框结构。机框采用中置背板，框内单板采用前后对插方式安装，前后共21对槽位，统一后出线。机框底部配有可插拔式的风扇盒，采用上送风方式，用于散热。

SoftX3000最多可以安装18个OSTA机框，对应的机框编号为0～17，其编号原则如下。

（1）机架内的机框编号按照安装位置从下至上顺序编号。

（2）机架间的机框编号按照机架编号从小到大顺序递增。

其中，基本框最多配置2框，其编号固定为0和5，各机框的编号规则如图1.26所示。

根据机框配置单板类型的不同，SoftX3000机框可以分为基本框0、基本框1、扩展框和媒体资源框四种。

（1）基本框0：在综合配置机柜中固定配置。基本框0对外提供IP外部接口，在单框配置情况下，可以完成完整的业务处理功能。

（2）基本框1：当等效用户容量大于50万用户数时，必须配置基本框1。基本框1提供IP外部接口，完成完整的业务处理功能。

（3）扩展框：作为可选部件，是根据用户容量选配的业务处理框。扩展框不能单独出现在系统中，必须与基本框0配合才能提供业务的处理功能。

（4）媒体资源框：当等效用户容量少于10万用户时，系统配置媒体资源框以提供资源媒体流，实现MRS的功能。

在SoftX3000的OSTA机框中，单板采用前后对插的方式进行安装，对应的槽位依次编号为0～20，其中，前插板按照从左到右的顺序进行编号，后插板则按照从右到左的顺序进行编号，如图1.27所示。

槽位号	0	1	2	3	4	5	6	7	8	9	10	11	12	13	14	15	16	17	18	19	20
后插板	BFII	BFII					SIUI	HSCI	SIUI	HSCI								UPWR		UPWR	
前插板	IFMI	IFMI	FCCU	FCCU	FCCU	FCCU	SMUI		SMUI		CDBI	CDBI	BSGI/MSGI	BSGI/MSGI	BSGI/MSGI	BSGI/MSGI	ALUI	UPWR		UPWR	

图1.27 基本框0单板示意图

3．单板

在SoftX3000的OSTA机框中，根据单板的位置不同可以分为前插板、后插板和背板三大类。前插单板为业务处理单板和控制管理单板，共有9种常用类型；后插单板为协议处理单板和接口单板，共有4种常用类型（不包括电源板）；背板中置，主要提供板间信号的互连功能。SoftX3000常用单板如表1.13所示。

表1.13　SoftX3000常用单板一览表

单板	单板位置	所属机框	前后板对插关系
SMUI	前插板	基本框、扩展框、媒体资源框	成对使用
SIUI	后插板	基本框、扩展框、媒体资源框	成对使用
IFMI	前插板	基本框	成对使用
BFII	后插板	基本框	成对使用
MRCA	前插板	媒体资源框	成对使用
MRIA	后插板	媒体资源框	成对使用
HSCI	后插板	基本框、扩展框、媒体资源框	无
FCCU	前插板	基本框、扩展框	无
CDBI	前插板	基本框、扩展框	无
BSGI	前插板	基本框、扩展框	无
MSGI	前插板	基本框、扩展框	无
ALUI	前插板	基本框、扩展框、媒体资源框	无
UPWR	前插板/后插板	基本框、扩展框、媒体资源框	无

教学策略

1．重难点

（1）重点：软交换设备的安装流程。

（2）难点：NGN网络的体系结构。

2．教学方法

（1）相关知识点教学建议采用分组讨论、现场教学法。

（2）任务完成建议采用分组实训、现场教学法。

3．请结合本任务讨论

（1）针对这种需要现场教学的任务，在不具备相应实训条件情况下，如何选择教学方法？

讨论记录：

____

____

____

____

____

(2) 请讨论分组实训的具体设计方法。

讨论记录：____________________

____

____

____

____

____

习题

1. 什么是NGN？简要说明以软交换为核心的NGN网络的体系结构以及各层的主要设备。

2. 简要说明SoftX3000软交换设备的硬件物理结构。

3. 简要说明SoftX3000系统设备之间是如何通信的？

4. SoftX3000硬件安装使用的主要工具仪表有哪些？

5. 简要说明SoftX3000软交换设备安装流程。

6. 检查SoftX3000软交换设备硬件安装情况主要包括哪些内容？

学习情景2　软交换网络业务开通

学习情境概述

1．学习情境概述

本学习情境主要聚焦软交换网络业务开通，从语音业务、多媒体业务、与PSTN对接业务、与IMS网络对接业务的开通等方面设置任务，通过学习与实践，掌握软交换网络业务开通的数据规划、配置以及业务调测的方法等。

2．学习情境知识地图（见图2.1）

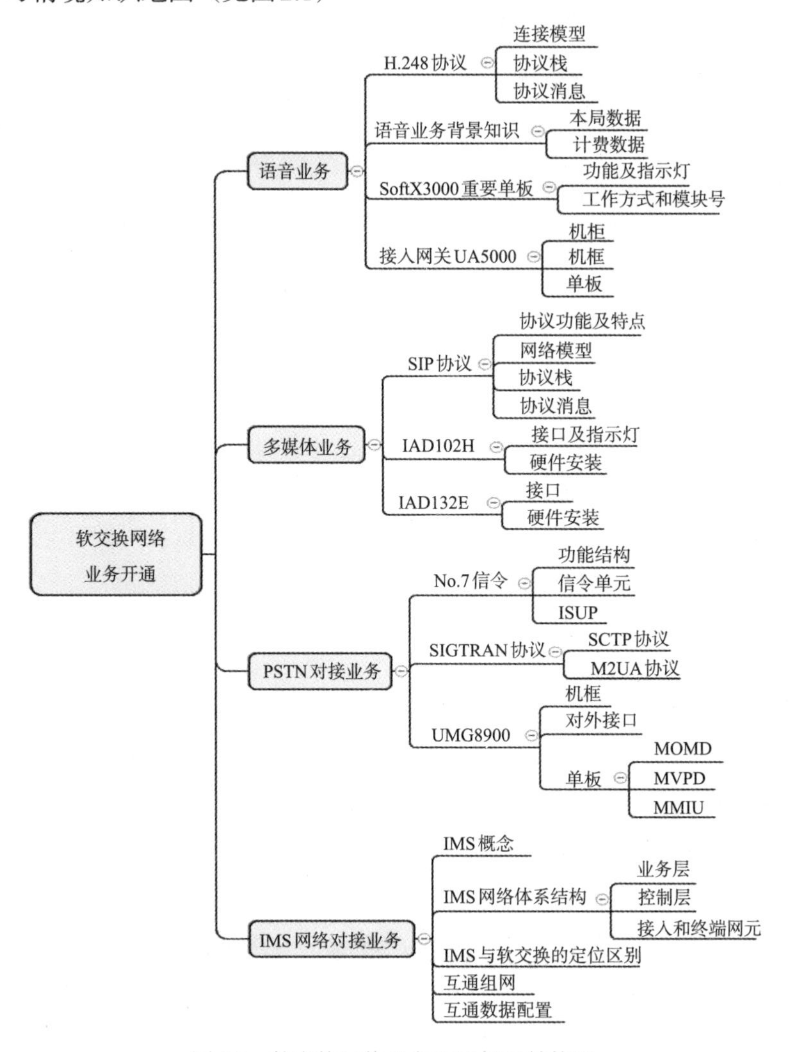

图2.1　软交换网络业务开通知识结构图

主要学习任务

主要学习任务如表2.1所示。

表2.1　主要学习任务列表

序号	任务名称	主要学习内容	建议学时	学习成果
1	软交换网络语音业务开通	按照数据规划进行语音业务开通并完成业务调测	10课时	熟悉业务开通流程，能够熟练使用网管软件进行语音业务开通及调测
2	软交换网络多媒体业务开通	按照数据规划进行多媒体业务开通并完成业务调测	8课时	熟悉业务开通流程，能够熟练使用网管软件进行多媒体业务开通及调测
3	软交换网络与PSTN对接业务开通	按照数据规划进行PSTN对接业务开通并完成业务调测	8课时	熟悉业务开通流程，能够熟练使用网管软件进行PSTN对接业务开通及调测
4	软交换网络与IMS网络对接业务开通	按照数据规划进行IMS网络对接业务开通并完成业务调测	8课时	熟悉业务开通流程，能够熟练使用网管软件进行IMS网络对接业务开通及调测

任务2　软交换网络语音业务开通

任务描述

语音业务是运营商向公众用户提供的基础电信业务。当MG通过IP城域网接入SoftX3000时，可以为用户提供模拟用户线端口，以便运营商能通过IP城域网向用户提供语音业务。在软交换网络中，MG可采用H.248或MGCP协议与SoftX3000对接，实际组网时MG可以是IAD、AMG或UMG等。现有4个用户申请语音业务，他们通过AMG设备UA5000接入软交换网络，UA5000作为宽窄带一体化接入设备，采用H.248协议与SoftX3000对接组网，如图2.2所示。如果你是维护人员，如何实现用户间的语音互拨？

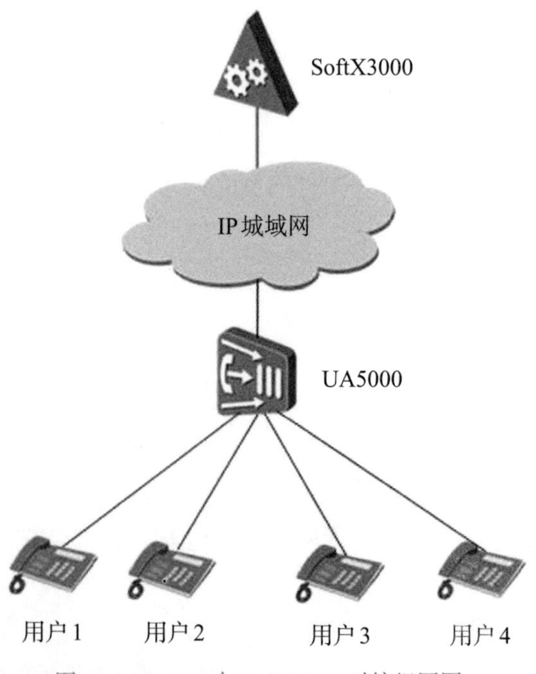

图2.2　UA5000与SoftX3000对接组网图

任务分析

本次任务的核心是开通语音业务，目标是将需要开通此项业务的用户添加到本地局中，并设置与之配合的媒体网关。要完成此工作任务，需进行数据规划、数据配置和数据调测。数据规划可防止配置过程中发生数据冲突，需对硬件数据、本局数据、计费数据以及对接参数等进行规划。数据调测可验证业务开通是否正常，并为语音类业务故障的处理提供思路，主要是硬件数据和语音业务开通调测。SoftX3000语音业务开通的数据配置流程如图2.3所示。

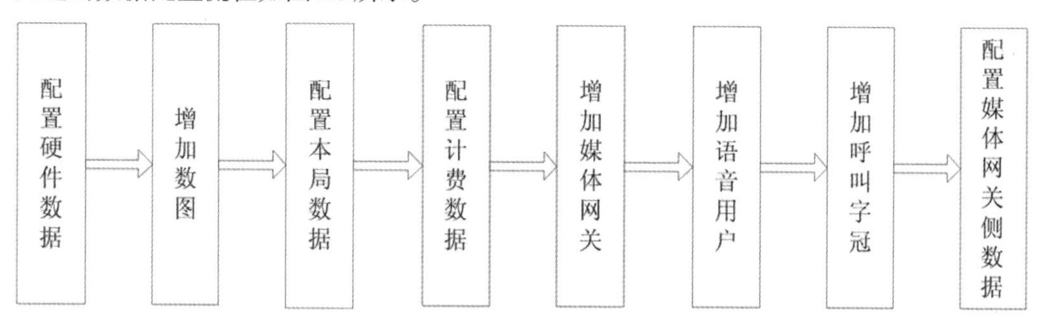

图2.3　SoftX3000语音业务开通流程图

SoftX3000语音业务开通配置包括配置硬件数据、增加数图、配置本局数据、配置计费数据、增加媒体网关、增加语音用户、增加呼叫字冠以及配置媒体网关侧数据。

其中，配置硬件数据用于定义SoftX3000的物理硬件、物理端口以及与之密切相关的配置信息，包括增加机架、增加机框、增加单板、增加中央数据库功能以及增加FE端口配置，该配置顺序应与硬件安装顺序一致。硬件数据相关知识请阅读“知识链接与拓展”中的SoftX3000重要单板。

媒体网关的数图由SoftX3000下发，尽管SoftX3000系统中有默认数图，但因为号码规划等原因不能满足工作任务需求，所以需要根据号码规划在SoftX3000中增加合适的数图。

配置本局数据用于定义交换局的时区、信令点编码、全局/本地号首集、国家/地区码、国内长途区号、呼叫源等信息，包括设置本局信息、增加本地号首集、增加呼叫源以及增加用户号段。

配置计费数据用于定义交换局与计费有关的配置信息，包括增加计费情况、修改计费模式以及增加计费索引。数图、本局数据、计费数据相关知识请阅读“知识链接与拓展”中的语音业务开通背景知识。

增加媒体网关属于对接数据配置，SoftX3000系统可对接多个媒体网关，每个媒体网关都需要单独设置。本任务中SoftX3000采用H.248协议与UA5000对接组网，需增加H.248协议的媒体网关。关于“H.248协议”“UA5000”请阅读“知识链接与拓展”的相关内容。

增加语音用户和呼叫字冠属于业务数据配置，本任务中UA5000可接入多个语音用户，每个语音用户都需要单独设置。呼叫字冠与号码分析有关，相关知识请阅读“知识链接与拓展”中的语音业务开通背景知识。

不同厂家、不同类型的媒体网关配置均不相同，在媒体网关侧数据配置时需保持与SoftX3000侧对接参数的一致性。

必备知识

SoftX3000数据配置的总体流程如图2.4所示，在实际开局时，维护人员一般应遵循“先配置基础数据、再配置对接数据、最后配置业务数据和应用数据”的基本原则。

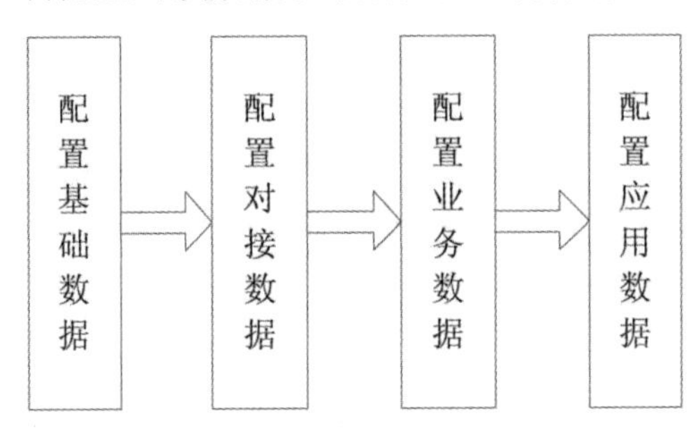

图2.4　SoftX3000数据配置的总体流程

1．基础数据配置

基础数据是SoftX3000配置数据库的基础，主要由硬件数据、本局数据和计费数据三部分组成，它主要用于定义设备的硬件组成、物理端口参数、本局基本信息、计费策略等全局性的数据。

基础数据所定义的关键参数包括单板的模块号、FE端口的IP地址、本地号首集、呼叫源码、计费源码、计费选择码等，这些关键参数在后续的数据配置过程中将被多次索引。因此，维护人员应严格按照规范要求规划各种基础数据。

2．对接数据配置

对接数据是SoftX3000配置数据库的重要组成部分，主要由媒体网关数据、MRS资源数据、协议数据、信令数据、路由数据、中继数据等几部分组成，它主要用于定义SoftX3000与IAD、AG、TG、MRS、SG、STP、SCP、PSTN交换机和其他软交换设备等对接时与信令、协议以及中继密切相关的数据。

运营商通过SoftX3000开展各种业务，必须配置对接数据。现网中，在各种不同的组网条件下，对接数据的配置过程不尽相同。

3．业务数据配置

业务数据是SoftX3000配置数据库中最灵活的部分，主要由号码分析数据、用户数据、Centrex数据、限呼数据、智能业务数据和其他业务数据等几部分组成，它主要用于定义拨号方案、用户号码分配方案、限呼方案、业务配合信息、业务规则信息等数据。

4．应用数据配置

应用数据主要针对双归属、全网智能化、多信令点、多区号等一些特殊功能或组网。

业务数据或应用数据的配置是运营商通过SoftX3000开展各种业务、实现各种功能的最终体现。

任务完成

一、数据规划

在开通语音业务时，首先应配置SoftX3000侧的数据。数据配置前应对SoftX3000硬件数据、本局数据、计费数据以及SoftX3000与UA5000之间的主要对接参数进行规划。

1．硬件数据规划

维护人员应按表2.2所示做好硬件信息收集和数据规划，其中设备面板配置图应与设备硬件安装情况相符。

表2.2　硬件信息收集工作

序号	信息收集	备注
1	详细的设备面板配置图	用于提供机架、机框、单板等设备的类型、位置、编号等信息
2	单板的模块号	用于统一规划IFMI、CDBI、FCCU、BSGI、MSGI、MRCA等单板的模块号
3	FE端口的IP地址	SoftX3000对外接口的IP地址，需根据全网规划和实际组网进行配置：10.26.102.13/24
4	与SoftX3000连接的路由器设备的IP地址	用于配置IP路由数据：10.26.102.1

根据图2.5所示SoftX3000的设备面板配置图，维护人员还应对各单板的模块号等基本信息进行数据规划，如表2.3所示。单板模块号规划需符合编号规则且保持唯一性，相关知识请参考“知识链接与拓展”中的SoftX3000重要单板。

	0	1	2	3	4	5	6	7	8	9	10	11	12	13	14	15	16	17 18	19 20
后插板	BFII						SIUI			HSCI									
前插板	IFMI		FCCU				SMUI				CDBI		MSGI		BSGI		ALUI	UPWR	UPWR

图2.5　SoftX3000的设备面板配置图

表2.3 单板数据规划

框号/槽位	单板位置	单板类型	主备用标志	单板模块号
0 / 0	前插板	IFMI	主用	132
0 / 2	前插板	FCCU	主用	22
0 / 10	前插板	CDBI	主用	102
0 / 12	前插板	MSGI	主用	136
0 / 14	前插板	BSGI	独立运行	211

2．本局数据规划

维护人员应按表2.4所示做好本局信息收集和数据规划。

表2.4 本局信息收集工作

序号	信息收集	备注	参数值
1	本局信令点编码	用于配置与MTP信令相关的数据	111111
2	交换局类型	决定所处信令网络	长市农合一局
3	本地号首集	用于确定本局用户可以具有多少个字冠集合	用户1～4属于本地号首集0 本地号首集0长途区号：28
4	呼叫源	区分不同的主叫用户群	用户1～4属于呼叫源0
5	号段	根据规划确定本交换局所占用的号码资源	本地号首集0号段： 8880001～8880999
6	呼叫字冠	定义被叫号码的前缀	本地号首集0呼叫字冠：888

3．计费数据规划

本任务中呼叫记录方式采用计次表，计次表跳表方式为前180秒跳1次，以后每60秒跳1次。维护人员应按表2.5所示做好计费数据规划。

表2.5 计费数据规划

序号	计费参数	参数值
1	计费方法	计次表
2	计费制式	180/1/60/1

4．对接参数规划

维护人员应对SoftX3000与UA5000之间的以下主要对接参数进行规划，如表2.6所示。其中本任务4个用户的电话号码应在本局数据规划指定的号段范围之内。

表2.6　SoftX3000与UA5000之间对接数据规划表

序号	对接参数	参数值
1	H.248协议编码类型	ABNF（text，文本方式）
2	UA5000使用的MG接口	0
3	UA5000使用的MG口地址	10.26.102.20/24
4	UA5000的媒体地址	10.26.102.20/24
5	SoftX3000业务接口地址	10.26.102.13/24
6	UA5000使用端口	2944
7	SoftX3000使用端口	2944
8	UA5000域名	ua5000.com
9	UA5000是否开启H.248协议三次握手	是
10	UA5000用户起始端口（即用户标示）	0
11	用户号码	用户1：8880001，用户2：8880002 用户3：8880003，用户4：8880004

二、数据配置

（一）硬件数据配置

SoftX3000系统硬件安装遵循机架、机框、单板的顺序，硬件数据配置应与硬件安装顺序一致。增加中央数据库功能需要先增加CDBI板，增加FE端口配置需要先增加IFMI板。

1．增加机架

本步骤用于在SoftX3000系统中添加1个机架，MML命令为：

ADD SHF: SHN=0, LT="实验室", ZN=0, RN=0, CN=0;

增加机架的配置界面如图2.6所示。

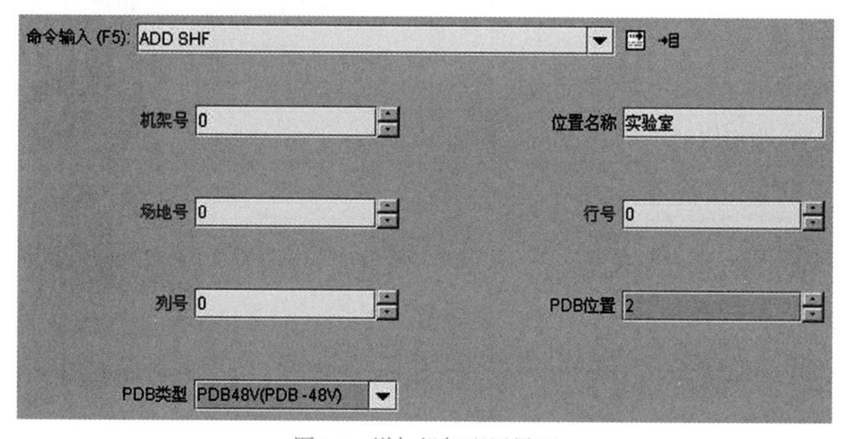

图2.6　增加机架配置界面

关键参数：

【机架号】：用于唯一标识一个机架。SoftX3000最多可配置5个机架，编号范围为0～4。

【场地号】：用于描述机架所处的机房的编号。

【行号】、【列号】：用于描述机架在机房中的具体位置，即该机架位于哪一行、哪一列。

2．增加机框

本步骤用于在SoftX3000系统已配置机架中添加机框，MML命令为：

ADD FRM: FN=0, SHN=0, PN=2;

增加机框的配置界面如图2.7所示。

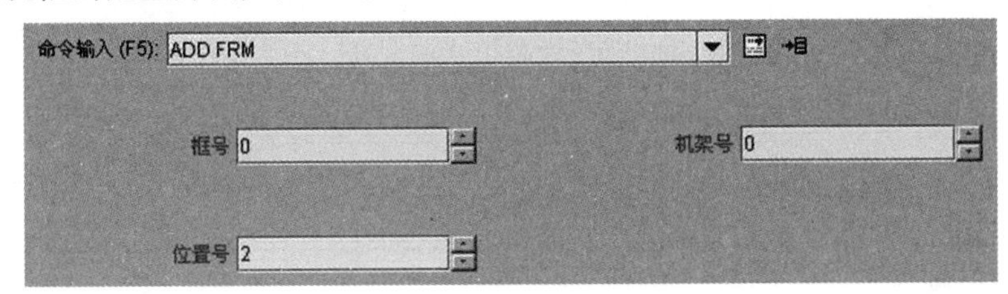

图2.7　增加机框配置界面

关键参数：

【框号】：用于唯一标识一个机框。SoftX3000最多可配置18个机框，编号范围为0～17，其中，编号0、5用于基本框，其余编号用于扩展框。

【机架号】：用于指定机框所处机架的编号，该参数必须先由“ADD SHF”命令定义，然后才能在此处索引。

【位置号】：用于描述机框在机架中的位置。每个机架最多可安装4个机框，各机框从下至上的编号依次为0～3。对于综合配置机柜（机架0）而言，BAM和iGWB使用的位置号固定为0和1，所以综合配置机柜中，机框的位置号只能配置为2和3。

注意：

在增加机框命令完成后，系统自动添加SMUI、SIUI、HSCI、ALUI和UPWR板，它们固定配置在机框的6～9、16～20槽位。

3．增加单板

本步骤用于在SoftX3000系统已配置机框中添加单板，MML命令为：

ADD BRD: FN=0, SLN=0, LOC=FRONT, FRBT=IFMI, MN=132, ASS=255;

ADD BRD: FN=0, SLN=2, LOC=FRONT, FRBT=FCCU, MN=22, ASS=255;

ADD BRD: FN=0, SLN=10, LOC=FRONT, FRBT=CDBI, MN=102, ASS=255;

ADD BRD: FN=0, SLN=12, LOC=FRONT, FRBT=MSGI, MN=136, ASS=255;

ADD BRD: FN=0, SLN=14, LOC=FRONT, FRBT=BSGI, MN=211;

增加单板的配置界面如图2.8所示。

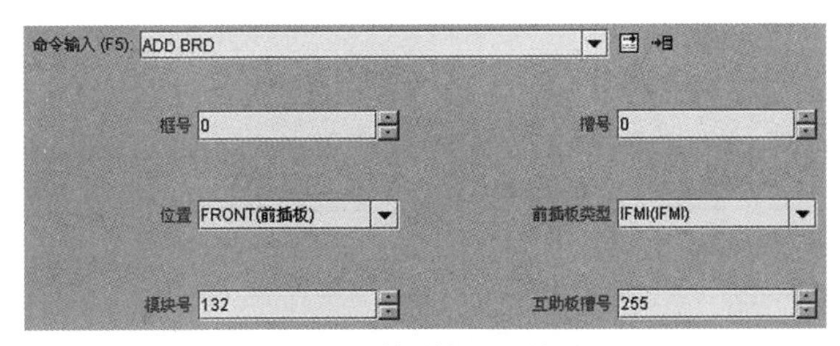

图2.8　增加单板配置界面

关键参数：

【框号】：用于指定单板所处机框的编号，该参数必须先由“ADD FRM”命令定义，然后才能在此处索引。

【槽号】：用于指定单板所处槽位的编号。SoftX3000的单板采用前后对插的方式进行安装，分前插板与后插板，前后各有21个槽位，编号范围为0～20。

【位置】：用于确定单板是前插板还是后插板。

【单板类型】：用于指定单板的类型，可为IFMI、FCCU、CDBI、MSGI、BSGI等。

【模块号】：用于定义单板的模块号，主备单板共用一个模块号。

【备板槽号】：当所增加的单板为主备用工作方式时，用于指定其互助单板的槽位号。该参数仅对主备用配置的单板有效，如果填255，那么表示该单板为非主备用工作方式（即不需要互助单板）。

注意：

BFII板不须单独配置，它随IFMI板自动增加。

4．增加中央数据库功能

本步骤是为SoftX3000系统已配置的CDBI板添加中央数据库，以存储与整个主机有关的全局数据，包括用户定位、中继选线、网关资源管理、黑白名单、IPN号码等数据，MML命令为：

ADD CDBFUNC: CDPM=102, FCF=LOC-1&TK-1&MGWR-1&BWLIST-1&IPN-1&DISP-1&SPDNC-1&RACF-1&PRESEL-1&UC-1&KS-1;

增加中央数据库功能的配置界面如图2.9所示。

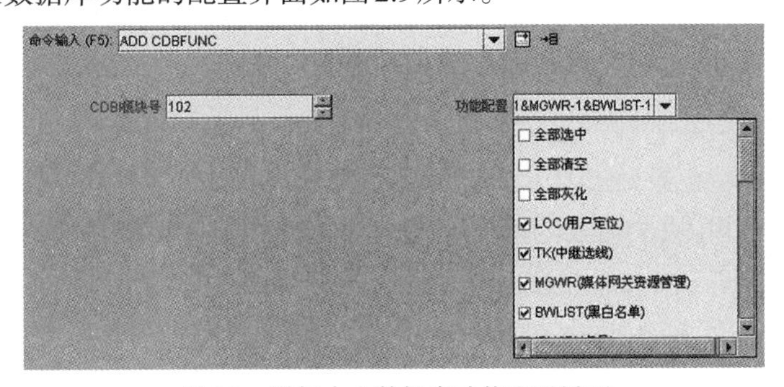

图2.9　增加中央数据库功能配置界面

关键参数：

【CDBI模块号】：用于指定实现中央数据库功能的CDBI板的模块号，该参数必须先由“ADD BRD”命令定义，然后才能在此处索引。

【功能配置】：用于为该CDBI模块分配中央数据库功能。

注意：

SoftX3000主机数据库包括模块数据库和中央数据库，模块数据库存储该模块的用户号码、网关、中继等数据，中央数据库存储全局性数据。

5．增加FE端口配置

本步骤是为SoftX3000系统已配置的IFMI板添加IP地址和IP路由数据，以保证SoftX3000能与其他IP设备正常互通，MML命令为：

ADDFECFG:MN=132,IP="10.26.102.13",MSK="255.255.255.0",DGW="10.26.102.1";

增加FE端口的配置界面如图2.10所示。

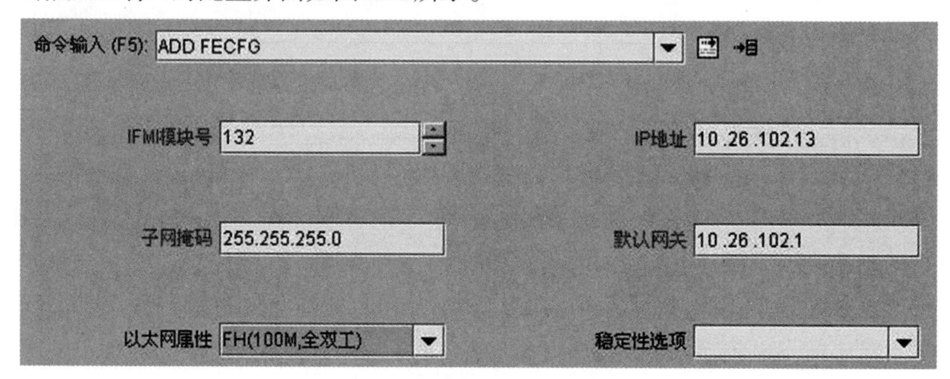

图2.10　增加FE端口配置界面

关键参数：

【IFMI模块号】：用于指定FE端口所属IFMI板的模块号，该参数必须先由“ADD BRD”命令定义，然后才能在此处索引。

【IP地址】、【掩码】：用于定义FE端口的IP地址与子网掩码。

【默认网关】：用于定义FE端口所连接的路由器设备的IP地址。该参数决定SoftX3000能否与其他IP设备正常互通。

（二）增加数图

支持H.248协议的媒体网关UA5000的数图是由SoftX3000下发的，维护人员可以使用系统默认的H.248协议数图，也可以根据现网号码规划增加相应的数图。本步骤用于增加数图，MML命令为：

ADD DMAP: PROTYPE=MGCP, DMAPIDX=0, PARTIDX=0,

DMAP="[2-8]xxxxxx|13xxxxxxxxx|0xxxxxxxxx|9xxxx|1[0124-9]x|*|#|x.#|[0-9*#].T";

增加数图的配置界面如图2.11所示。

命令输入 (F5): ADD DMAP
协议类型 H248(H248)
数图索引 0
分段序号 0
数图 [2-8]xxxxxx|13xxxxxxxxx|0xxxx

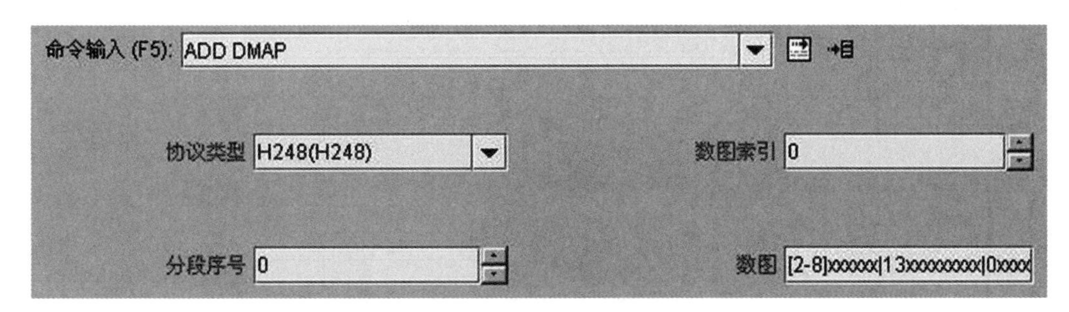

图2.11　增加数图配置界面

关键参数：

【协议类型】：用于定义数图适用的H.248协议或MGCP协议。

【数图索引】：用于唯一标识一个数图，在全局范围内统一编号。

【分段序号】：用于唯一标识一个数图的某个部分，在一个数图内统一编号。

【数图】：用于定义数图，最大字符数为2000。

（三）本局数据配置

1．设置本局信息

本步骤用于设置SoftX3000本局信息，本局信息用于定义SoftX3000在No.7信令网中的基础信息，MML命令为：

SET OFI: OFN="实验室", LOT=CMPX, NN=YES, SN1=NAT, NPC="111111", NNS=SP24, STP=YES, TMZ=0, SGCR=NO;

设置本局信息的配置界面如图2.12所示。

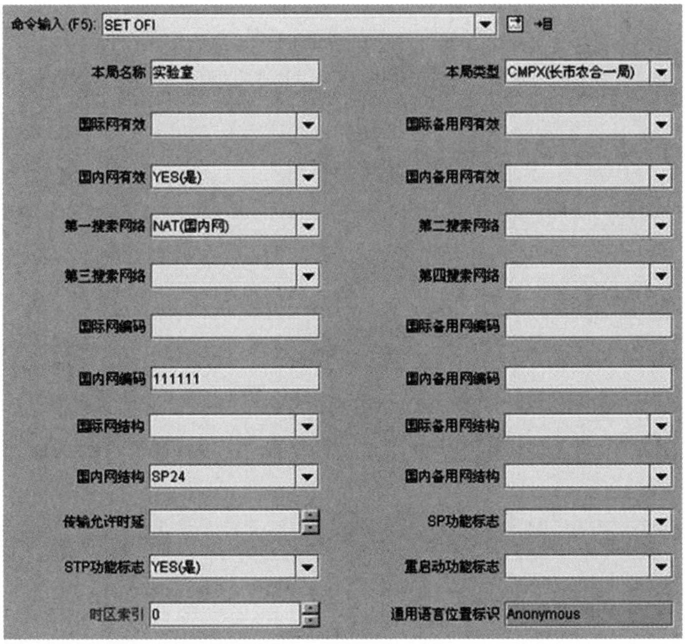

命令输入 (F5): SET OFI
本局名称 实验室
本局类型 CMPX(长市农合一局)
国际网有效
国际备用网有效
国内网有效 YES(是)
国内备用网有效
第一搜索网络 NAT(国内网)
第二搜索网络
第三搜索网络
第四搜索网络
国际网编码
国际备用网编码
国内网编码 111111
国内备用网编码
国际网结构
国际备用网结构
国内网结构 SP24
国内备用网结构
传输允许时延
SP功能标志
STP功能标志 YES(是)
重启动功能标志
时区索引 0
通用语言位置标识 Anonymous

图2.12　设置本局信息配置界面

关键参数：

【本局名称】：用于标识本交换局，其值域类型为字符串。

【本局类型】：用于指定本交换局的类型，应根据实际情况填写，可以选择用户交换机、市话/农话局、长市农合一局、国内长途局、国际长途局等。

【国际网有效】、【国际备用网有效】、【国内网有效】、【国内备用网有效】：这四个参数用于设定本局在哪个信令网内有效。本任务中，由于为长市农合一局，所以选择国内网有效。它表示本局位于国内信令网中，并占用国内信令网的信令点编码资源。

【第一搜索网络】、【第二搜索网络】、【第三搜索网络】、【第四搜索网络】：当本局与信令网中的某个SP之间存在两个或两个以上的信令网连接时，用于设定本局在搜索信令网时的顺序；而当本局与某个SP之间仅存在一个信令网连接时，这四个参数无效。

【国际网编码】、【国际备用网编码】、【国内网编码】、【国内备用网编码】：这四个参数分别用于定义本局在各信令网内的信令点编码，其值域类型为十六进制，最多包括6位。本任务中设备处于国内信令网中，信令点编码为111111，故设置国内网编码=111111。

【国际网结构】、【国际备用网结构】、【国内网结构】、【国内备用网结构】：用于指定本局在各信令网内信令点编码的长度。在不同的国家或地区，各信令网信令点编码的长度是不同的。本任务中设备处于国内信令网中，信令点编码应为24位，故设置国内网结构=SP24。

【SP功能标志】：用于设置该局是否提供信令点功能，一般设置为“Yes”。

【STP功能标志】：用于设置该局是否提供信令转接点功能，一般设置为“No”；若本局作为综合STP应用，则该参数应设为“Yes”。

【时区索引】：用于标识本局位于哪一个时区，即标识系统所在的缺省时区，其取值范围为0～254。

2．增加本地号首集

本步骤用于在SoftX3000系统中增加本地号首集，本任务中只有一个本地网，需要一个本地号首集，MML命令为：

```
ADD LDNSET: LP=0, NC=K'86, AC=K'28, LDN="实验室", DGMAPIDX=0,
MDGMAPIDX=0;
```

增加本地号首集的配置界面如图2.13所示。

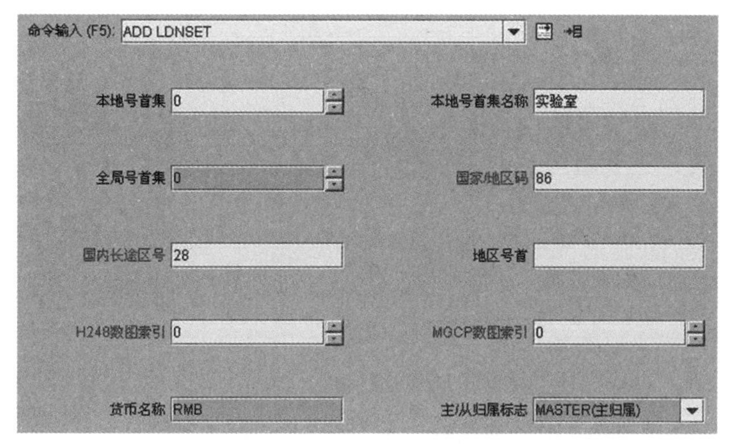

图2.13　增加本地号首集界面

关键参数：

【本地号首集】：用于定义在进行被叫号码分析时系统所使用的本地号首集。

【国家/地区码】：用于指定本地号首集所属的国家码（地区码），本任务中直接输入中国国家码86。

【国内长途区号】：用于指定本地号首集所属的国内长途区号，按数据规划设置国内长途区号=28。

【本地号首集名称】：值域类型为字符串，用于描述一个本地号首集。

【H248数图索引】：用于定义对应于上述本地号首集的H.248协议的数图。

【MGCP数图索引】：用于定义对应于上述本地号首集的MGCP协议的数图。

3．增加呼叫源

本步骤用于在SoftX3000系统中增加呼叫源，本任务中只有一个呼叫源，呼叫源参数很多，此处只设置满足本局电话呼叫所需的必要参数，MML命令为：

ADD CALLSRC: CSC=0, CSCNAME="实验室", PRDN=3, LP=0;

增加呼叫源的配置界面如图2.14所示。

命令输入 (F5): ADD CALLSRC
呼叫源码 0
呼叫源名称 实验室
预收码位数 3
本地号首集 0
本地号首集名称
路由选择源码 0
失败源码 0
号码准备 NO(否)

图2.14　增加呼叫源配置界面

关键参数：

【呼叫源码】：用于在SoftX3000内部唯一定义一个呼叫源，其取值范围为0～65534。由于呼叫源是不同呼叫属性的主叫集合，所以，只要当主叫的预收号码位数、本地号首集、出局选择路由、失败处理方式、号码准备方式等任意一个属性不同时，操作员就需定义不同的呼叫源码。

【呼叫源名称】：值域类型为字符串，用于具体描述一个呼叫源，以便于识别。

【预收号码位数】：用于指示SoftX3000的呼叫处理软件在启动号码分析时至少需要准备的号码位数，也就是说，当本局用户或入中继所发送的号码长度小于预收号码长度时，系统将不启动号码分析。该参数的取值范围为0～7，普通用户的预收号码位数通常设为“3”，Centrex用户的预收号码位数通常设为“1”。

【本地号首集】：用于指定该呼叫源所属的本地号首集，该参数必须先由“ADD LDNSET”命令定义，然后才能在此处索引。

4．增加用户号段

本步骤是为SoftX3000系统增加用户号段，本任务中本地号首集0下的号段为8880001～8880999，MML命令为：

ADD DNSEG: LP=0, SDN=K'8880001, EDN=K'8880999;

增加用户号段的配置界面如图2.15所示。

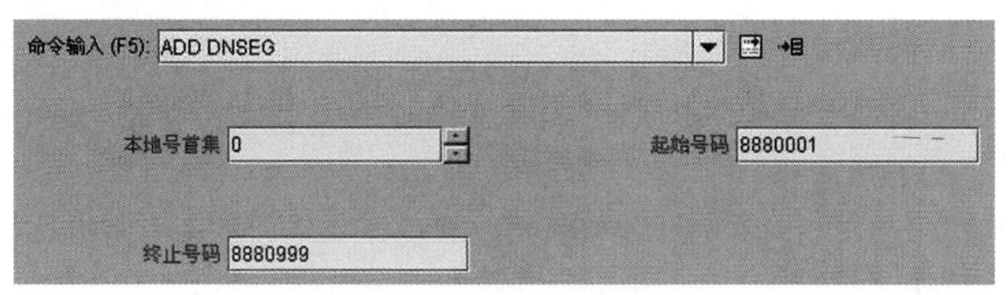

图2.15　增加用户号段配置界面

关键参数：

【本地号首集】：用于指定该呼叫源所属的本地号首集，该参数必须先由“ADD LDNSET”命令定义，然后才能在此处索引。

【起始号码】、【终止号码】：用于定义号段的起止范围，其值域范围为：“0～9”，最大长度为12位。终止号码必须大于或等于起始号码，且号长必须相等。

（四）计费数据配置

1．增加计费情况

本步骤用于在SoftX3000系统中增加计费情况，本任务中计费情况0的计费方法为计次表，MML命令为：

ADD CHGANA: CHA=0, CHGT=PLSACC, BNS=0, CONFIRM=Y;

增加计费情况的配置界面如图2.16所示。

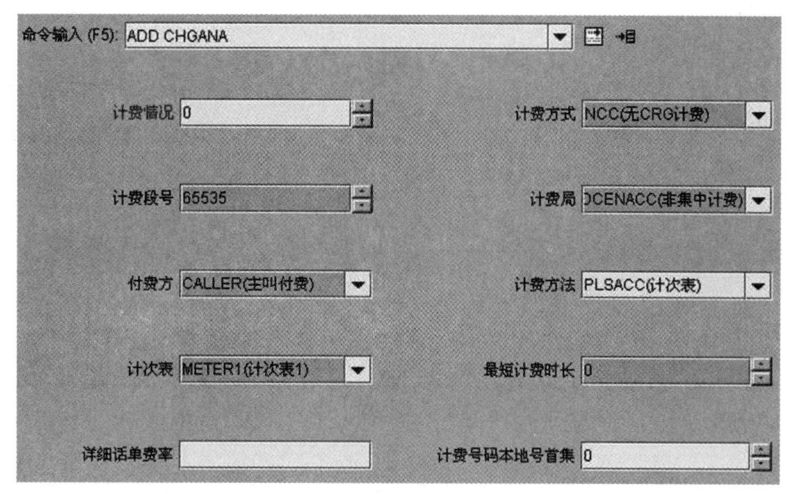

图2.16　增加计费情况配置界面

关键参数：

【计费情况】：用于在SoftX3000的内部唯一定义一种计费分析情况，其取值范围为0～29999。

【计费方法】：用于定义呼叫记录的类型，它可以是详细话单、计次表，也可以是计次表与详细话单的组合。一般情况下，计次表用于本地呼叫计费，详细话单用于长途呼叫计费。

2．修改计费模式

本步骤是为SoftX3000系统修改计费模式，本任务中计费模式为前180秒跳1次，以后每60秒跳1次，MML命令为：

MOD CHGMODE: CHA=0, DAT=NORMAL, TA1="180", PA1=1, TB1="60", PB1=1, CONFIRM=Y;

修改计费模式的配置界面如图2.17所示。

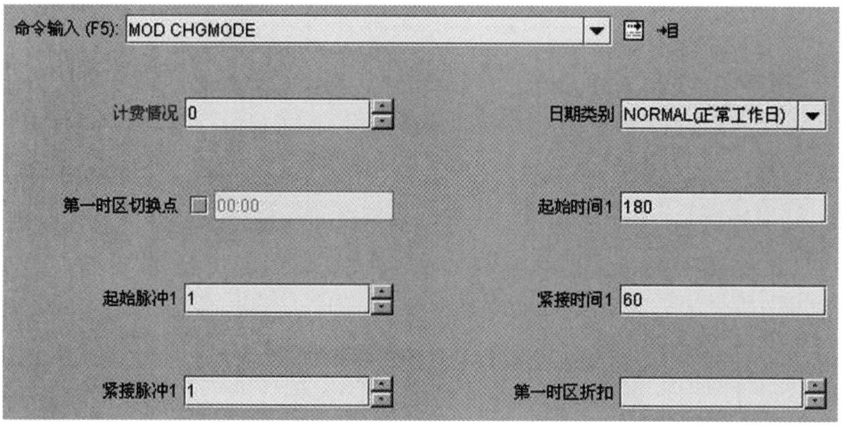

命令输入 (F5): MOD CHGMODE
计费情况 0
日期类别 NORMAL(正常工作日)
第一时区切换点 00:00
起始时间1 180
起始脉冲1 1
紧接时间1 60
紧接脉冲1 1
第一时区折扣

图2.17　修改计费模式配置界面

关键参数：

【计费情况】：用于指定需要修改计费制式的计费情况，该参数必须先由“ADD CHGANA”命令定义，然后才能在此处索引。

【日期类别】：用于指定本条记录所对应的日期类别，本任务中设置为正常工作日。

【起始时间1】、【起始脉冲1】、【紧接时间1】、【紧接脉冲1】：这四个参数用于描述在每个时区内对通话时长进行计费的制式。其中，起始时间、紧接时间用于描述计次时长，单位为“秒”；起始脉冲、紧接脉冲用于描述计次数量。上述四个参数在本任务中定义为“180/1/60/1”，表示在通话最初的3分钟内，共记录1次，以后每隔1分钟就记录1次。

3．增加计费索引

本步骤是为SoftX3000系统增加计费索引，计费索引可将计费情况与具体呼叫（主叫和被叫）相关联，MML命令为：

ADD CHGIDX: CHSC=0, RCHS=0, LOAD=ALL, BT=ALLBT, CODEC=ALL, CHA=0, CONFIRM=Y;

增加计费索引的配置界面如图2.18所示。

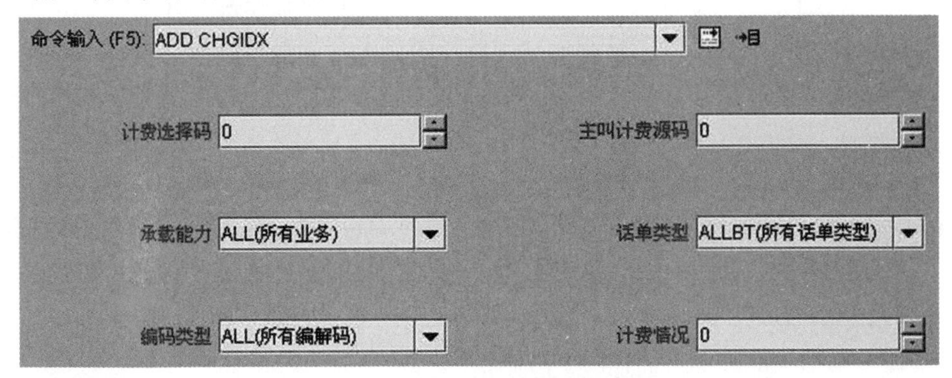

图2.18 增加计费索引配置界面

关键参数：

【计费选择码】：用于定义针对不同目的码（字冠）进行计费时的选择码，它是进行目的计费的主要判断依据之一，其取值范围为0～65534。一个呼叫字冠（即目的码）唯一对应一个计费选择码。

【主叫计费源码】：用于定义用户或中继群的计费源码（含出中继计费源码），取值范围0～65534，其中65534表示所有的主叫计费源码。

【承载能力】：用于实现针对不同业务或承载能力的区别计费。本任务中设置为“All”，即不实行区别计费。

【话单类型】：用于实现针对不同话单类型的区别计费。本任务中设置为“All”，即不实行区别计费。

【编码类型】：用于实现针对不同媒体流类型的区别计费。本任务中设置为“All”，即不实行区别计费。

【计费情况】：用于指定在上述组合条件下所对应的计费情况，该参数必须先由“ADD CHGANA”命令定义、“MOD CHGMODE”命令修改，然后才能在此处索引。

（五）增加媒体网关

本步骤用于在SoftX3000系统中添加媒体网关，在现网中，每个媒体网关都需要单独配置，本任务中需增加H.248协议的媒体网关UA5000，MML命令为：

ADD MGW: EID="10.26.102.20:2944", GWTP=AG, MGCMODULENO=22,
PTYPE=H248, LA="10.26.102.13", RA1="10.26.102.20",
LISTOFCODEC=PCMA-1&PCMU-1&G7231-1&G729-1&G726-1, ET=NO,
SUPROOTPKG=NS, MGWFCFLAG=FALSE;

增加媒体网关的配置界面如图2.19所示。

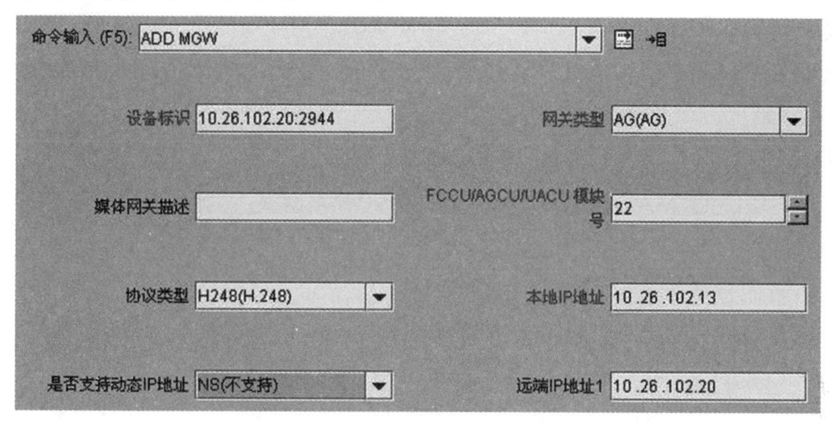

图2.19　增加媒体网关配置界面

关键参数：

【设备标识】：SoftX3000与媒体网关的对接参数之一，相当于媒体网关的注册账号，用于在SoftX3000内部唯一标识一个媒体网关，其值域类型为字符串、最长为32个字符。对于采用H.248协议的媒体网关，其格式为“IP地址:端口号”。

【网关类型】：用于指定所增加的媒体网关的类型，其类型共有AG、TG、IAD、UMG、MRS、MTA等6种。

【FCCU/AGCU/UACU模块号】：用于指定在SoftX3000侧处理该媒体网关呼叫控制消息的FCCU/AGCU/UACU板的模块号，其取值范围为22～101。该参数必须先由“ADD BRD”命令定义，然后才能在此处索引。

【协议类型】：SoftX3000与媒体网关的对接参数之一，用于指定该媒体网关所采用的协议是MGCP还是H.248。

【本地IP地址】：SoftX3000与媒体网关的对接参数之一，用于指定在SoftX3000侧处理该媒体网关所有协议消息的FE端口的IP地址。该参数必须先由“ADD FECFG”

命令定义，然后才能在此处索引。

【远端地址1】：SoftX3000与媒体网关的对接参数之一，用于指定该媒体网关的IP地址。

（六）增加语音用户

本步骤是为SoftX3000系统增加语音用户，每个语音用户都需要单独设置。本任务中需增加4个语音用户8880001～8880004，MML命令为：

ADD VSBR: D=K'8880001, LP=0, DID=ESL, MN=22, EID="10.26.102.20:2944", TID="0", CODEC=PCMA, RCHS=0, CSC=0, UTP=NRM, CNTRX=NO, PBX=NO, CHG=NO, ENH=NO;

ADD VSBR: D=K'8880002, LP=0, DID=ESL, MN=22, EID="10.26.102.20:2944", TID="1", CODEC=PCMA, RCHS=0, CSC=0, UTP=NRM, CNTRX=NO, PBX=NO, CHG=NO, ENH=NO;

ADD VSBR: D=K'8880003, LP=0, DID=ESL, MN=22, EID="10.26.102.20:2944", TID="2", CODEC=PCMA, RCHS=0, CSC=0, UTP=NRM, CNTRX=NO, PBX=NO, CHG=NO, ENH=NO;

ADD VSBR: D=K'8880004, LP=0, DID=ESL, MN=22, EID="10.26.102.20:2944", TID="3", CODEC=PCMA, RCHS=0, CSC=0, UTP=NRM, CNTRX=NO, PBX=NO, CHG=NO, ENH=NO;

增加语音用户的配置界面如图2.20所示。

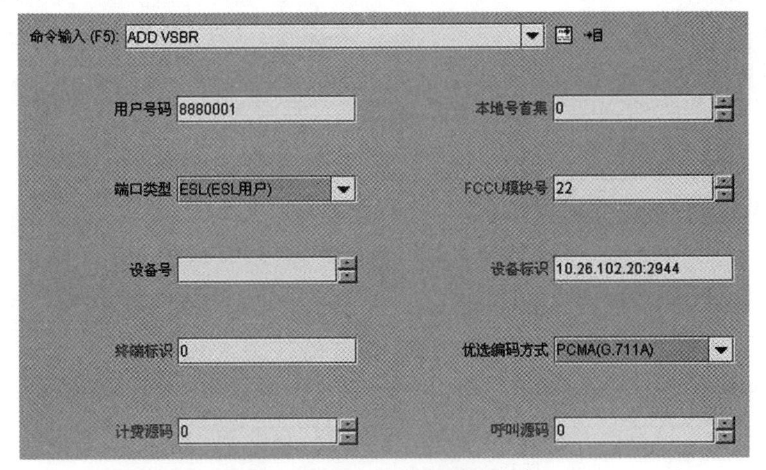

图2.20　增加语音用户配置界面

关键参数：

【用户号码】：用于指定分配给该用户的电话号码。除了PBX用户以外，其他类型的用户必须输入用户号码。

【本地号首集】：用于指定该用户所属的本地号首集，即指示呼叫处理软件在哪个本地号首集的号码分析表中分析该用户所拨打的所有被叫号码，该参数必须先由

“ADD LDNSET”命令定义，然后才能在此处索引。

【端口类型】：用于指示该用户的用户类型为ESL用户、普通V5用户、WS归属用户还是WS漫游用户，系统默认为ESL用户。

【FCCU模块号】：用于指定在SoftX3000侧处理该用户呼叫的FCCU板的模块号，其取值范围为22～101。该参数必须先由“ADD BRD”命令定义，然后才能在此处索引。

【设备标识】：该参数仅在配置ESL用户时有效，用于指定该ESL用户所属媒体网关的设备标识，即该ESL用户是挂在哪个媒体网关之下的。该参数必须先由“ADD MGW”命令定义，然后才能在此处索引。

【终端标识】：该参数仅在配置ESL用户时有效，用于指定该ESL用户在所属媒体网关中的物理端口号。

【优选编码方式】：用于指示SoftX3000在呼叫接续的过程中控制媒体网关对该用户的RTP音频媒体流将优先采用哪种语音编码方式，系统默认为“G.711A”。

【计费源码】：用户的计费属性之一，该参数必须先由“ADD CHGIDX”命令定义，然后才能在此处索引。

【呼叫源码】：用于指定该用户所属的呼叫源，该参数必须先由“ADD CALLSRC”命令定义，然后才能在此处索引。

（七）增加呼叫字冠

本步骤是为SoftX3000系统增加呼叫字冠，本任务要求同一号首集下的用户能够通话，所以至少需要一个呼叫字冠888，MML命令为：

ADD CNACLD: PFX=K'888, MINL=7, MAXL=7, CHSC=0;

增加呼叫字冠的配置界面如图2.21所示。

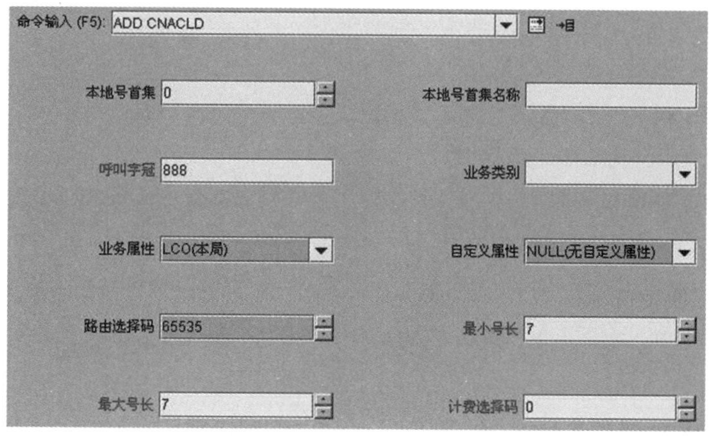

图2.21 增加呼叫字冠配置界面

关键参数：

【本地号首集】：用于指定该呼叫源所属的本地号首集，该参数必须先由“ADD LDNSET”命令定义，然后才能在此处索引。

【呼叫字冠】：用于指示呼叫接续的号码，它反映了交换局的号码编排方案、计费规定、路由方案等信息，其值域范围为“0～9，A～E（不区分大小写），*，#”。在号码分析的过程中，系统将按照最大匹配的原则对被叫号码与呼叫字冠进行匹配，以确定本次呼叫的相关属性。

【最小号长】：用于定义在呼叫过程中以此呼叫字冠为前缀的被叫号码所必须满足的最小号码长度。当被叫号码长度小于最小号长时，呼叫处理软件将不对其进行分析处理。

【最大号长】：用于定义在呼叫过程中以此呼叫字冠为前缀的被叫号码所允许的最大号码长度。当被叫号码长度大于最大号长时，则最大号长以后的号码无效，呼叫处理软件只按最大号长对被叫号码进行分析处理。

【计费选择码】：用于指定对在不同目的码（字冠）进行计费时所使用的计费选择码，它是进行目的计费的主要依据之一，取值范围为0～65534。该参数必须先由“ADD CHGIDX”命令定义，然后才能在此处索引。

（八）配置媒体网关侧数据

不同厂商、不同类型的H.248协议媒体网关，其配置方法不同，下面以UA5000为例介绍如何配置媒体网关侧数据。

User name:root

User password:

UA5000>enable

UA5000#config

//设置工作模式：独立上行

UA5000(config)#working mode alone

//对接MGC部分

//创建并进入MG接口0

UA5000(config)#interface h248 0

//配置MG接口0，IP：10.26.102.20，端口：2944，业务地址：10.26.102.20，MGCIP：10.26.102.13，端口：2944

UA5000(config-if-h248-0)#if-h248 attribute mgip 10.26.102.20 mgport 2944 code text transfer udp domainName ua5000.com mgcip_1 10.26.102.13 mgcport_1 2944 mg-media-ip 10.26.102.20

//配置H.248协议栈参数

UA5000(config-if-h248-0)#h248stack tr responseackctrl true

//重启MG口

UA5000(config-if-h248-0)#reset coldstart

UA5000(config-if-h248-0)#quit

//查询MG口连接情况

UA5000(config)#display if-h248 all

//配置用户信息

UA5000(config)#esl user

//批量配置用户号码，起始端口：0/18/0，终止端口：0/18/3，对应MG接口：0，起始设备号：0，用户号码：8880001

UA5000(config-esl-user)#mgpstnuser batadd 0/18/0 0/18/3 0 terminalid 0 telno 8880001

//批量使能语音质量增强功能，起始端口：0/18/0，终止端口：0/18/3，使能自动增益调整：参数设为15（即-24dBm0），使能背景噪声抑制：参数设为20dB。

UA5000(config-esl-user)#pstnport vqe batset 0/18/0 0/18/3 agC enable agC-Level 15 sNS enable sNS-Level 20

UA5000(config-esl-user)#quit

UA5000(config)#save

三、数据调测

（一）硬件数据调测

在设备面板导航树窗口中，双击“设备管理”下需要查看的机架，系统弹出设备面板图，如图2.22所示。

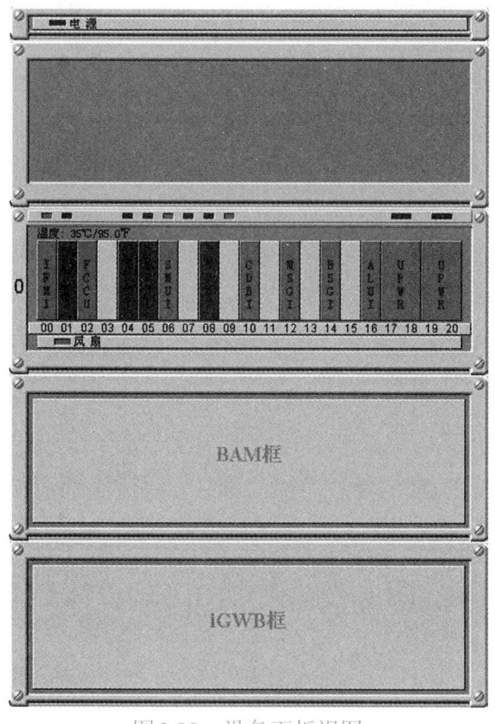

图2.22　设备面板视图

设备面板图显示了该机架内机框和单板的配置情况。在实际维护工作中，可以通过观察单板的显示颜色，来判别单板的工作状态。

（1）绿色：单板运行正常，且单板处于主用状态。

（2）蓝色：单板运行正常，且单板处于备用状态。

（3）红色：单板已配置数据，但尚未正常工作或单板不在位。

（4）灰色：单板未插或未配置数据。

（二）语音业务开通调测

1．检查网络连接是否正常

在SoftX3000客户端的接口跟踪任务中使用"Ping"工具，检查SoftX3000与UA5000之间的网络连接是否正常，如图2.23、图2.24所示。如果网络连接正常，继续后续步骤；如果网络连接不正常，在排除网络故障后继续后续步骤，例如，检查各网线的物理连接是否正常、检查各设备IP路由数据的配置是否正确等。

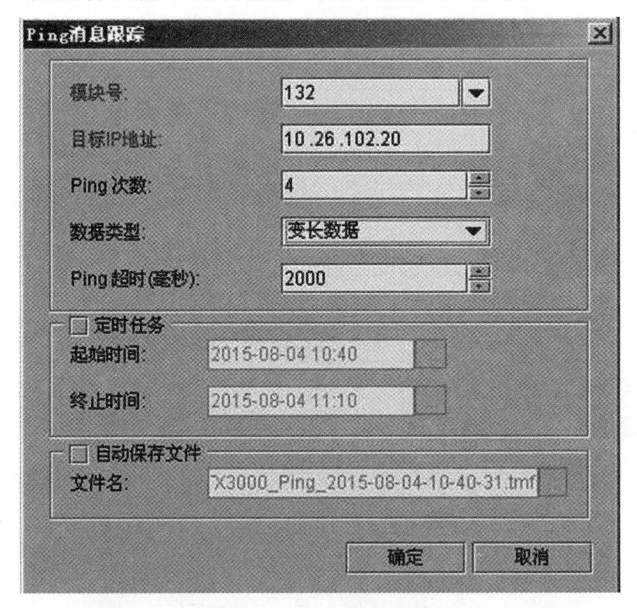

图2.23　Ping消息跟踪

序号	时间戳	Ping消息
1	2015-08-04 10:45:08	Reply from 10.26.102.20 : seq no= 1 bytes= 64 time= 10 ms TTL= 255
2	2015-08-04 10:45:09	Reply from 10.26.102.20 : seq no= 2 bytes= 128 time= 10 ms TTL= 255
3	2015-08-04 10:45:10	Reply from 10.26.102.20 : seq no= 3 bytes= 256 time= 10 ms TTL= 255
4	2015-08-04 10:45:11	Reply from 10.26.102.20 : seq no= 4 bytes= 512 time= 10 ms TTL= 255
5	2015-08-04 10:45:11	Ping statistics: Packets: Send=4, Receive=4, Lost=0 (0% loss),Approximate round trip times in

图2.24　Ping消息跟踪结果

2．检查UA5000是否已经正常注册

在SoftX3000的客户端上使用DSP MGW命令，查询该UA5000是否已经正常注册，然后根据系统的返回结果决定下一步的操作。

（1）若查询结果为"正常"，表示UA5000正常注册，数据配置正确，如图2.25和图2.26所示。

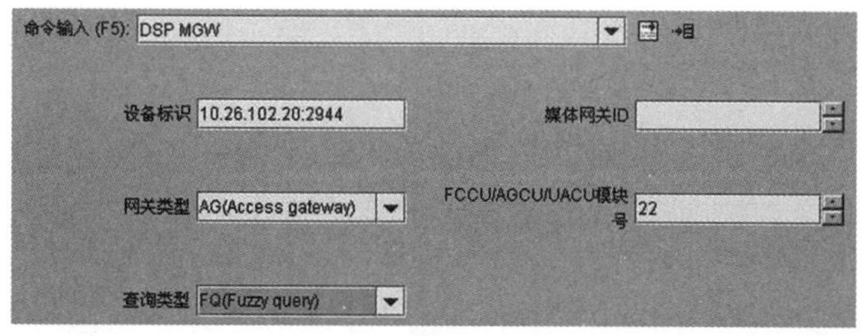

图2.25　DSP MGW界面

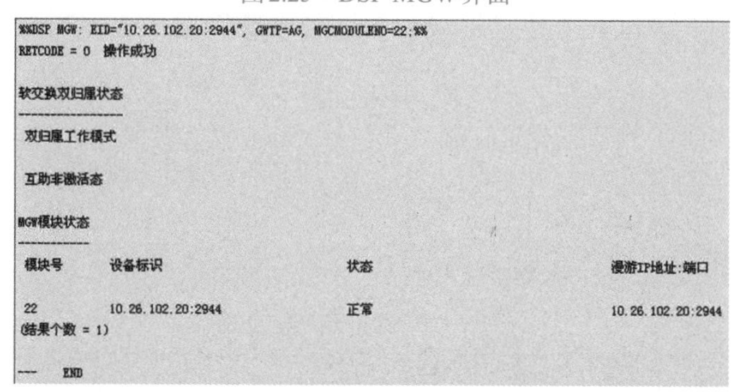

图2.26　DSP MGW结果

（2）若查询结果为"Fault"，表示网关无法正常注册，使用LST MGW命令检查设备标识、远端IP地址、远端端口号、编码类型等参数的配置是否正确。

（3）在UA5000命令行界面，执行“display if-h248 all”，若查询结果为"Normal "，则说明UA5000与SoftX3000连接正常，如图2.27所示；否则，检查配置。

图2.27　查询MG接口连接情况

3．拨打电话进行通话测试

若UA5000能够正常注册，则可以使用电话进行拨打测试，若通话正常，则说明数据配置正确；若不能通话或通话不正常，则维护人员可执行以下操作。

（1）使用DSP EPST命令检查UA5000的各终端是否已经正常注册，如图2.28和图2.29所示。如果注册不正常，使用LST VSBR命令检查模块号、设备标识、终端标识等参数的配置是否正确。

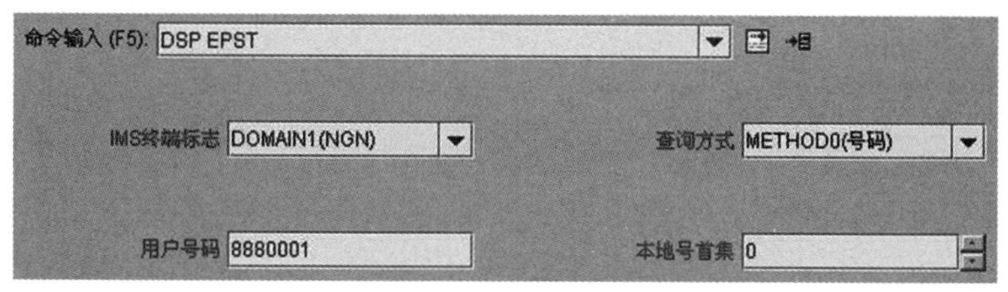

图2.28　DSP EPST界面

```
%%DSP EPST: IEF=DOMAIN1, QUERYBY=METHOD0, D=K'8880001, LP=0;%%
RETCODE = 0  操作成功

MGCP/H.248 终端注册信息
-----------------------
 模块号      终端类型      设备标识                  终端标识    状态

 22          H248          10.26.102.20:2944         0           已注册
(结果个数 = 1)

---    END
```

图2.29　DSP EPST结果

（2）若SoftX3000侧数据配置正确，确认UA5000侧的参数设置是否正确。

任务评价

语音业务开通完成后，参考表2.7对学生进行他评和自评。

表2.7　语音业务开通评价表

项目＼内容	学习反思与促进	他人评价	自我评价
应知应会	熟知H.248协议	Y　N	Y　N
	熟知SoftX3000数据配置流程	Y　N	Y　N
	熟知本局数据和计费数据基本概念	Y　N	Y　N
	熟知SoftX3000单板功能	Y　N	Y　N
	熟知UA5000硬件结构	Y　N	Y　N
专业能力	熟练使用网管软件	Y　N	Y　N
	熟练完成语音业务开通数据规划	Y　N	Y　N
	熟练完成语音业务开通数据配置	Y　N	Y　N
	熟练完成语音业务开通数据调测	Y　N	Y　N
通用能力	合作和沟通能力	Y　N	Y　N
	自我工作规划能力	Y　N	Y　N

知识链接与拓展

2.1　H.248协议

下一代网络的一个重要特点是呼叫控制与承载分离，软交换设备完成呼叫控制功能，媒体网关完成媒体信息的处理。H.248协议是软交换设备和媒体网关之间的一种媒体网关控制协议。

H.248协议是在MGCP协议的基础上，结合其他媒体网关控制协议特点发展而成的一种协议，它提供控制媒体的建立、修改和释放机制，同时可携带某些随路呼叫信令，支持传统网络终端（如普通模拟话机）的呼叫。H.248协议在下一代网络中发挥着重要作用。

与MGCP协议相比，H.248协议可以支持更多类型的接入技术并支持终端的移动性，除此之外，H.248协议克服了MGCP协议描述能力上的欠缺，能够支持更大规模的网络应用，而且更便于对协议进行扩充，因而灵活性更强。同时，H.248协议提供文本编码和二进制编码两种编码格式，可基于UDP/TCP/SCTP等多种传输协议，提供更多的应用层支持，管理更简单。

一、H.248协议连接模型

H.248协议的目的是对媒体网关的承载连接行为进行控制和监视。为此，H.248协议提出了网关的连接模型概念，模型的基本构件包括终端和关联。

1. 终端

（1）终端概念

终端（Termination）是媒体网关MG的一个逻辑实体，可以发送和/或接收一个或多个媒体流和控制流。终端有唯一的标志Termination ID，它由MG在创建终端时分配。终端可支持信号，这些信号可以是MG产生的媒体流（如信号音和录音通知），也可以是随路信号（如Hook Flash）。

（2）终端类型

① 半永久性终端：半永久性终端可以代表物理实体，如中继媒体网关TMG所连接的PCM中继线上的一个TDM信道，只要TMG连接了该中继，这个终端就始终存在。

② 临时性终端：临时性终端可以代表临时性的信息流，例如RTP流。这类终端只有当MG使用这些信息流时才存在，否则将被释放。

③ 根终端：根终端（Root）是特殊的终端，代表整个MG。当Root作为命令的输入参数时，命令可以作用于整个网关，而不是一个终端。

（3）终端特性

终端可用特性进行描述，每类终端都有自己的特性，这些特性可以分为4类。

① 性质（Property）：分为终端状态特性和媒体流特性。终端状态特性主要表示终端所处的服务状态（如正常服务、退出服务或测试），媒体流特性主要表示临时性终端的媒体属性（如收/发模式、编码格式、编码参数等）。

② 事件(Event)：终端需要监测并报告软交换的事件，如承载建立、网络拥塞、语音质量下降等事件。

③ 信号（Signal）：软交换要求媒体网关对终端产生的动作，如放忙音、发送DT-MF信号、录音通知等。

④ 统计（Statistic）：指示终端应该采集并上报给软交换的统计数据。

2. 关联

(1) 关联概念

关联（Context）是同一个MG上多个终端之间的联系，实际上对应为呼叫，同一个关联中的终端之间可以相互通信（不包括空关联）。有一种特殊的关联称为空关联（Null），它包含所有那些与其他终端没有联系的终端。例如，在中继网关中，所有的空闲中继线就是空关联中的终端。

根据MG的业务特点不同，关联中可以包含的最大终端数目就不同。例如，仅支持点到点连接的媒体网关只允许关联中最多包含两个终端，而支持多点会议的媒体网关允许关联中包含多个终端。一个关联至少要包含一个终端，同时一个终端一次也只能属于一个关联。

(2) 关联特性

H.248协议规定关联具有以下特性。

① 关联标识符（Context ID）：一个在关联创建时由媒体网关MG选择的32位整数，在MG范围内是独一无二的。

② 拓扑结构（Topology）：描述关联中终端之间的媒体的流向，有单向、双向、隔离三种连接值。

③ 关联优先级（Priority）：用于指示MG处理关联时的先后次序。H.248协议规定“0”为最低优先级，“15”为最高优先级。

④ 紧急呼叫的标识符（Indicator for Emergency Call）：MG优先处理带有紧急呼叫标识符的呼叫。

(3) 关联模型

关联模型如图2.30所示。

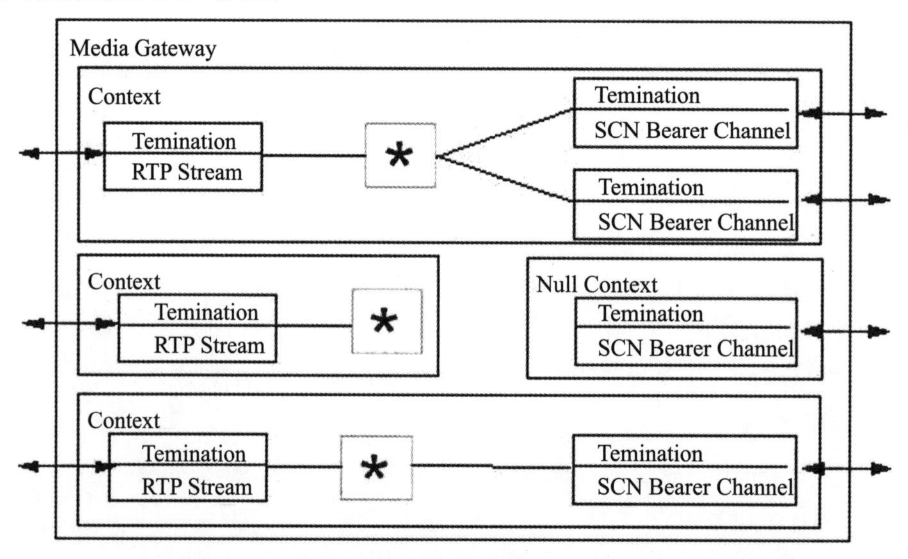

图2.30　关联模型

二、H.248协议栈结构

H.248协议消息可基于UDP/IP传输，还可基于其他多种传输协议传输，如承载在IP网络上的TCP、SCTP和M3UA，承载在ATM上的MTP3-B等。

在固网NGN中，H.248协议一般承载在UDP/IP或TCP/IP上，在移动网中，一般以SCTP/IP或M3UA/SCTP/IP作为H.248协议的承载，前者适用于纯IP连接，后者适用于IP&ATM混合连接，如图2.31所示。

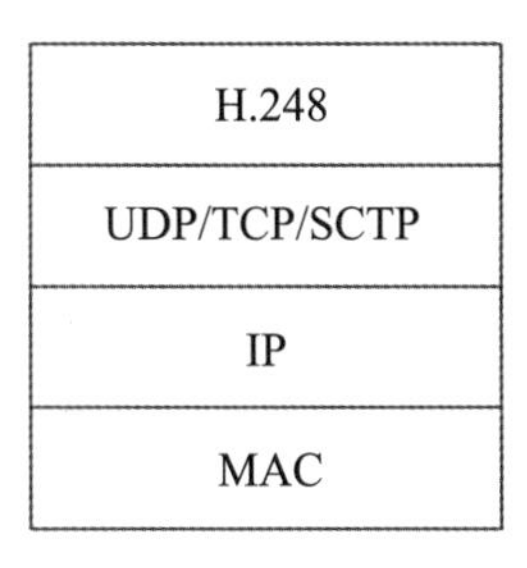

图2.31　H.248协议栈

三、H.248协议消息类型

1．命令

H.248定义了8个命令，用于对协议连接模型中的逻辑实体（关联和终端）进行操作和管理，提供了对关联和终端进行完全控制的机制。H.248协议规定的命令大部分由MGC作为命令起始者发送，MG作为命令响应者接收，从而实现MGC对MG的控制。但是，Notify和ServiceChange命令除外。Notify命令由MG发送给MGC，而ServiceChange既可以由MG发起，也可以由MGC发起。

H.248协议规定的命令及其含义如表2.8所示。

表2.8　H.248协议命令

命令名称	命令代码	命令方向	含　义
Add	ADD	MGC→MG	向一个关联添加一个终端
Modify	MOD	MGC→MG	修改一个终端的特性、事件和信号
Subtract	SUB	MGC→MG	从一个关联删除某终端
Move	MOV	MGC→MG	将一个终端从一个关联转移到另一个关联
AuditValue	AUD_VAL	MGC→MG	获取有关终端的当前特性、事件、信号和统计信息
Audit Capabilities	AUD_CAP	MGC→MG	获取媒体网关所允许的终端特性、事件、信号和统计的所有可能取值
Notify	NTFY	MG→MGC	MG使用该命令向MGC报告MG中所发生的事件
ServiceChange	SVC_CHG	MGC↔MG	MG可以使用该命令向MGC报告一个或一组终端将要退出服务或者刚恢复正常服务、向MGC发起注册、通知MGC终端状态已改变；MGC可以使用该命令通知MG将一个或者一组终端退出服务或恢复正常服务、通知MG控制已由另一MGC接替

2．响应

所有的H.248命令都要接收者回送响应。命令和响应的结构基本相同，命令和响应之间由事务ID相关联。响应有“Reply”和“Pending”两种。“Reply”表示已经完成了命令执行，返回执行成功或失败信息；“Pending”指示命令正在处理，但没有完成。当命令处理时间较长时，可以防止发送者重发事务请求。

四、H.248协议消息流程

同一MG下的两个终端之间的呼叫建立和释放流程如图2.32所示。本流程示例中，终端1的物理终端ID为A0，User1与A0连接；终端2的物理终端ID为A1，User2与A1连接；User1为主叫，User2为被叫，主叫先挂机；MGC的IP地址和端口号为：10.26.102.13:2944；MG的IP地址和端口号为：10.26.102.20:2944。

（1）终端A0对应的主叫用户User1摘机，网关通过NTFY_REQ命令，把摘机事件通知给MGC。MGC确认收到用户摘机事件，回应答消息。

（2）MGC收到主叫用户摘机事件后，通过MOD_REQ命令指示网关给A0终端对应的User1放拨号音，并且把数图通知给终端A0，要求根据数图收号，并同时检测用户挂机事件。终端A0返回MOD_REPLY响应MGC的MOD_REQ命令，并给User1送拨号音。

（3）User1拨号， 终端A0对所拨号码进行收集，并与对应的数图进行匹配，匹配成功，通过NTFY_REQ命令发送给MGC。MGC发NTFY_REPLY响应确认收到A0的NTFY_REQ命令。

（4）MGC在MG中创建一个新关联，并在关联中加入TDM半永久性终端和RTP临时性终端。MG返回ADD_REPLY响应，分配新的连接描述符，新的RTP终端描述符。

（5）MGC进行被叫号码分析后，确定被叫User2与MG的物理终端A1相连。因此，MGC使用ADD_REQ请求MG把物理终端A1和某个RTP终端加入到一个新的关联中。MG返回ADD_REPLY响应，分配新的连接描述符，新的RTP终端描述符。

（6）MGC发送MOD_REQ命令给终端A1，修改终端A1的属性并请求MG给User2振铃。MG返回MOD_REPLY响应进行确认，同时给User2振铃。

（7）MGC发送MOD_REQ命令给终端A0，修改终端A0的属性并请求MG给User1送回铃音。MG返回MOD_REPLY响应进行确认，同时给User1送回铃音。

（8）被叫User2摘机，MG把摘机事件通过NTFY_REQ命令通知MGC。MGC返回NTFY_REPLY响应进行确认。

（9）MGC把与终端A0关联的RTP终端的连接描述通过MOD_REQ命令送给与终端A1关联的RTP终端，并且修改RTP终端的模式为收/发。MG返回MOD_REPLY响应进行确认。

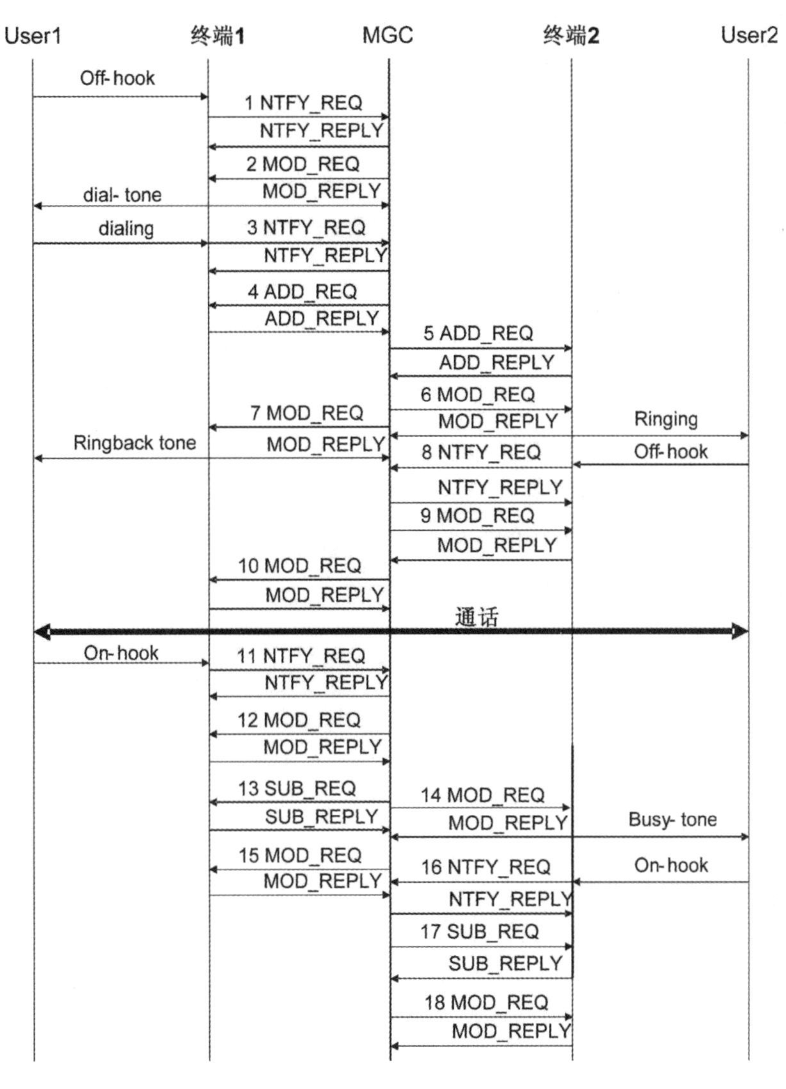

图2.32　同一MG下的两个终端之间的H.248协议呼叫流程

（10）MGC把与终端A1关联的RTP终端的连接描述通过MOD_REQ命令送给与终端A0关联的RTP终端，并且修改RTP终端的模式为收/发。MG返回MOD_REPLY响应进行确认。

此时，终端A0和终端A1都知道了本端和对端的连接信息。具备了通话条件，开始通话。

（11）主叫用户User1挂机，MG发送NTFY_REQ命令通知MGC。MGC发NTFY_REPLY确认已收到通知命令。

（12）收到User1的挂机事件，MGC给MG发送MOD_REQ命令修改终端A0属性，请求网关进一步检测终端A0发生的事件，如摘机事件等，并且修改RTP终端的模式为去激活。MG发送MOD_REPLY响应确认已接收MOD_REQ命令并执行。

（13）MGC收到User1的挂机事件后，将向MG发送SUB_REQ命令，把关联中的所有的半永久型终端和临时的RTP终端删除，从而删除关联，拆除呼叫。MG返回SUB_REPLY响应确认已接收SUB_REQ命令。

（14）MGC给MG发MOD_REQ命令修改终端A1的属性，请求MG监测终端A1发生的事件，如挂机等，并且请求MG给终端A1送忙音。MG返回MOD_REPLY响应确认收到MOD_REQ命令，同时给User2送忙音。

（15）终端A0、RTP终端、MGC之间的关联和呼叫拆除之后，MGC向MG发送MOD_REQ命令，请求MG监测终端A0发生的事件，如摘机事件等。MG返回MOD_REPLY响应确认已接收MOD_REQ命令。此时关联为空。

（16）被叫用户User2挂机，MG发送NTFY_REQ命令通知MGC。MGC发NTFY_REPLY确认已收到通知命令。

（17）MGC收到User2的挂机事件后，将向MG发送SUB_REQ命令，把关联中的半永久型终端和临时的RTP终端删除，从而删除关联，拆除呼叫。MG返回SUB_REPLY响应确认已接收SUB_REQ命令。

（18）终端A1、RTP终端、MGC之间的关联和呼叫拆除之后，MGC向MG发送MOD_REQ命令，请求MG监测终端A1发生的事件，如摘机事件等。MG返回MOD_REPLY响应确认已接收MOD_REQ命令。此时关联为空。

2.2 语音业务开通背景知识

一、本局数据背景知识

1．数图

数图（DigitMap）即号码采集规则描述符，它是驻留在媒体网关内的拨号方案，用于检测和报告终端接收的拨号事件。采用数图的主要目的是提高媒体网关发送被叫号码的效率，即当用户所拨的被叫号码符合数图所定义的拨号方案之一时，媒体网关将此被叫号码用一个消息集中发送。

数图的格式由H.248协议或MGCP协议严格定义，它由一系列代表一定含义的数字和字符串组成，只要所收到的拨号序列与其中的一串字符相匹配就表示号码已经收齐。软交换一般不会解析数图，它将配置好的数图下发给指定的媒体网关，媒体网关通过解析数图来完成收号功能。

数图可以由字符串和字符串列表来定义，字符串列表中的每个字符串都是一个可选拨号事件序列。数图字符作用如表2.9所示。

表2.9　数图字符对应表

字　符	作　用
0 ~ 9	数字（电话号码）
E	表示DTMF 方式中的“*”
F	表示DTMF 方式中的“#”
X	通配符，表示0 ~ 9中的某一个
.	重复符，代表0 次或多次重复在“.”之前的拨号事件
S	短定时器，若号码串已经匹配了数图中的某一拨号方案，但还有可能接收更多位数的号码而匹配其他不同的拨号方案，则不应立即报告匹配情况，媒体网关必须使用短定时器S等待接收更多位数的号码
L	长定时器，若媒体网关确认号码串至少还需要一位号码来匹配数图中的任意拨号方案，则数字间的定时器值应设置为长定时器L
T	起始定时器，用于任何已拨号码之前。若起始定时器被设为T=0，此定时器就失效了，表示媒体网关将无限期地等待拨号
|	若数图由字符串列表构成，则各个字符串之间用“|”间隔
[ ]	字符串中某个位置的取值为某个区间的任意值
-	取值区间，与“[ ]”一起使用

当拨号方案如表2.10所示时，该拨号方案的数图如下所示。

{11x |6xxxxxxx|0[1-9]xxx.|00xxx.|Exx}

表2.10　拨号方案

号　码	呼叫类型
11x	紧急呼叫和特服呼叫
6xxxxxxx	本地呼叫
0	国内长途
00	国际长途
*xx	补充业务

在SoftX3000 上，H.248协议的默认数图为

[2-8]xxxxxx|13xxxxxxxxx|0xxxxxxxxx|9xxxx|1[0124-9]x|E|F|x.F|[0-9].L。

2．呼叫源

呼叫源是指发起呼叫的用户或入中继，一般情况下，具有相同主叫属性的用户或入中继归属于同一个呼叫源。呼叫源的划分是以主叫用户的属性来区分的，这些属性包括预收号码位数、本地号首集、路由选择源码、失败源码、是否号码准备、主叫地址是否甄别等。

如图2.33所示，成都作为一个本地号首集，可以设置多个不同的呼叫源，分别对应不同的用户，如居民用户、商业用户等，其用户属性不同。

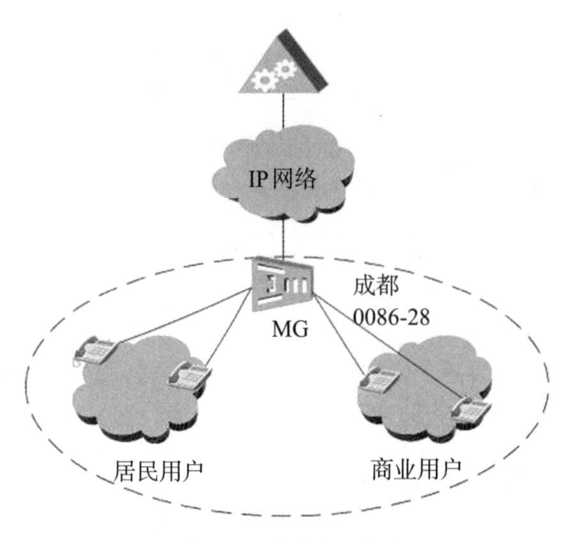

图2.33 呼叫源示意图

不同呼叫源可以设置不同的预收号码位数，例如普通居民用户的预收号码位数通常设为“3”，而商业用户若加入Centrex群，则预收号码位数通常设为“1”。不同呼叫源对呼叫失败的处理方式也可以不同，普通居民用户呼叫失败一般听忙音，而商业用户若加入Centrex群，则呼叫失败可以转接话务员。SoftX3000系统中可以定义多个呼叫源，每个呼叫源分配一个二进制编码，即呼叫源码。

3．呼叫字冠

呼叫字冠是被叫电话号码的前缀，是被叫电话号码中从第一位开始的一串连续的数字。呼叫字冠既可以是被叫号码的第一位或前几位，也可以是被叫用户的全部号码。也就是说，呼叫字冠是被叫号码的一个子集。例如，对于被叫用户84970433而言，可以定义其呼叫字冠为以下任何形式。

字冠为第一位号码：8；

字冠为前三位号码：849；

字冠为前五位号码：84970；

字冠为全部被叫号码：84970433。

所有的呼叫字冠的集合组成了系统的号码分析表，若在同一张号码分析表中同时存在上述几条呼叫字冠记录，则系统在进行被叫号码分析时，将采用最大匹配的原则。所谓最大匹配，就是指对于一个具体的被叫号码，系统在所有呼叫字冠中查找与其号码最相近的一个，并根据该呼叫字冠来确定此次呼叫的业务类别、业务属性、路由选择等属性。

上述例子中，若用户拨的被叫号码为“84970438”，则根据最大匹配的原则，系统将选择与该被叫号码最相近的呼叫字冠“84970”相匹配，而呼叫字冠“8”与“849”均不符合该匹配原则。

呼叫字冠是一次号码分析的起始点，呼叫字冠的基本属性数据包括业务属性、路由选择码、释放控制方式、计费选择码、最小号长、最大号长等。对于主叫号码分析、号首特殊处理、紧急呼叫观察、补充信令、优先级和释放控制方式等呼叫字冠的相关属性数据，都必须配置完对应的呼叫字冠后，才能设置。

4．号首集

号首集是呼叫源能够拨打的全部号首（或字冠）的集合。所谓号首是指呼叫源发出或拨打的被叫号码的前缀（即拨打的被叫电话号码前几位），它是决定与本次呼叫有关的各种业务的关键因素，例如，用户E具有以下拨号权限。

8478xxxx：本地网呼叫；

0Axxx：国内长途呼叫（A代表1～9任意数字）；

00Axx：国际长途呼叫。

对于用户E来说，“847”“0”“00”就是号首（字冠），它们分别代表了不同的业务属性，它们的集合就构成了号首集。号首集有全局号首集与本地号首集之分。

（1）全局号首集

全局号首集是具有全局意义的号首（或字冠）的集合，主要用于标识不同的网络。例如，SoftX3000支持公网与专网混合应用的模式，即支持将一个交换局在逻辑上划分为公网与专网的应用，为了标识这些逻辑上的交换网，SoftX3000使用了全局号首集这个概念，一个全局号首集就代表一个公网或一个专网。

（2）本地号首集

本地号首集是具有局部意义的号首（或字冠）的集合，主要用于在一个网络内标识不同的本地网。例如，SoftX3000支持多区号的应用，即支持将一个交换局在逻辑上划分为几个本地网的应用，为了标识这些逻辑上的交换网，SoftX3000使用了本地号首集这个概念，一个本地号首集就代表一个本地网。

（3）呼叫源和号首集之间的关系

呼叫源和号首集之间的关系如图2.34所示。

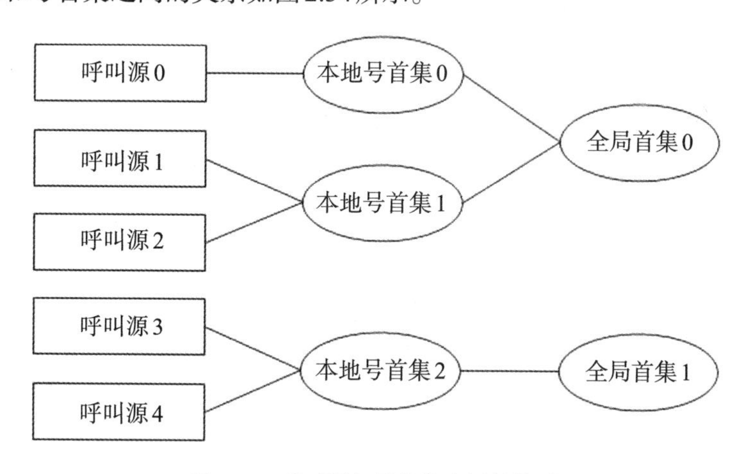

图2.34　呼叫源与号首集之间的关系

一个呼叫源只能属于一个本地号首集，而一个本地号首集可以为多个呼叫源公用。

一个本地号首集只能属于一个全局号首集，而一个全局号首集可以为多个本地号首集公用。

号首集侧重于对被叫（字冠）的理解与分析进行分类，而呼叫源侧重于对主叫的属性进行分类。呼叫源和号首集的关系可以这样描述，一个交换局内所有的普通用户能够拨打的字冠（号首）的集合就是号首集，而这些用户可能因为某些呼叫属性（如对字冠的预收号码位数不同）又划分为不同的主叫用户组，每一个主叫用户组对应一个呼叫源。因此，号首集涵盖的范围大于或等于呼叫源涵盖的范围。

引入号首集这一概念是因为即使是同一号首，但对不同的主叫方（呼叫源），也可有不同的含义，系统对其处理也不相同。例如，字冠“333”对于呼叫源0来说是本局呼叫，但对于呼叫源1来说则可能是出局呼叫。

二、计费背景知识

1. 计费的基本概念

（1）呼叫记录方式

详细话单是一种呼叫记录方式，它以一定的格式详细记录某次呼叫的计费相关信息，包括“主叫号码”“被叫号码”“被叫应答时间”“挂机时间”“业务属性”等，主要用于长途呼叫的计费。

计次表是一种呼叫记录方式，系统通过判断某次呼叫的“呼叫字冠”与“业务属性”等因素，将此次通话的“通话时长”折算成计次数目，累计在为用户或中继配置的计数器（即计次表）上，以实现记录呼叫的目的。计次表主要用于本地呼叫的计费，它在一定的时段内累积计次数，并在一定的时刻产生一张计次表话单，同时把其相应的计次表清零。

此外还有告警话单、失败话单、观察话单、分段话单和计费申告（申告话单）等呼叫记录方式。

（2）计费类别

计费类别是用户属性的一部分，用于描述在网络范围内有意义的用户计费属性。所谓在网络范围有意义，是指除了本局需要对特定的计费类别做出特定的操作之外，出局接续也要将计费类别信息传送出去并要求其他局对本次呼叫作正确的操作配合。SoftX3000规定的计费类别有“定期”“立即用户表”“立即打印机”“免费”四种。

定期：定期（例如为一个月）而非逐次收取通信费用的计费方式。

立即用户表：在呼叫的过程中，系统根据本次呼叫的计费费率向用户话机周期性（例如为60秒）地发送计费脉冲信号，主要用于公用电话亭的立即计费。

立即打印机：在呼叫结束之后，系统立即向用户话机或其代理（例如话务台）发送计费话单，主要用于电信营业厅、IP超市等场合的立即计费。

免费：呼叫经过业务分析确定为不需要主叫用户付费的呼叫，如公益电话、报警电话、被叫付费电话等。对于定义为“免费”的呼叫，系统仍将记录主叫用户的详细呼叫信息，产生免费“详细话单”。

（3）付费方

① 不计费：不计费是指不记录用户的呼叫信息，既不生成详细话单，也不跳计次表。不计费适用于呼叫已经按照运营商的规定在其他局点计费，本局不需要留下记录的情形。例如，在通常情况下，本地呼叫在发端局计费；国内长话在发端长话局计费；国际长话在发端长话局以及国际接口局计费。

② 主叫付费：呼叫发起方（主叫用户或入中继）对本次呼叫承担全部或部分通信费用。在本局不存在“被叫付费”等智能业务的情况下，除了免费呼叫之外，主叫用户应该对其发起的呼叫付费。

③ 被叫付费：呼叫接收方（被叫用户或出中继）对本次呼叫承担全部或部分通信费用。在SoftX3000中，被叫付费是与主叫无关的计费方式，也就是说，对于被叫计费的用户，不管是长途来话还是本地来话，对被叫的计费均采用相同的费率。

④ 第三方付费：所谓第三方付费是指主、被叫之间的通信费用由第三方来承担，主叫与被叫均不承担任何费用的情况。在实际应用中，第三方付费者可以有以下4种形式：第三方付费者可以是用户号码、第三方付费者可以是记账卡、第三方付费者可以是Centrex群号、第三方付费者可以是银行账号。

2．计费情况与计费源码

（1）计费情况

计费情况是对一类呼叫人为规定的计费处理方式的集合，这些计费处理方式包括以下内容：

① 计费局信息：集中计费，或非集中计费。

② 付费方信息：主叫付费，或被叫付费，或第三方付费。

③ 计费方法：即呼叫记录方式，详细话单，或计次表。

④ 脉冲计次方式：即每隔多少秒跳一计次表或发送一个脉冲。

⑤ 折扣信息：即在不同的时间段实行何种费率优惠政策。

例如，对于一个市话呼叫，我们可以规定其计费情况为：非集中计费、主叫付费、采用计次表、跳第一个计次表、跳表方式为“180/2/60/1”制（即前180秒跳2次计次表，以后每60秒跳1次计次表）等。

又如，对于一个长途呼叫，我们可以规定其计费情况为：集中计费、主叫付费、采用详细话单、脉冲发送方式为“6/1/6/1制”（即每6秒钟发送一个计费脉冲）、当天晚上21:00～次日凌晨7:00通话费率实行6折优惠等。

（2）计费源码

计费源码又称计费分组，是为本局用户或中继群分配的一组用于标识计费属性的编号。例如，本局所有的普通用户具有相同的计费属性，我们可以定义它们的计费源码为1；而Centrex用户则具有与普通用户不同的计费属性，我们就不能定义它们的计费源码为1，而应该另外定义，例如为2。

2.3 SoftX3000重要单板

一、单板功能及指示灯

1．SMUI单板

系统管理板SMUI（System Management Unit）是机框的前插主控板，固定安装在机框前插板的6、8槽位，采用主备用工作方式。SMUI作为前插板与后插板SIUI成对使用，其主要功能包括：

（1）共享资源总线的配置及状态管理；

（2）对所在机框的全部单板进行管理并将其状态反馈给后台，控制ALUI面板指示灯的状态；

（3）完成系统程序、数据加载和管理功能。

2．SIUI单板

系统接口板SIUI（System Interface Unit）是SMUI板的后插接口板，固定安装在机框后插板的6、8槽位，采用主备用工作方式。SIUI单板主要是为SMUI板提供以太网接口，通过设置拨码开关实现框号识别功能。

3．HSCI单板

热插拔控制板HSCI（Hot-Swap and Control unit）是机框的后插板，固定安装在机框后插板的7、9槽位，采用主备用工作方式。HSCI单板的主要功能包括：

（1）框内以太网总线的交换；

（2）单板热插拔的控制；

（3）单板上电控制；

（4）对外提供6个FE口。

4．ALUI单板

告警板ALUI（Alarm Unit）为机框的前插板，固定安装在各机框的16槽位，其主要功能包括：

（1）接受SMUI板的管理控制指示灯状态，以显示机框后插板（包括后插电源模块）的运行状态；

（2）检测机箱温度，通过串口总线上报给SMUI板。

5．UPWR单板

二次电源板UPWR（Universal Power）为前、后插板，每块UPWR板占用两个槽位，固定安装在机框前、后插板的（17，18）、（19，20）槽位上，采用2+2备份工作方式。UPWR单板主要是为机框内所有单板提供直流电源。

6．IFMI单板

IP转发模块板IFMI（IP Forward Module）是基本框0和基本框1的前插板，与后插板BFII成对使用，采用主备用的工作方式。IFMI单板主要完成IP包的收发并具有处理MAC（Media Access Control）层消息、IP消息分发功能，并与后插板BFII配合提供IP接口。

一对IFMI板的处理容量是500,000等效用户，SoftX3000系统最多配置4对IFMI板。

7．BFII单板

后插FE接口板BFII（Back insert FE Interface unit）是IFMI板的后插接口板，采用主备用的工作方式。BFII单板进行FE驱动处理，实现IFMI板的对外物理接口功能，与IFMI板一一对应配置。每块BFII板提供1个FE接口。

8．CDBI单板

中心数据库板CDBI（Central Database Board）是基本框0和基本框1的前插板，采用主备用工作方式。作为SoftX3000系统的核心数据库，CDBI板存储了所有呼叫定位、网关资源管理、出局中继选路等全局性数据。

SoftX3000系统中100万等效用户配一对CDBI板，系统最多配置2对CDBI板。

9．BSGI单板

宽带信令处理板BSGI（Broadband Signaling Gateway）是机框的前插板，采用负荷分担的工作方式。BSGI板主要进行UDP、SCTP、M2UA、M3UA、V5UA、IUA、MGCP、H.248等协议的处理，然后将消息二级分发到相应的FCCU板进行事务层/业务层处理。

10．MSGI单板

多媒体信令处理板MSGI（Multimedia Signaling Gateway unit）是机框的前插板，采用主备用的工作方式。BSGI板完成UDP、TCP和H.323（H.323 RAS、H.323 CALL Signaling）、SIP多媒体协议的处理，然后将消息二级分发到相应的FCCU板进行事务层/业务层处理。

11．FCCU单板

固定呼叫控制板FCCU（Fixed Calling Control Unit）是机框的前插板，采用主备用的工作方式。FCCU板主要完成MTP3、ISUP、INAP、MGCP、H.248、H.323、SIP、R2、DSS1等呼叫控制及协议的处理，生成话单，并具有话单池，其内存为180MB。

一对FCCU板的处理容量是50000等效用户或9000中继，SoftX3000系统最多配置40对FCCU板。

在SoftX3000系统的前插单板中，大多数单板具有ALM、RUN、OFFLINE三种面板指示灯，其含义见表2.11所示。

表2.11　面板指示灯含义

标　识	含　义	状态说明
ALM	故障指示灯	当此灯亮时表明此板复位或此板发生故障
RUN	运行指示灯	加载程序闪烁周期：0.25秒 主用板正常运行闪烁周期：2秒 备用板正常运行闪烁周期：3秒
OFFLINE	插拔指示灯	单板插入过程中，蓝灯亮，表示单板已经和背板接触； 单板拔出时，蓝灯亮，表示单板允许拔出

二、单板的工作方式和模块号

1. 单板的工作方式

从前面的单板介绍中可以看出，SoftX3000系统中单板的工作方式有主备用方式、负荷分担方式和2+2备份工作方式三种。

主备用方式中，单板成对配置，分为主用板和备用板，主备用的互助单板必须安装在同一机框内，可以配置在相邻槽位上，也可以配置在非相邻槽位上。设备正常工作时，主用板工作，备用板待命。若主用板出现故障，则系统进行主备倒换，由备用板接替主用板的工作。主备用方式可以有效提高系统的可靠性。SoftX3000系统中，大多数单板都采用主备用方式，如SMUI、SIUI等单板。

负荷分担方式中，正常情况下，所有单板同时工作，各自处理一部分任务。若某块单板出现故障，则其余单板将接替它的工作。负荷分担方式不仅可以提高系统的可靠性，还可以提高单板资源的利用率。SoftX3000系统中，采用负荷分担方式的单板是BSGI和MRCA单板。

2+2备份工作方式是指2块单板主用，2块单板备用。SoftX3000系统中，只有UPWR单板是2+2备份工作方式。

2. 单板的模块号

单板的模块号是一个逻辑上的概念，它代表一个独立工作的单元。SoftX3000的软件将BAM、iGWB与前插单板均当成模块进行处理，并对其进行编号，其编号范围为0～255，即最大可识别256个模块。其中，0固定分配给BAM，1固定分配给iGWB，其余编号则分配给单板。

单板的模块号根据单板的类型从2开始编号，每块单板具有唯一的模块编号。主备用工作方式的单板，由于正常情况下主用板工作，备用板待命，同一时刻只有一块单板工作，所以主备用单板可以看成是一块单板，具有相同的模块号。

单板模块号的编号规则如下：

SMUI板的模块号：2～21（系统自动分配）。

FCCU/UCSI板的模块号：22～101。

CDBI板的模块号：102 ~ 131。

IFMI/BSGI/MSGI板的模块号：132 ~ 211。一般，

IFMI板的模块号：从132递增至135。

BSGI板的模块号：从136递增至211。

MSGI板的模块号：从211递减至136。

MRCA板的模块号：212 ~ 247。

2.4　接入网关UA5000

UA5000是宽窄带一体化综合业务接入设备，在提供高质量的语音接入业务、宽带接入业务的同时，还向用户提供功能完善的IP语音接入业务，以及以IPTV为代表的多媒体业务。

一、机柜

UA5000作为接入网关产品，应用于NGN网络接入层，可采用ONU-F02A机柜。ONU-F02A是UA5000产品系列中的高密度室内型后维护设备，由机柜、业务框、信号转接盒、直流配电框/电源系统（根据实际情况选配）、环境监控框和传输设备（选配）组成。该机柜配置HABA机框时，最大用户数为全POTS用户960线，全ADSL 480线，POTS& ADSL合一用户为480线。

二、机框

HABA业务框的外形如图2.35所示。HABA业务框有36个槽位，顶部和中间各有一个风扇框槽位，共可配置两个风扇框。业务框通过挂耳固定在机柜中。当HABA业务框配置的宽带业务板和宽窄带合一板少于12块时，默认只在中间槽位配置一个风扇框。

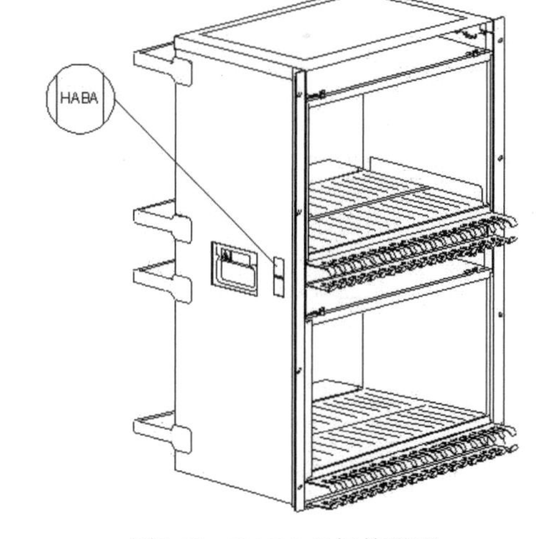

图2.35　HABA机框外形图

HABA业务框通过配置不同的单板实现如下功能。

宽带方面，支持宽带上网、IPTV、宽带专线业务；

窄带方面，支持IP语音、传统语音业务以及窄带专线业务。

HABA业务框的内部信号工作原理如图2.36所示，图中各信号流向如下。

（1）电源接口通过背板给各个单板提供–48V电源。

（2）PWX将–48V电源转换为+5V电源、–5V电源和铃流电源，通过背板提供给各个窄带业务板。

（3）HWCB将–48V电源转换为+5V电源，通过背板提供给转接板。同时将辅框的窄带业务信号汇聚，上传给窄带主控板。

（4）宽带信号通过RATB接入，上传给宽带业务板。宽带业务板将信号处理后通过背板上传给宽带主控板。

（5）窄带信号通过RATB接入，上传给窄带业务板。窄带业务板将信号处理后通过背板上传给窄带主控板。

（6）E1业务通过E1TB接入，上传给EDTB。EDTB将E1业务处理后将E1信号上行。

（7）窄带主控板汇聚处理窄带业务后，将信号上行，也可以通过背板走线到宽带主控板，由宽带主控板上行（宽带主控板提供两个FE端口分别给左、右窄带主控板）。

（8）宽带主控板汇聚处理宽带业务后，将信号上传，同时也可以上行窄带主控板的窄带信号。

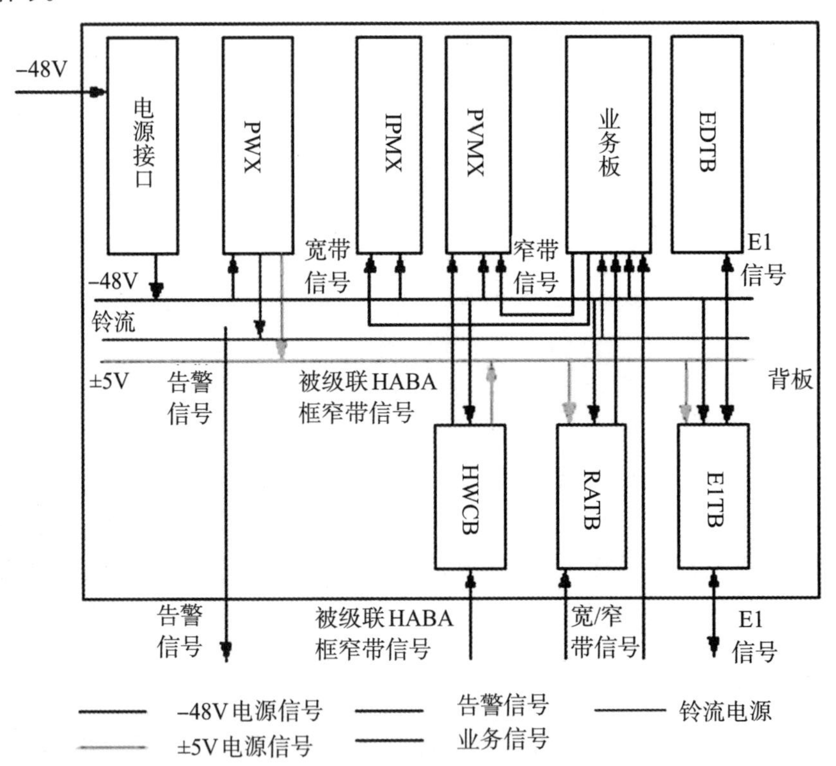

图2.36　HABA业务框内部信号工作原理

HABA业务框的高度为16U（1U=44.45mm），提供36个槽位，其中30个业务板槽位（6～35槽位）支持宽窄带业务板混插。机框配置如图2.37所示。

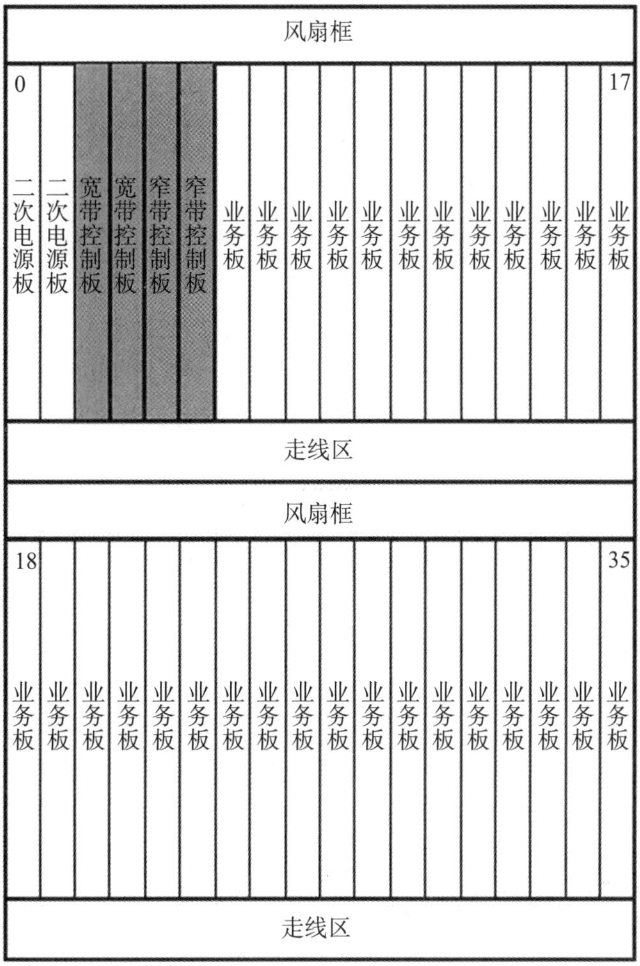

风扇框

0																	17
二次电源板	二次电源板	宽带控制板	宽带控制板	窄带控制板	窄带控制板	业务板	业务板	业务板	业务板	业务板	业务板	业务板	业务板	业务板	业务板	业务板	业务板

走线区

风扇框

18																	35
业务板	业务板	业务板	业务板	业务板	业务板	业务板	业务板	业务板	业务板	业务板	业务板	业务板	业务板	业务板	业务板	业务板	业务板

走线区

图2.37　HABA业务框配置图

三、单板

HABA业务框可插PWX二次电源板、IPMD/IPMB宽带主控板、PVMB/PVMD窄带主控板、ADRB/ADRI宽带业务板、ASL/A32窄带业务板、CSRB宽窄带合一板、EP1A/GP1A上行接口板、TSSB测试板等单板。

1．PWX

PWX是二次电源板，可提供+5V DC、-5V DC和75V AC 25Hz铃流输出。

通常1个业务框要求配置两块电源板实现备份和负荷分担功能，也可配置一块PWX。PWX上报运行状态给TSS或者设备主控板，该板插在0、1槽位。

PWX功能和特点如下。

（1）直流电源输出限流保护。

（2）电源板内的各电源模块保护功能。

（3）现场声光告警。

2．PVMD

PVMD是分组语音处理板，用于管理窄带业务单板。PVMD既支持将TDM语音信号通过V5接口上行到LE（Local Exchange），也可以将TDM语音信号封装成IP包后通过FE（Fast Ethernet）或GE接口上行到软交换设备。PVMD主备双配，最大支持1024个语音通道，该单板插在4、5槽位。

PVMD单板的基本原理如下。

（1）控制模块实现PVMD的控制和管理。

（2）TDM交换模块实现HW信号和TDM语音信号的转换。

（3）VoIP业务处理模块实现TDM语音信号和IP报文的相互转换。

（4）LSW交换模块提供FE接口，实现IP报文到城域网传递。

（5）电源模块为单板内各功能模块提供工作电源。

（6）时钟模块为单板内各功能模块提供工作时钟。

3．IPMD

IPMD是IP业务处理板，用于汇聚、处理宽带业务，同时转发PVMD的VoIP业务，通过FE/GE电口或GE光口实现IP上行。IPMD双配时，支持32路宽带业务通道，也支持12路GE业务通道，该单板插在2、3槽位。

IPMD单板的基本原理如下。

（1）控制模块实现各个模块的管理和控制以及控制主备倒换功能。

（2）交换和业务处理模块提供FE、GE接口，实现业务交换、QoS保证、队列调度和安全控制功能，并且提供星型宽带总线连接到背板的各个业务板。

（3）电源模块为单板内各功能模块提供工作电源。

（4）时钟模块为单板内各功能模块提供工作时钟。

4．A32

A32是32路模拟用户板，提供32路模拟用户接口，完成模拟用户电路的BORSCHT功能。用户信号通过背板与窄带主控板交互，由主控板实现PSTN业务上行。32路用户都支持A/μ律，不支持端口备份。该单板可以插在6～35槽位。

5．ADRB

ADRB是32路ADSL/ADSL2+业务板，内置600 Ω纯阻抗分离器和防护电路。通过宽带总线与宽带主控板交互，由宽带主控板实现IP上行，该单板可以插在6～35槽位。

ADRB的基本原理如下。

（1）控制模块实现单板上各芯片的初始化与状态的控制。

（2）宽带处理模块实现宽带信号的处理功能，处理和转发主控板和控制模块之间的控制信号。

（3）分离器模块从混合信号中分离出POTS信号和ADSL/ADSL2+信号。

（4）电源模块为单板内各功能模块提供工作电源。

（5）时钟模块为单板内各功能模块提供统一的时钟信号。

6．TSSB

TSSB是应用于UA5000系统中的用户电路测试板，主要完成窄带系统中模拟用户接口（Z接口）性能指标测试功能。通过窄带主控板或者宽带主控板对TSSB进行控制以实现对用户板的内线、外线和话机进行测试，同时支持宽带CPE仿真功能，并将测试结果上报主机，该单板插在17槽位。

TSSB单板的基本原理如下。

（1）最小系统和控制逻辑模块实现对TSSB的控制和管理。

（2）A/D模块完成采集信号转变。

（3）万用表模块完成模拟信号计算。

（4）通道控制模块完成测试项目选择。

（5）内线测试模块完成对用户板性能指标测量。

（6）外线测试模块完成对A/B线路性能指标测量。

（7）话机测试模块完成对终端话机测试。

（8）环境告警采集发送模块完成外部电源告警信号输入和转发。

7．HWCB

HWCB是后维护主框HW转接板，用于HABA框，提供2个E1接口和2个HW级联接口。

HWCB单板的基本原理如下。

（1）用于HABA框时，单板将来自窄带主控板的8M HW信号一部分通过CPLD降速成2M HW给主框（HABA）下半框用户板，一部分通过级联线送给从框（HABA）HWTB板。

（2）单板将窄带主控板出的E1信号透明传输，通过电缆连到上层E1接入设备。

（3）板内有一个-48V转+5V的电源模块，给板内电路供电，并可以通过背板向其他转接板提供+5V电源。

教学策略

1．重难点

（1）重点：软交换语音业务开通数据配置。

（2）难点：H.248协议。

2．教学方法

（1）相关知识点中协议部分建议采用分组讨论、多媒体教学法，设备部分建议采用现场教学法。

（2）任务完成建议采用分组实训、案例教学和现场教学法。

3．请结合本任务讨论

（1）请讨论本任务采用案例教学法时，案例的选取原则和导向。

讨论记录：____

____

____

____

____

____

（2）以小组为单位对本任务的教学方法、教学实施过程和考核及评价标准等方面进行讨论。

讨论记录：____

____

____

____

____

____

习题

1．H.248协议的功能是什么？简要说明H.248协议的连接模型。

2．H.248协议消息有哪些类型？简要说明H.248协议规定的命令及其含义。

3．简述同一MG下的两个终端之间的H.248协议呼叫流程。

4．简要说明SoftX3000数据配置的总体流程。

5．简要说明SoftX3000协议消息的处理路径。

6．简要说明软交换网络开通语音业务时SoftX3000侧需配置哪些数据？

7．软交换网络开通语音业务时SoftX3000和媒体网关需要对哪些参数进行协商？

8．软交换网络开通语音业务时如何完成数据调测？

任务3　软交换网络多媒体业务开通

任务描述

随着互联网和三网融合技术的发展，多媒体业务和多媒体终端的应用日益广泛。当SIP终端通过IP城域网接入SoftX3000时，运营商能通过IP城域网向用户提供多媒体业务，包括语音、数据和视频业务等。实际组网时，多媒体终端可以是IAD、SIP硬终端、SIP软终端或智能手机等，所有SIP终端在SoftX3000侧的数据配置过程相同。

现有5个用户申请多媒体业务，他们通过小容量网关IAD 102H和IAD 132E接入软交换网络，IAD 102H和IAD 132E通过SIP协议与SoftX3000对接组网，如图3.1所示。如果你是维护人员，如何实现用户之间的相互通信？

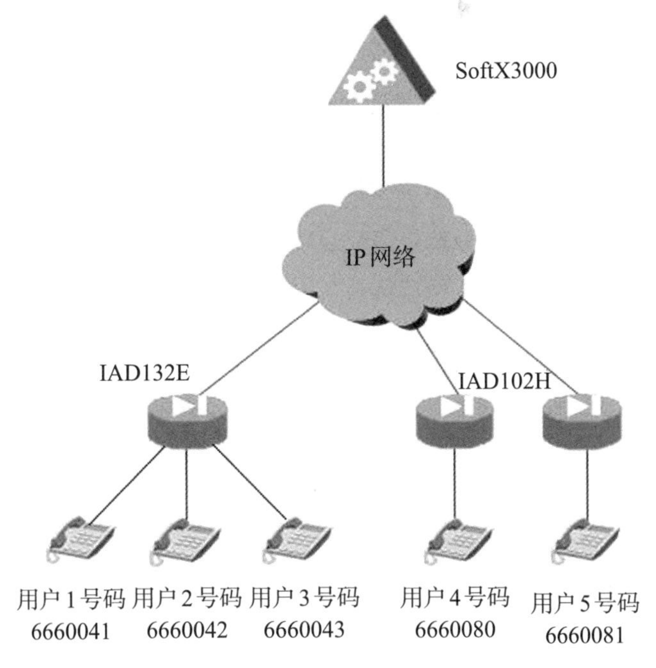

图3.1　IAD与SoftX3000对接组网图

任务分析

本次任务的核心是开通多媒体业务，目标是将需要开通此项业务的用户添加到本地局中，并设置与之配合的多媒体网关。完成此工作任务的步骤与开通语音业务类似，都需进行数据规划、数据配置和数据调测。SoftX3000多媒体业务开通的数据配置流程如图3.2所示。

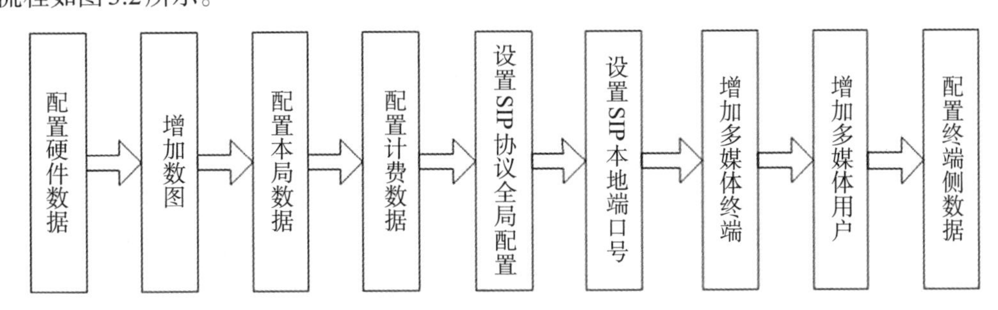

图3.2　SoftX3000多媒体业务开通流程图

SoftX3000多媒体业务开通配置包括配置硬件数据、配置数图、配置本局数据、配置计费数据、设置SIP协议全局配置、设置SIP本地端口号、增加多媒体终端、增加多媒体用户、配置终端侧数据等部分。

与任务2不同的是，开通多媒体业务需配置SIP协议数据。为保证主机软件中的SIP协议栈能正常运行，在配置SIP中继、SIP用户等数据之前必须先配置SIP协议数据。配置SIP协议数据需设置SIP协议全局配置和SIP本地端口号。SIP协议数据需要索引由硬件数据定义的一些参数，如FE端口的IP地址、MSGI板的模块号等。关于“SIP协议”请阅读“知识链接与拓展”的相关内容。

增加多媒体终端属于对接数据配置，SoftX3000系统可对接多个多媒体终端，每个多媒体终端都需要单独设置。本任务中SoftX3000采用SIP协议与IAD 102H和IAD 132E对接组网，需增加SIP协议的多媒体终端。关于“IAD 102H和IAD 132E”请阅读“知识链接与拓展”的相关内容。

增加多媒体用户属于业务数据配置，本任务中可接入多个多媒体用户，每个多媒体用户都需要单独设置。

不同厂家、不同类型的SIP多媒体终端配置均不相同，但在SIP终端上都需要配置设备标识、注册服务器等，在SIP终端侧数据配置时需保持与SoftX3000侧对接参数的一致性。

必备知识

1．IAD 102H设备配置环境的搭建

IAD 102H设备通过LAN口连接至交换机，本地调试主机运行超级终端程序登录到IAD 102H的LAN口（默认的LAN口地址为192.168.100.1或者1.1.1.1），连接到设备之后输入合法的用户名和口令。

步骤1：采用Telnet方式进行设备配置操作，默认IP为192.168.100.1/24，用户名默认为root，口令默认为admin。

步骤2：将调试计算机的IP地址设置为与IAD 102H默认的LAN口IP地址同网段，如192.168.100.111/24。

步骤3：通过LAN口登录并进行配置操作。

步骤4：配置完成后将与NGN设备连接的网线接入到WAN口即可。

2．IAD命令模式

（1）普通用户模式：查看有限的单板信息、命令行终端基本设置等。

（2）特权模式：查看单板状态和统计信息，进行单板管理和维护。

（3）全局配置模式：配置全局数据和参数，进行用户管理。

（4）以太网交换机模式：配置设备内置以太网交换机数据。

任务完成

一、数据规划

在开通多媒体业务时，首先应配置SoftX3000侧的数据。数据配置前应对

SoftX3000硬件数据、本局数据、计费数据以及SoftX3000与IAD之间的主要对接参数进行规划。

1．本局数据规划

硬件数据和计费数据规划参考任务2，维护人员应按表3.1所示做好本局信息收集和数据规划。

表3.1　本局信息收集工作

序　号	信息收集	备　注	参数值
1	本局信令点编码	用于配置与MTP信令相关的数据	111111
2	交换局类型	决定所处信令网络	市话/农话局
3	本地号首集	用于确定本局用户可以具有多少个字冠集合	本地号首集0长途区号：28
4	呼叫源	区分不同的主叫用户群	用户1～5属于呼叫源0
5	号段	根据规划确定本交换局所占用的号码资源	本地号首集0号段：6660001～6660999
6	呼叫字冠	定义被叫号码的前缀	本地号首集0呼叫字冠：666

2．对接参数规划

维护人员应对SoftX3000与IAD之间的以下主要对接参数进行规划，如表3.2所示。其中本任务5个用户的电话号码应在本局数据规划指定的号段范围之内。

表3.2　IAD对接SoftX3000数据规划表

序　号	对接参数	参数值
1	SIP协议的知名端口号	5060
2	SoftX3000的IFMI板的IP地址	10.26.102.13/24
3	号首集	用户1～5属于本地号首集0
4	呼叫源	用户1～5属于呼叫源0
5	号段	号首集0号段：6660001～6660999
6	呼叫字冠	号首集0呼叫字冠：666
7	用户号码	用户1：6660041，用户2：6660042 用户3：6660043，用户4：6660080 用户5：6660081
8	用户的注册用户名（即设备标识）	用户1：6660041，用户2：6660042 用户3：6660043，用户4：6660080 用户5：6660081
9	用户的注册密码	用户1：6660041，用户2：6660042 用户3：6660043，用户4：6660080 用户5：6660081
10	IAD的IP地址	IAD132E：10.26.102.21/24 IAD102H（用户4）：10.26.102.80/24 IAD102H（用户5）：10.26.102.81/24

二、数据配置

（一）硬件数据配置

1．增加机架

ADD SHF: SHN=0, LT="NGN实验室", ZN=0, RN=0, CN=0;

2．增加机框

ADD FRM: FN=0, SHN=0, PN=2;

3．增加单板

ADD BRD: FN=0, SLN=0, LOC=FRONT, FRBT=IFMI, MN=132, ASS=255;
ADD BRD: FN=0, SLN=2, LOC=FRONT, FRBT=FCCU, MN=22, ASS=255;
ADD BRD: FN=0, SLN=10, LOC=FRONT, FRBT=CDBI, MN=102, ASS=255;
ADD BRD: FN=0, SLN=12, LOC=FRONT, FRBT=MSGI, MN=211, ASS=255;
ADD BRD: FN=0, SLN=14, LOC=FRONT, FRBT=BSGI, MN=136;

4．增加FE端口配置

ADD FECFG: MN=132, IP="10.26.102.13", MSK="255.255.255.0", DGW="10.26.102.1";

5．增加中央数据库功能

ADD CDBFUNC: CDPM=102, FCF=LOC-1&TK-1&MGWR-1&BWLIST-1&IPN-1&DISP-1&SPDNC-1&RACF-1&PRESEL-1&UC-1&KS-1;

（二）增加数图

ADD DMAP: PROTYPE=H248, DMAPIDX=0, PARTIDX=0, DMAP="[2-8]xxxxxx";
ADD DMAP: PROTYPE=MGCP, DMAPIDX=0, PARTIDX=0, DMAP="[2-8]xxxxxx ";

（三）本局数据配置

1．设置本局信息

SET OFI: OFN="NGN实验室", LOT=CC, NN=YES, SN1=NAT, NPC="111111", NNS=SP24, SP=YES, TMZ=0, SGCR=NO;

2．增加本地号首集

ADD LDNSET: LP=0, NC=K'86, AC=K'28, LDN="NGN实验室", DGMAPIDX=0, MDGMAPIDX=0;

3．增加呼叫源

ADD CALLSRC: CSC=0, CSCNAME="NGN实验室", PRDN=3, LP=0;

4．增加用户号段

ADD DNSEG: LP=0, SDN=K'6660001, EDN=K'6660999;

（四）计费数据配置

1．增加计费情况

ADD CHGANA: CHA=0, CHGT=PLSACC, BNS=0, CONFIRM=Y;

2．修改计费模式

MOD CHGMODE: CHA=0, DAT=NORMAL, TA1="180", PA1=1, TB1="60", PB1=1, CONFIRM=Y;

3．增加计费索引

ADD CHGIDX: CHSC=0, RCHS=0, LOAD=ALL, BT=ALLBT, CODEC=ALL, CHA=0, CONFIRM=Y;

（五）增加呼叫字冠

ADD CNACLD: PFX=K'666, MINL=7, MAXL=7, CHSC=0;

（六）设置SIP协议数据

1．设置SIP协议的全局配置信息

本步骤用于在SoftX3000系统中设置SIP协议的全局配置参数。此步骤对整个SoftX3000系统有效，只需执行一次。如无特殊要求，可以直接使用系统默认的参数配置。MML命令为：

SET SIPCFG;

设置SIP协议全局配置信息的配置界面如图3.3所示。

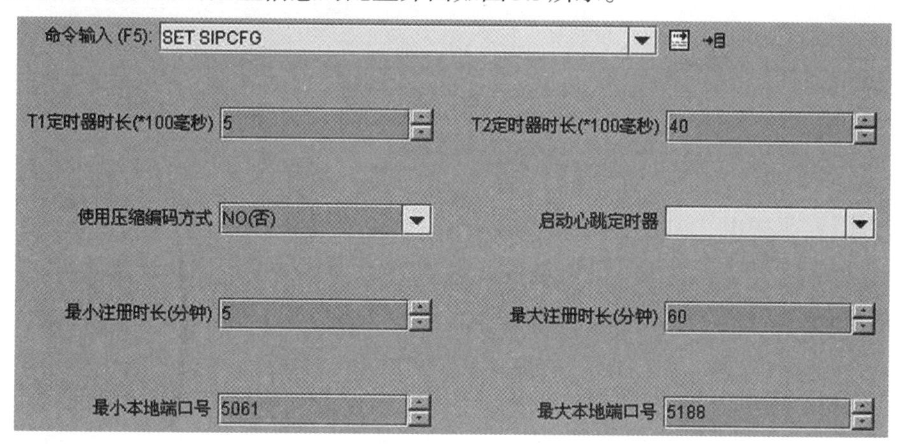

图3.3　设置SIP协议全局配置信息配置界面

关键参数：

【最小注册时长】、【最大注册时长】：用于定义SIP用户最短、最长每隔多长时间重新向SoftX3000发起注册请求。最小注册时间取值范围为1～100，单位为分钟，系统缺省值为5分钟；最长注册时间取值范围为1～100，单位为分钟，系统缺省值为60分钟。当SIP用户在规定的时间内没有发起注册请求，SoftX3000将把该SIP用户置为离线状态。

【最小本地端口号】、【最大本地端口号】：用于指定SoftX3000侧各SIP协议处理单板（即MSGI板）可以使用的本地UDP端口号的范围，系统默认最小本地端口号为5061、最大本地端口号为5188，可以使用128个本地端口号。需注意的是，在同一个

FE端口（IFMI板）转发的各协议消息，它们的UDP端口号不应冲突。

注意：

SIP终端（如IAD）上也有注册时长配置，通常情况下采用系统默认的时长就可以成功注册，但可能存在因为SoftX3000与SIP终端注册时长不匹配而导致终端注册失败的情况，此时需要人工修改注册时长。

2. 设置SIP本地端口号

本步骤用于在SoftX3000系统中设置处理SIP协议的MSGI板的本地端口号，本地端口号在SoftX3000中，用来实现多MSGI板之间的协议处理负荷分担。每块MSGI板均需配置一个唯一的本地端口号，图3.3中显示本地端口号范围为5061～5188。本任务中SoftX3000系统仅有一个MSGI模块，模块号在硬件数据配置中设置为211，所以MML命令为：

SET SIPLP: MN=211, PORT=5061;

设置SIP本地端口号的配置界面如图3.4所示。

图3.4 设置SIP本地端口号配置界面

关键参数：

【MSGI模块号】：用于指定需要配置SIP协议本地UDP端口号的MSGI板的模块号，该参数必须先由“ADD BRD”命令定义，然后才能在此处索引。

【端口号】：用于定义该MSGI板在处理SIP协议时所使用的本地UDP端口号，该端口号的取值必须位于“SET SIPCFG”命令定义的最小、最大本地端口号范围之内。

注意：

本局SoftX3000系统初发的SIP消息中，将指定对端响应消息使用的端口号（即MSGI板本地端口号），IFMI板根据该端口号将对端响应的SIP消息分发到相应MSGI板上进行处理。

对于它局或SIP终端初发的SIP协议消息，携带知名端口号5060。IFMI收到此SIP消息包后，以负荷分担的方式将SIP消息发送到MSGI板进行处理。该MSGI板进行处理后，系统将在响应SIP消息中指定对端后续SIP消息使用的端口号（即MSGI板本地端口号），如5061；这样，本次呼叫流程中后续SIP消息将使用端口号5061进行通信。

（七）增加多媒体终端

本步骤用于在SoftX3000系统中添加多媒体终端，在现网中，每个多媒体终端都需要单独配置，本任务中需增加SIP协议的多媒体终端，MML命令为：

ADD MMTE: EID="6660041", MN=22, PT=SIP, IFMMN=132, PASS="6660041",

AT=ABE,CONFIRM=Y;

ADD MMTE: EID="6660042", MN=22, PT=SIP, IFMMN=132, PASS="6660042",

AT=ABE,CONFIRM=Y;

ADD MMTE: EID="6660043", MN=22, PT=SIP, IFMMN=132, PASS="6660043",

AT=ABE,CONFIRM=Y;

ADD MMTE: EID="6660080", MN=22, PT=SIP, IFMMN=132, PASS="6660080",

AT=ABE,CONFIRM=Y;

ADD MMTE: EID="6660081", MN=22, PT=SIP, IFMMN=132, PASS="6660081",

AT=ABE,CONFIRM=Y;

增加多媒体终端的配置界面如图3.5所示。

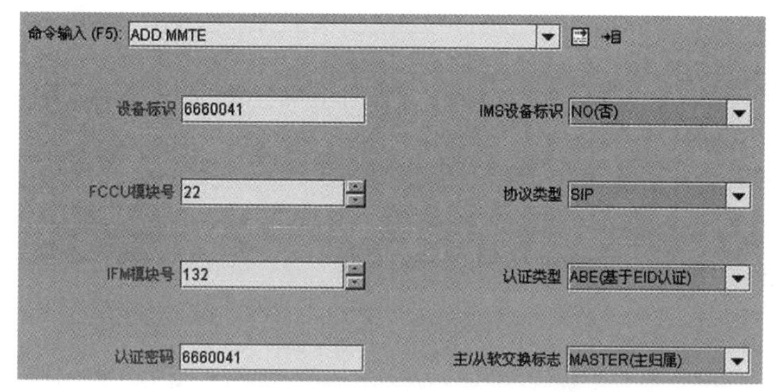

图3.5　增加多媒体终端配置界面

关键参数：

【设备标识】：SoftX3000与多媒体设备的对接参数之一，相当于媒体网关的注册账号，用于在SoftX3000内部唯一标识一个多媒体设备，其值域类型为字符串、最长为32个字符。各多媒体设备的设备标识不能重复。

【FCCU模块号】：用于指定在SoftX3000侧处理该多媒体设备的呼叫控制消息的FCCU板的模块号，其取值范围为22 ~ 101。该参数必须先由“ADD BRD”命令定义，然后才能在此处索引。

【协议类型】：SoftX3000与多媒体设备的对接参数之一，用于指定该多媒体设备采用的是H.323协议还是SIP协议。

【IFM模块号】：该参数仅对SIP协议有效，用于在SoftX3000侧指定分发该多媒体设备SIP消息的IFMI板的模块号，其取值范围为132 ~ 211。该参数必须先由“ADD BRD”命令定义，然后才能在此处索引。

【认证类型】：SoftX3000与多媒体设备的对接参数之一，用于指定该多媒体设备在向SoftX3000注册时所使用的注册（认证）方式。认证类型分为不认证、基于EID认证、基于IP认证、基于IP和EID认证四种。本任务采用基于EID认证方式，需要设备标识和认证密码。

【认证密码】：SoftX3000与多媒体设备的对接参数之一，用于指定该多媒体设备在向SoftX3000注册时所使用的密码。

（八）增加多媒体用户

本步骤是为SoftX3000系统增加多媒体用户，每个SIP用户都需要单独设置。本任务中需增加5个多媒体用户6660041～6660043、6660080和6660081，MML命令为：

ADD MSBR: D=K'6660041, LP=0, EID="6660041", RCHS=0, CSC=0, UTP=NRM,CONFIRM=Y;

ADD MSBR: D=K'6660042, LP=0, EID="6660042", RCHS=0, CSC=0, UTP=NRM,CONFIRM=Y;

ADD MSBR: D=K'6660043, LP=0, EID="6660043", RCHS=0, CSC=0, UTP=NRM,CONFIRM=Y;

ADD MSBR: D=K'6660080, LP=0, EID="6660080", RCHS=0, CSC=0, UTP=NRM,CONFIRM=Y;

ADD MSBR: D=K'6660081, LP=0, EID="6660081", RCHS=0, CSC=0, UTP=NRM,CONFIRM=Y;

增加多媒体用户的配置界面如图3.6所示。

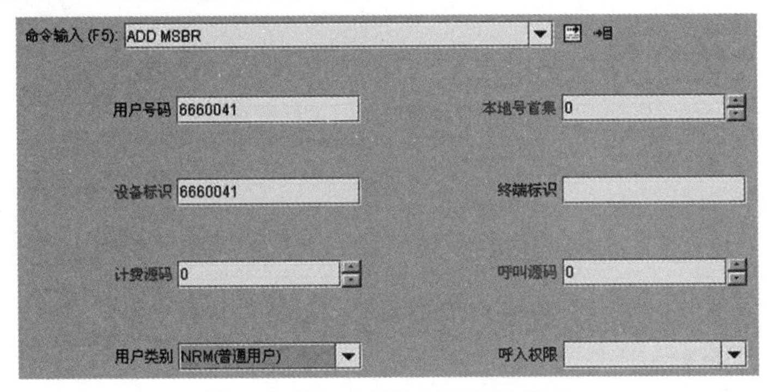

图3.6 增加多媒体用户配置界面

关键参数：

【用户号码】：用于指定分配给该用户的电话号码。除了PBX用户以外，其他类型的用户必须输入用户号码。

【本地号首集】：用于指定该用户所属的本地号首集，即指示呼叫处理软件在哪个本地号首集的号码分析表中分析该用户所拨打的所有被叫号码，该参数必须先由“ADD LDNSET”命令定义，然后才能在此处索引。

【设备标识】：用于指定该多媒体用户所属多媒体设备的设备标识，该参数必须先由“ADD MMTE”命令定义，然后才能在此处索引。

【计费源码】：用户的计费属性之一，该参数必须先由“ADD CHGIDX”命令定义，然后才能在此处索引。

【呼叫源码】：用于指定该用户所属的呼叫源，该参数必须先由“ADD CALL-SRC”命令定义，然后才能在此处索引。

【用户类别】：用于定义该用户号码的主叫用户类别，用户类别分为普通用户、优先用户、话务员用户、数据用户、测试用户、投币电话以及预付费用户等。

（九）配置SIP终端侧数据

不同厂商、不同类型的多媒体终端，其配置方法不同，下面以IAD132E和IAD 102H为例介绍如何配置SIP终端侧数据。

1．IAD132E

IAD132E支持传统命令行方式进行维护管理，也支持Web维护方式（带内网管），简化配置和维护操作。多媒体用户6660041～6660043通过IAD132E接入软交换网络，可按以下步骤进行配置。

（1）打开IE浏览器，在地址栏内输入IAD132E的IP地址，出现系统登录界面，如图3.7所示。

图3.7　IAD132E web登录页面

（2）根据需要在界面上选择系统语言为简体中文或英文。输入用户名（缺省为root）和密码（缺省为admin），单击“登录”。出现Web管理系统初始界面，如图3.8所示。

图3.8　IAD132EWeb管理系统初始化界面

（3）登录后，单击界面右上角的“修改密码”设置新密码。修改密码后，注意做好存档记录，防止遗忘。

（4）配置IAD132E的IP地址。

① 在导航栏中选择“基本配置 > 网络参数”，出现IP地址配置界面，如图3.9所示。

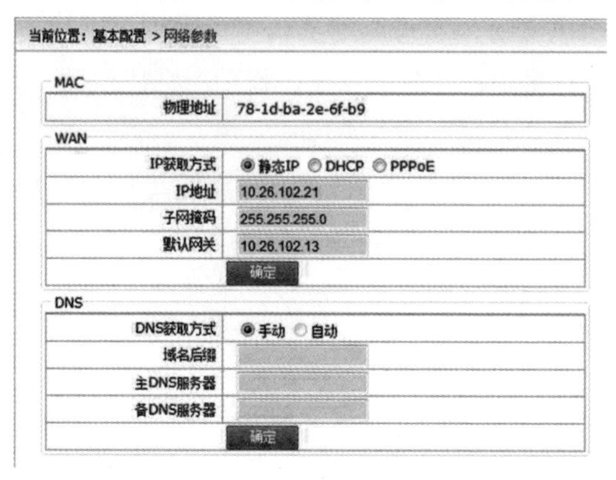

图3.9　IAD132E IP地址配置

② 设置“WAN”区域框中的参数。根据规划，IAD132E的静态IP地址为10.26.102.21，掩码为255.255.255.0，缺省网关为10.26.102.13（即Softx3000的业务地址），单击“确定”。

③ 出现确认提示框，如图3.10所示。单击“确定”，系统自动重启。约两分钟后，即可重新登录系统。

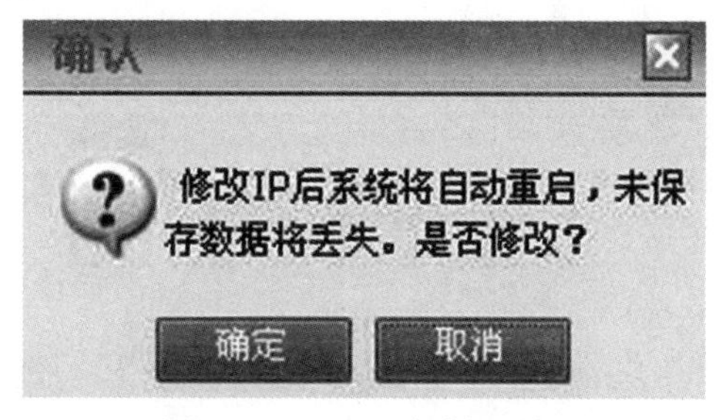

图3.10　IP地址确认提示框

（5）配置SIP服务器。

在窗口左边导航栏，选择“SIP业务配置 > SIP服务器”，出现SIP服务器配置界面，如图3.11所示。

当前位置：SIP业务配置 > SIP服务器

获取方式　◉ STATIC ○ DNS ○ DHCP　确定

☐	索引	用户域名	服务器域名	服务器IP	服务器端口号	失效时间(秒)
☐	0				5060	120
☐	1				5060	120
☐	2				5060	120

修改　清除配置

图3.11　IAD132E 配置SIP服务器界面

IAD提供3种获取SIP服务器IP地址的方式，实际配置时根据组网情况选择一种即可。

① 在获取方式一栏选择“STATIC”，索引0，1，2分别对应3个SIP服务器，优先级从高到低。IAD可以通过网络实现与多个SIP服务器连接，IAD先向优先级高的SIP服务器注册，若注册失败则依次向优先级低的SIP服务器注册，以保证业务正常运行。

② 选中索引0对应的记录，单击“修改”，出现修改SIP服务器界面，如图3.12所示。参考参数解释填写参数，服务器IP：10.26.102.13，端口号：5060，失效时间：3600，单击“确定”。

当前位置：SIP业务配置 > SIP服务器 > 修改

索引	0
用户域名	iad132e.com
服务器配置方式	◉ IP地址方式 ◎ DNS方式
服务器IP	10.26.102.13
服务器端口号	5060 (1-65534)
失效时间(秒)	3600 (5-31536000)

确定　返回

图3.12　配置SIP服务器地址

系统默认的SIP信令端口号是5060，一般不建议修改。若修改，则SIP服务器侧需要同时修改。

（6）配置SIP用户。

选择“SIP业务配置 > FXS用户”，出现FXS用户配置界面，如图3.13所示。

图3.13　配置SIP用户

勾选需配置项的复选框，根据规划表中的数据填写“用户ID”“用户名”和“密码”。填写完后单击“确定”。如需进行清除配置、注册用户或注销用户的操作，可选择一条记录或多条记录，单击界面下方对应的按钮进行操作。

注意：

① “用户ID”：SIP用户标识，用来唯一区别用户，长度不超过31个字符。该号

码在SoftX3000上配置。在本任务中用户ID可分别设置为6660041 ~ 6660043。

② “密码”：用户的鉴权密码，长度不超过31个字符。该号码在SoftX3000上配置。在本任务中密码可分别设置为6660041 ~ 6660043。

③ 设置序列号0的“用户ID”或“用户名”，设置完后单击“批量配置”，系统自动生成递增为1的列表。

④ 设置序列号0的“密码”，再单击“批量配置”则自动复制该密码到整个列表。在本任务中密码不能批量设置。

⑤ 注册状态包括“未注册”“注册中”和“已注册”。

（7）保存数据。

在导航栏中选择“系统工具 > 数据保存”，出现数据保存界面，如图3.14所示。

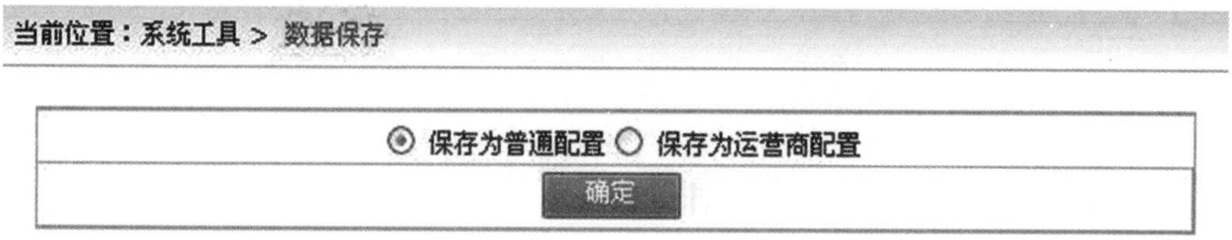

当前位置：系统工具 > 数据保存

◉ 保存为普通配置 ○ 保存为运营商配置

确定

图3.14　保存配置

选择“保存为普通配置”或“保存为运营商配置”，单击“确定”。

（8）验证结果。

完成以上配置后，设备进入正常运行状态。可通过以下方式验证配置结果。

① 设备正常运行时，PWR指示灯常亮，RUN指示灯1秒亮1秒灭闪烁，槽位1和槽位2上的用户摘机时，对应BSY1和BSY2上的指示灯亮。

② 选择“SIP业务配置 > FXS用户”，进入FXS用户配置界面，查看用户注册状态，若注册状态一栏显示“已注册”，则说明该路电话注册成功。

③ IAD下的用户进行通话验证，若能正常呼叫和接听，则表示数据配置正确。

2．IAD102H

多媒体用户6660080和6660081通过不同的IAD102H接入软交换网络，以6660080用户为例，该用户接入的IAD102H可按以下步骤进行配置。

```
User name: root
User password: admin
TERMINAL>
TERMINAL>enable
TERMINAL#
TERMINAL#configure terminal
TERMINAL(config)#
TERMINAL(config)#ipaddress static 10.26.102.80 255.255.255.0 10.26.102.13
```

```
Changing net parameter may affect current service, continue?[Y|N]:y
 Network status changed,please wait...
TERMINAL(config)#display ipaddress
-------------------------------------------------
 DNS Domain Name...............:
 Physical Address..............: 00-e0-fc-a2-b0-22
 IP Address Get Method.....: Static IP config
 esw (unit number 3):
  Flags: (0x68243) UP BROADCAST MULTICAST ARP RUNNING
  IP Address......................: 10.26.102.80
  Subnet Mask................ ..: 255.255.255.0
  Default Gateway.............: 10.26.102.13
 esw (unit number 4):
  Flags: (0x68243) UP BROADCAST MULTICAST ARP RUNNING
  IP Address.......................: 192.168.100.1
  Subnet Mask..................: 255.255.255.0
-------------------------------------------------
TERMINAL(config)#sip server 0 address 10.26.103.13 domain iadsip80.com expire-time 3600 port 5060
TERMINAL(config) #sip user 0 id 6660080 password 6660080
Command:
      sip user 0 id 6660080 password 6660080
This operation will affect the user's current services. Continue? [Y/N]:y
! EVENT MAJOR 2013-01-01 00:42:50 ALARM NAME :SIP user switched server
TERMINAL(config)# write
```

三、数据调测

1．检查网络连接是否正常

在SoftX3000客户端的接口跟踪任务中使用"Ping"工具，检查SoftX3000与各IAD之间的网络连接是否正常。

2．检查SIP终端是否已经正常注册

在SoftX3000的客户端上使用DSP EPST命令，查询IAD是否已经正常注册，然后根据系统的返回结果决定下一步的操作。

（1）若查询结果为"Register"，表示SIP终端正常注册，数据配置正确。

（2）查询结果为"UnRegister"，表示网关无法正常注册，使用LST MMTE命令检查设备标识、注册（认证）类型和注册（认证）密码等参数的配置是否正确。

3．拨打电话进行通话测试

若IAD能够正常注册，则可以使用电话进行拨打测试。若通话正常，则说明数据配置正确；若不能通话或通话不正常，确认IAD侧的参数设置是否正确。

任务评价

多媒体业务开通完成后，参考表3.3对学生进行他评和自评。

表3.3　多媒体业务开通评价表

项目＼内容	学习反思与促进	他人评价	自我评价
应知应会	熟知SIP协议	Y　N	Y　N
	熟知IAD102H硬件结构	Y　N	Y　N
	熟知IAD132E硬件结构	Y　N	Y　N
专业能力	熟练使用网管软件	Y　N	Y　N
	熟练完成多媒体业务开通数据规划	Y　N	Y　N
	熟练完成多媒体业务开通数据配置	Y　N	Y　N
	熟练完成多媒体业务开通数据调测	Y　N	Y　N
通用能力	合作和沟通能力	Y　N	Y　N
	自我工作规划能力	Y　N	Y　N

知识链接与拓展

3.1　SIP协议

SIP协议（Session Initiation Protocol，会话启动协议）是IETF制定的多媒体通信系统框架协议之一，它是一个基于文本的多媒体通信应用层控制协议，用于建立、修改和终止IP网上的双方或多方多媒体会话。SIP协议的主要应用有即时消息、呈现业务、同时振铃、依次振铃业务、用户漫游和用户号码可携带等多种业务。

SIP协议独立于底层TCP或UDP协议，采用自己的应用层可靠性机制来保证消息的可靠传送。SIP协议采用基于文本格式的Client/Server方式，以文本的形式表示消息的语法、语义和编码，客户机发起请求，服务器进行响应。

在NGN网络中，SIP协议主要应用于软交换设备与应用服务器之间，不同软交换设备之间，SIP智能终端与SIP服务器之间，不同的SIP服务器之间。

一、SIP协议的功能和特点

总的来说，会话启动协议能够支持以下五种多媒体通信的信令功能。

（1）用户定位：确定参加通信的终端用户的位置；

（2）用户通信能力：确定通信的媒体类型和参数；

（3）用户可达性：确定被叫参加通信的意愿；

（4）呼叫建立：邀请和提示被叫，确定主叫和被叫的呼叫参数；

（5）呼叫处理：包括呼叫重定向、呼叫转移和终止呼叫等。

SIP协议具有以下特点。

（1）SIP是一个客户机/服务器协议，其协议消息的目的是建立或终结会话，消息分为请求和响应两类；

（2）“邀请”是SIP协议的核心机制；

（3）SIP响应消息分为暂时响应和最终响应两类；

（4）SIP协议中媒体类型、编码格式、收发地址等信息由SDP协议（会话描述协议）来描述，并作为SIP消息的消息体和头部一起传送，所以，支持SIP的网元和终端必须支持SDP；

（5）SIP协议采用SIP URL的寻址方式，其用户名字段可以是电话号码，以支持IP电话网关寻址，实现IP电话和PSTN的互通；

（6）SIP的最强大之处就是用户定位功能；

（7）SIP独立于底层协议，传输层可采用UDP和TCP协议。

二、SIP的网络模型

SIP网络按逻辑功能区分，由用户代理、代理服务器、重定向服务器、位置服务器以及注册服务器5种元素组成，如图3.15所示。用户代理是呼叫的终端系统元素，而4类SIP服务器用于处理呼叫相关信令。

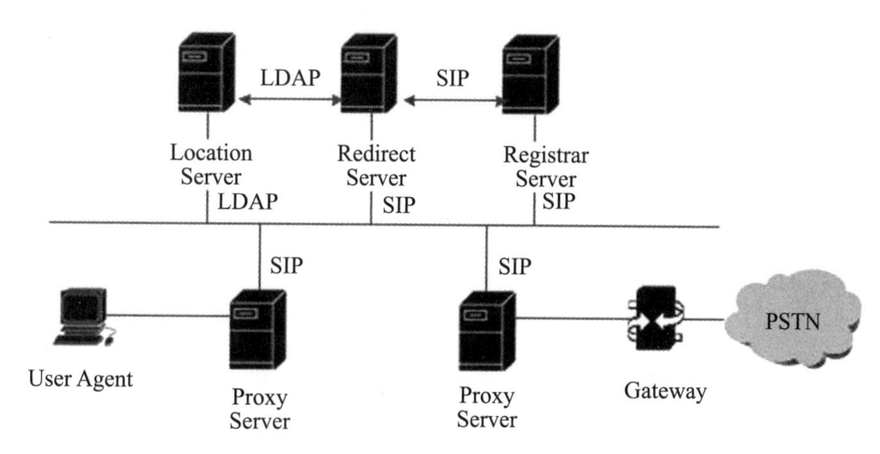

图3.15　SIP网络模型

1．用户代理

用户代理（User Agent）负责发起呼叫或接受呼叫并做出响应。它分为用户代理客户端UAC（User Agent Client）和用户代理服务器UAS（User Agent Server），二者组成用户代理，存在于用户终端中。常用的用户代理有安装在计算机里面的客户端软件如softphone，或具有IP接口的video phone或者IP phone。

2．代理服务器

代理服务器（Proxy Server）负责接收用户代理发来的请求，根据网络策略将请求发给相应的服务器，并根据收到的应答对用户做出响应。它可以根据需要对收到的消息改写后再发出。

3．重定向服务器

重定向服务器务器（Redirect Server）接收用户请求，把请求中的原地址映射为零个或多个地址，返回给客户机，客户机根据此地址重新发送请求。用于在需要的时候将用户新的位置返回给呼叫方，呼叫方可以根据得到的新位置重新呼叫。

4．注册服务器

注册服务器（Registrar Server）用于接收和处理用户端的注册请求，完成用户地址的注册。

5．位置服务器

位置服务器（Location Server）是一个数据库，用于存放终端用户当前的位置信息，为重定向和代理服务器提供被叫用户可能的位置信息。

SIP用户代理也即主叫发起呼叫后，首先去找代理服务器，它负责接收用户代理发来的请求，根据网络策略将请求发给相应的服务器，并根据收到的应答对用户做出响应。代理服务器可以根据需要对收到的消息改写后再发出。

当主叫用户找不到被叫用户，也即被叫用户发生了位置更新后，代理服务器向重定向服务器发送更新的位置请求，重定向服务器收到请求后，把请求中的原地址映射为零个或多个地址（一号多机），会直接返回被叫用户的新位置（号码存在重定向服务器中）或通过位置服务器将被叫新的位置返回给呼叫方（号码存在位置服务器中，位置服务器存储量大），呼叫方可以根据得到的新地址位置重新呼叫。

主叫成功找到被叫后直接通过主叫的策略服务器与被叫的策略服务器建立连接从而实现双方成功呼叫。

三、SIP协议栈结构

基于SIP的多媒体通信的协议栈结构如图3.16所示。

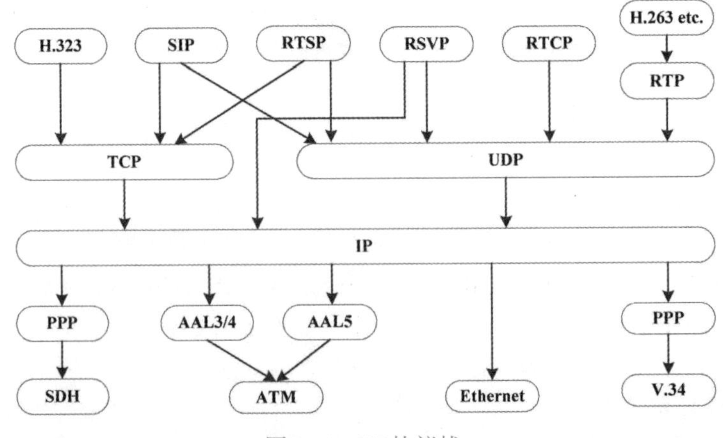

图3.16 SIP协议栈

在SIP协议栈中，SIP协议与其他协议相互合作，例如，RSVP协议用于预约网络资源，RTP协议用于传输实时数据，RTSP协议用于控制实时媒体流的传输，SAP协议用于通过组播发布多媒体会话，SDP协议用于描述多媒体会话。SIP协议承载在IP网，网络层协议为IP，传输层协议可用TCP或UDP，推荐首选UDP。

在基于SIP的多媒体通信中，各种编码的语音或图像信号经RTP封装后，通常由用户数据报协议UDP来支持。

四、SIP协议消息

SIP协议采用基于文本格式的客户机/服务器方式，以文本的形式表示消息的语法、语义和编码，客户机发起请求，服务器进行响应。SIP协议消息分为请求消息和响应消息两类。

1．请求消息

请求消息是客户端为了激活特定操作而发给服务器的SIP消息，包括INVITE、ACK等消息，常见请求消息及功能如表3.4所示。

表3.4　SIP请求消息

请求消息	消息含义
INVITE	用于邀请用户或服务参加一个会话。在INVITE请求的消息体中可对被叫方被邀请参加的会话加以描述，如主叫方能接收的媒体类型、发出的媒体类型及其一些参数；对INVITE请求的成功响应必须在响应的消息体中说明被叫方愿意接收哪种媒体，或者说明被叫方发出的媒体。服务器可以自动地用200(OK)响应会议邀请
ACK	用于客户机向服务器证实它已经收到了对INVITE请求的最终响应
BYE	用户代理客户机用BYE请求向服务器表明它想释放呼叫
CANCEL	取消尚未完成的请求，对于已完成的请求没有影响
REGISTER	用于客户机向SIP服务器注册地址信息
OPTIONS	用于向服务器查询其能力。如果服务器认为它能与用户联系，那么可用一个能力集响应OPTIONS请求；对于代理和重定向服务器只转发此请求，不用显示其能力

2．响应消息

响应消息用于对请求消息进行响应，指示呼叫的成功或失败状态。SIP协议中用三位整数的状态码（Status code）和原因码（Reason code）来表示对请求做出的回答。状态码的第一位用于定义响应类型，其余两位用于进一步对响应进行更加详细的说明。响应消息分类及功能如表3.5所示。

表3.5 SIP响应消息

响应消息	消息含义	消息功能
1xx（Informational）	信息响应（呼叫进展响应）	表示服务器已经收到请求、继续处理请求，常见的有100试呼叫、180振铃等消息
2xx（Success）	成功响应	表示请求已经成功收到、理解和接受，常见的有200 OK消息
3xx（Redirection）	重定向响应	表示为完成呼叫请求，还须采取进一步的动作
4xx（Client Error）	客户出错	表示请求消息中包含语法错误或不能被服务器执行，客户机需修改请求，然后再重发请求
5xx（Server Error）	服务器出错	表示SIP服务器出错，不能执行合法请求
6xx（Global Failure）	全局故障	表示任何服务器都不能执行请求

在上述SIP响应消息中，1xx响应为暂时响应（Provisional response），其他响应为最终响应（Final Response）。

五、SIP协议消息流程

当采用软交换设备和媒体网关来代替PSTN网络中的长途局和汇接局时，在不同软交换设备之间可采用SIP-I和SIP-T协议，相应的信令流程如图3.17所示。

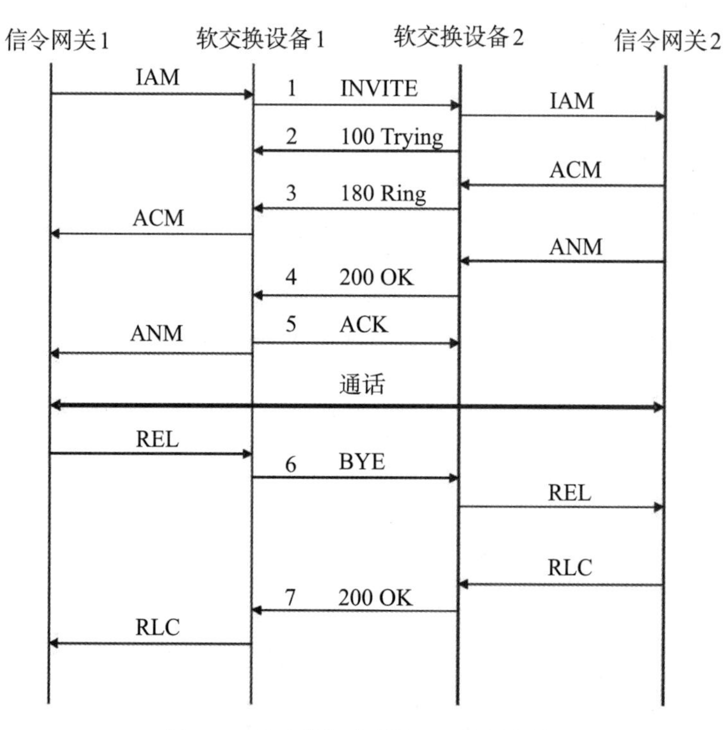

图3.17 软交换局之间的SIP信令流程

（1）主叫PSTN用户摘机拨号，通过软交换设备1控制的信令网关1向软交换设备1发送IAM消息。软交换设备1收到信令网关1发过来的IAM消息，将其封装到INVITE消息的消息体（SDP）中发送给软交换设备2，邀请软交换设备2加入会话。同时，软交换设备1还通过INVITE消息的会话描述，将信令网关1的IP地址、端口号、支持的静荷类型、静荷类型对应的编码等信息传送给软交换设备2。

（2）软交换设备2收到INVITE消息后，分析被叫用户为PSTN用户，将INVITE消息解封装为IAM消息，经信令网关2发送到被叫端局。软交换设备2给软交换设备1回100 Trying表示已经接收到请求消息，正在对其进行处理。

（3）被叫PSTN用户振铃，同时，信令网关2送ACM消息给软交换设备2，软交换设备2收到ACM消息，将其封装到180 Ringing响应消息中发送给软交换设备1。软交换设备2还通过180 Ringing消息的会话描述，将信令网关2的IP地址、端口号、支持的静荷类型、静荷类型对应的编码等信息传送给软交换设备1。软交换设备1收到180 Ringing消息后，将ACM消息从180 Ringing消息中解析出来转发给信令网关1。信令网关1收到ACM消息，同时，主叫PSTN用户听回铃音。

（4）被叫PSTN用户摘机，信令网关2送ANM消息给软交换设备2，软交换设备2收到ANM消息，将其封装到200 OK响应消息的消息体（SDP）中发送给软交换设备1。软交换设备1收到200 OK消息，将ANM消息从200 OK消息中解析出来转发给信令网关1。

（5）软交换设备1发ACK消息给软交换设备2，证实已收到软交换设备2对于INVITE请求的最终响应。

此时，就建立了一个双向的通路，双方可以进行通话。

（6）主叫PSTN用户挂机，信令网关1发REL消息给软交换设备1。软交换设备1收到REL消息，将其封装到BYE请求消息的消息体（SDP）中，发送给软交换设备2。软交换设备2收到BYE消息，将REL消息从BYE消息中解析出来转发给信令网关2。

（7）信令网关2收到REL消息，知道主叫PSTN用户已挂机，转发该REL消息给被叫PSTN交换机，PSTN交换机收到该消息，同时给被叫PSTN用户送忙音。被叫PSTN用户挂机，信令网关2送RLC消息给软交换设备2，软交换设备2收到RLC消息，将其封装到200 OK响应消息的消息体（SDP）中发送给软交换设备1。软交换设备1收到200 OK响应，将RLC消息从200 OK响应消息中解析出来转发给信令网关1。

3.2　综合接入设备IAD102H

IAD（Integrated Access Device）综合接入设备是下一代网络NGN解决方案中的重要部件，用于向公司等用户提供小容量VoIP（Voice over IP）/FoIP（Fax over IP）解决方案。

IAD应用于NGN接入层，作为小容量的综合接入网关，提供语音和数据的综合接入能力。IAD完成模拟话音与IP包之间的转换，通过IP网络传送数据，同时通过MGCP或SIP等协议，与软交换设备配合组网，在软交换控制下完成主被叫之间的话路接续。

IAD在网络位置中更靠近最终用户，无专门的机房，因此需要更多的管理维护手段和故障自愈能力。它提供丰富的上行和下行接口，满足用户的不同需求，主要面向小区用户、密度较低的商业楼宇和小型企业集团用户。

华为IAD产品类型繁多，按端口分包括1、2、4、8、16和32端口IAD，如表3.6所示。

表3.6 华为IAD产品

端口类型	型　号
1端口	IAD101E
2端口	IAD102E
4端口	IAD104E
8端口	IAD108、IAD208
16/32端口	IAD132E-T、IAD132E-A、IAD132E（T）

IAD 102H是基于IP的VoIP/FoIP的媒体接入网关，可提供基于IP网络的高效、高质话音服务，为企业、小区和公司等提供小容量VoIP/FoIP解决方案。IAD 102H最大提供2路POTS（Plain Old Telephone Service）用户的IP语音接入和1路数据用户混合接入，其产品外观如图3.18所示。

图3.18 IAD 102H设备外观图

1．前面板

IAD 102H的前面板设有指示灯，各指示灯名称及含义如表3.7所示。

表3.7　IAD 102H前面板指示灯

指示灯	颜　色	名 称	状态说明
PWR	绿色	电源指示灯	常亮：有电源
			常灭：无电源
WAN	绿色	上行接口指示灯	常亮：已建立上行网络连接
			常灭：未进行任何上行网络连接
LAN	绿色	下行接口指示灯	常亮：已建立局域网络连接
			常灭：未进行任何局域网络连接
VoIP	绿色	VoIP信号指示灯	常亮：VoIP电话服务已经就绪
			常灭：系统正在启动或者没有任何VoIP电话服务就绪
			闪烁（0.25s/0.25s）：正在保存数据
PHONE	绿色	语音电话接口指示灯	闪烁（0.25s/0.25s）：对应端口的电话处于振铃状态
			闪烁（1.5s/0.5s）：切换到PSTN备用电路并且电话正在使用中
			常亮：已摘机
			常灭：对应端口的电话处于挂机状态

2．后面板

IAD 102H后面板接口位置如图3.19所示，各接口名称如表3.8所示。

LINE：PSTN逃生接口　PHONE1～PHONE2：电话接口
PWR：本地电源插口　LAN：数据用户接口　WAN：上行网络接口

图3.19　IAD 102H对外接口示意图

表3.8　IAD102H对外接口列表

接　口	名　称	说　明
LINE	RJ-11型PSTN逃生接口	提供1路
PHONE1~PHONE2	RJ-11型电话接口	提供2路
PWR	本地电源接口	提供1路
LAN	RJ-45型10M/100Base-TX数据用户接口	提供1路
WAN	RJ-45型上行网络接口	提供1路

3．业务功能

IAD 102H可提供丰富的语音、数据业务。

（1）数据业务

IAD 102H数据业务支持POTS、以太网用户接入到IP网络；支持Modem透明传输方式；支持802.1p/q；支持T.38传真或传真的透明传输；支持主叫号码显示；支持话费立显（仅MGCP的IAD）；支持卡号业务主叫用户主动重拨；支持PSTN“一机双号”和逃生；支持PPPoE；支持NAT功能。

（2）语音业务

IAD 102H语音业务支持传统PSTN电话业务；MGCP的IAD可以配合软交换，实现新国标中规定的新业务、智能及特色业务，如呼叫转移、呼叫等待、主叫号码显示、指定代答、同组代答、三方通话和会议电话等；支持软交换控制下的KC计费、反极性计费（仅对MGCP的IAD）；支持ITU-T的G.711、G.723、G.729多种编解码方式，支持编解码之间的动态切换；支持DSCP（Differentiated Services Codepoint）；支持语音激活检测VAD（Voice Activity Detection）；支持舒适噪声生成CNG（Comfort Noise Generation）。

（3）其他功能

IAD 102H还支持SNMP、SNTP、DHCP；支持承载网的QoS（Quality of Service）测试；支持端到端信令跟踪，提供设备内部软硬件故障定位功能；支持软交换对IAD进行鉴权认证；支持软交换控制的RFC2833方式内容加密（仅对SIP的IAD）；支持远程升级和维护；支持自动配置。

4．硬件安装

IAD 102H硬件安装的具体操作步骤如下。

步骤1：将电话线一端插入设备后面板的PHONE口，另一端插入普通电话机接口。

步骤2：将网线一端插入设备后面板的下行LAN口，另一端根据实际插入下行设备，如计算机网口。

步骤3：将上行电话线的一端插入设备后面板的LINE口，即断电逃生接口，并将该电话线的另一端插入上行电话线接口，接入PSTN网络。

步骤4：将网线一端插入设备后面板的WAN口，另一端根据实际与上行网络接口连接。

步骤5：将电源适配器的直流输出端插入设备后面板的电源插孔，再将电源适配器的插座端插到外部的交流电源插座上。

3.3 综合接入设备IAD132E

1．IAD132E设备介绍

IAD132E(T)作为VoIP (Voice over IP)/FoIP (Fax over IP)媒体接入网关，应用于

NGN（Next Generation Network）网络或IMS（IP Multimedia Subsystem）网络，完成模拟话音数据与IP数据之间的转换，并通过IP网络传送数据。

IAD132E(T)通过标准MGCP（Media Gateway Control Protocol）和SIP（Session Initiation Protocol）协议，接入NGN/IMS网络，在MGC（Media Gateway Control）或SIP Server的控制下完成主被叫间的话路接续。

IAD132E产品外观如图3.20所示。

图3.20　IAD 132E外观

IAD132E在NGN网络中的位置如图3.21所示。

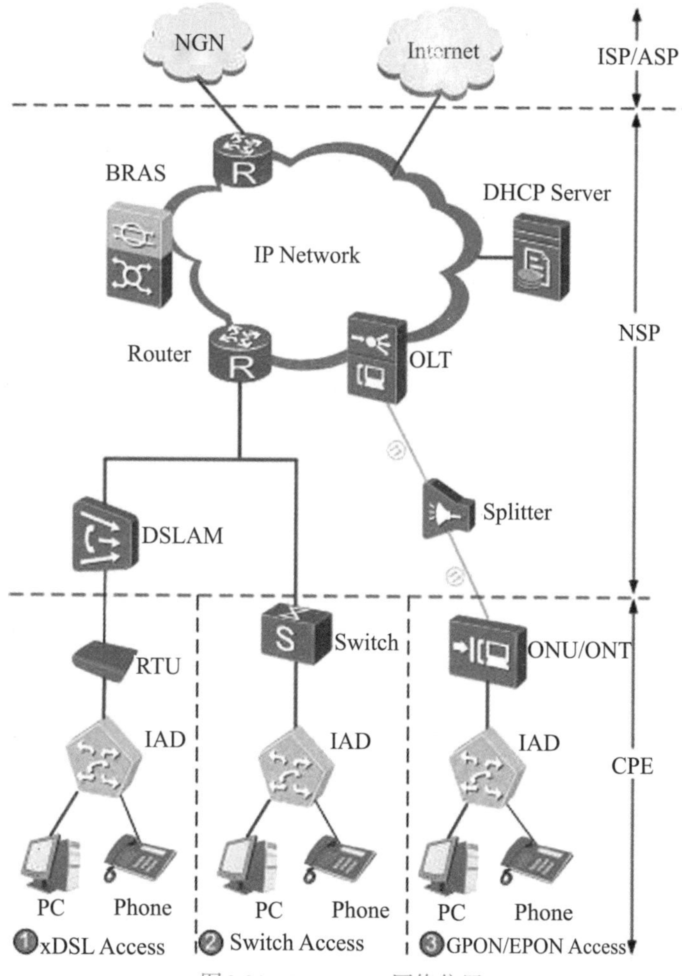

图3.21　IAD 132E网络位置

IAD132E对外接口如图3.22和图3.23所示。

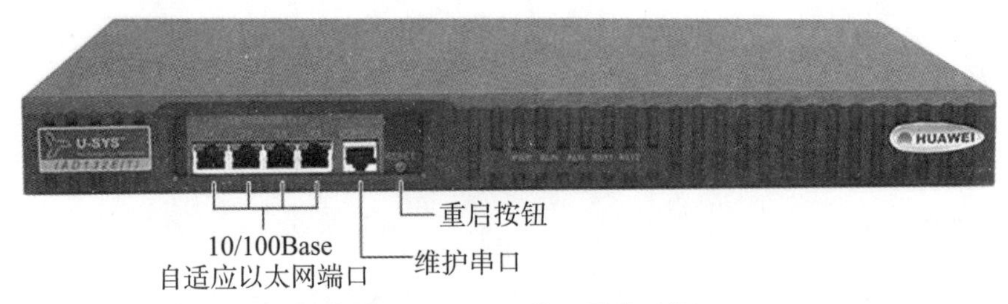

图3.22 IAD132E接口示意（前）

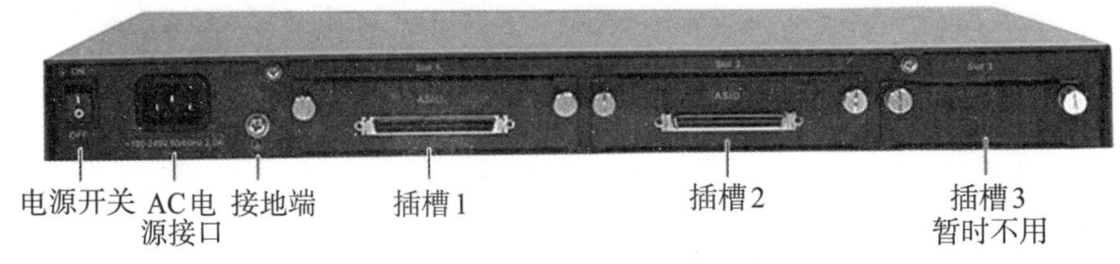

图3.23 IAD132E接口示意（后）

2．硬件安装

（1）连接网线

IAD132E(T)提供4个网口，可用于上行连接上级网络设备或下行连接PC实现上网业务，连接步骤如下：

① 将网线一端插入设备前面板的任意一个10/100BASE-TX接口。

② 将网线另一端根据实际情况连接上行网络设备网口或下行PC网口。

（2）连接地线

地线的正常连接是防雷、防干扰的重要保障。IAD132E(T)机壳接地点为一个M4接地螺钉，位于机箱后面板。将随机附带的机壳接地线一端接到后面板的接地螺钉上，将接地线另一端接在机柜内部的接地点。如果安装在外挂机箱上，同样要求外挂机箱接地。

（3）连接用户电缆

IAD132E(T)有两种单板，ASID板（提供16路FXS）和OSU板（提供8路FXO和8路FXS)，分别对应两种用户线缆。线缆线序请参考单板和用户线缆。

用户电缆的一端为DB-68公头连接器，另一端提供用户电话外线。连接步骤如下：

① 将用户电缆的DB-68公头插入到设备后面的ASID板或OSU板的DB-68母头上。

② 如果是OSU板，请根据用户线缆线序将线缆另一端的8根FXS线连接到用户电话口，8根FXO线连接到PSTN；如果是ASID板，那么根据用户线缆线序将线缆另一端的16根FXS线连接到用户电话口。

（4）连接电源线

将电源线一端插到IAD132E(T)的电源接口，另一端插到外部的交流电源插座上。

完成电源线连接后，接通交流电源给设备上电，设备正常运行后，PWR灯常亮、RUN灯慢闪和上行网口的绿色指示灯常亮。

教学策略

1．重难点

（1）重点：软交换多媒体业务开通数据配置。

（2）难点：SIP协议。

2．教学方法

（1）相关知识点中协议部分建议采用分组讨论、多媒体教学法，设备部分建议采用现场教学法。

（2）任务完成建议采用分组实训、案例教学和现场教学法。

3．请结合本任务讨论

（1）请讨论如何有效运用适当的教学方法完成本任务的教学活动。

讨论记录：____________________

____

____

____

____

____

（2）软交换设备由于主控板的限制，同一时间只能有一位维护人员登录设备，请问在这种实验条件下如何组织教学？

讨论记录：____________________

____

____

____

____

____

习题

1．SIP协议的功能是什么？简要说明SIP协议的网络模型。

2．SIP协议消息有哪些类型？简要说明INVITE、ACK、BYE、100、180和200等消息的功能。

3．简述软交换局之间的SIP信令流程。

4．简要说明IAD102H和IAD132E的硬件安装步骤。

5．简要说明软交换网络开通多媒体业务时SoftX3000侧需配置哪些数据？

6．软交换网络开通多媒体业务时SoftX3000和媒体网关需要对哪些参数进行协商？

7．软交换网络开通多媒体业务时如何完成数据调测？

任务4 软交换网络与PSTN对接业务开通

任务描述

目前，中国电信的固定电话网中，除软交换设备外，还有部分传统的程控交换设备尚未退网。若软交换网络用户想与传统PSTN网用户通信，就必须开通软交换网络与PSTN网络的对接业务。现软交换网络中SoftX3000系统通过通用媒体网关UMG8900和PSTN网对接组网，UMG8900既是中继网关TG，同时又内置信令网关SG，如图4.1所示。现要求在SoftX3000侧通过数据配置实现以下应用：

（1）SoftX3000通过UMG8900与PSTN交换机之间开通E1电路；

（2）SoftX3000与UMG8900之间开通M2UA链路，并通过UMG8900与PSTN交换机之间开通两条64kbit/s的MTP链路；

（3）软交换局的用户与PSTN交换局的用户可以互拨。

如果你是维护人员，应该如何开通此对接业务？

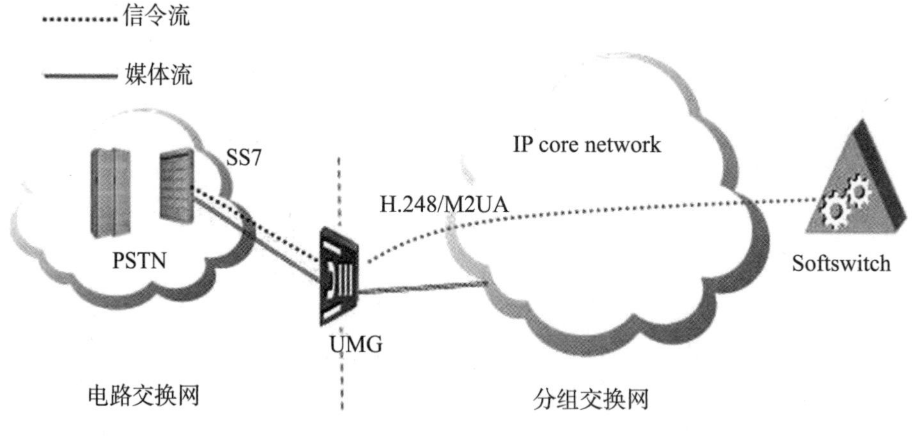

图4.1 软交换与PSTN对接组网图

任务分析

当SoftX3000与传统PSTN网络进行互通组网时，一般采用No.7信令作为局间信令。关于“No.7信令”请阅读“知识链接与拓展”的相关内容。对于PSTN交换机而言，其No.7信令只能基于MTP链路承载；而对于SoftX3000而言，其No.7信令则可以具有多种承载方式。在图4.1组网方式下，No.7信令由UMG8900内置SG经M2UA链路承载和SoftX3000互通。

当SoftX3000侧的No.7信令基于M2UA链路承载时，其典型组网如图4.2所示。

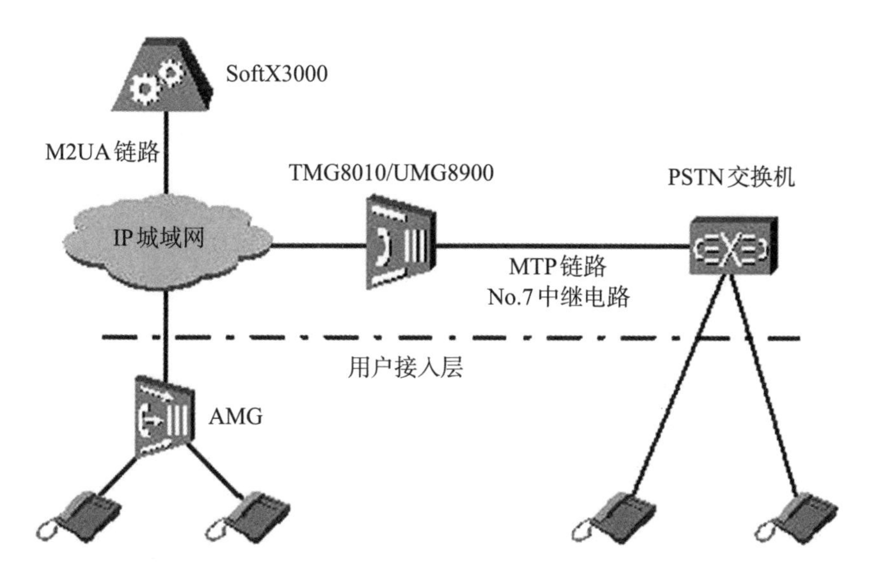

图4.2　SoftX3000与PSTN互通（M2UA—MTP）时的典型组网

在图4.2所示的组网中，SoftX3000提供M2UA链路与UMG8900相连，通过UMG8900（具有内嵌SG功能）与PSTN交换机互通No.7信令；而话路部分则由SoftX3000控制UMG8900完成与PSTN交换机的对接。为了实现SoftX3000与PSTN之间的互通，在SoftX3000侧需要配置以下两部分对接数据：

（1）SoftX3000与UMG8900（具有内嵌SG功能）之间的对接数据；

（2）SoftX3000与PSTN交换机之间的对接数据。

SoftX3000与PSTN互通（M2UA—MTP）业务开通流程如图4.3所示。

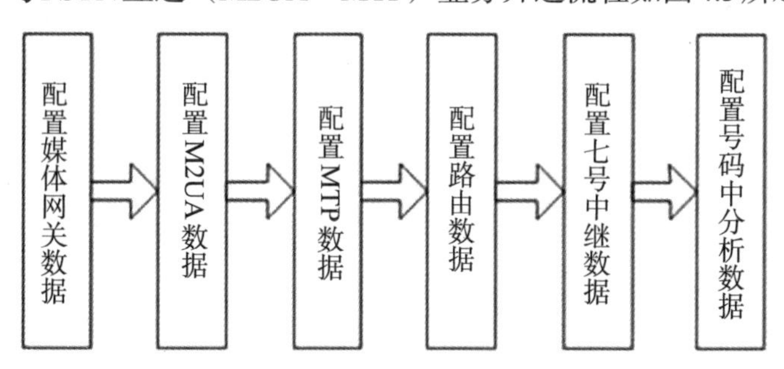

图4.3　SoftX3000与PSTN互通（M2UA—MTP）业务开通流程

SoftX3000与PSTN互通（M2UA—MTP）业务开通配置包括配置媒体网关数据、配置M2UA数据、配置MTP数据、配置路由数据、配置七号中继数据以及配置号码分析数据。

由于SoftX3000通过UMG8900和PSTN网对接，所以需要先用“ADD MGW”命令增加一个媒体网关UMG8900。关于“UMG8900”请阅读“知识链接与拓展”的相关内容。

配置M2UA数据需要增加内嵌式信令网关、M2UA链路集和M2UA链路，关于

“M2UA”请阅读“知识链接与拓展”中的SIGTRAN协议。

配置MTP数据需要增加MTP目的信令点、MTP链路集、MTP链路和到PSTN交换局的MTP路由，关于“MTP”请阅读“知识链接与拓展”中的NO.7信令。

配置路由数据需要增加到PSTN交换局的局向、子路由、路由和路由分析数据。配置七号中继数据需要增加中继群和中继电路。配置号码分析数据即是增加呼叫字冠。关于“路由中继”请阅读“必备知识”的相关内容。

必备知识

1. 局向、子路由与路由

A局与B局之间的中继组网如图4.4所示，其中，实线表示话路通路，虚线表示信令通路。

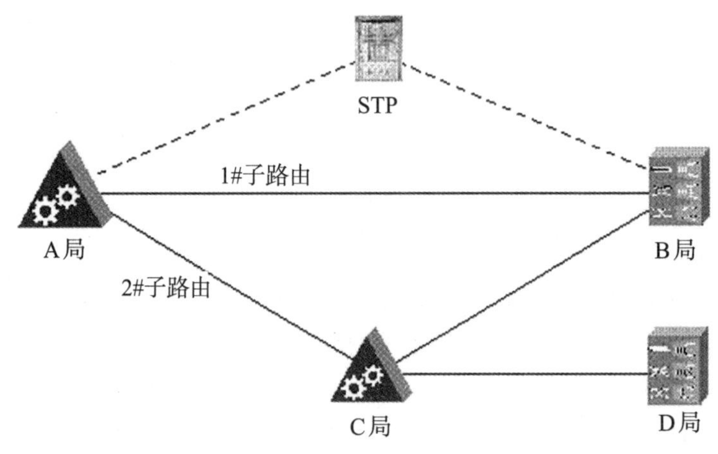

图4.4　中继组网示意图

（1）局向

若两个交换局之间存在直达话路，则称一个交换局是另一个交换局的一个局向。例如，在图4.4中，A局与B局、A局与C局之间均存在直达话路，则称B局是A局的一个局向、C局也是A局的一个局向；而A局与D局之间由于没有直达话路，因此D局不是A局的一个局向。

（2）子路由

若两个交换局之间存在直达话路或迂回话路，则称两个交换局之间存在一条子路由，其中，直达话路构成直达子路由，迂回话路构成迂回子路由。例如，在图4.4中，A局与B局之间存在两条子路由，其中，1#号子路由可以由A局直达B局，中间不需要汇接，为直达子路由；而2#号子路由不能由A局直达B局，需要由C局汇接至B局，为迂回子路由。

（3）路由

路由是本交换局与某一目的交换局之间所有子路由的集合，一个路由可以包含多个子路由，不同的路由可能包含相同的子路由。例如，在图4.4中，A局到B局的路由包含1#号子路由与2#号子路由，而A局到D局的路由则仅包含2#号子路由。

2．No.7中继

No.7中继是一种电路中继，它采用No.7信令作为局间信令。由于No.7信令中的TUP与ISUP协议均可用于控制局间中继电路，因此，No.7中继又可分为TUP中继与ISUP中继。

（1）CIC编码

CIC（Circuit Identification Code），即电路识别码，是No.7中继对接中的重要参数，它用于唯一标识两个信令点之间的中继电路。CIC编码仅存在于TUP、ISUP消息中，其长度定义为12bit，因此，一个局向最多只能有2^{12}＝4096条中继电路。

在采用No.7信令进行对接的两交换局之间，同一中继电路的CIC编码必须完全一致才能成功对接，否则将出现话路单通等异常现象。

（2）主控与非主控

在双向中继群中，为了防止两交换局在同一时刻占用同一条中继电路引起“同抢”现象，ITU-T规定，对接的两交换局各主控一半的中继电路，信令点编码大的交换局主控CIC为偶数的电路，信令点编码小的交换局主控CIC为奇数的电路。

按照这个原则，在出中继时，各交换局优先占用本局主控的中继电路，只有在主控电路全忙的情况下，本局才尝试占用本局非主控的中继电路，若此时两交换局发生同抢，则本局主动放弃占用该中继电路（改为占用下一条中继电路）。

任务完成

一、数据规划

维护人员应就SoftX3000与UMG8900、PSTN交换机之间的以下主要对接参数进行协商，如表4. 1和表4. 2所示。

表4.1　SoftX3000与UMG8900之间的对接参数

序号	对接参数项	参数值
1	SoftX3000与Umg8900之间采用的控制协议	H.248协议
2	H.248协议的编码类型	ASN.1(二进制方式)
3	SoftX3000的IFMI板的IP地址	10.26.102.13/255.255.255.0
4	Umg8900用于H.248协议的IP地址（控制）	10.26.102.18/255.255.255.0
5	Umg8900用于SIGTRAN协议的IP地址（承载）	10.26.102.19/255.255.255.0
6	SoftX3000侧H.248协议的本地UDP端口号	2944
7	Umg8900侧H.248协议的本地UDP端口号	2944
8	SoftX3000侧Umg8900的注册ID	10.26.102.18:2944
9	Umg8900侧SoftX3000的注册ID	10.26.102.13:2944

续表

序号	对接参数项	参数值
10	Umg8900支持的语音编解码方式	G.711A、G.711μ、G.723.1、G.729A
11	Umg8900是否支持发夹连接	支持
12	Umg8900是否支持EC功能	支持
13	Umg8900是否支持T.38协议	支持
14	Umg8900侧的E1编号方式	从0开始
15	Umg8900侧的终端标识（E1时隙）的编号方式	从0开始
16	SoftX3000侧（client端）M2UA链路的本地SCTP的端口号	M2UA链路0：2904
17	Umg8900侧（server端）M2UA链路的本地SCTP的端口号	2904
18	M2UA链路集的传输模式	负荷分担
19	MTP链路0的接口标识（整数型）	101
20	MTP链路1的接口标识（整数型）	102

表4.2　SoftX3000与PSTN交换机之间的对接参数

序号	对接参数项	参数值
1	SoftX3000的信令点编码	111111
2	C&C08程控交换机的信令点编码	1100bb
3	MTP链路编码	链路0：0 链路1：1
4	中继所使用的信令类型	ISUP
5	ISUP的CIC编码	0—63
6	ISUP的电路选择方式	采用循环选线方式，本局SoftX3000主控奇数电路， C&C08局主控偶数电路

二、数据配置

（一）配置媒体网关数据

本步骤MML命令为：

ADD MGW: EID="10.26.102.18:2944", GWTP=UMGW, MGWDESC="Chengdu-UMG8900-01", MGCMODULENO=23, LA="10.26.102.13", RA1="10.26.102.18", RP=2944, HAIRPIN=S, CODETYPE=ASN, ET=NO, OWDYNA=TRUE;

增加媒体网关配置界面如图4.5所示。

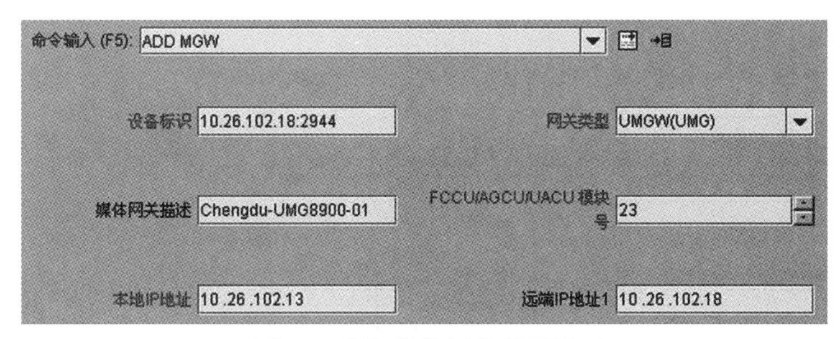

图4.5　增加媒体网关配置界面

关键参数：

【设备标识】：SoftX3000与媒体网关的对接参数之一，相当于媒体网关的注册账号，用于在SoftX3000内部唯一标识一个媒体网关，其值域类型为字符串、最长为32个字符。对于采用H.248协议的媒体网关，其格式为“IP地址:端口号”。

【网关类型】：用于指定所增加的媒体网关的类型，其类型共有AG、TG、IAD、UMG、MRS、MTA等6种。

【FCCU/AGCU/UACU模块号】：用于指定在SoftX3000侧处理该媒体网关呼叫控制消息的FCCU/AGCU/UACU板的模块号，其取值范围为22～101。该参数必须先由“ADD BRD”命令定义，然后才能在此处索引。

【本地IP地址】：SoftX3000与媒体网关的对接参数之一，用于指定在SoftX3000侧处理该媒体网关所有协议消息的FE端口的IP地址。该参数必须先由“ADD FECFG”命令定义，然后才能在此处索引。

【远端地址1】：SoftX3000与媒体网关的对接参数之一，用于指定该媒体网关的IP地址。

（二）配置M2UA数据

1．增加一个内嵌式SG（内嵌在UMG8900内部）

本步骤MML命令为：

ADD SG: SGID=2, SGNAME="M2UA SG", SGTYPE=emb, EID="10.26.102.18:2944";

增加内嵌式信令网关配置界面如图4.6所示。

命令输入 (F5): ADD SG
信令网关标识 2
信令网关名称 M2UA SG
信令网关类型 emb(嵌入式网关)
设备标识 10.26.102.18:2944
主/从归属标志 MASTER(主归属)

图4.6　增加内嵌式信令网关配置界面

关键参数：

【信令网关标识】：用于在SoftX3000内部唯一标识一个内嵌式信令网关或汇聚式信令网关，该信令网关可以支持M2UA、V5UA、IUA中的一种或者多种协议，其取值范围为0～2431。

【信令网关名称】：用于具体描述该信令网关，其值域类型为字符串。

【信令网关类型】：用于指定该信令网关是emb（内嵌式网关）还是asb（汇聚式网关）。

【设备标识】：仅当信令网关类型为“emb（内嵌式网关）”时该参数有效，用于指定该信令网关内嵌在哪一个媒体网关内，该参数必须先由ADD MGW命令定义，然后才能在此处索引。

2. 增加M2UA链路集

本步骤MML命令为：

ADD M2LKS: M2LSX=0, LSNAME="M2UA LinkSet 0", SGID=2, TM=LOADSHARE, IFT=INTEGER;

增加M2UA链路集配置界面如图4.7所示。

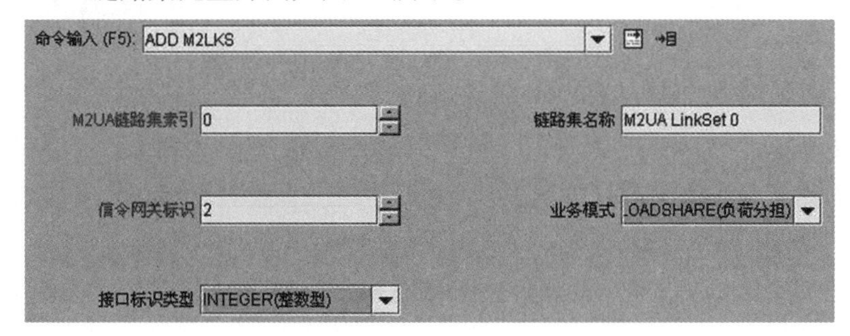

图4.7　增加M2UA链路集配置界面

关键参数：

【M2UA链路集索引】：用于唯一标识一个M2UA链路集，其取值范围为0～65534。

【链路集名称】：其值域类型为字符串，用于具体描述该链路集，以便于识别。

【信令网关标识】：用于指定该M2UA链路集所属的内嵌式信令网关，该参数必须先由ADD SG命令定义，然后才能在此处索引。

【业务模式】：该参数指定M2UA链路集所使用的流量模式。它是SoftX3000与内置信令网关或集成信令网关的对接参数之一。该参数选项为：Override，即“N + 1”备份模式。该模式下，链路集中只有一条链路处于主用状态，其余链路处于备用状态。当主用链路发生故障时，系统立即激活一条备用链路进行数据传输。Load-sharing：该模式下，链路集中的所有链路均处于主用状态，每条链路承担部分流量。SoftX3000与信令网关互通时，两端的链路集必须使用同样的流量模式（推荐使用Override模式），否则M2UA链路无法正常工作。

【接口标识类型】：该参数指定承载于某M2UA链路集上的MTP链路的接口ID类型。它是SoftX3000与内置信令网关（UMG8900）的对接参数之一。默认情况下，该参数值设为“整数型”。该参数值还可设为“文本型”，但此时必须保证与内置信令网关侧的参数值一致。

3．增加M2UA链路

本步骤MML命令为：

ADD M2LNK: MN=211, LNKN=0, M2LSX=0, LOCPORT=2904, LOCIP1="10.26.102.13", PEERIP1="10.26.102.18";

增加M2UA链路配置界面如图4.8所示。

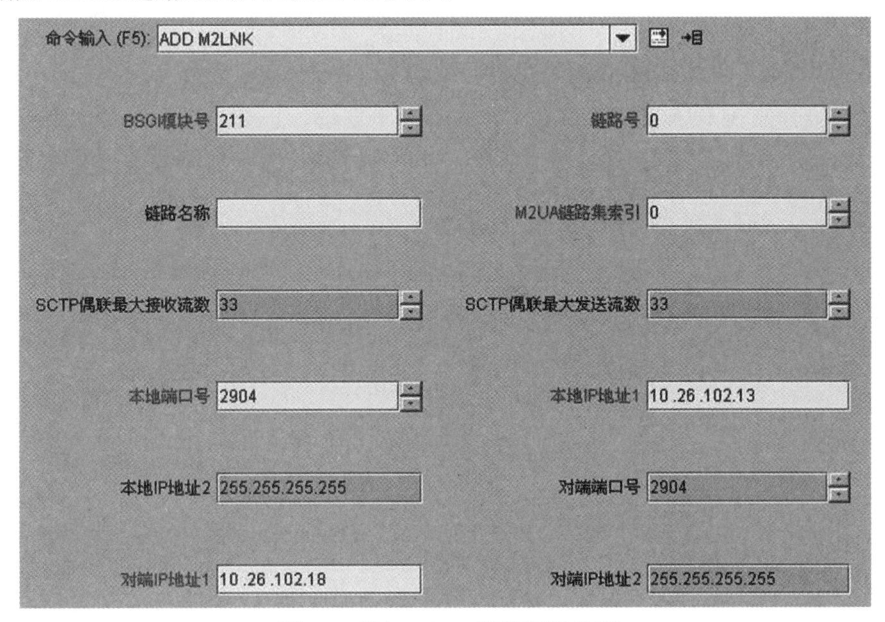

图4.8　增加M2UA链路配置界面

关键参数：

【BSGI模块号】：用于指定处理该M2UA链路协议的BSGI板的模块号，该参数必须先由ADD BRD命令定义，然后才能在此处索引。

【链路号】：用于指定该M2UA链路在相应BSGI模块内的逻辑编号，其取值范围为0～31。在同一个BSGI模块下，所有的M2UA链路必须统一编号，即一个BSGI模块最大只支持32条M2UA链路。

【M2UA链路集索引】：用于指定该M2UA链路所属的M2UA链路集，该参数必须先由ADD M2LKS命令定义，然后才能在此处索引。需要指出的是，对于同一个M2UA链路集内的各M2UA链路而言，所有的M2UA链路只能被配置在同一个BSGI模块下，而为保障M2UA链路的可靠性，SoftX3000到同一个内嵌式信令网关的各M2UA链路应被分配在不同的BSGI板上。因此，对于分布在不同BSGI板上的M2UA

链路，操作员应指定其属于不同的M2UA链路集。

【本地端口号】：SoftX3000与内嵌式信令网关（TMG8010或UMG8900）的对接参数之一，用于指定SoftX3000侧M2UA协议消息所使用的SCTP端口号，该端口号的配置原则是：如果SoftX3000在M2UA链路中为S（服务器端）工作模式，那么当SoftX3000与某个内嵌式信令网关之间配置有多条M2UA链路时，建议各M2UA链路的本地SCTP端口号配置为同一个端口号。如果SoftX3000在M2UA链路中为C（客户端）工作模式，那么当SoftX3000与某个内嵌式信令网关之间配置有多条M2UA链路时，各M2UA链路的本地端口号不能重复。由于M2UA、M3UA、V5UA、IUA、H.245等协议均基于SCTP传输，为便于管理，建议操作员在进行数据配置前统一规划各协议链路的本地SCTP端口号的使用范围，同一端口号不能重复使用。

【本端IP地址1】：SoftX3000与内嵌式信令网关的对接参数之一，用于指定SoftX3000侧分发M2UA协议消息的FE端口的IP地址，该参数必须先由ADD FECFG命令定义，然后才能在此处索引。其中，本地IP地址1为必填参数。需要指出的是，若SoftX3000配置有多块IFMI板，则操作员还可以同时指定本地IP地址2，这种配置主要用于支持SoftX3000侧SCTP连接的多归属功能，以提高系统组网的可靠性。

【对端IP地址1】：SoftX3000与内嵌式信令网关的对接参数之一，用于指定内嵌式信令网关的IP地址。其中，对端IP地址1为必填参数。需要指出的是，若内嵌式信令网关也支持SCTP连接的多归属功能，则操作员还可以同时指定对端IP地址2，这种配置主要用于支持信令网关侧SCTP连接的多归属功能，以提高系统组网的可靠性。

（三）配置MTP数据

1. 增加MTP目的信令点

本步骤MML命令为：

ADD N7DSP: DPX=0, DPC="1100bb",OPC="111111", DPNAME="E_office";

增加MTP目的信令点配置界面如图4.9示。

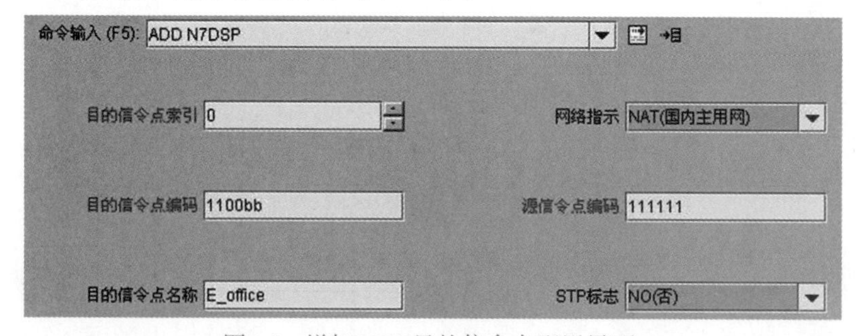

图4.9　增加MTP目的信令点配置界面

关键参数：

【目的信令点索引】：用于唯一标识一个目的信令点，其取值范围为0～65534。需要配置多少个目的信令点取决于SoftX3000侧通过MTP链路与M2UA链路承载No.7信令业务的目的信令点编码的个数。

【目的信令点编码】：SoftX3000与SP、STP、SCP等设备的对接参数之一，用于指定该目的信令点在No.7信令网中的信令点编码。

【源信令点编码】SoftX3000与SP、STP、SCP等设备的对接参数之一，用于指定该目的信令点所对应的本局信令点编码，该参数必须先由SET OFI或ADD OFI命令定义，然后才能在此处索引。

【目的信令点名称】：值域类型为字符串，用于具体描述该目的信令点，以便于识别。

2．增加MTP链路集

本步骤MML命令为：

ADD N7LKS: LSX=0, ASPX=0, LSNAME="To CC08";

增加MTP链路集配置界面如图4.10所示。

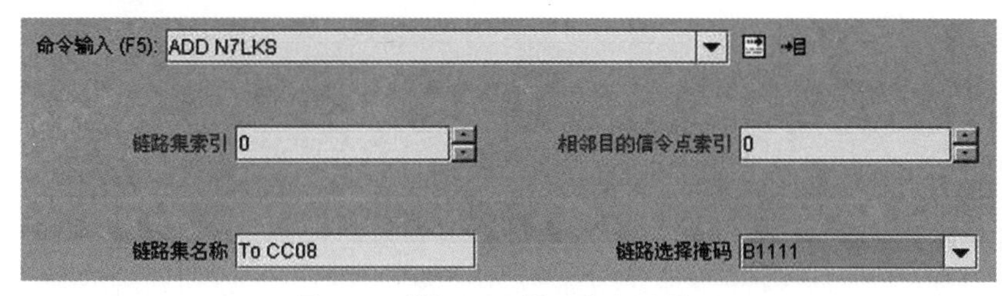

图4.10　增加MTP链路集配置界面

关键参数：

【链路集索引】：用于唯一标识一个MTP链路集，其取值范围为0～65534。需要指出的是，由于一个链路集即代表一条信令路由，所以，本局（即SoftX3000）与某个相邻目的信令点之间只能配置一个MTP链路集。

【相邻目的信令点索引】：用于指定与SoftX3000存在直达信令路由的目的信令点。该参数必须先由ADD N7DSP命令定义，然后才能在此处索引，并且只能是以下两种情况之一：与本局以直联方式对接的STP的目的信令点索引；与本局以直联方式（不通过STP转发信令）对接的SP或SCP的目的信令点索引。

【链路集名称】：值域类型为字符串，用于具体描述该链路集，以便于识别。

3．增加MTP链路

本步骤MML命令为：

ADD N7LNK: MN=211, LNKN=0, LNKNAME="To CC08", LNKTYPE=M64K, M2LSX=0, BINIFID=101, LSX=0, SLC=0, SLCS=0, TID=16;

ADD N7LNK: MN=211, LNKN=1, LNKNAME="To CC08", LNKTYPE=M64K, M2LSX=0, BINIFID=102, LSX=0, SLC=1, SLCS=1, TID=48;

增加MTP链路配置界面如图4.11所示。

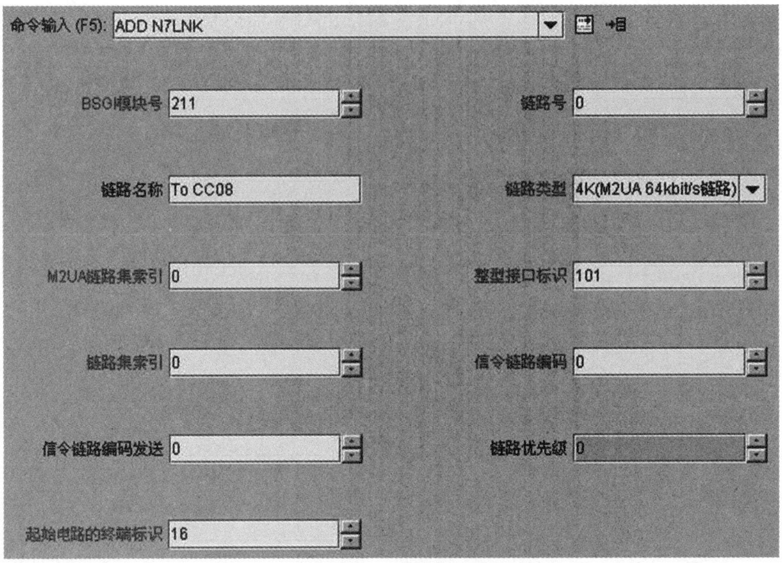

图4.11　增加MTP链路配置界面

关键参数：

【BSGI模块号】：SoftX3000通过内嵌式信令网关（基于M2UA承载）提供MTP链路时，用于指定处理该MTP链路协议的BSGI板的模块号。该参数必须先由ADD BRD命令定义，然后才能在此处索引。

【链路号】：SoftX3000通过内嵌式信令网关（基于M2UA承载）提供MTP链路时，用于指定该MTP链路在相应BSGI模块内的逻辑编号，其编号范围为0～31。在同一个BSGI模块下，所有的MTP链路必须统一编号，即一个BSGI模块最大只支持32条MTP链路。

【链路名称】：值域类型为字符串，用于具体描述该链路，以便于识别。

【链路类型】：用于指定该MTP链路的类型，操作员必须根据实际组网正确配置该参数，否则，MTP链路将不能正常工作。各参数选项的含义是：M2UA 64kbit/s link，基于M2UA承载的64kbit/s的MTP链路，该MTP链路在物理上由内嵌式信令网关提供。M2UA 2Mbit/s link，基于M2UA承载的2Mbit/s的MTP链路，该MTP链路在物理上由内嵌式信令网关提供。

【M2UA链路集索引】：仅当SoftX3000通过内嵌式信令网关（基于M2UA承载）提供MTP链路时该参数有效，用于指定承载该MTP链路（在SoftX3000侧为逻辑链路）的No.7信令业务的M2UA链路集，该参数必须先由ADD M2LKS命令定义，然后才能在此处索引。

【整数型接口标识】：仅当SoftX3000通过内嵌式信令网关（基于M2UA承载）提供MTP链路时该参数有效，SoftX3000与内嵌式信令网关的对接参数之一，用于在该M2UA链路承载的所有MTP链路中唯一标识该条MTP链路。需要指出的是，对于同一个内嵌式信令网关而言，若该信令网关同时提供多条MTP链路，则无论这些MTP链路是否基于同一条M2UA链路承载，各MTP链路的接口标识均不能重复。

【链路集索引】：用于指定该MTP链路所属的MTP链路集，该参数必须先由ADD N7LKS命令定义，然后才能在此处索引。

【信令链路编码】：SoftX3000与SP、STP、SCP等设备（直联方式）的对接参数之一，用于指定该MTP链路在所属MTP链路集内的逻辑编号。根据MTP协议的规定，SLC（即信令链路编码）为4比特的字段，其取值范围只能为0～15，并且同一链路集内各信令链路的SLC必须统一编码，不能重复。

【信令链路编码发送】：该参数主要用于本局两条MTP链路的自环测试，其配置原则是：当不启动MTP链路的自环测试时，信令链路编码发送、信令链路编码必须设置为同一值，否则将导致信令对接不成功。当启动本局MTP链路的自环测试时，信令链路编码发送、信令链路编码不能设置为同一值，同时还应满足“链路1的信令链路编码＝链路2的信令链路编码发送、链路2的信令链路编码＝链路1的信令链路编码发送”的数据配置原则。

【起始电路的终端标识】用于指定MTP3链路所使用的媒体网关的终端ID号。当链路类型LNKTYPE选择64kbit/s时，该参数表示MTP3链路所使用的媒体网关的终端ID号。

4．增加到PSTN交换局的MTP路由

本步骤MML命令为：

ADD N7RT: LSX=0, DPX=0, PRI=0, RTNAME="To CC08";

增加到PSTN交换局的MTP路由配置界面如图4.12所示。

图4.12　增加MTP路由配置界面

关键参数：

【链路集索引】：用于指定到达相应的目的信令点的MTP路由，即通过哪个MTP链路集传输信令，该参数必须先由ADD N7LKS命令定义，然后才能在此处索引。

【目的信令点索引】：用于定义该MTP路由所指向的目的信令点，该参数必须先由ADD N7DSP命令定义，然后才能在此处索引。需要指出的是，除STP以外，所有通过ADD N7DSP命令定义的目的信令点均需通过此命令定义MTP路由。

【路由优先级】：用于设定该MTP链路集（信令路由）的选路优先级，即优先级别高的链路集将被优先选择，而优先级别较低的链路集只能在比它优先级别较高的信令路由全部变成不可利用以后才能承载信令业务。其中，0为最高优先级，1次之，其余情况依此类推。

【路由名称】：值域类型为字符串，用于具体描述该MTP路由，以便于识别。

（四）配置路由数据

1．增加到PSTN交换局的局向

本步骤MML命令为：

ADD OFC: O=0, ON="CC08", DOT=CMPX, DOL=LOW, DPC1="1100bb";

增加到PSTN交换局的局向的配置界面如图4.13所示。

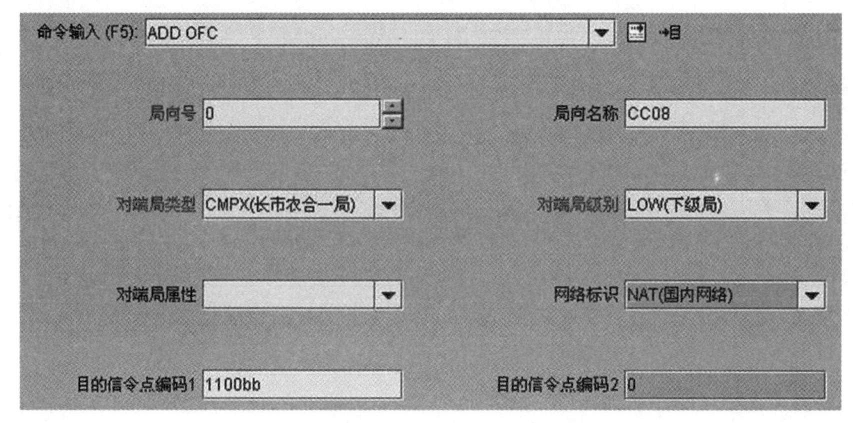

图4.13　增加到PSTN交换局局向的配置界面

关键参数：

【局向号】：用于唯一标识一个局向，其取值范围为0～65534，在全局范围内统一编号。

【局向名称】：值域类型为字符串，用于具体描述一个局向，以便于识别。

【对端局类型】：用于指定对端局在交换网络中的地位，常见的有：用户交换机、市话/农话局、长市农合一局、国内长途局、国际长途局、人工长途局、IGC国内局和IGC国际局等，根据实际组网情况正确设置。

【对端局级别】：用于指定对端局相对于本局的级别，可分为上级局、同级局和下级局，根据实际组网情况正确设置。

【目的信令点编码1】：仅当该局向包含No.7中继时该参数有效，用于指定对端交换局在相应信令网中的信令点编码，其值域类型为十六进制，最多包括6位。该参数必须先由ADD N7DSP或ADD M3DE命令定义，然后才能在此索引。

2．增加子路由

本步骤MML命令为：

ADD SRT: SRC=0, O=0, SRN="To CC08", RENT=URT;

增加子路由配置界面如图4.14所示。

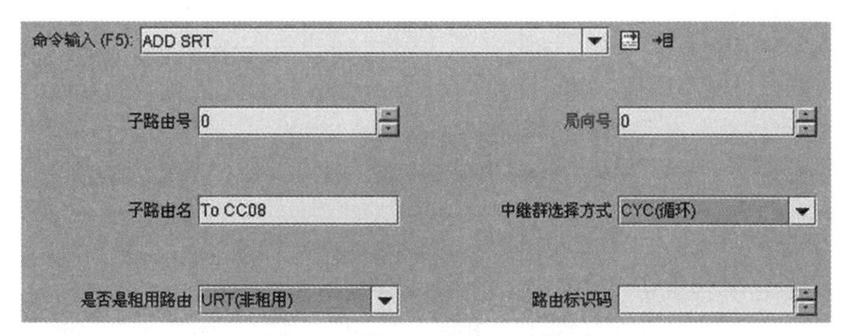

图4.14　增加子路由配置界面

关键参数：

【子路由号】：用于唯一标识一个子路由，其取值范围为0～65534，在全局范围内统一编号。如果没有输入该参数，但输入了可用的子路由名称时，系统将自动生成一个编号。

【局向号】：用于指定该子路由所属的局向，该参数必须先由ADD OFC命令定义，然后才能在此处索引。

【子路由名】：值域类型为字符串，用于具体描述一个子路由，以便于识别。该参数不能输入"NULL"，且在子路由号没有输入时，不能输入"Anonymous"。子路由号和子路由名必须至少输入一个有效值。

【是否是租用路由】：用于指定该子路由是否是租用子路由，共有2种选择方式：非租用和租用，默认为非租用子路由。

3. 增加路由

本步骤MML命令为：

ADD RT: R=0, RN="To CC08", SRST=SEQ, SR1=0, TRIPFLAG=NO,CONFIRM=Y;

增加路由配置界面如图4.15所示。

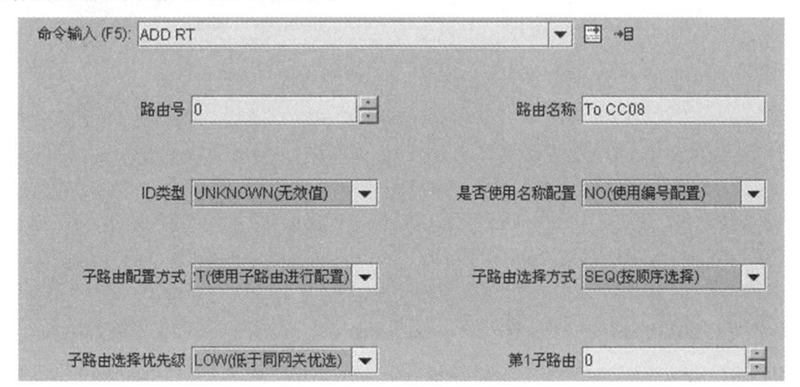

图4.15　增加路由配置界面

关键参数：

【路由号】：用于唯一标识一个路由，其取值范围为0～2147483647，在全局范围内统一编号，如果输入RN参数不输入本参数，那么系统自动分配一个路由号。

【路由名称】：值域类型为字符串，用于具体描述一个路由，以便于识别。

【子路由选择方式】：用于指定该路由对所属子路由和子路由组的选择策略，共有三种选择方式：按顺序选择、按百分比选择、按成本选择，系统默认为“按顺序选择”。

【第1子路由】仅当“是否使用名称配置”参数设为“NO（使用编号配置）”时，该参数有效。用于指定路由下各个子路由（或子路由组）的编号，该参数必须先由ADD SRT或ADD SRTG命令定义，然后才能在此处索引。

【TRIP标志】：在系统进行路由分析的过程中，用于指示SoftX3000是否通过SIP协议向位置服务器发送INVITE消息查询本局至相关目的码的路由信息，系统默认为不查询。

4．增加到PSTN交换局的路由分析数据

本步骤MML命令为：

ADD RTANA: RSC=84, RSSC=0, RUT=ALL, SAI=ALL, CLR=ALL, TP=ALL, TM=TMM, TMX=0, CST=ALL, CNPI=ALL, R=0, ISUP=NOCHG;

增加路由分析数据配置界面如图4.16所示。

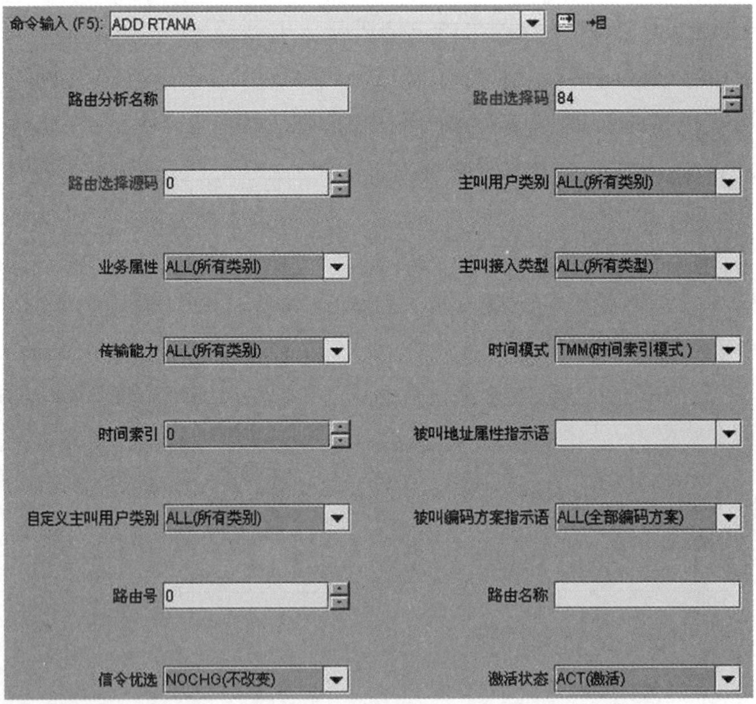

图4.16 增加路由分析数据配置界面

关键参数：

【路由选择码】：用于在SoftX3000内部唯一定义一个路由选择码，其取值范围为0～65534。路由选择码是系统在对呼叫字冠进行号码分析时选择出局路由的指示码，该参数将在ADD CNACLD命令中（定义出局呼叫字冠时）被索引。

【路由选择源码】：路由选择条件之一，用于指定可以使用该路由的呼叫源（即主叫用户），该参数必须先由ADD CALLSRC命令定义，然后才能在此处索引。通配值65534表示所有路由选择源码。

【主叫用户类别】：路由选择条件之一，用于指定可以使用该路由的主叫用户的类别，即哪些类别的主叫用户可以使用该路由，一般设为“全部类别”。

【业务属性】：路由选择条件之一，用于指定可以使用该路由的呼叫的业务属性，即哪些类型的呼叫可以使用该路由，一般设为“全部类别”。

【主叫接入类型】：路由选择条件之一，用于指定可以使用该路由的主叫用户的接入类型，即哪些接入类型的主叫用户可以使用该路由，一般设为“全部类别”。

【传输能力】：路由选择条件之一，用于指定该路由所能承载的业务类型，例如是否可以承载语音业务、数字业务、视频业务等，一般设为“全部类别”。

【时间模式】：用于定义在路由分析中使用时间索引还是时间段索引。默认选择时间索引模式。

【时间索引】：路由选择条件之一，用于指定该路由分析表所使用的时间索引值。当时间模式选择了“时间索引模式”时该参数有效。系统在初始化时已经预定义了时间索引“0”，它可以在此直接索引；若需使用其他时间索引值，则该参数必须先由ADD TMIDX命令定义，然后才能在此处索引。

【自定义主叫用户类别】：该参数是路由选择的条件之一，用于定义主叫用户的自定义用户类别。

【被叫编码方案指示语】：路由选择条件之一，用于指定可以使用该路由的被叫编码方案指示语的被叫编码方案，即哪些被叫编码方案的被叫用户可以使用该路由，一般设为“全部编码方案”。

【路由号】：用于指定该路由分析表所使用的路由号，该参数必须先由ADD RT命令定义，然后才能在此处索引。

【信令优选】：假设系统在进行出局路由选择时选择了某条子路由，如果该子路由包含有多种信令类型的中继，该参数用于指示系统优先选择哪一种信令的中继出局，各参数选项的含义是：ISUP优选、ISUP必选、SIP优选、SIP必选、H.323优选、H.323必选和不改变。

（五）配置No.7中继数据

1．增加No.7中继群

本步骤MML命令为：

ADD N7TG: TG=0, EID="10.26.102.18:2944", G=INOUT, SRC=0, SOPC="111111", CT=ISUP, RCHS=0, OTCS=0, PRTFLG=CN, NOAA=FALSE, ISM=FALSE, EA=FALSE;

增加No.7中继群配置界面如图4.17所示。

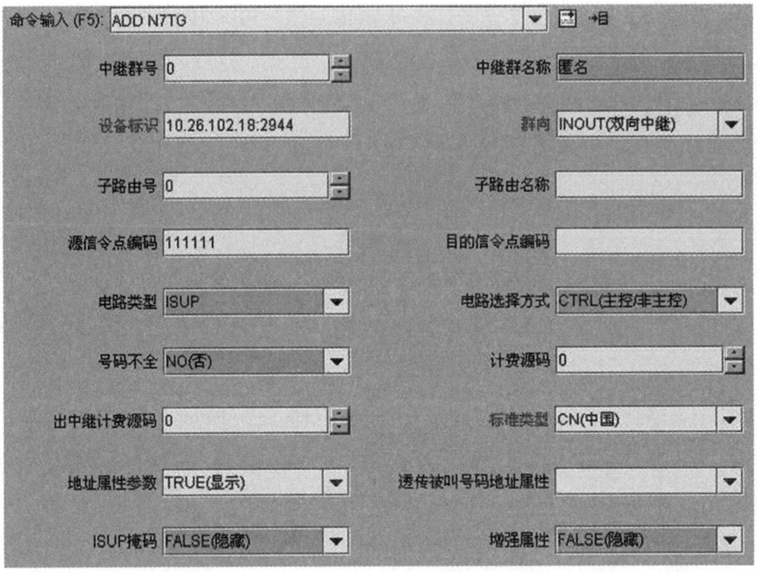

命令输入 (F5): ADD N7TG

中继群号 0　　中继群名称 匿名
设备标识 10.26.102.18:2944　　群向 INOUT(双向中继)
子路由号 0　　子路由名称
源信令点编码 111111　　目的信令点编码
电路类型 ISUP　　电路选择方式 CTRL(主控/非主控)
号码不全 NO(否)　　计费源码 0
出中继计费源码 0　　标准类型 CN(中国)
地址属性参数 TRUE(显示)　　透传被叫号码地址属性
ISUP掩码 FALSE(隐藏)　　增强属性 FALSE(隐藏)

图4.17　增加No.7中继群配置界面

关键参数：

【中继群号】：用于唯一标识一个中继群，该中继群可以是七号中继群、R2中继群、PRA中继群、SIP中继群、H.323中继群、AT0中继群或V5中继群，在全局范围内它们统一编号，取值范围为0～65534。

【设备标识】：用于指定提供七号中继电路的中继媒体网关的设备标识，该参数必须先由ADD MGW命令定义，然后才能在此处索引。

【群向】：用于指定该七号中继群的呼叫接续方向，系统默认为“双向中继”。

【子路由号】：用于指定该中继群所属的子路由，该参数必须先由ADD SRT命令定义，然后才能在此处索引。

【源信令点编码】：SoftX3000与对端局的对接参数之一，用于指定该No.7中继群的信令所使用的本局信令点编码。

【电路类型】：用于指定该No.7中继群所使用的信令类型，即是采用ISUP信令还是采用TUP信令，系统默认采用ISUP信令。

【计费源码】：中继群的计费属性之一（入中继计费），其取值范围为0～65535。该参数必须先由ADD CHGIDX或ADD CHGGRP命令定义，然后才能在此处索引。

【出中继计费源码】：中继群的计费属性之一（出中继计费），其取值范围为0～65535。该参数必须先由ADD CHGIDX或ADD CHGGRP命令定义，然后才能在此处索引。

【标准类型】：用于指示该No.7中继群所使用No.7信令遵循哪个组织制定的规范。

【地址属性参数】：此参数用于控制MML界面上是否显示地址属性参数，不会传给数据库。

【ISUP掩码】：此参数用于控制MML界面上是否显示与ISUP掩码有关的参数，不会传给数据库。

【增强属性】：此参数用于控制MML界面上是否显示增强属性类的参数，不会传给数据库。

2．增加No.7中继电路

本步骤MML命令为：

ADD N7TKC: MN=22, TG=0, SC=0, EC=31, SCIC=0, SCF=FALSE, TID="0";

增加No.7中继电路配置界面如图4.18所示。

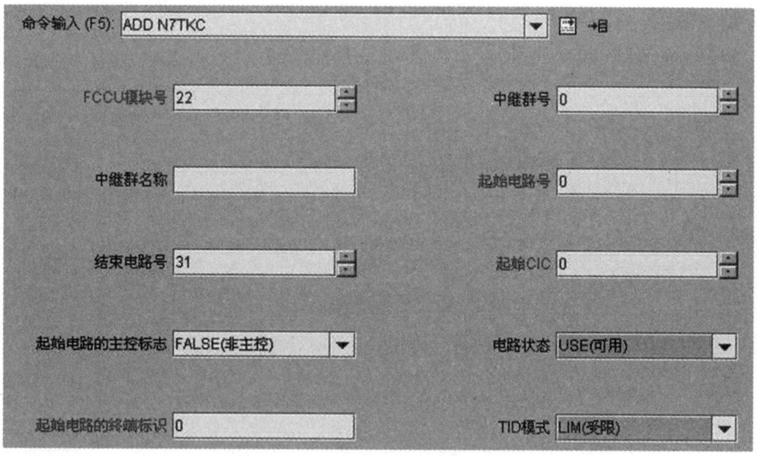

命令输入 (F5): ADD N7TKC

FCCU模块号 22　　中继群号 0

中继群名称　　起始电路号 0

结束电路号 31　　起始CIC 0

起始电路的主控标志 FALSE(非主控)　　电路状态 USE(可用)

起始电路的终端标识 0　　TID模式 LIM(受限)

图4.18　增加No.7中继电路配置界面

关键参数：

【FCCU模块号】：用于指定处理该No.7中继呼叫的FCCU板的模块号，该参数必须先由ADD BRD命令定义，然后才能在此处索引。

【中继群号】：用于指定本处所增加的No.7中继电路属于哪一个No.7中继群，该参数必须先由ADD N7TG命令定义，然后才能在此处索引。该参数和中继群名称参数至少要保证一个有效。

【起始电路号】：用于指定该No.7中继电路在SoftX3000内部的E1电路编号范围，其取值范围为0 ~ 9999(最大电路号为5120,修改后最大可为9999)。

【结束电路号】：用于指定该No.7中继电路在SoftX3000内部的E1电路编号范围，其取值范围为0 ~ 9999(最大电路号为5120,修改后最大可为9999)。

【起始CIC】：SoftX3000与对端局对接的参数之一，用于定义起始电路号所对应的CIC值，其取值范围为0 ~ 4095。CIC（电路识别码）是No.7中继电路对接时的重要参数，需要本局与对端局协商一致；若不一致，将很容易出现中继电路的单通故障。对ISUP电路范围为0 ~ 16383，对TUP电路范围为0 ~ 4095。

【起始电路的主控标志】：SoftX3000与对端局对接的参数之一，系统默认根据ITU-T的建议自动添加。当本中继群的电路选择方式为“主控/非主控”方式时，用于标识本局对起始电路的控制方式。在确定了起始电路的控制方式后，本中继群中其余电路的控制方式也就相应的确定了，假设起始电路为主控方式，则接下来的一条电路为非主控方式，再下来一条电路为主控方式，依次类推。根据ITU-T的建议，为尽可能避免同抢，一般设置信令点编码大的交换局主控CIC为偶数的电路，信令点编码小的交换局主控CIC为奇数的电路。需要指出的是，若该中继群为单向中继群，该参数无意义。

【起始电路终端标识】：用于指定这批中继电路在所属中继媒体网关中的起始电路时隙的编号，其值域类型为只能包含数字或“/”。

（六）配置号码分析数据（增加呼叫字冠）

本步骤MML命令为：

ADD CNACLD: LP=0, PFX=K'028, CSTP=BASE, CSA=NTT, RSC=0, MINL=4, MAXL=24, CHSC=0, EA=YES;

ADD CNACLD: PFX=K'888, CSA=LCT, RSC=0, MINL=7, MAXL=7, CHSC=0, CONFIRM=Y;

增加呼叫字冠配置界面如图4.19所示。

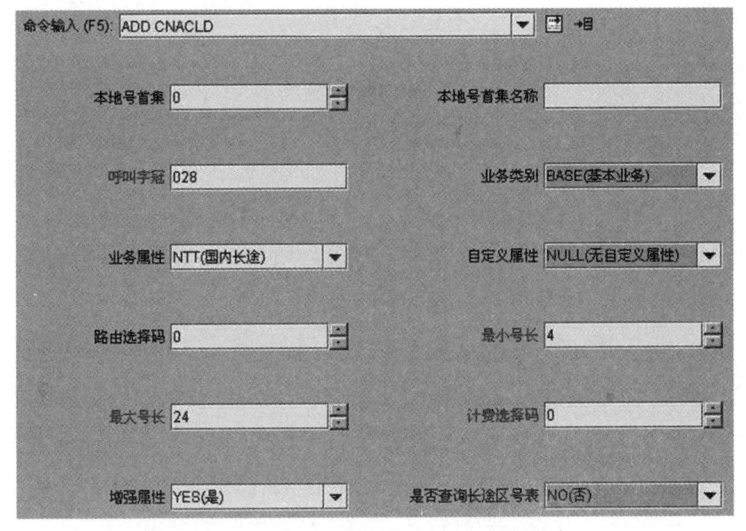

图4.19　增加呼叫字冠配置界面

关键参数：

【本地号首集】：用于指定该呼叫字冠所属的本地号首集，该参数必须先由ADD LDNSET命令定义，然后才能在此处索引。该参数的取值范围为0～65534。

【呼叫字冠】：用于指示呼叫接续的号码，它反映了交换局的号码编排方案、计费规定、路由方案等信息，其值域范围为：“0～9，A～E（不区分大小写），*，#”。在号码分析的过程中，系统将按照最大匹配的原则对被叫号码与呼叫字冠进行匹配，以确定本次呼叫的相关属性。

【业务类别】：用于指示呼叫处理软件在对呼叫字冠进行号码分析时将要首先执行的分析步骤，各参数选项的含义是基本业务、补充业务、测试、智能业务、特殊接入码、Internet接入码、增值业务、Internet接入码（低速）和VOIP（IP业务接入码）。

【业务属性】：用于指示呼叫处理软件在对呼叫字冠进行号码分析时将要进一步执行的分析步骤，对应于不同的业务类别，业务属性的有效参数选项范围是不同的。

【路由选择码】：用于指定系统在进行出局呼叫时所使用的路由选择码，即指定该呼叫字冠所对应的路由选择策略，其取值范围0～65535，系统默认值为65535（表示不需要选择路由出局）。

【最小号长】：用于定义在呼叫过程中以此呼叫字冠为前缀的被叫号码所必须满足的最小号码长度。当被叫号码的长度小于最小号长时，呼叫处理软件将不对其进行分析处理。

【最大号长】用于定义在呼叫过程中以此呼叫字冠为前缀的被叫号码所允许的最大号码长度。当被叫号码的长度大于最大号长时，则最大号长位以后的号码位无效，呼叫处理软件只按最大号长对该被叫号码进行分析处理。

【计费选择码】用于指定在对不同目的码（字冠）进行计费时所使用的计费选择码，它是进行目的计费的主要判据之一，其取值范围为0～65534。该参数必须先由ADD CHGIDX命令定义，然后才能在此处索引。

三、数据调测

1．检查网络连接是否正常

在SoftX3000客户端使用PING命令，或者在接口跟踪任务中使用“Ping”工具，检查SoftX3000与UMG8900之间的网络连接是否正常。如果网络连接正常，请继续后续步骤；如果网络连接不正常，请在排除网络故障后继续后续步骤，例如：检查各网线的物理连接是否正常、检查各设备IP路由数据的配置是否正确等。

2．检查UMG8900是否已经正常注册

在SoftX3000的客户端上使用DSP MGW命令，查询该UMG8900是否已经正常注册，然后根据系统的返回结果决定下一步的操作：

（1）若查询结果为“Normal”，表示UMG8900正常注册，数据配置正确。

（2）若查询结果为“Disconnect”，表示UMG8900曾经进行过注册，但目前已经退出运行，请确认双方的配置数据是否曾经被修改过。

（3）若查询结果为“Fault”，表示网关无法正常注册，请使用LST MGW命令检查设备标识、远端IP地址、远端端口号和编码类型等参数的配置是否正确。

3．检查M2UA链路的状态是否正常

在SoftX3000的客户端上使用DSP M2LNK命令，查询相关M2UA链路的状态是否正常，然后根据系统的返回结果决定下一步的操作：

（1）若查询结果为“Active”，表示M2UA链路状态正常，数据配置正确。

（2）若查询结果为“InActive”，表示M2UA链路处于未激活状态，可以使用命令ACT M2LNK尝试激活链路。

（3）若查询结果为“Not Established”，表示M2UA链路处于未建立状态，请首先使用LST M2LKS命令检查M2UA链路集的传输模式与信令网关（UMG8900内嵌）侧是否一致；然后再使用LST M2LNK命令检查本地端口号、本地IP地址、远端端口号、远端IP地址等参数的配置是否正确。

4．检查MTP链路的状态是否正常

若M2UA链路正常，可以在SoftX3000的客户端上使用DSP N7LNK命令，查询相关MTP链路的状态是否正常。如果状态不正常，请使用LST N7LNK命令检查模块号、链路类型、起始电路号、信令链路编码、信令链路编码发送等参数的配置是否正确。

5．检查MTP目的信令点是否可达

在SoftX3000的客户端上使用DSP N7DSP命令，查询相关MTP目的信令点是否可达。如果目的信令点不可达，请依次使用LST N7DSP、LST N7LKS、LST N7RT等命令检查目的信令点编码、目的信令点索引、链路集索引等参数的索引关系是否正确。

6．检查No.7中继电路的状态是否正常

在SoftX3000的客户端上使用DSP N7C命令，查询相关No.7中继电路的状态是否正常。如果状态不正常，请使用LST TG、LST TKC等命令检查设备标识、OPC、DPC、起始CIC、起始电路终端标识等参数的配置是否正确。

7．拨打电话进行通话测试

若上述检查一切正常，则可以在软交换局使用电话拨打PSTN交换局的用户进行测试。若通话正常，则说明数据配置正确；若不能通话或通话不正常，则可执行以下操作：

（1）请依次使用LST CNACLD、LST RTANA、LST RT、LST SRT、LST TG等命令检查路由选择码、路由号、子路由号、中继群号等参数的索引关系是否正确。

（2）若SoftX3000侧数据配置正确，请确认对端PSTN交换机的数据配置是否正确。

任务评价

软交换与PSTN对接业务开通完成后，参考表4.3对学生进行他评和自评。

表4.3　软交换与PSTN对接业务开通评价表

项目 \ 内容	学习反思与促进	他人评价	自我评价
应知应会	熟知NO.7信令	Y　N	Y　N
	熟知SIGTRAN协议	Y　N	Y　N
	熟知UMG8900硬件结构	Y　N	Y　N

续表

专业能力	熟练使用网管软件	Y　N	Y　N
	熟练完成软交换与PSTN对接业务开通数据规划	Y　N	Y　N
	熟练完成软交换与PSTN对接业务开通数据配置	Y　N	Y　N
	熟练完成软交换与PSTN对接业务开通数据调测	Y　N	Y　N
通用能力	合作和沟通能力	Y　N	Y　N
	自我工作规划能力	Y　N	Y　N

知识链接与拓展

4.1　NO.7信令

一、信令的基本概念

信令系统是通信网的重要组成部分。建立通信网的目的是为用户传递包括话音信息和非话音信息在内的各种信息，为了做到这一点，就必须使通信网中的各种设备协调动作，因此各设备之间必须相互交流“信息”，以说明各自的运行情况，提出对相关设备的接续要求，从而使各设备之间协调运行。这些控制信号就称为信令。

一个用户在通过用户设备、交换设备和传输设备与另一用户通信的过程中，要用到许多信令，图4.20所示为电话网中呼叫过程所需要的信令。

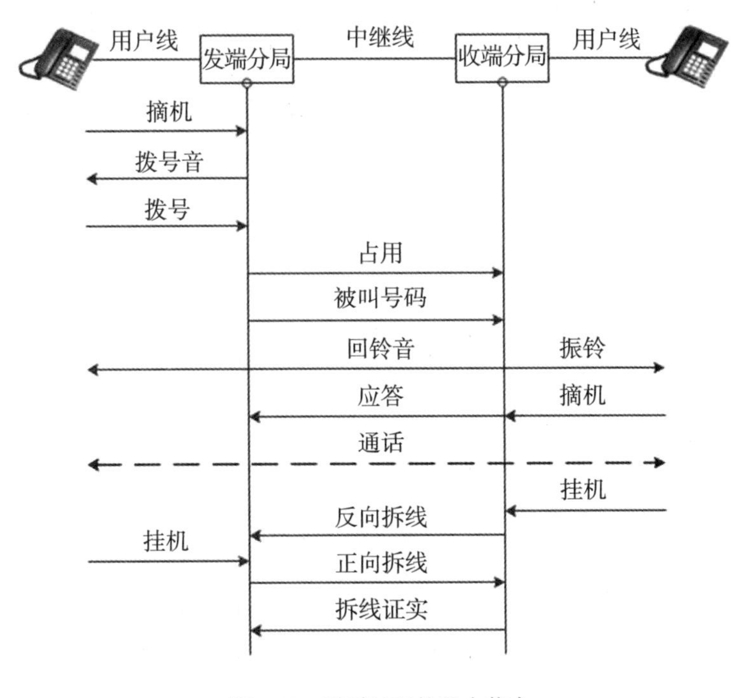

图4.20　呼叫过程的基本信令

二、信令的分类

信令的分类方法很多，常用的分类有以下几种。

1．按照信令的传送区域分类

(1) 用户线信令：它是用户和交换局之间传送使用的信令，主要包括用户状态信令、选择信令、铃流和信号音。

(2) 局间信令：它是交换机和交换机之间传送使用的信令，在局间中继线上传送。

2．按照信令传送通路与话路之间的关系分类

(1) 随路信令：是指用传送话路的通路来传送与该话路有关的各种信令，或传送信令的通路与话路之间有固定的对应关系，如中国1号信令系统。

(2) 公共信道信令：是指传送信令的通道和传送话音的通道在逻辑上或物理上是完全分开的，有单独用来传送信令的通道，如图4.21所示。在公共信道信令方式下，一条双向的信令通道上可传送上千条电路的信令消息，如No.7信令系统。

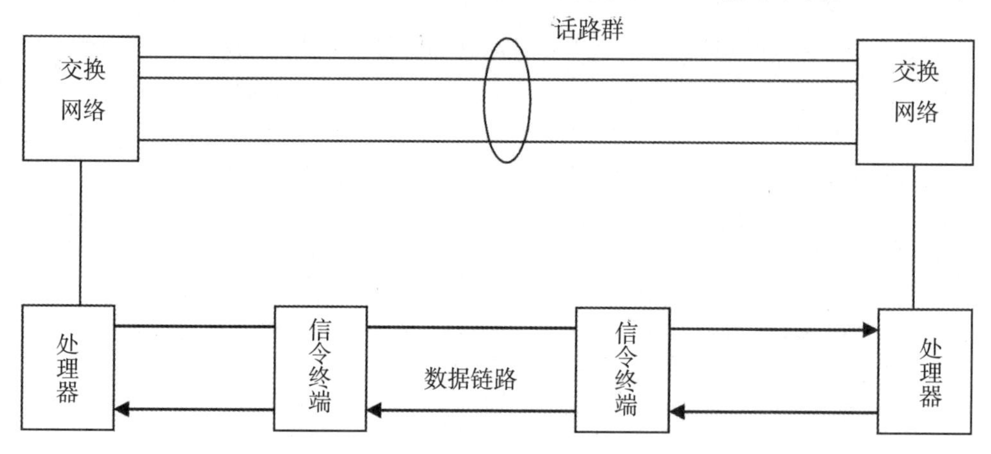

图4.21　公共信道信令

3．按信令功能分类

(1) 线路信令：又称为监视信令，用来检测或改变中继线的呼叫状态和条件，以控制接续的进行。

(2) 记发器信令：又称为选择信令，主要用来传送被叫（或主叫）的电话号码，供交换机选择路由、选择被叫用户。

4．按信令的传送方向分类

(1) 前向信令：指信令沿着从主叫到被叫的方向传送。

(2) 后向信令：指信令沿着从被叫到主叫的方向传送。

三、七号信令系统

No.7信令系统是一种国际性的标准化通用公共信道信令系统，能满足多种通信业务的要求，当前的主要应用有：传送电话网、电路交换数据网和综合业务数字网的局间信令；在各种运行、管理和维护中心之间传递有关的信息；在业务交换点和业务控

制点之间传送各种数据信息，支持各种类型的智能业务；传送移动通信网中与用户移动有关的各种控制信息。

No.7信令系统从功能上可以分为公用的消息传递部分（MTP）和适合不同用户的独立的用户部分（UP），如图4.22所示。

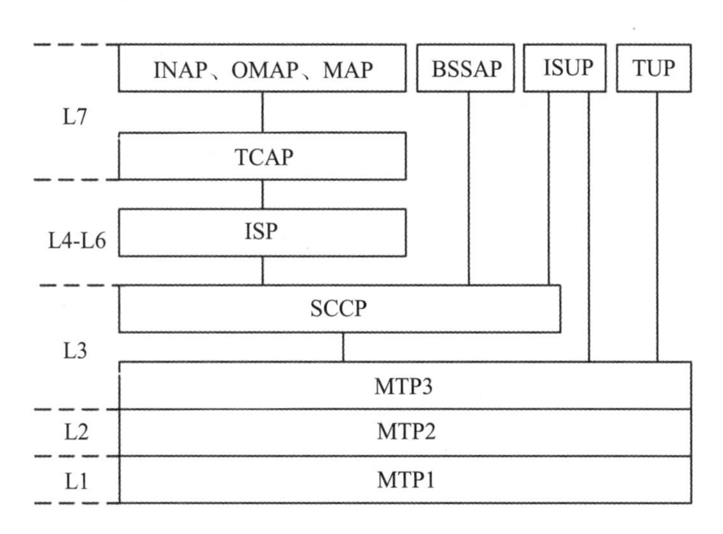

图4.22　No.7信令系统功能结构图

消息传递部分MTP的功能是作为一个公共传递系统，在相对应的两个用户部分之间可靠地传递信令消息。MTP进一步可分为信令数据链路级、信令链路级和信令网功能级。

用户部分UP构成No.7信令系统的第四级，其功能是处理信令消息。用户部分是使用消息传递部分传送能力的功能实体。目前CCITT建议使用的用户部分主要包括电话用户部分（TUP）、数据用户部分（DUP）、综合业务数字网用户部分（ISUP）、信令连接控制部分（SCCP）、移动应用部分（MAP）、事务处理能力应用部分（TCAP）和操作维护应用部分（OMAP）等。

（一）消息传递部分MTP

消息传递部分的功能是在信令网中提供可靠的信令消息传递，将用户发送的消息传送到用户指定的目的地信令点的指定用户部分，在系统或信令网故障情况下，采取必要措施以便恢复信令消息的正常传送。

1. 信令数据链路级

该级定义信令数据链路的物理、电气和功能特性，确定与数据链路连接的方法。第一级的物理组件是信令链路中信令消息的载体。一条信令数据链路由采用同一数据传输速率在相反方向工作的两个数据通路组成，完全符合OSI物理层的定义和要求。

信令数据链路可以是数字的，也可以是模拟的。数字传输通路通常采用64kb/s的速率，可以从多路复用码流中提取，其帧结构与PCM的帧结构相同；模拟信令数据链路由模拟音频传输通路和调制解调器组成，通常采用4.8kb/s的速率。

2．信令链路功能级

信令链路功能级规定了为在两个直接连接的信令点之间传送信令消息提供可靠的信令链路所需要的功能，相当于OSI的第二层即数据链路层。

通过信令链路功能级，将第三级传送来的信令消息（这些消息可能是由第四级产生的，也可能是第三级本身产生或转发的）及本级产生的信令链路状态信息送往信令数据链路传送出去；或接收第一级传送来的信令信息送往第三级或在本级处理。因此信令链路级是保证信令消息在信令网中透明传输的重要功能级。该级的主要功能包括以下内容。

（1）信令单元的收发控制

信令单元的分界：利用标志码确定信令单元的头和尾。

信令单元的定位：用来判别开通信令业务的信令链路是否失去定位，如失去定位将转入信令单元差错率监视过程。

信令单元的差错检测：利用循环冗余校验码检测收到的信令单元是否出错。

信令单元的差错校正：利用重发机制纠正出错的信令单元。

（2）信令链路状态监视

信令单元差错率监视：对信令链路的传输质量进行监视。

处理机故障处理：对第三级以上故障的处理。

第二级流量控制：对要在链路上传输的信令单元的数量进行控制。

（3）信令链路的启用和恢复

初始定位：链路从未激活转为激活。

3．信令网功能级

信令网功能为信令网的信令节点之间消息传递提供所需的功能和程序，在信令链路和/或信令转接点故障情况下保证信令消息的可靠传递。信令网功能级包括信令消息处理和信令网管理两部分。

（1）信令消息处理

信令消息处理的主要功能是保证将一个信令点的用户部分发送的信令消息传递到由这个用户部分指明的目的地的相同用户部分。它进一步分为消息路由（或消息编路）、消息识别和消息分配三种功能，如图4.23所示。

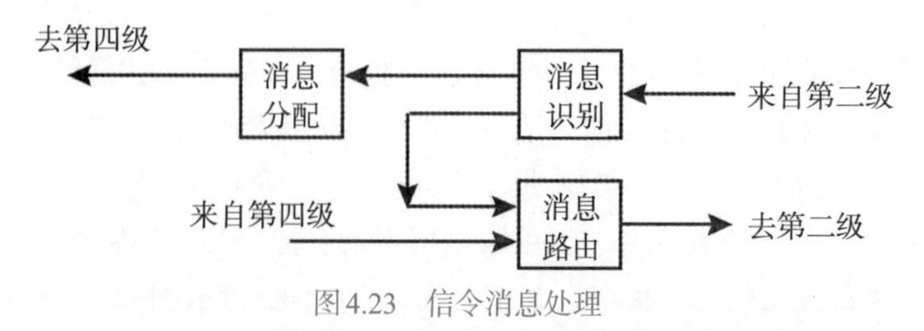

图4.23　信令消息处理

消息识别功能用来识别信令消息的目的地以决定信令消息的去向，它是通过分析信令消息路由标记中的目的信令点编码（DPC）来实现的。

消息分配功能把信令消息分配给本信令点的相应用户部分。由于信令点的MTP部分可能要为多个用户服务，所以决定信令消息分配给哪一个用户部分，主要依靠分析信令消息业务信息八位位组SIO中的业务指示语（SI）来实现。

消息路由也叫消息编路，为待发的信令消息选择消息路由、信令链路组和信令链路。

（2）信令网管理功能

信令网管理功能提供信令网在故障时的重新组织及结构能力。信令网功能划分为信令业务管理、信令链路管理和信令路由管理三部分。

信令业务管理：将信令业务从一条链路或路由转移到一条或多条不同的链路或路由，再启动一个SP或在SP拥塞情况下减慢信令业务。

信令链路管理：恢复故障的信令链路，接通空闲链路和断开链路。

信令路由管理：分配关于信令网状态的信息。

（二）用户部分UP

1．电话用户部分TUP

电话用户部分TUP是No.7信令方式第四功能级中最先得到应用的用户部分。TUP主要规定了有关电话呼叫建立和释放的信令程序，以及实现这些程序的消息和消息编码，并能支持部分用户补充业务。

2．综合业务数字网用户部分ISUP

ISDN用户部分（ISUP）是在TUP的基础上扩展而成的。ISUP提供综合业务数字网中需要的信令功能，以支持基本的承载业务和附加承载业务。

3．信令连接控制部分SCCP

为了满足新的用户部分（例如智能网应用和移动通信应用）对消息传递的进一步要求，CCITT补充了SCCP来弥补MTP在网络层功能的不足。SCCP提供了较强的路由和寻址功能，叠加在MTP上，与MTP中的第三级共同完成OSI模型中网络层的功能。至于那些满足于MTP服务的用户部分（例如TUP），则可以不经SCCP直接与MTP第三级通信。SCCP通过提供全局码翻译增强了MTP的寻址选路功能，从而使No.7信令系统能在全球范围内传送与电路无关的端到端消息，同时SCCP还为No.7信令系统提供了面向连接的消息传送方式。

4．事务处理能力应用部分TCAP

TCAP是在无连接环境下提供的一种方法，以供智能网应用、移动应用和维护管理应用在一个节点调用另一个节点的程序，同时执行该程序并将执行结果返回调用节点。

TCAP包括执行远端操作的规约和业务，TCAP本身又分为成分子层和事务处理子层两部分。成分子层完成TC用户之间对远端操作的请求及响应数据的传送，事务处理子层用来处理包括成分在内的消息交换，为其用户提供端到端的连接。

目前已知的TC用户主要有智能网应用部分INAP、移动应用部分MAP和操作维护应用部分OMAP。

5．智能网应用部分INAP

智能网应用部分INAP用来在智能网各功能实体之间传送有关的信息流，以便各功能实体协同完成智能业务。原邮电部制定的《智能网应用规程》主要规定了业务交换点SSP和业务控制点SCP之间，SCP和智能外设IP之间的接口规范。在INAP中，将各功能实体之间交换的信息流抽象为操作或对操作的响应。在原邮电部颁布的INAP规程中，根据开放业务的需要，共定义了35种操作。

6．移动应用部分MAP

移动应用部分MAP的主要功能是在数字移动通信系统中的移动交换中心MSC、归属位置寄存器HLR和拜访位置寄存器VLR等功能实体之间交换与电路无关的数据和指令，从而支持移动用户漫游、频道切换和用户鉴权等网络功能。

四、七号信令单元

No.7信令方式采用不等长信令单元分组的形式传送各种信令信息。为适应信令网中各种信令信息的传送要求，No.7信令方式规定了三种基本的信令单元格式，它们是消息信令单元（MSU）、链路状态信令单元（LSSU）和填充信令单元（FISU）。

（1）消息信令单元：用于传送各用户部分的消息、信令网管理消息以及信令网测试和维护消息。

（2）链路状态信令单元：用于提供信令链路状态信息，以便完成信令链路的接通、恢复等控制。

（3）填充信令单元：当信令链路上没有消息信令单元或链路状态信令单元传递时发送，用以维持信令链路正常工作、起填充作用的信令单元。

各信令单元的基本格式如图4.24所示。由图可见，No.7信令方式中，信令单元从结构上可分两部分。一部分是各种信令单元所共有的、由MTP处理的必备部分。这部分由7个固定长度的字段组成，主要包括标志符（F）、前向序号（FSN）、前向指示语比特（FIB）、后向序号（BSN）、后向指示语比特（BIB）、长度指示语（LI）、校验位（CK）。另一部分则是某些信令单元所特有的，包括链路状态信令单元中的状态字段（SF）、消息信令单元中的业务信息八位位组字段（SIO）信令信息字段（SIF）。

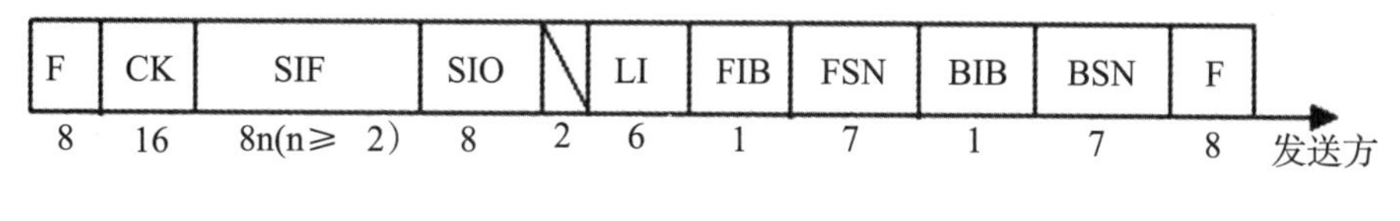

消息信令单元（MSU）

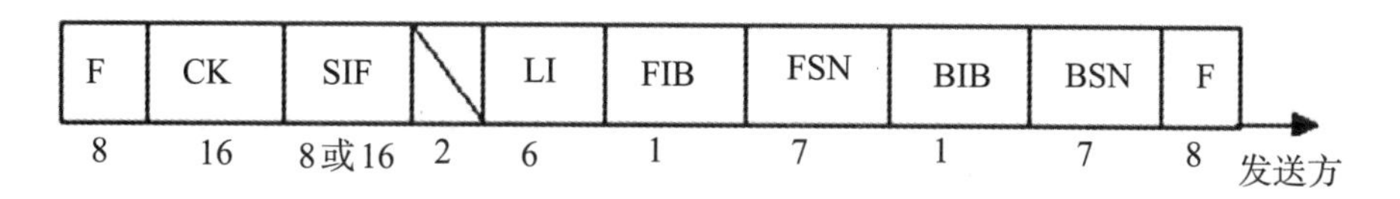

链路状态信令单元（LSSU）

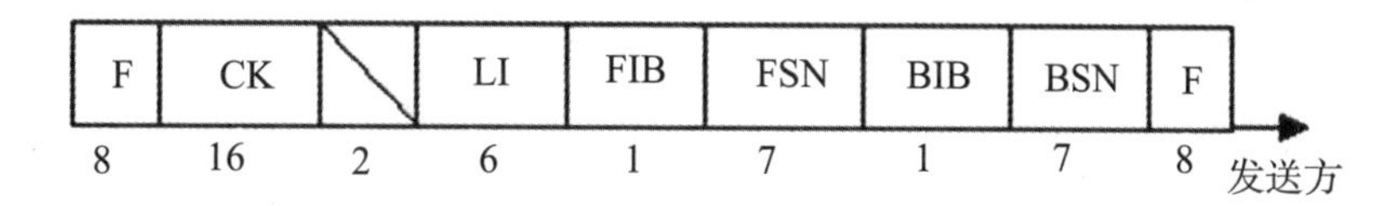

填充信令单元（FISU）

图4.24　七号信令单元格式

1．标志符（F）

标志符也称为标记符、分界符。每个信令单元的开始和结尾都有一个标志符。在信令单元的传输中，每一个标志符意味着上一个信令单元的结束、下一个信令单元的开始。因此，在信令单元的分界识别中，找到了信息流中的开始和结尾标志符，就界定了一个信令单元。标志符规定为8位二进制代码01111110。

2．前向序号（FSN）

前向序号表示被传递的消息信令单元的序号，长度为7个比特。在发送端，每个传送的消息信令单元都分配一个前向序号（FSN），并按0～127顺序连续循环编号。在接收端，接收到的消息信令单元，其中的前向序号用于检测消息信令单元的顺序，并作为证实功能的一部分。在需要重发时，也用它来识别需重发的信令单元。

3．前向指示语比特（FIB）

前向指示语占用一个比特，在消息信令单元的重发程序中使用。在无差错工作期间，它与收到的后向指示语比特具有相同的状态。当收到的后向指示语比特（BIB）数值变换时，说明对端请求重发。信令终端在重发消息信令单元时，也将改变前向指示语比特的数值（由“1”变为“0”或由“0”变为“1”），与后向指示语比特保持一致，直到收到再次重发的请求。

4．后向序号（BSN）

后向序号表示被证实的消息信令单元的序号，它是接收端向发送端回送的被证实（已正确接收的）消息信令单元的序号。当请求重发时，BSN指出开始重发的消息信令单元的序号。

5．后向指示语比特（BIB）

后向指示语比特用于对收到的错误信令单元提供重发请求。如果收到的消息信令单元正确，那么在发送新的信令单元时其值保持不变；如果收到的消息信令单元错误，那么该比特反转（即由“0”变为“1”或由“1”变为“0”）发送，要求对端重发有错误的消息信令单元。

6．长度指示语（LI）

长度指示语用来指示位于长度指示语八位位组之后和检验位（CK）之前的八位位组数目，以区别三种信令单元。长度指示语为6比特，用二进制码表示0～63（十进制）。

三种信令单元的长度指示语分别为：

长度指示语LI=0　　　　填充信令单元

长度指示语LI=1或2　　链路状态信令单元

长度指示语LI>2　　　　消息信令单元

在国内信令网中，当消息信令单元中的信令信息字段多于62个八位位组时，长度指示语一律取63。但当LI=63时，其指示的最大长度不得超过272个八位位组。

7．检验位（CK）

校验位用于信令单元差错检测，由16个比特组成。

8．状态字段（SF）

状态字段是链路状态信令单元（LSSU）中特有的字段，用来表示信令链路的状态。SF字段的长度可以是一个或两个八位位组。

信令链路的状态通常包括失去定位SIO、正常定位SIN、紧急定位SIE、业务中断SIOS、处理机故障SIOP和链路拥塞SIB等。

9．业务信息八位位组（SIO）

业务信息八位位组字段是消息信令单元（MSU）特有的字段，由业务指示语（SI）和子业务字段（SSF）两部分组成。该字段长8比特，业务指示语和子业务字段各占4比特。

业务指示语（SI）用来指示所传送的消息属于哪一个指定的用户部分。在信令网的消息传递部分，消息处理功能将根据SI指示，把消息分配给某一指定的用户部分。

子业务字段（SSF）由4比特构成，其中高两位为网络指示语，低二位目前备用。网络指示语用来区分所传递的信令消息的网络性质，即属于国际信令网还是国内信令网消息。

10．信令信息字段（SIF）

信令信息字段SIF是消息信令单元（MSU）特有的字段，由消息寻址的标记、用户信令信息的标题和用户信令信息三个部分组成。

（1）标记

标记指示出源信令点和目的信令点的编码，可用于电路标识或路由选择。

（2）标题

标题是紧接着标记后的一个字段，由H1和H0两部分组成，各占4比特，用以指示消息的分群和类别。

（3）信令信息

信令信息部分也称业务信息部分，可分为几个子字段。这些子字段可以是必备的或是任选的，可以是固定长或是可变长，以便满足各种功能及扩充的需要。这也使得消息信令单元具有适用于不同用户消息的特点，并使多种用户消息在公共信道上传送成为可能。

五、ISDN用户部分

No.7信令系统中，TUP是专门针对电话业务的，而ISUP可以为ISDN中话音和非话音用途的基本承载业务和补充业务提供所需的信令功能。ISUP适用于数模混合网、电话网和电路交换的数据网。ISUP在TUP基础上，增加了非话音承载业务和补充业务的控制协议。它也是利用MTP提供的服务在交换局之间传递信息，支持ISUP和TUP的MTP部分完全相同，不需要另外创建。

1. ISUP消息格式

ISUP消息采用MSU信令单元格式，其中SIO中的SI =0101。与TUP消息一样，ISUP消息也在SIF字段中传送，但ISUP消息的SIF与TUP不同，它采用八位位组的堆栈形式出现，包括公共部分和专用部分，如图4.25所示。

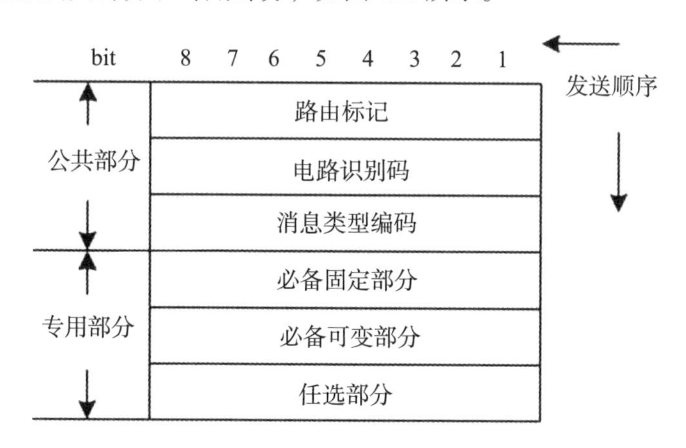

图4.25　ISUP消息的SIF字段

其中路由标记、电路识别码和消息类型编码为公共部分；每种消息的专用部分由若干个参数组成，每个参数有一个名字，按单个八位位组编码。参数的长度可以是固定的，也可以是可变的。路由标记由DPC、OPC和SLS三部分组成。

ISUP消息的主要特点是信号种类齐全，携带的信息量相当丰富，不仅可以传送与呼叫接续控制有关的信令信息，而且能够任选参数，支持基本业务和补充业务。

2. ISUP信令流程

ISUP信令流程与TUP信令流程类似，ISDN电路交换呼叫建立的信令过程如图4.26所示。

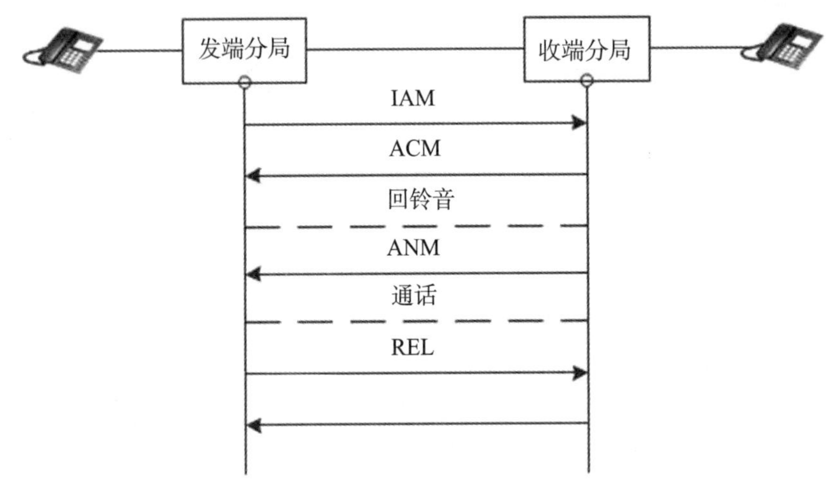

图4.26　ISUP信令基本呼叫流程

发端交换机经分析判断是出局呼叫，随即将被叫号码和有关信息组装成IAM消息发往收端交换局。收端交换机收到IAM消息后，向发端交换机送ACM消息，表明地址信息接收完毕。被叫用户应答后，收端交换机又回送ANM消息，至此主叫至被叫的通路已经接通，双方进入通话状态。

ISUP信令呼叫采用互不控制通话复原方式，任意一方发出释放（REL）消息，话路立即拆除，收到对方发来的释放完成（RLC）消息以后，接续电路就可以释放而用于其他呼叫。可以看出，ISUP的整个释放过程是十分迅速的。

4.2　SIGTRAN协议

SIGTRAN是IETF制定的信令传送协议，用于SGW中实现SS7信令在IP网上的传输。SIGTRAN协议体系主要由两部分组成，即信令适配层和信令传送层。底层是标准的IP协议承载，如图4.27所示。

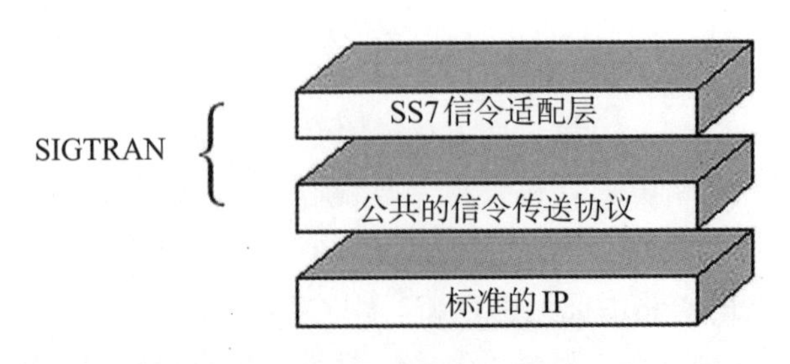

图4.27　SIGTRAN的体系结构

1．SS7信令适配层

支持特定的原语。根据信令网关实现的功能，SS7信令适配层可以采用MTP2用户适配层M2UA、MTP2对等适配层M2PA、MTP3用户适配层M3UA、SCCP用户适配层SUA。除此之外，SIGTRAN的信令适配层还有ISDN Q.921用户适配层IUA、V5.2用户适配层V5UA等。

2．公共的信令传送协议

支持信令传送所需的公共且可靠的传送功能，它采用流控制传送协议SCTP提供这些功能。

SIGTRAN的协议栈如图4.28所示。

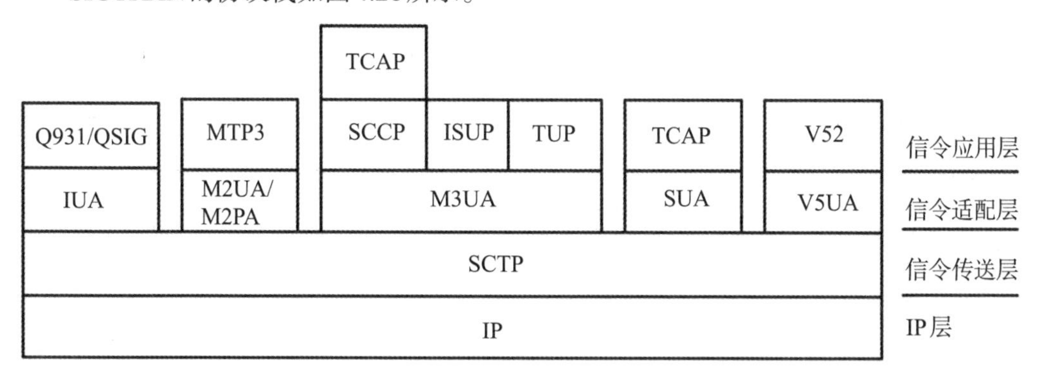

图4.28　SIGTRAN协议栈

一、SCTP协议

SCTP用于在IP网中承载信令，它使信令消息在基于IP的公共分组交换网上完成交换，端到端执行流量控制和差错控制。

SCTP是建立在无连接、不可靠的包交换网络上的一种可靠的传输协议。SCTP充分吸收了UDP的实时快速以及TCP连接可靠性高的优点。

1．SCTP与TCP的区别

SCTP的协议行为类似于TCP，但克服了TCP的局限性：

TCP是单地址连接，而SCTP连接具有多宿（Multi-homed Nodes）特性，可以有多个IP地址，具有更高的可靠性。

TCP连接只能支持一个流，存在行头（HOL，Head of Line）阻塞，而SCTP的一个连接上支持多个流，提高了实时性。

SCTP流是一系列的消息（基于消息），而在TCP中，流是一系列的8位位组（基于比特）。

SCTP建立连接需要四次握手，而TCP建立连接需要三次握手。

SCTP建立连接时采用COOKIE机制，有效防止恶意攻击，具有更好的安全性。

SCTP遵循IETF RFC2960规范的要求。

2. SCTP相关术语

（1）传送地址

传送地址由IP地址、传输层协议类型和传输层端口号定义。由于SCTP在IP上传输，所以一个SCTP传送地址由一个IP地址加一个SCTP端口号确定。SCTP端口号就是SCTP用来识别同一地址上的用户，和TCP端口号是一个概念。比如IP地址10.105.28.92和SCTP端口号1024标识了一个传送地址，而10.105.28.93和1024则标识了另外一个传送地址，同样，10.105.28.92和端口号1023也标识了一个不同的传送地址。

（2）主机和端点

①主机（Host）

主机配有一个或多个IP地址，是一个典型的物理实体。

②端点（SCTP Endpoint）

端点是SCTP的基本逻辑概念，是数据报的逻辑发送者和接收者，是一个典型的逻辑实体。

一个传送地址（IP地址+SCTP端口号）唯一标识一个端点。一个端点可以包括多个传送地址，但对于同一个目的端点而言，这些传送地址中的IP地址可以配置成多个，但必须使用相同的SCTP端口。

（3）偶联和流

①偶联（Association）

偶联就是两个SCTP端点通过SCTP协议规定的4步握手机制建立起来的进行数据传递的逻辑联系或者通道。

SCTP协议规定在任何时刻两个端点之间能且仅能建立一个偶联。由于偶联由两个端点的传送地址来定义，所以通过数据配置本地IP地址、本地SCTP端口号、对端IP地址、对端SCTP端口号等四个参数，可以唯一标识一个SCTP偶联。正因为如此，在SoftX3000中，偶联可以被看成是一条M2UA链路、M3UA链路、V5UA链路或IUA链路。

②流（Stream）

流是SCTP协议的一个特色术语。SCTP偶联中的流用来指示需要按顺序递交到高层协议的用户消息的序列，在同一个流中的消息需要按照其顺序进行递交。严格地说，“流”就是一个SCTP偶联中，从一个端点到另一个端点的单向逻辑通道。一个偶联是由多个单向的流组成的。各个流之间相对独立，使用流ID进行标识，每个流可以单独发送数据而不受其他流的影响。

3. SCTP的功能

SCTP功能结构可分解成如图4.29所示的几个功能块。

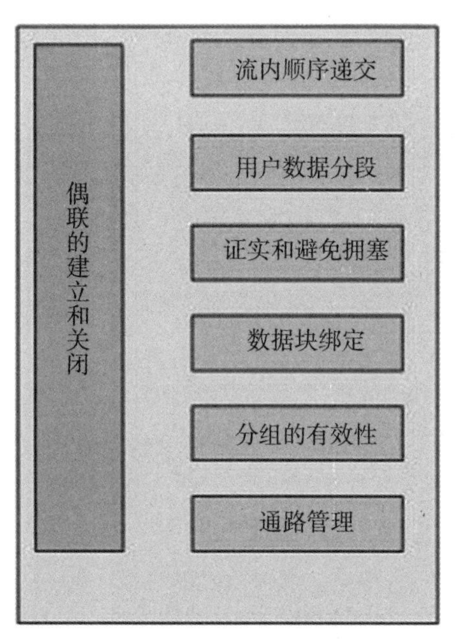

图4.29　SCTP功能结构

（1）偶联（Association）的建立和释放

偶联是SCTP的连接。

偶联的建立由SCTP用户发起请求，为安全性考虑，避免遭到恶意的攻击，在偶联的启动过程中采用了COOKIE机制。

连接的建立和释放主要完成连接状态的变迁以及异常处理。

（2）流内消息的顺序递交

流是SCTP端点之间的单向逻辑通道，用来指示需要按顺序递交到高层协议的用户消息队列。

当在两个端点之间建立一个连接时，需同时定义所要支持的流的数量。

用户消息通过流号来进行关联。在接收端，SCTP保证在给定的流中，消息可以按顺序递交给SCTP用户。

（3）用户数据分段

SCTP在发送用户消息时，可以对消息进行分段，以确保分组长度符合最大传输单元MTU的要求；在接收方，需要把各分段重组为完整的消息后再递交给SCTP用户。

（4）证实和避免拥塞

SCTP为每个用户消息分配一个传送顺序号码TSN，并挂入等待确认队列，设置等待超时定时器，准备往返时间（RTT）的测量。

接受方对所有收到的消息缓存、恢复，并生成对TSN的证实。

证实和避免拥塞功能，可以在规定时间内对没有收到证实的分组进行重发。重发功能与TCP的拥塞避免类似。

（5）数据块（Chunk）捆绑

SCTP用户具有一个选项，可以请求是否把多于一个的用户消息捆绑在一个SCTP分组中进行发送。

接收端负责分解该分组。

（6）分组有效性验证

每个SCTP公共分组头中都包含一个必备的验证标签字段和一个32bit长的校验字段，以提供附加的保护。

接收方对包含无效校验码的分组予以丢弃。

（7）通路管理

根据SCTP用户的指示和各目的地可达性状态，为每个发送的SCTP分组选择一个目的地传送地址。

对连接的多个路径的可达性进行探测，并根据指示进行主路径的转换。

二、M2UA协议

M2UA（No.7 MTP2-User Adaption layer protocol，MTP2用户适配协议）由RFC 3331定义，它使用流控制传输协议（SCTP）或其他合适的传输协议，通过IP传输No.7 MTP2层的用户信令消息（即MTP3），该协议可用于信令网关（SG）和媒体网关控制器（MGC）之间的信令传输，如图4.30所示。

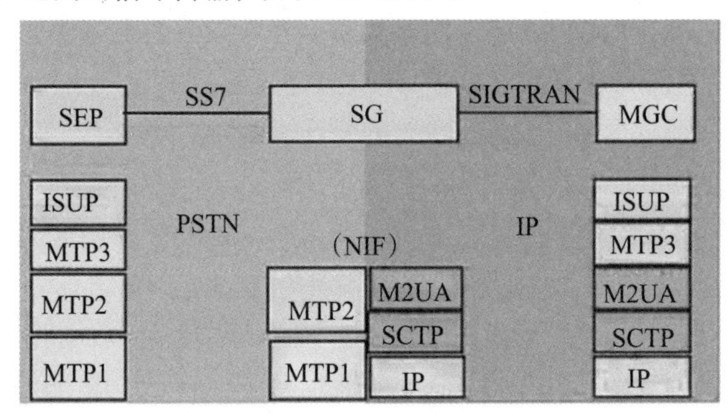

图4.30 M2UA在系统中的位置

1. M2UA相关术语

（1）应用服务器（AS，Application Server）

AS是执行特定应用实例的逻辑的实体，代表一定的资源，例如MGC处理MTP第三层和终接于SG的No.7信令链路上的呼叫处理。每个AS包含一组应用服务器进程（ASP，Application Server Process），其中一个或多个ASP能够处理业务。

在NGN组网中，可以把一组M2UA链路的集合所承载的MTP2链路看作是一个AS。

（2）应用服务器进程（ASP，Application Server Process）

ASP是AS进程的实例。每个ASP与一个SCTP端点对应，一个ASP可以服务于多个AS。在M2UA应用中，ASP以主/备用方式工作，只有主用的ASP处理业务。

在U-SYS NGN下一代网络中，由于MTP3已经提供了链路管理功能，SoftX3000 M2UA目前只支持一个AS与一个ASP对应，TMG8010、UMG8900则支持多个ASP与一个AS对应。

（3）接口标识符

用于M2UA两端之间的通信，可以使用文本编码或整数编码的方式。每个接口标识符对应一个实际的物理链路，并只在本地有效。接口标识符由网关和MGC设备（SoftX3000）协商。三者关系图如图4.31所示。

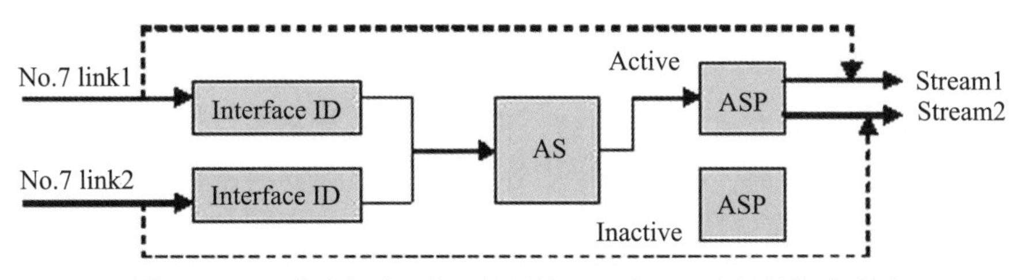

图4.31 No.7信令链路、接口标识符、AS和ASP之间的关系示例

（4）信令网关进程（SGP，Signaling Gateway Process）

SGP是一个通过M2UA协议与信令链路终端通信的进程实例。SGP具有主用、备用和负荷分担三种状态。

（5）信令回程（Backhaul）

当MG（如TMG8010）内置SG功能，如果信令不在本地处理，则把信令消息从偶联数据流的接口传递到呼叫处理点（即MGC）。

（6）M2UA链路

M2UA链路为SG和MGC（SoftX3000）的ASP之间创建的逻辑连接。一条M2UA链路包括SG、ASP以及SG和ASP之间的SCTP偶联。它的状态和ASP状态及SCTP偶联状态对应。

M2UA的网络结构如图4.32所示，引入M2UA链路后，M2UA网络结构可简化为图4.33所示。

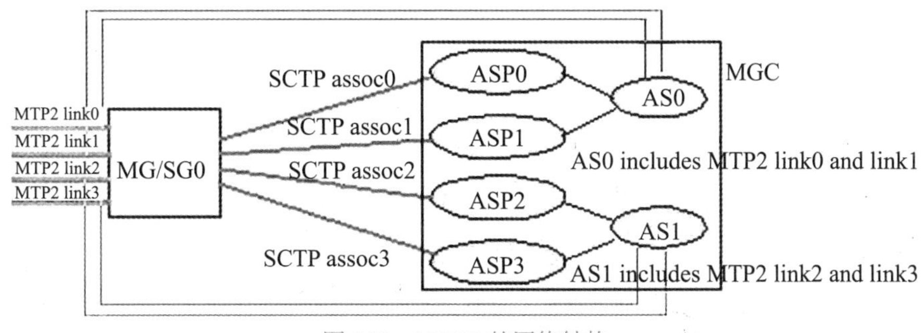

图4.32 M2UA的网络结构

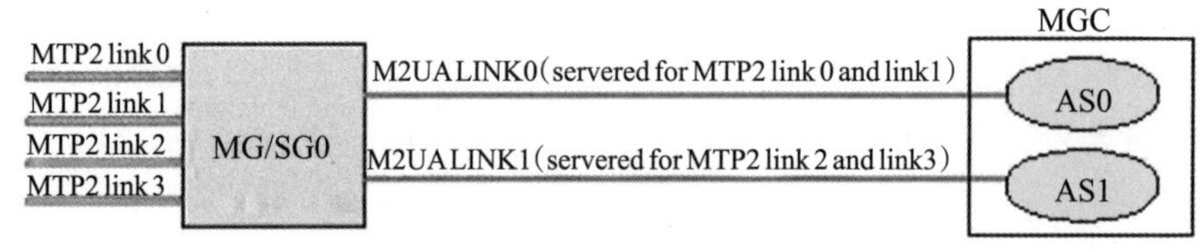

图4.33　M2UA的简化网络结构

M2UA链路为一个或多个MTP2提供链路通道，用于与它的用户（MTP3）通信。每个MTP链路通过M2UA接口标识符映射到一个特定的M2UA链路，对应关系需要执行命令进行配置。这样，来自MTP链路的数据可以通过M2UA链路进行透传。

2．M2UA功能

（1）映射功能

在M2UA层必须要维护一张用于接口标识符与SG物理接口之间映射的表。物理接口可以是V.35接口线路、E1电路/时隙等等。M2UA层同时还必须维护一张用于接口标识符与SCTP偶联和相关流进行映射的表。

只有当ASP针对某个特定的接口标识符发送了ASP Active消息后，SGP才可以把接口标识符映射成SCTP的偶联和流。

（2）支持对SGP和ASP之间SCTP偶联的管理

为了管理SCTP偶联和SG与MGC之间的业务量，SG的M2UA层需要负责来维护所有配置的ASP的可用性状态，最好是维护远端ASP的激活或去激活状态。所谓激活的ASP就是当前用于接收SG发送的业务量。

M2UA层可以根据本地层管理的指令，建立到对端M2UA节点的SCTP偶联，也可以向本地管理通知底层SCTP的状态、报告本地SCTP偶联释放的原因，确定释放是由本地M2UA发起的，还是由SCTP发起的。此外，M2UA层还可以向本地管理报告所需的ASP或AS的状态变化。

（3）在SGP上对ASP的状态管理

SG的M2UA层必须要维护它支持的ASP的状态，ASP的状态变化可以是由于收到对等层间的消息（ASPM消息）造成的，也可以是由于收到本地SCTP偶联的指示造成的。

（4）对SCTP的流管理

SCTP允许用户在偶联最初建立时规定可以使用的流的数量，从而保证M2UA可以正确地管理这些流，由于SCTP的流具有单向特性，所以M2UA并不知道对端M2UA层的流信息。同时接口标识符应当在M2UA消息头中。

（5）与No.7信令网管理无缝的互通

如果当前激活的ASP从激活（ACTIVE）状态迁移出后，那么SGP的M2UA层应当向本地层管理传送关于M2UA的用户（MTP3）不可用的指示。SGP的M2UA采取的动作应当与Q.703建议规定的MTP-2协议的动作一致。

（6）流量控制/和拥塞控制

M2UA可以采用不同实施的方式通知来IP网络拥塞门限触发和消除（即：来自于

SCTP的指示）。M2UA层对收到的这个拥塞指示的处理取决于不同的实施。但是SG采取的动作应当与MTP规范规定的动作一致，并可以保证No.7信令链路功能（流量控制）可以正确地进行。

（7）查询No.7信令链路状态

在从一个ASP故障倒换到另一个ASP后，可能需要ASP上的M2UA去查询当前No.7信令链路的状态，以保证其状态的一致性，SGP的M2UA可以在查询请求的响应中包含当前No.7信令链路的状态的信息（即：进入业务、退出服务、拥塞状态或LPO/RPO状态）。

（8）ASP故障的倒换

为了提供更高呼叫可用性和事务处理能力，M2UA提供了故障倒换、倒回功能。从No.7信令网进入SGP的所有MTP2用户消息根据消息的接口标识符被分配到一个唯一对应的应用服务器。

（9）客户机/服务器模型

SGP和ASP都应该可以支持服务器和客户机的操作，如果两个端点使用了M2UA，那么应当进行如下配置：即一端总是配置为服务器的客户机，另外一端则配置为服务器。

通常的情况SGP被配置为服务器，ASP配置为客户机，这种情况下，ASP应当来启动到SGP的SCTP偶联建立，其中M2UA使用的SCTP的端口号为2094。

3．M2UA协议的应用

在NGN应用中，TMG/UMG提供了SG功能，组网如图4.34所示。

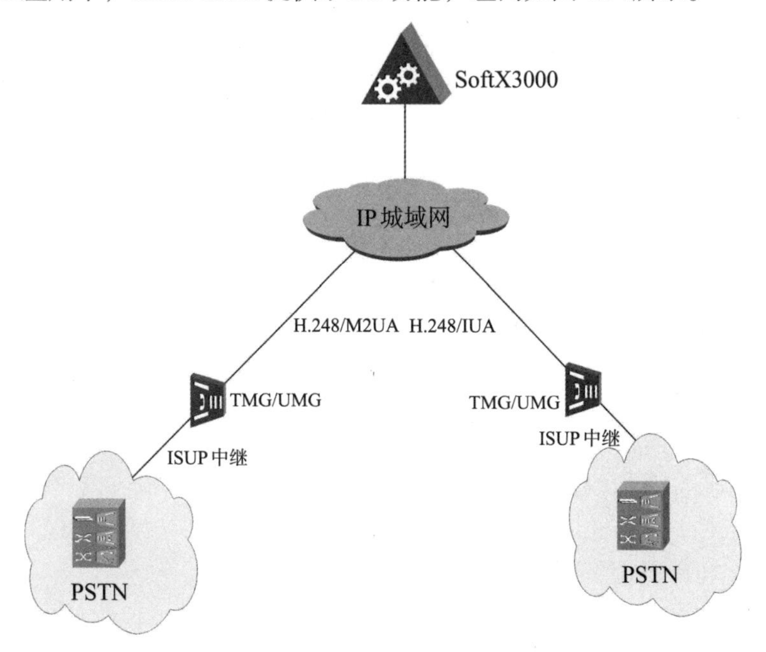

图4.34　M2UA的应用

M2UA可提供如下业务：

支持MTP2/MTP3接口边界，为PSTN和IP网的MTP2用户提供无缝操作。

支持SG、MGC之间的管理层通信。

管理SG、MGC之间SCTP偶联。

SG（内嵌在TMG里）终结MTP2层的消息，SoftX3000则终结MTP3及MTP3以上的消息。也就是说，SG通过IP网络传送MTP3消息到SoftX3000进行处理。

M2UA消息封装在SCTP消息的用户数据字段，包含公用消息头、M2UA消息头。

4.3 通用媒体网关UMG8900

UMG8900通用媒体网关是华为公司提供的NGN解决方案中边缘接入层的关键设备，可以作为NGN（Next Generation Network）中接入层的多种业务网关进行组网，包括：

TG（Trunk Gateway）；

AG（Access Gateway）；

内嵌SG（Signal Gateway）；

NGN构架交换机应用（NGN Enabled Switch）；

融合应用（AG/TG/SG融合）。

UMG8900作为NGN网络系统的一个部件，完成业务流格式转换以及不同承载方式的适配和互通功能，实现NGN网络用户与现有PSTN/ISDN网络用户的互通。

UMG8900设备作为TG时，支持的业务功能主要包括：

UMG8900与软交换设备（可以采用华为公司的MGC）配合，作为传统PSTN网络中的中继/汇接/长途局设备进行组网，兼容现有的各种基本业务、补充业务和智能业务；

支持基本语音业务，支持G.711、G.723、G.726和G.729语音编解码，支持多种打包时长的设置并可以实现不同编解码方式的转换，满足TDM到IP分组方式传输的需要；

支持传统PSTN网络中的三类传真业务，支持基于T.38的IP实时传真业务，支持高速传真；

支持基于Modem over G.711的Modem透明传输业务；

支持内嵌信令网关功能，支持基于M2UA/IUA/V5UA实现SS7、DSS1和V5的适配处理，支持通过V5协议接入V5接入网或者WLL（Wireless Local Loop）；

支持R2、CNo.1和No.5随路信令，与随路信令交换机互通，实现随路信令的终结，同时支持R2随路信令多国适配功能。

此外，为满足业务接续需要，UMG8900设备同时支持DTMF收号和脉冲收号、支持多国放音功能。

一、机框结构

UMG8900采用SSM-4机框，提供业务交换功能。SSM-4采用半一体化结构设计，内置电源模块和风扇盒。机框下部有两个电源模块，右边有一个风扇盒。如图4.35所示。

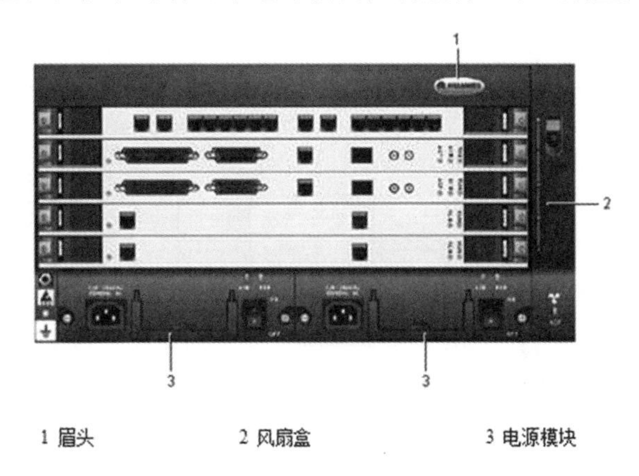

图4.35　SSM-4机框视图

SSM-4机框采用标准的19英寸机框，单框5U高度，横插5个单板槽位。机框板位设置如图4.36所示。

<table>
<tr><td colspan="2">MMIU</td><td>0</td><td rowspan="6">FAN</td></tr>
<tr><td colspan="2">MOMD</td><td>1</td></tr>
<tr><td colspan="2">MOMD</td><td>2</td></tr>
<tr><td colspan="2">MVPD</td><td>3</td></tr>
<tr><td colspan="2">MVPD</td><td>4</td></tr>
<tr><td>POWER1</td><td colspan="2">POWER2</td></tr>
</table>

图4.36　SSM-4机框板位图

二、对外接口

UMG8900设备对外提供用户接口、中继接口、网关控制接口和操作维护接口。其中用户接口由UAM提供，通过不同的用户单板实现接入，比较固定。对于中继接口、网关控制接口和操作维护接口，与单板的对应关系如表4.4所示。

表4.4　接口与单板对应关系表

逻辑接口	接　口	单　板	说　明
网关控制/信令适配转发	FE1	MVPD	“三分式”方式下使用，由MVPD单板提供外部物理接口
	OMC	MOMD	“二分式”方式下使用
	FE0	MVPD	“集中式”方式下使用，由MOMD单板提供外部接口
TDM承载处理	E1/T1、E3/T3	MOMD	UG01MOMD提供E1/T1接口 UG02MOMD提供E3/T3接口
分组承载处理	FE0	MVPD	由MOMD单板提供外部物理接口

三分式指采用IP方式传输的H.248/SIGTRAN信令、VoIP承载数据流以及OMC消息分别采用不同的物理接口；二分式指H.248/SIGTRAN和OMC消息采用同一个物理接口；集中式指三种不同业务流采用同一个物理接口。

三、逻辑结构

UMG8900设备的逻辑结构如图4.37所示。

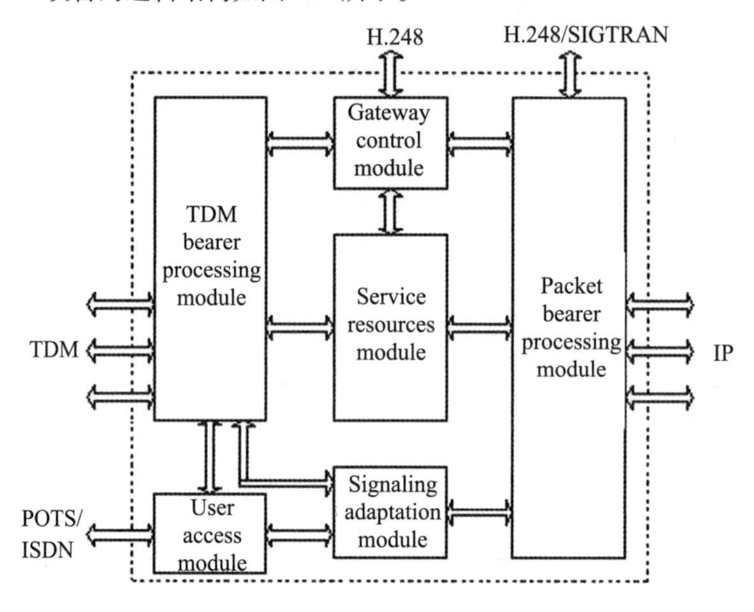

图4.37　SSM-4逻辑结构

UMG8900设备硬件从逻辑上可以相对独立的业务模块，不同的业务模块采用独立的硬件单板，模块划分以及模块之间的关系如表4.5所示。

表4.5　逻辑模块划分

模块名称	功能说明	单　板
网关控制	与网关控制器进行交互，完成对网关各种承载资源和业务资源的管理和控制，同时将各种用户信令和呼叫信息上报给网关控制器，终结R2等随路信令消息，通过H.248消息包送给网关控制器	MVPD
TDM承载处理	提供TDM业务接口，完成TDM业务的成帧处理以及TDM业务的交换	MOMD
分组承载处理	提供分组承载业务接口，完成分组业务的适配和重组，并实现分组业务交换功能	MVPD
业务资源	提供系统所需要各种业务资源，包括语音编解码变换、放音、收号、回波抵消等	MVPD
信令适配	完成窄带信令到宽带分组信令的适配和解析，通过与TDM承载处理和分组承载处理模块配合实现信令转发	MOMD
用户接入	提供各种用户接口，实现用户接入功能	ASL、DSL、ATI、CDI、ADSL等

此外，还包括完成设备维护管理的操作维护模块和为TDM承载处理提供时钟信号的时钟模块。

四、软件组成

UMG8900设备软件系统可以分为主机软件和LMT操作维护终端软件两大部分。主机软件完成与承载相关的业务处理、底层支撑和硬件管理功能，LMT终端软件与主机软件的BAM模块基于Client/Server架构，完成对设备主机的日常维护和管理功能，系统的软件结构示意如图4.38所示。

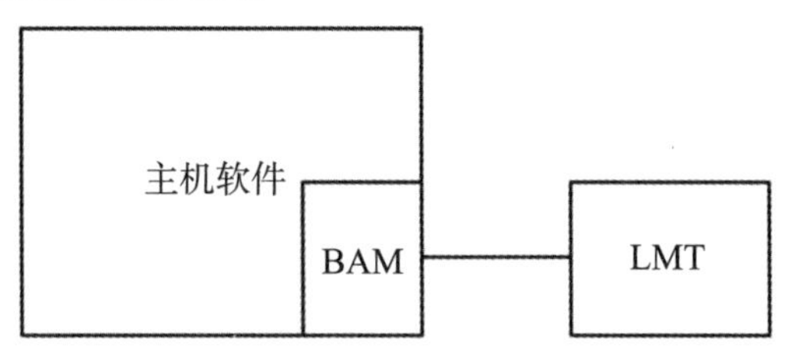

图4.38　系统软件结构

五、单板种类

UMG8900从设备的管理和维护的角度上可以分为两类，逻辑单板和物理单板。

逻辑单板并不是实际的单板，而是单板种类的抽象概念。逻辑单板是由若干功能类似的单板共同组成的一个抽象的类。在数据配置和告警输出等场合会用到逻辑单板，以便于用户对某一类单板的管理与维护。

物理单板是实际的单板，是逻辑单板类的一个实际的对象。在每一个逻辑单板类中都会包括一个或多个实际的物理单板对象。属于同一逻辑单板的物理单板之间在接口、处理性能和物理位置等方面存在不同。

SSM-4的逻辑单板包括OMU、MIU和VPU，对应的物理单板分别为MOMD、MMIU和MVPD。

1．MOMD单板

MOMD单板作为SSM模块的管理控制中心，固定配置于SSM-4机框的1、2槽位，可以单独配置一块MOMD也可以配置两块MOMD。MOMD单板的TDM接口采用负荷分担的工作模式，业务处理系统、宽带交换等其余模块采用主备用的工作模式。

MOMD单板主要功能包括：

提供控制平面分组交换功能，完成控制信息交互；

提供业务平面的分组交换功能，完成业务平面的信息交互；

提供TDM业务交换管理功能，提供4K时隙交换能力；

提供设备管理功能，除了通过控制平面与各单板通信外，还可以通过独立的MBUS维护通道，完成单板基本信息维护、上下电管理、异常情况处理等功能；

基于SIGTRAN协议完成TDM窄带信令到IP分组的适配，并转发给MGC进行处理，提供内嵌信令网关功能；

完成三级时钟的产生和分发；

提供BITS时钟信号的输出；

同扣板配合提供24路E1/T1接口或1路E3/T3接口；

通过D2FE或D2FO扣板可以提供FE光接口和电接口。

MOMD面板如图4.39所示。

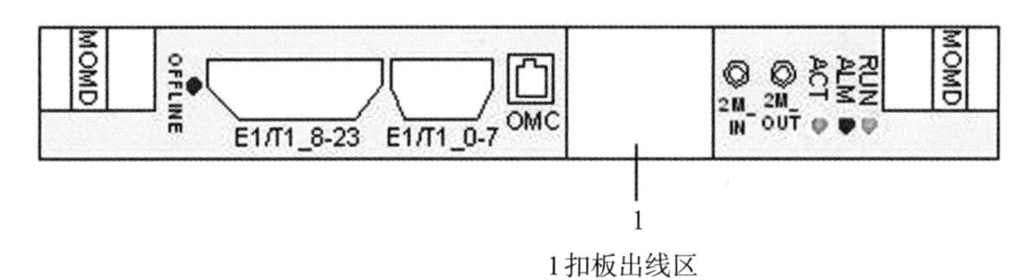

图4.39　MOMD面板示意

MOMD单板指示灯的含义如表4.6所示。

表4.6　MOMD单板指示灯说明

指示灯名称	标　识	颜　色	状　态	指示含义说明
运行指示灯	RUN	绿色	常亮	有电源输入，单板存在问题
			常灭	无电源输入，或单板工作故障状态
			闪烁（1s亮，1s灭）	表明单板已按配置运行，属工作运行态
			快闪（每秒闪烁4次）	单板加载或单板未开工
告警指示灯	ALM	红色	常亮或快闪	告警状态，表明存在故障
			常灭	无故障
工作指示灯	ACT	绿色	常亮	工作（例如处在主用或连接状态）
			常灭	未使用（例如处在备用或未连接状态）
热插拔指示灯	OFFLINE	蓝色	常亮	单板可以拔出
			常灭	单板不允许拔出

MOMD单板接口如表4.7所示。

表4.7　MOMD单板接口

名　称	数　量	物理接口	功　能	规　范
OMC	1	RJ45	用于连接维护终端，也可以配置为集中转发接口	FE网口
2M-IN	1	SMB	BITS时钟输入口	2MHz或2Mbits/s
2M-OUT	1	SMB	BITS时钟输出口	2MHz或2Mbits/s
FE0	1	RJ45	扣板提供的接口，用于承载业务	FE网口

续表

名　称	数　量	物理接口	功　能	规　范
FE1	1	RJ45	扣板提供的接口用于承载业务	FE网口
E1/T1_0-7	1	DB44	8路E1/T1接口	E1接口或者T1接口
E1/T1_8-23	1	DB78	16路E1/T1接口	E1接口或者T1接口

2．MMIU单板

MMIU单板为MOMD单板提供部分对外接口，固定配置于SSM-4机框的0槽位。

MMIU单板主要功能包括：

分别为两块MOMD单板外引6个FE接口；

分别为两块MOMD单板外引1个调试串口；

提供1个告警箱串口；

提供1个环境监控串口。

MMIU面板如图4.40所示。

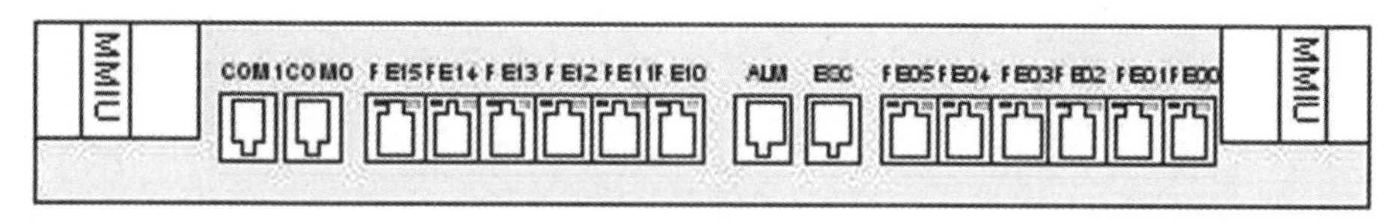

图4.40　MMIU面板示意

MMIU单板指示灯的含义如表4.8所示。

表4.8　MMIU单板指示灯说明

指示灯名称	颜　色	状　态	指示含义说明
网口速率指示灯	橙色	常亮或闪烁	表示该端口有业务流量
		常灭	表示该端口目前空闲
网口连接指示灯	绿色	常亮	表示链路连通
		常灭	表示链路没有连通

MMIU单板接口如表4.9所示。

表4.9　MMIU单板接口

名　称	数　量	物理接口	功　能
FE00 ~ FE05	6	RJ45	为1槽位MOMD单板提供下行FE接口
FE10 ~ FE15	6	RJ45	为2槽位MOMD单板提供下行FE接口
COM0	1	RJ48	为1槽位MOMD单板提供调试串口
COM1	1	RJ48	为2槽位MOMD单板提供调试串口
ALM	1	RJ48	告警箱串口
ESC	1	RJ48	环境监控告警串口

3．MVPD单板

MVPD单板作为SSM模块语音处理单元，固定配置于SSM-4机框的3、4槽位，采用主备用模式工作。

MVPD单板提供以下功能：

提供放音、收号、混音和MFC等功能；

完成语音业务的IP分组适配处理，包括UDP、RTP、RTCP和IP协议的处理等，支持G.711A、G.711μ、G.723、G.726和G.729语音编解码方式；

提供回波抵消特性，支持64ms、128ms尾端延迟；

提供IP路由处理、IP业务的汇聚和分发功能；

控制各种业务资源完成业务承载转换和业务流格式转换，并将资源的操作结果采用H.248消息返回到MGC设备；

接收H.248协议报文，完成传输层和网络层协议解析、H.248协议编解码处理；

提供与MGC之间的H.248协议和SIGTRAN协议接口。

MVPD面板如图4.41所示。

图4.41　MVPD面板示意

MVPD单板的指示灯含义如表4.10所示。

表4.10　MVPD单板指示灯说明

指示灯名称	标识	颜色	状态	指示含义说明
运行指示灯	RUN	绿色	常亮	有电源输入，单板存在问题。
			常灭	无电源输入，或单板工作故障状态
			闪烁（1s亮，1s灭）	表明单板已按配置运行，属工作运行态
			快闪（每秒闪烁4次）	单板加载或单板未开工
			慢闪（2s亮，2s灭）	单板处于隔离态
告警指示灯	ALM	红色	常亮或快闪	告警状态，表明存在故障
			常灭	无故障
工作指示灯	ACT	绿色	常亮	工作（例如处在主用或连接状态）
			常灭	未使用（例如处在备用或未连接或负荷分担状态）
热插拔指示灯	OFFLINE	蓝色	常亮	单板可以拔出
			常灭	此时单板不允许拔出

MVPD单板接口如表4.11所示。

表4.11　MVPD单板接口

名　称	数　量	物理接口	功　能
COM0	1	RJ48	用于调试
FE0	1	RJ45	设备与MGC之间的H.248协议和SIGTRAN接口

教学策略

1．重难点

（1）重点：软交换与PSTN对接业务开通数据配置。

（2）难点：SIGTRAN协议。

2．教学方法

（1）相关知识点中协议部分建议采用分组讨论、多媒体教学法，设备部分建议采用现场教学法。

（2）任务完成建议采用分组实训、案例教学和现场教学法。

3．请结合本任务讨论

（1）请讨论如何创设或建设教学环境，让学生能更多地动手。

讨论记录：______________________________

（2）请讨论如何有效运用适当的教学方法完成本任务的教学活动。

讨论记录：______________________________

习题

1．SIGTRAN协议的功能是什么？简要说明SIGTRAN协议的体系结构。

2．简要说明SCTP协议和TCP协议的区别。

3．简述SCTP协议和M2UA协议的功能。

4．简要说明UMG8900的组网方式有哪些？
5．简要说明UMG8900中的MOMD、MMIU和MVPD单板的功能。
6．软交换与PSTN对接业务开通时SoftX3000侧需配置哪些数据？
7．软交换与PSTN对接业务开通时如何完成数据调测？

任务5　软交换网络与IMS网络对接业务开通

任务描述

IMS（IP多媒体子系统）是在3GPP R5阶段提出的一个新的域，是继PSTN、软交换后又一张基础性的网络，是承载固定/移动接入、语音/多媒体业务的统一网络。

IMS在标准化、移动性、QOS、安全、认证、计费等方面比软交换有增强，是下一代网络的目标架构，与已经部署的软交换（包括固网软交换、移动软交换）有不同的定位，将在很长一段时期内共存。

有关IMS的概念和IMS与软交换的定位请参考“知识链接与拓展”中的5.1和5.3的内容。

随着IMS网络的商用和普及，实现软交换网络和IMS网络间的互连互通是必然的。本次任务主要是实现软交换网络与IMS网络的对接，即在SoftX3000上，配置SIP中继到IMS网络的UGC3200（有关UGC3200的内容请参考“知识链接与拓展”中的5.5中相关介绍），通过SIP中继，实现软交换系统用户成功出局呼叫IMS用户。组网图如图5.1所示。

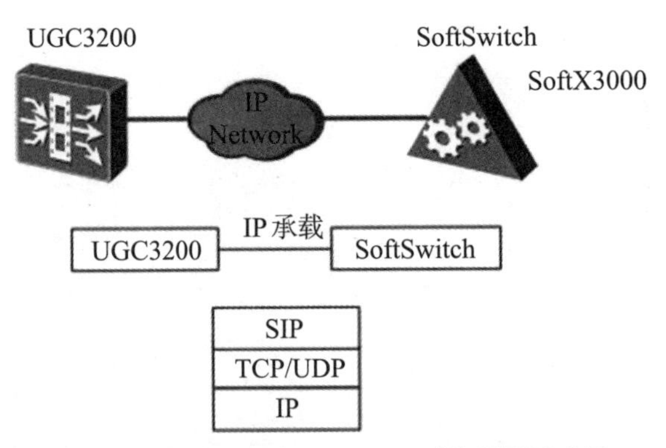

图5.1　SoftX3000与UGC3200对接组网示意图

任务分析

IMS网络由业务层、控制层和接入层组成，不同层面之间采用开放接口协议，提供以IP为承载的、基于SIP协议的多媒体会话业务的控制能力和业务提供能力。有关IMS网络的结构请参考“知识链接与拓展”中的5.2的内容。

当SoftX3000与IMS系统进行互通组网时，与其对接的IMS系统逻辑实体是MGCF ,它们之间一般采用可直接基于IP传送的局间信令，如SIP协议。

本次任务的核心是开通软交换网络和IMS网络的对接业务，目标是在SoftX3000和UGC3200间建立SIP中继，实现软交换系统用户成功出局呼叫IMS用户。

要实现SoftX3000与UGC3200的SIP中继对接，在配置好基础数据（包括硬件数据、本局数据、计费数据）基础上，要新增加一个到UGC3200的局向、子路由、路由、中继等数据配置，划分为SIP协议数据、路由数据、中继数据、号码分析数据四个方面，流程如图5.2所示。

具体数据配置请参考“知识链接与拓展”中的5.5的内容。

图5.2 SIP中继对接配置流程

配置步骤：

1．配置SIP协议数据

SIP协议数据属于公共数据，如果系统前面配置SIP用户时配置了，此处不用配置。

（1）SET SIPCFG //设置SIP协议的全局配置信息

（2）SET SIPLP //设置SIP协议

2．配置路由数据

（1）ADD OFC //增加一个局向，此处定义的局向后面有索引

（2）ADD SRT //增加一条子路由，此处定义的子路由号后面有索引

（3）ADD RT //增加一条路由，此处定义的路由号后面有索引

（4）ADD RTANA //增加路由分析，此处定义的路由选择码后面有索引

如果RSSC（路由选择源码）需要新定义，则要配制ADD CALLSRC。

3．配置中继数据

（1）ADD SIPTG //增加SIP中继群，此处定义的中继群号后面有索引

（2）ADD SIPIPPAIR //增加SIP中继群IP地址对

4．配置号码分析数据

（1）ADD CNACLD //增加字冠分析

必备知识

1．IMS网络知识

IMS即IP多媒体子系统，是继PSTN、软交换后又一张基础性的网络，是承载固定/移动接入、语音/多媒体业务的统一网络。IMS网络由业务层、控制层、终端组成，主要定位于宽带用户和提供宽带多媒体业务、固网移动融合业务和多网协同业务等。

2．IMS网络与固定软交换网的互通

IMS网络通过MGCF与固网软交换SS进行SIP-I互通，其互通数据包括配置SIP协

议数据、路由数据、中继数据和号码分析数据。

任务完成

一、数据规划

配置前，应对有关的SoftX3000硬件数据、本局数据、计费数据进行收集整理，并对SoftX3000与MGCF之间的主要对接参数进行规划。

1．相关数据收集

在进行数据配置前，要通过LST命令获取由硬件数据、本局数据和计费数据定义的一些参数的数值。如表5.1所示。

表5.1　数据配置相关信息收集工作

序　号	信息收集	备　注	获取方法
1	MSGI板的模块号	用于配置 SET SIPLP	LST BRD
2	RSSC路由选择源码	用于配置 ADD RTANA	LST CALLSRC
3	本地号首集	用于配置 ADD CALLSRC ADD CNACLD	LST LP
4	计费源码0	用于配置ADD SIPTG	LST CHGCRP
5	出中继计费源码	用于配置ADD SIPTG	LST CHGIDX
6	IFMI板的模块号	用于配置ADD SIPIPPAIR	LST BRD

2．对接数据规划

在配置SoftX3000侧的数据之前，操作员应就SoftX3000与对端IMS的UGC3200之间的以下主要对接参数进行协商，如表5.2所示。

表5.2　SoftX3000与UGC3200之间的对接参数

序　号	对接参数项	参数值	备　注
1	两交换局之间的信令类型	SIP协议	配置ADD OFC时，不需配NO.7的DPC 配置ADD RTANA时，“信令优选”参数设为“SIP必选”
2	对端局国内长途区号	028	配置ADD RTANA时，PFX的取值
3	本端SoftX3000的IFMI板的IP地址	运营商统一安排	
4	对端的IP地址	运营商统一安排	配置ADD SIPIPPAIR时，OSU的IP地址
5	SoftX3000侧SIP协议的知名端口号	5060	
6	对端SIP协议的知名端口号	5060	配置ADD SIPIPPAIR时，OSU的端口号
7	SIP协议是否支持SIP-T	支持	
8	RFC2833协议加密的共享密钥	shenzhen	配置ADD SIPTG时，E2833K取值

3．本端数据规划

配制前还要做好本端数据一些自定义参数的规划。如表5.3所示。

表5.3　自定义参数规划表

序　号	参数项	参数值	备　注
1	局向号 O	85	配置ADD OFC时定义， 后面配置ADD SRT时索引
2	局向名称 ON	SS-IMS	
3	子路由号 SRC	43	配置ADD SRT 时定义， 后面配置ADD RT时索引
4	子路由名称 SRN	LS-CDIMS	
5	呼叫源 CSC	165	配置ADD CALLSRC 时定义， 后面配置ADD SIPTG 时索引
6	呼叫源名称 CSCNAME	LS-CD	
7	路由选择源码 RSSC	24	配置ADD CALLSRC 时定义， 后面配置ADD RTNAN 时索引
8	路由选择码 RSC	43	配置ADD RTNAN 时定义， 后面配置ADD CNACLD 时索引
9	中继组号 TG	43	配置ADD SIPTG 时定义， 后面配置ADD SIPIPPAIR 时索引
10	中继组名称 TGN	LS-CDIMS	

二、配置数据脚本

SET SIPCFG: UST=OPTIONS; //配置SIP 协议全局配置信息，启动心跳定时器

SET SIPLP: MN=MSGI模块号, PORT=端口号; //配置SIP 协议分发能力

ADD OFC: O=85, ON=" SS_ IMS", DOT=CMPX, DOL=LOW, DOA=SPC; //增加局向

ADD SRT: SRC=43, O=85, SRN="LS-CDIMS", RENT=URT; //增加子路由

ADD RT: R=43, RN="LS-LS21_ IMS", SR1=43, TRIPFLAG=NO;//增加路由

ADD CALLSRC: CSC=165, CSCNAME="LS-CD", LP=24, RSSC=24, FSC=24, SH-LRSSC=0;//增加呼叫源

ADD RTANA: RSC=43, RSSC=24, RUT=ALL, SAI=ALL, CLR=ALL, TP=ALL, TMX=0,R=43, ISUP=SIP_M, NCAI=ALL, CST=ALL, CNPI=ALL;//增加路由分析

ADD SIPTG: TG=43, CSC=165, SRT=43, TGN="LS-CDIMS", RCHS=50, OTCS=65535, HCIC=500, LCIC=499, EA=YES, UHB=NORMAL, MST=SOALW, SST=SIALW, VIDEOS=SUPPORT, CHBF=LOCTEST, E2833F=NSUPPORT, SELMODE=DIST;

//增加SIP中继群组

ADD SIPIPPAIR: TG=43, IMN=132, LSRVP=5060, OSU="X.X.X.X :5060", DH=No;

//增加SIP IP地址对

ADD CNACLD: PFX=K'028, CSTP=BASE, CSA=NTT, RSC=43, MINL=4, MAXL=24, CHSC=0, EA=NO;//增加字冠分析，字冠为“028”，计费源码为“0”

配置过程中有关参数含义及配置请参考“知识链接与拓展”中的5.5的内容。

三、业务验证

在配置完采用SIP中继进行互通的数据后，用户可以通过调测方法进行业务验证。

1．检查网络连接是否正常。

在SoftX3000客户端使用PING命令，或者在接口跟踪任务中使用“Ping”工具，检查SoftX3000与对端局MGCF之间的网络连接是否正常：网络连接正常，请继续后续步骤；网络连接不正常，请在排除网络故障后继续后续步骤。

“Ping”的操作界面如图5.3所示。

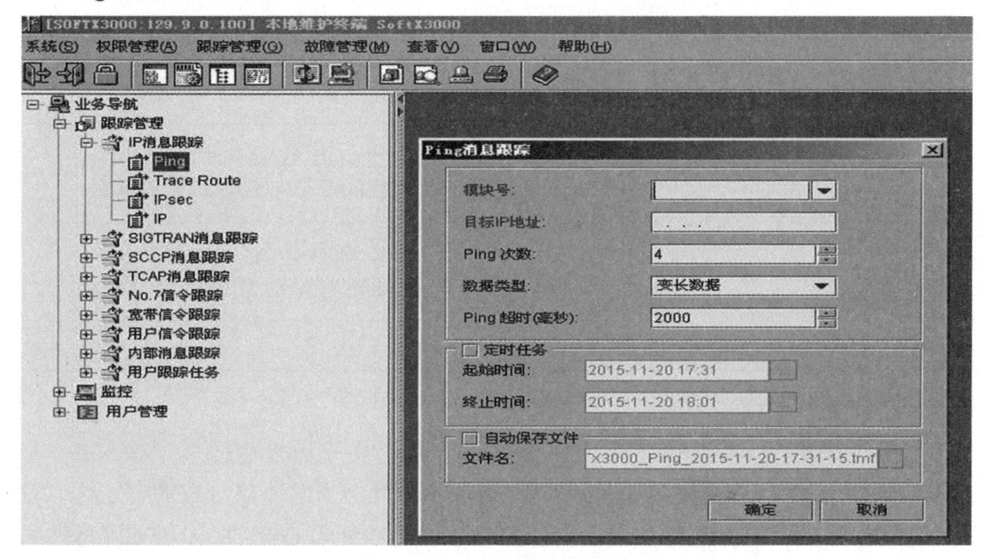

图5.3 “Ping”的操作界面

2．检查SIP中继状态是否正常

在SoftX3000客户端使用DSP SIPTG检查SIP中继状态，如果检查结果不为“Normal”，表示中继状态不正常，请使用LST SIPTG命令仔细检查“Remote URI”等参数的配置是否正确。

3．拨打电话进行通话测试

SIP中继状态正常，则可以在A局使用电话拨打B局的用户进行测试，若通话正常，则说明数据配置正确；若不能通话或通话不正常，则请依次使用LST CNACLD、LST RTANA、LST RT、LST SRT、LST SIPTG等命令检查路由选择码、路由号、子路由号、中继群号等参数的索引关系是否正确。

任务评价

软交换网络与IMS网络对接业务任务完成后，参考表5.4对学生进行他评和自评。

表5.4　软交换网络与IMS网络对接业务开通评价表

项目 \ 内容	学习反思与促进	他人评价	自我评价
应知应会	熟知IMS网络体系结构	Y　N	Y　N
	熟知IMS网络控制层各逻辑实体的功能	Y　N	Y　N
	熟知软交换网络与IMS互通的组网方式	Y　N	Y　N
	熟知软交换网络与IMS对接业务开通的数据配置流程	Y　N	Y　N
专业能力	熟练完成软交换网络与IMS网络对接业务的开通	Y　N	Y　N
通用能力	合作和沟通能力	Y　N	Y　N
	自我工作规划能力	Y　N	Y　N

知识链接与拓展

5.1　IMS的概念

1．IMS定义：IP Multimedia Subsystem——IP多媒体子系统

IMS是在3GPP R5阶段提出的一个新的域，它基于IP承载，叠加在PS（分组域）之上，为用户提供文本、语音、视频、图片等不同的IP多媒体信息。

2．IMS定位

IMS网络是电信运营商应对市场竞争、提升网络能力和业务能力、实现网络演进的基础性网络，也是构建开放的、固定移动统一融合的网络控制架构、实现IP网络环境下对用户和业务可管可控的重要技术。是继PSTN、软交换后又一张基础性的网络，是承载固定/移动接入、语音/多媒体业务的统一网络。

5.2　IMS网络体系结构

IMS网络体系结构如图5.4所示。

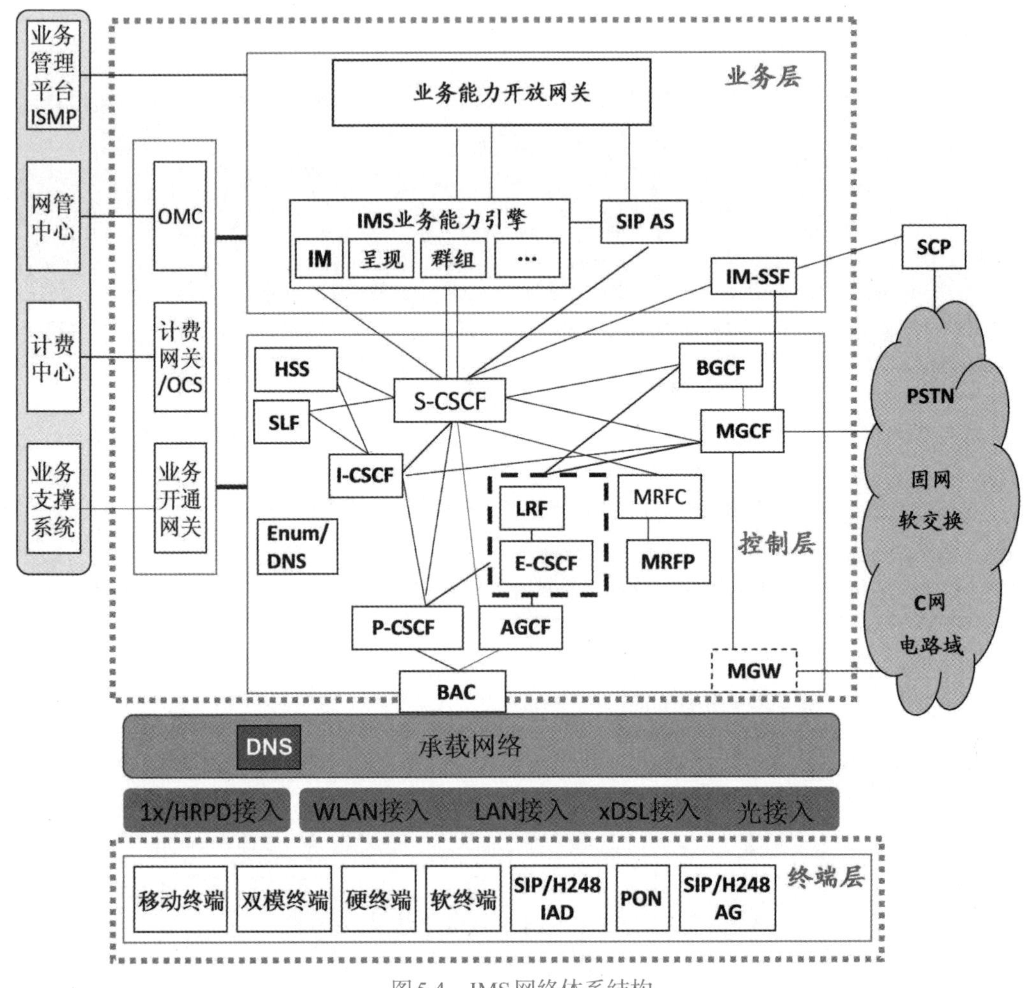

图5.4 IMS网络体系结构

IMS网络由业务层、控制层、终端组成，不同层面之间采用开放接口协议，提供以IP为承载的、基于SIP协议的多媒体会话业务的控制能力和业务提供能力，支持1x/HRPD、WLAN、xDSL、LAN、光纤接入、支持传统POTS电话的接入，并可以与C网电路域、PSTN/软交换系统以及其他网络互通。

1．业务层网络

IMS业务层网络完成IMS业务的提供、执行IMS业务能力的抽象与开放，支持自营业务、第三方业务等多种业务提供方式。IMS业务提供平台支持SIP AS、IN、业务能力开放三种业务提供方式；

各IMS业务能力之间可以相互调用，并且能够开放给自营业务平台，还能够通过业务能力开放网关开放给第三方业务平台。业务能力开放网关的开放方式包括SOAP/REST接口开放等。

根据具体的业务情况，业务层网络的网元与该业务对应的业务管理平台连接，由业务管理平台来提供业务管理功能。

2．控制层网络

IMS控制层主要完成会话控制、资源分配、协议处理、路由、认证、计费、业务触发等功能。IMS控制层的功能实体包括P-CSCF、I-CSCF、S-CSCF、AGCF、HSS、SLF、MGCF、MGW、BGCF、ENUM/DNS等。IMS控制层的主要功能实体分类如下图5.5。

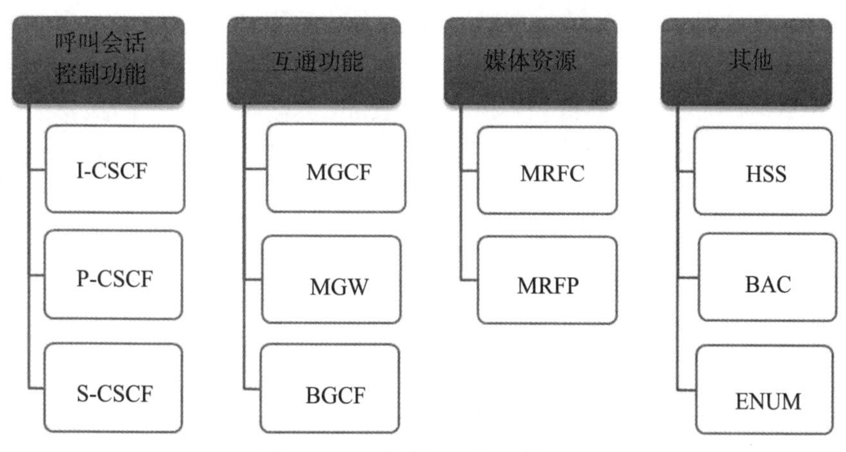

图5.5　IMS控制层功能实体分类

（1）P-CSCF是IMS用户接入IMS网络的入口节点，主要负责信令和消息的代理。

（2）I-CSCF是各个IMS归属域的入口节点，负责用户注册的S-CSCF的指配和查询。

（3）S-CSCF是IMS网络中的中心节点，提供注册服务、会话控制、相关的选路和业务触发等功能，并维持会话状态信息。

（4）HSS负责存储IMS用户的相关信息及其相关业务信息。

（5）BAC位于IMS网络的边缘，是各种终端接IMS核心网络的信令代理设备和媒体代理设备。

（6）ENUM服务器处理S-CSCF、P-CSCF、AS的查询，将Tel URI中的E.164地址翻译成在统一IMS核心网中可路由的SIP URI。

（7）MGCF和IM-MGW提供IMS与PSTN、软交换、C网CS域互通时的信令控制和媒体转换功能。

（8）MRFC实现媒体相关的控制功能，如放音和通知、媒体编码格式转换和Ad-hoc会议等。

（9）MRFP提供IP网络上实现各种业务所需的专用媒体资源功能，具有资源功能、与其他实体进行通信的功能以及提供资源本身的管理、维护功能。

3．接入和终端网元

IMS接入和终端设备接入IMS网络，是IMS业务能力的延伸。IMS的接入和终端设备应包括：

（1）固定终端：指不可移动的终端，包含以下类型：

· 硬终端：指支持IMS SIP协议并且通过xDSL、WLAN、LAN接入IMS网络的终端。该类型终端具有多种物理形态，包括语音终端、多媒体终端。

· SIP IAD：支持传统POTS话机的接入，采用SIP协议接入IMS网络。

· SIP AG：支持传统POTS话机的接入，采用SIP协议接入IMS网络。

· PON：支持传统POTS话机的接入，采用SIP接入IMS网络。

· H248 AG/IAD：支持传统POTS话机的接入，采用H.248协议接入AGCF，再进入IMS网络。

（2）IP软终端：指支持IMS SIP协议并且通过xDSL、WLAN、LAN接入IMS网络的一种软件客户端，通常安装在个人PC等设备上；软客户端具备移动性。WEB客户端也是软终端的一种形式。

· IMS移动终端：指支持IMS SIP协议并且采用1x或HRPD技术通过分组域接入IMS网络的移动终端。

· 双模终端：双模终端也属于移动终端，支持IMS SIP协议，同时支持1x/HRPD、1x /WLAN等双模接入方式。

4．网管与运营支撑网元

IMS网络的网管与运营支撑网元主要如下：

（1）OMC：负责IMS网络内各网元的配置管理，与网管中心连接。

（2）计费网关（CCF）：负责离线计费，与计费中心连接。CCF通过与IMS网络中的各计费实体以及业务平台通信，产生标准定制格式的话单，根据计费系统的要求将话单上报。计费网关支持IMS网元话单的关联、支持网元间话单的过滤和话单分拣、剔除功能。

（3）OCS（在线计费系统）：负责对IMS网络用户的在线计费。对于需要进行在线计费的省，需要设置OCS网元。根据自身的实际业务需求以及现网情况，可以采用现网已经部署的OCS。

（4）业务开通网关：负责业务开通，支持将业务支撑系统传来的业务开通请求解析成诸多工单、并且有序发送给诸IMS网元。

5.3 软交换与IMS的不同定位

IMS作为下一代网络的目标架构，与已经部署的软交换（包括固网软交换、移动软交换）将在很长一段时期内共存。两者各有自己的清晰定位。

1．软交换网络的定位

固网软交换网络主要定位于PSTN网络的改造，以提供窄带域话音业务和相关的话音增值业务为主，覆盖的终端主要是传统的窄带接入终端（POTS电话、IAD、AG）；

移动软交换主要定位于为2G C网电路域提供窄带话音业务和相关话音增值业务，以及短信业务，移动软交换涵盖的用户终端主要是2G移动终端（指通过1x电路域接入的单模、双模终端）。

2．IMS网络的定位

主要定位于宽带用户和提供宽带多媒体业务、固网移动融合业务和多网协同业务等。IMS网络涵盖的用户终端主要包括：宽带接入语音终端（FTTH）、SIP多媒体终端（硬终端、软终端、移动终端）。

5.4　IMS与固定软交换的互通组网

IMS网络与省内固定汇接软交换通过IM-MGW实现媒体的转换和互通、通过MGCF实现信令的转换和互通以及媒体转换的控制。

IMS网络通过MGCF与固网软交换SS进行SIP-I互通，组网示意图如图5.6所示。

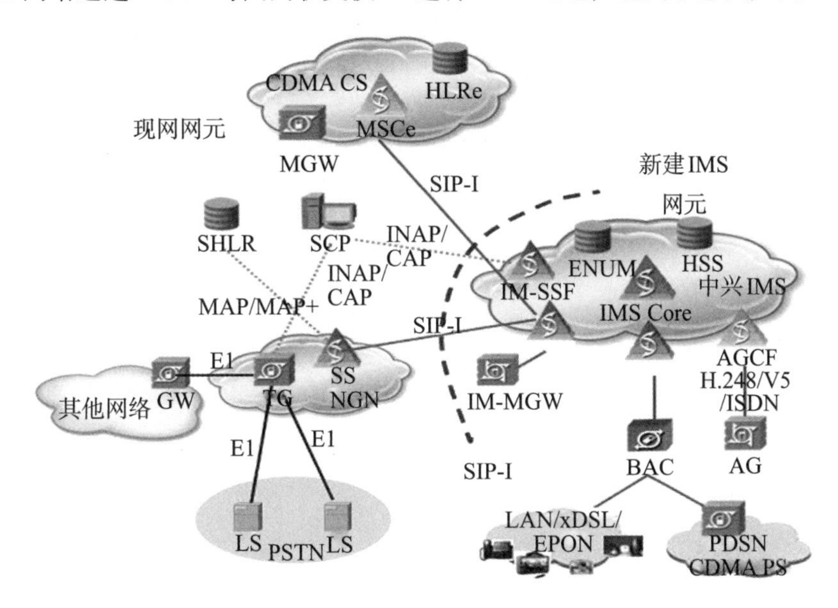

图5.6　IMS与软交换网络的组网图

IMS网络与固定软交换网的互通示意图如图5.7所示。

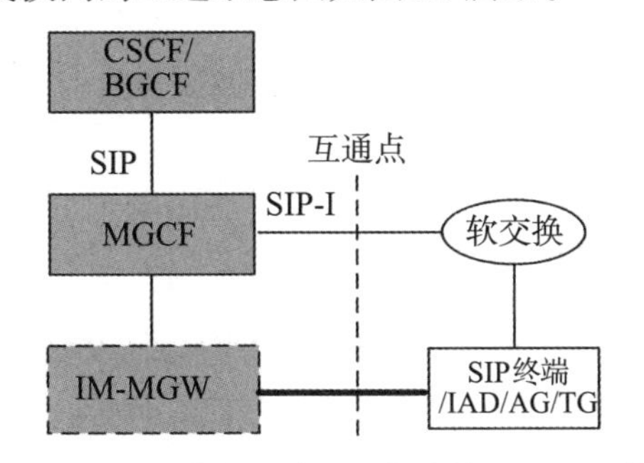

图5.7　IMS网络与省内固网软交换的互通示意图

5.5 软交换与IMS互通数据配置

以下以华为UGC3200作为IMS的MGCF为例，实现与本地SoftX3000的业务互通。

UGC3200，是华为公司推出的通用网关控制器（Universal Gateway Controller），可以作为IMS网络中的媒体网关控制器MGCF（Media Gateway Control Function）网元应用。

通过UGC3200，可以实现PSTN&NGN、GSM&UMTS、CDMA网络与IMS网络之间的信令互通。

UGC3200作为MGCF的典型组网如图5.8所示。

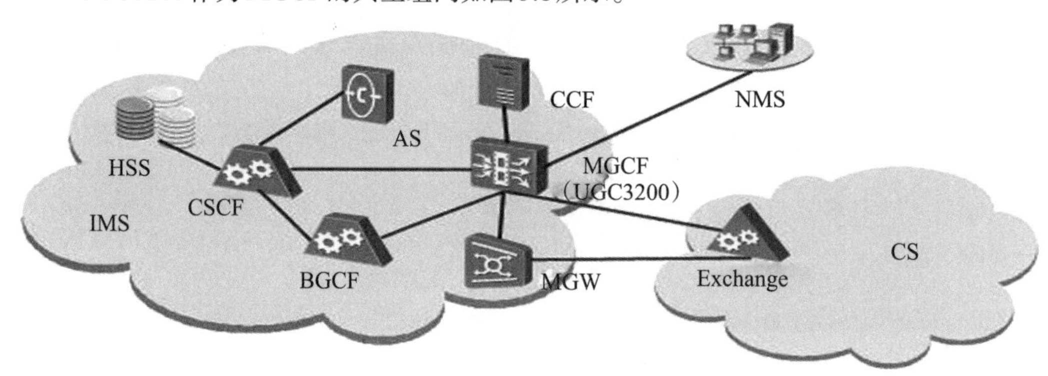

图5.8 SoftX3000与UGC3200互通组网示意图

数据配置步骤如下：

1．配置SIP协议数据

（1）配置SIP全局数据

SET SIPCFG: UST=启动心跳定时器；

（2）配置SIP本地端口及协议分发能力

SET SIPLP: MN=MSGI模块号，PORT=端口号；

说明：

从对端控制设备发到本端SoftX3000的第1个SIP消息携带SIP知名端口5060，IFMI收到此SIP消息包后，以负荷分担的方式将SIP消息发送到MSGI板进行处理。随后，SoftX3000 IFMI板发出的SIP消息包中携带所配置的MSGI本地端口号5061。对端控制设备收到返回的SIP消息包后，其发出后续SIP消息中填写处理第1个SIP消息的MSGI本地端口号5061，SoftX3000 IFMI板收到报文后，根据该端口号5061直接发送到MSGI进行处理。

2．配置SIP路由数据

（1）配置SIP局向数据

ADD OFC: O=局向号，ON=局向名称，DOT=对端局类型，DOL=对端局级别；

说明：

根据同级局路由不能迂回的原则，假设本局为汇接局，对端局为长途局，则对端局的级别应为“上级局”。

由于本局向中不包含No.7中继电路，所以，命令中的“DPC”参数不需输入。

局向名参数应根据运营商的要求进行命名，不能使用系统的默认值。

配置界面如图5.9所示。

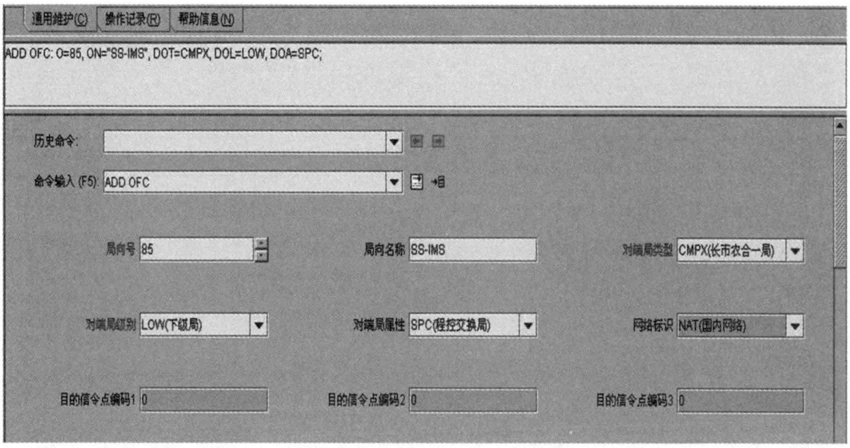

图5.9　ADD OFC配置界面

（2）配置SIP子路由数据

ADD SRT: SRC=子路由号, O=局向号, SRN=子路由名, RENT=URT;

（3）配置SIP路由数据

ADD RT: R=路由号, RN=路由名称, IDTP=UNKNOWN, NAMECFG=NO, SNCM=SRT, SRST=SEQ, SR1=第1子路由, STTP=INVALID, REM=NO;

配置界面如图5.10所示。

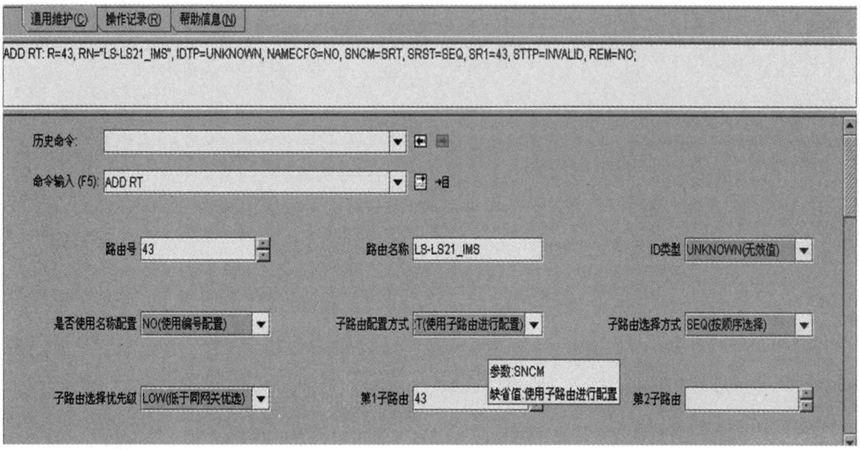

图5.10　ADD RT配置界面

（4）配置SIP路由分析数据

ADD RTANA: RSC=路由选择码，RSSC=路由选择源码，RUT=主叫用户类别，SAI=业务属性，CLR=主叫接入类型，TP=传输能力，TM=TMM，TMX=时间索引，NCAI=被叫地址属性指示语，CST=自定义主叫用户类别，CNPI=被叫编码方案指示语，R=路由号，ISUP=信令优选；

说明：

一般情况下，若无特殊需求，操作员应将命令中的“主叫用户类别”“业务属性”“主叫接入类型”“传输能力”“被叫地址属性指示语”等参数均设置为“全部”。

由于本局与对端局之间的信令对接采用SIP协议，一般情况下，需将命令中的“信令优选”参数设为“SIP必选”。

若RSSC为新增加，则需要通过ADD CALLSRC配置，定义的RSSC值在ADD RTANA中索引。

配置界面如图5.11示。

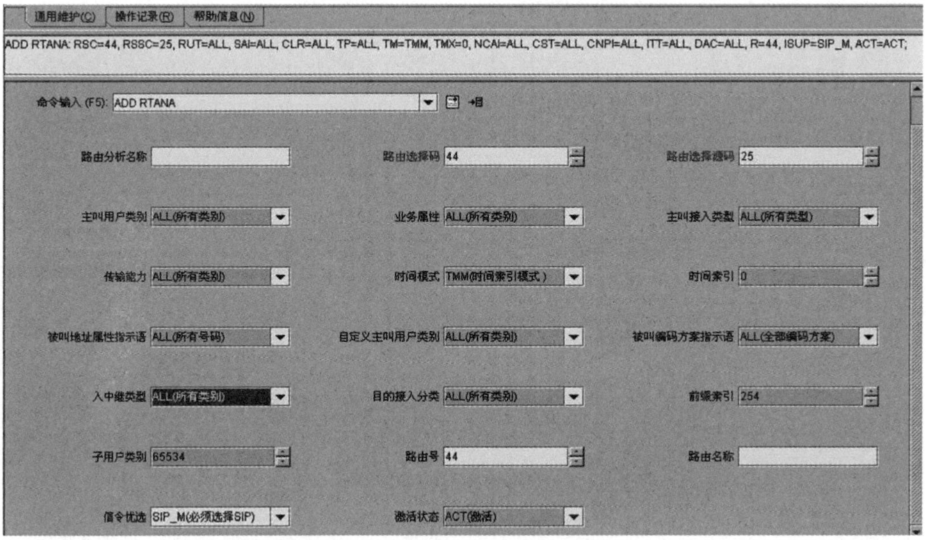

图5.11　ADD RTANA配置界面

3．配置SIP中继数据

（1）配置SIP中继群数据

ADD SIPTG: TG=中继群号, SRT=子路由号, TGN=中继群名称, RCHS=计费源码, OTCS=出中继计费源码, HCIC=最大限呼数, LCIC=解除限呼数, NOAA=NO, EA=YES, UHB=心跳方式, VIDEOS=是否支持视频优选, CHBF=NO, E2833F=支持2833加密, E2833K=2833加密密钥, SELMODE=DIST;

配置界面如图5.12，图5.13，图5.14，图5.15所示。

通用维护(C)　操作记录(R)　帮助信息(N)

ADD SIPTG: TG=43, CSC=165, SRT=43, TGN="LS-LS21_IMS", RCHS=50, OTCS=65535, HCIC=500, LCIC=499, NOAA=NO, EA=YES, UHB=NORMAL, MST=SOALW, SST=SIALW, V
DEOS=SUPPORT, CHBF=LOCTEST, E2833F=NSUPPORT, SELMODE=DIST;

历史命令:
命令输入 (F5): ADD SIPTG
中继群号 43　呼叫源码 165　呼叫源名称
参数:CSC
取值范围:(0~65534)
子路由号 43　子路由名　中继群名称 LS-LS21_IMS
计费源码 50　出中继计费源码 65535　最大限呼数 500
解除限呼数 499　服务器类型　地址属性 NO(否)
增强属性 YES(是)　呼入权限　呼出权限
网管源码 65535　缺省主叫号码 888888888888　集中计费标志 NO(否)

图5.12　ADD SIPTG配置界面1

图5.13　ADD SIPTG配置界面2

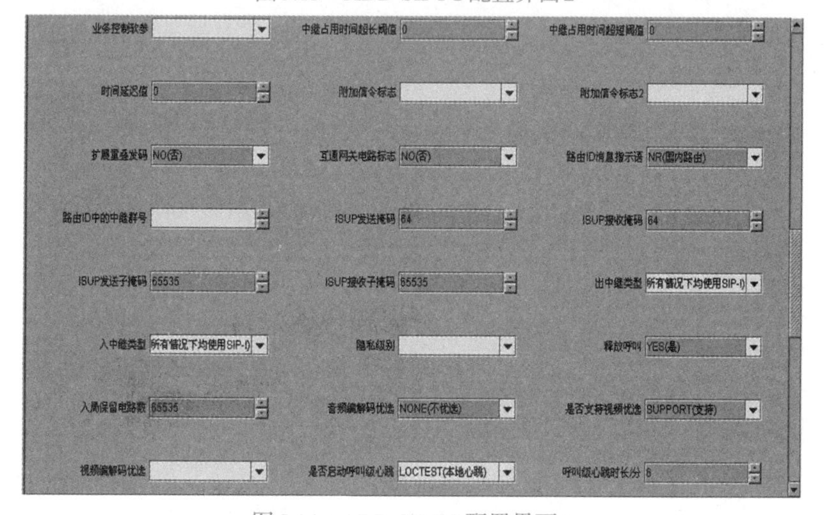

图5.14　ADD SIPTG配置界面3

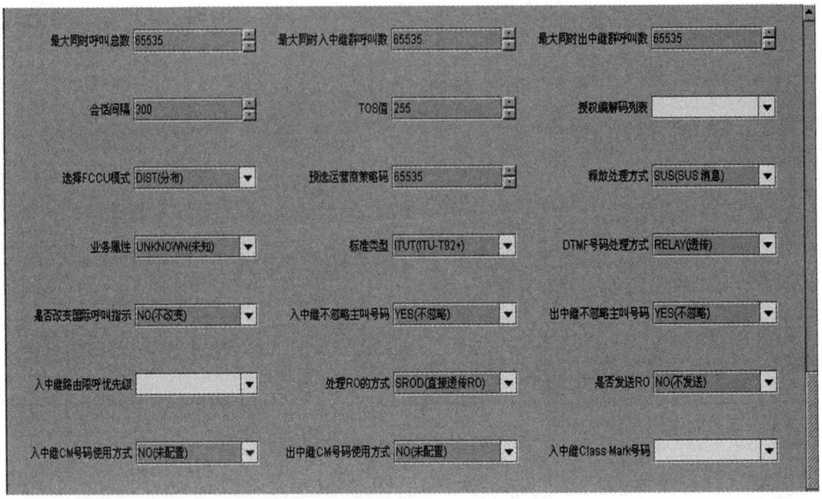

图5.15　ADD SIPTG配置界面4

（2）配置SIP中继群IP地址对数据

ADD SIPIPPAIR: TG=中继群号, IMN=IFMI模块号, OSU=对端URI, DH=No;

说明：

命令中“Remote URI”参数的格式为“对端局的IP地址：SIP端口号”，此处为端口号为“5060”。

4．配置号码分析数据

ADD CNACLD: LP=本地号首集, PFX=呼叫字冠, CSTP=业务类别, CSA=业务属性, RSC=路由选择码, MINL=最小号长, MAXL=最大号长, CHSC=计费选择码, EA=NO;

说明：

由于对入中继群、出中继群均采用目的码计费方式，所以，命令中的“计费源码”“出中继计费源码”参数均不能为255 。

命令中的“是否发送心跳信号”参数需谨慎设置，若对端软交换设备不识别心跳信号，则必须将该参数设为“No”，否则，该SIP中继将始终处于故障状态而无法正常投入运行。

教学策略

1．重难点

（1）重点：IMS网络组成架构，IMS网络控制层逻辑实体功能。

（2）难点：软交换网络与IMS网络对接的组网协议及重要参数含义。

2．技能训练程度

熟练掌握对接数据配置命令及参数含义。

3．教学讨论

完成软交换网络与IMS网络对接业务开通，需要熟知软交换设备和IMS网络的组成、对接协议等，即需具备较全面网络组网的理论知识，且数据配置过程较复杂。建议采用以下的方法进行教学：

任务相关知识点可采用教师讲授、分组讨论、现场教学法等，也可以借助图片等资料进行多媒体教学。

任务完成可采用分组实训、现场教学法等。首先由教师讲解、演示数据配置过程，然后由学生完成具体任务，在学生操作过程中发现问题再由老师帮助解决。在实验条件允许的情况下，应该由每个学生单独完成；如条件有限，可以2到3人一组协作完成，但必须保证小组内每个学生都参与。

习题

1. 什么是IMS？简述它在现代通信网的定位。
2. 简述IMS 网络的分层结构及控制层各逻辑实体的功能。
3. 实现 SOFTX3000 与IMS 业务互通在数据配置上有哪些需要协商的参数？
4. 简述SIP 局向配置的重要参数的含义。
5. 简述SIP 中继配置的重要参数的含义。
6. 教学过程中，为让学生更好掌握SIP 用户开通和SIP 中继开通两种不同任务，你将从哪些方面对二者做比较？

学习情境3　软交换网络维护

学习情境概述

1. 学习情境概述

本学习情境主要聚焦软交换网络的维护，分例行维护和故障处理两个任务。其中例行维护通过学习维护的项目、内容、常用维护方法，完成日常维护和定期维护任务要求；故障处理通过学习故障处理的通用流程和常用的故障解决办法及维护工具，完成相应故障处理任务，从而进一步掌握软交换网络维护的方法、内容及规范等。

2. 学习情境知识地图（见图6.1）

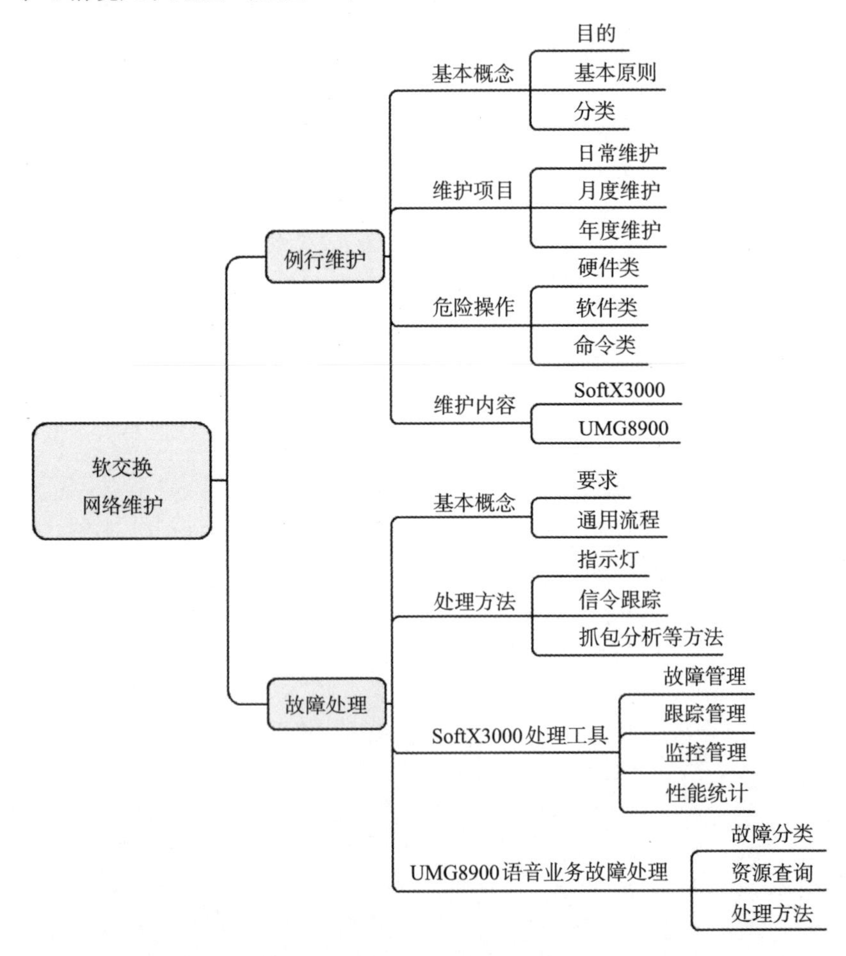

图6.1　软交换网络维护知识结构图

主要学习任务

主要学习任务如表6.1所示。

表6.1　主要学习任务列表

序号	任务名称	主要学习内容	建议学时	学习成果
1	软交换网络例行维护	按照运营商软交换网络例行维护的基本原则和维护制度，有序、规范地完成SoftX3000和UMG8900设备的例行维护，填好维护记录表	4课时	熟悉软交换网络日常维护规范、内容，能够使用维护终端和维护工具实施维护
2	软交换网络故障处理	学习软交换网络故障处理的分析方法和处理流程，根据给定的故障现象，完成对SoftX 3000和UMG 8900的故障处理	4课时	熟悉网络设备故障常见种类及现象，能够按规范要求完成设备类故障排除

任务6　软交换网络例行维护

任务描述

软交换网络承载着电信运营商固定、移动业务，保证网络的稳定性是提升运营商服务质量的重要手段，也是网络维护的主要任务。

例行维护作为一种预防性的维护，可以及时发现并消除设备所存在的缺陷或隐患、维持设备的健康水平，从而使系统能够长期安全、稳定、可靠地运行，以提升网络服务能力。

软交换网络的例行维护涉及网络不同层面的各种设备，本次任务主要针对控制层的软交换和接入层的通用媒体网关。请按照运营商软交换网络例行维护的基本原则和维护制度，对SoftX3000和UMG8900设备进行指定项目的例行维护。任务具体内容如下：

（1）完成SoftX3000的供电系统、告警系统、设备运行的日常维护操作；

（2）完成UMG8900的监控告警、设备运行状态的日常维护操作。

任务要求: 根据任务的维护项目制定维护实施计划，形成记录表格，表格中包含维护项目、维护实施计划和维护结论等关键内容。

任务分析

1. SoftX3000的例行维护包括日常维护、月度维护和年度维护，其中日常维护对象主要包括机房环境、供电系统、终端系统、告警系统、话单系统、设备运行、业务运行和性能统计等几部分。有关例行维护的内容请参考“知识链接与拓展”中的6.4相关部分。

其中本次任务中涉及的供电系统、告警系统、设备运行的日常维护内容分别如表6.1、6.2、6.3所示。

表6.1　供电系统日常维护

维护对象	维护项目	序　号	维护内容
供电系统	机柜供电	1	检查每个机柜的配电框的“RUN”运行指示灯（绿色）是否点亮，并且每秒钟闪烁1次
	LAN Switch供电	2	检查LAN Switch 0、LAN Switch 1的“POWER”电源指示灯（绿色）是否点亮
	服务器供电	3	依次检查BAM、备用iGWB、主用iGWB的电源开关中的指示灯是否为绿色
	业务机框供电	4	检查各业务机框所有UPWR板上的“RUN”运行指示灯（绿色）是否点亮

表6.2　告警系统日常维护

维护对象	维护项目	序　号	维护内容
告警系统	配电框的监控	1	检查每个机柜配电框的“ALARM”告警指示灯（红色）是否点亮，告警蜂鸣器是否报警
	ALUI板的监控	2	检查每个机框内的ALUI板的各种指示灯，“RUN”运行指示灯和两个“UPWR”指示灯是否点亮且为绿色
	告警箱的监控	3	检查告警箱上的各种指示灯与告警蜂鸣器，各告警音级别指示灯是否点亮，告警蜂鸣器是否报警，串口通信指示灯（绿色）是否点亮
	告警台的监控	4	在告警台上仔细查看并确认每一条告警信息，系统在当前时间段是否存在致命级别的告警，是否存在配电框、风扇框的告警，是否存在严重告警

表6.3　设备运行日常维护

维护对象	维护项目	序　号	维护内容
设备运行	配电框的运行状况	1	在本地维护终端观察每个机架顶部的“Power”指示灯是否为绿色
	风扇框的运行状况	2	在本地维护终端观察每个机架中所有的“Fans”指示灯是否为绿色
	机框的运行状况	3	在本地维护终端观察每个机架中所有机框的单板运行状态，单板显示的颜色是否为绿色或蓝色
	FE端口的状态	4	在本地维护终端的MML命令输入栏内输入DSP PORT命令查询各FE端口（业务网口，非内部网口）的状态，是否显示为“正常”
	CPU的占用率	5	在本地维护终端的MML命令输入栏内输入DSP CPUR命令查询各模块CPU的占用率是否在80%以下

（2）UMG8900 的例行维护包括日常维护、月度维护、季度维护和年度维护，其中日常维护对象主要包括监控告警系统、监控设备运行状态、查看机房防尘状况、查看机房防盗状况、查看机房接地网接地电阻、性能操作测量等。有关例行维护的内容请参考“知识链接与拓展”中的6.4的相关部分。

其中本次任务中涉及的监控告警系统包括监控配电框、监控告警箱和监控告警；监控设备运行状态包括查询设备单板运行状态、查询LMT的软件运行状况、查询接口运行状态、查询IP地址、查询E1端口信息、查询指定CMU板的呼叫统计信息等内容，具体操作步骤可参考“知识链接与拓展”中的6.4的相关部分。

（3）维护实施过程中必须按照运营商软交换网络例行维护的基本原则和维护制度，有序、规范地进行，逐条完成工作任务，填好相关维护记录表，及时发现设备所发出的告警或已存在的故障，并采取适当的措施予以恢复和处理，维持设备的正常运行，降低设备的故障率。

必备知识

1．例行维护

例行维护的目的在于使设备保持良好的运行状态，保证业务的正常运行。例行维护按照维护实施的周期长短，可分为日常维护和定期维护。

2．SoftX3000 的例行维护

SoftX3000 的例行维护包括日常维护、月度维护和年度维护。日常维护对象主要包括机房环境、供电系统、终端系统、告警系统、话单系统、设备运行、业务运行和性能统计等几部分；月度维护对象主要包括机柜设备、终端系统和备品备件等三部分；年度维护对象主要是机柜设备。

3．UMG 8900 的例行维护

UMG 8900 的例行维护中重要任务涉及监控告警系统和监控设备运行状态。监控告警系统包括监控配电框、监控告警箱和监控告警。监控设备运行状态涉及查询设备单板运行状态、查询LMT的软件运行状况、查询接口运行状态和查询IP地址等操作。

任务完成

1．对SoftX3000 实施指定项目的例行维护，如表6.4所示

请根据维护对象、项目填写维护实施计划，根据观察、操作结果填写维护结论。若有异常现象，请填写处理过程；若有遗留问题，请填写说明。

表6.4　SoftX3000日常维护记录表

软交换局名：　　　　　　　　　　维护日期：　　　　　年　　月　　日维护人：

维护对象	维护项目	实施计划/操作步骤	结　论
供电系统			
告警系统			
设备运行			
异常情况处理			
遗留问题说明			

2．对UMG8900实施指定项目的例行维护，如表6.5所示

请根据维护对象、项目填写维护实施计划，根据观察、操作结果填写维护结论。若有异常现象，请填写处理过程；若有遗留问题，请填写说明。

表6.5　UMG8900日常维护记录表

局名：　　　　　　　　　　维护日期：　　　　　年　　月　　日维护人

维护对象	维护项目	实施计划/操作步骤	结　论
告警系统			
设备运行状态			
异常情况处理			
遗留问题说明			

任务评价

软交换网络例行维护任务完成后，参考表6.6对学生进行他评和自评。

表6.6　软交换网络例行维护评价表

项目＼内容	学习反思与促进	他人评价	自我评价
应知应会	熟知例行维护基本原则	Y　N	Y　N
	铭记例行维护中危险操作的注意事项	Y　N	Y　N
	熟知SoftX3000例行维护的规范	Y　N	Y　N
	熟知UMG8900 例行维护的规范	Y　N	Y　N
专业能力	熟练完成SoftX3000例行维护项目	Y　N	Y　N
	熟练完成UMG8900 例行维护项目	Y　N	Y　N
通用能力	合作和沟通能力	Y　N	Y　N
	自我工作规划能力	Y　N	Y　N

知识链接与拓展

6.1　例行维护概述

1. 例行维护目的

对设备进行例行维护的目的在于使设备保持良好的运行状态，保证业务的正常运行。

对于网络和网络系统设备，维护的最终目标是保证设备处于最佳运行状态，使其运行服务质量能够满足用户业务使用时的需求。

2. 例行维护基本原则

为了充分发挥设备的性能和作用，减少各种意外事故的发生，确保设备能够长期安全、稳定、可靠地运行，并降低维护成本，在维护本设备之前，应充分考虑并遵循例行维护基本原则。

（1）设备维护以预防和保养为主，应充分重视例行维护的重要性，通过建立严格的设备管理和设备维护制度，确保设备维护的有序、规范进行。

（2）严禁维护人员在关键计算机设备上私自安装或运行非标准软件（如防火墙软件、防病毒软件、游戏软件和盗版软件等），或将计算机挪为他用；除设备制造商提供的随机软件以外，严禁维护人员使用其他任何软件直接对数据库进行查询和修改。

（3）机房的运行环境应达到相关国家标准或行业标准的基本要求，保持机房温度、湿度和洁净度等符合要求，同时做到防虫防鼠，做好消防工作。

（4）维护人员掌握设备维护基本知识、掌握设备的基本操作技能和应急处理技能，并严格遵守操作规程和行业安全规程，确保人身安全与设备安全。

（5）维护人员应按照维护任务要求进行常规检查与测试，并做好记录。

（6）维护人员维修时应按照设备制造商提供的操作规范或说明书进行操作，避免因人为因素而造成事故。

（7）系统管理员应妥善保管好管理级口令，并定期进行修改。口令的管理应严格按级划分，按照维护人员的操作权限和工作站的维护权限合理分配，确保终端系统的安全运行。

（8）所有的重大操作（如倒换单板、复位系统、加载软件等）均应作记录，并在操作前仔细确认操作的可行性，在做好相应的备份、应急和安全措施后，方可由有资历的操作人员执行。

3．例行维护分类

按照维护实施的周期长短，可将例行维护分为日常维护和定期维护。

（1）日常维护

日常维护是指每天进行的、维护过程相对简单、并可由一般维护人员实施的维护操作。

日常维护的目的如下：

及时发现设备所发出的告警或已存在的故障，并采取适当的措施予以恢复和处理，维持设备的正常运行，降低设备的故障率。

实时掌握设备和网络的运行状况，了解设备或网络的运行趋势，提高维护人员对突发事件的处理效率。

（2）定期维护

定期维护是指按一定周期进行的、维护过程相对复杂，且多数情况下须由经过专门培训的维护人员实施的维护操作，如定期检查线缆系统、定期测量接地电阻、定期进行设备除尘。

定期维护的目的如下：

通过定期维护和保养设备，确保系统能够安全、稳定、可靠运行。

通过定期检查、备份、测试和清洁等手段，及时发现设备在运行过程中所出现的自然老化、功能失效和性能下降等问题，并采取适当的措施及时予以处理，以消除隐患、预防事故的发生。

6.2 例行维护项目

1．日常值班维护

《日常维护记录表》说明值班期间机房环境、运行情况等。

2．日常突发事件处理相关记录

《日常突发事件处理相关记录》是对系统进行日常维护发生的突发故障、业务的记录，作为以后进行维修或查看故障记录的依据。

3．设备组件更换、局数据修改记录

设备组件更换记录表是对设备在日常维护中的组件更换进行记录，更换的组件包括设备硬件的各个相关模块，供以后对设备故障发生情况和设备的运行稳定性方面进行参考。

局数据修改记录表记录设备配置数据的修改和更新情况，主要包括但不限于局数据，其他重要的配置数据内容都需要记录，便于出现故障后了解原因和进行定位，同时便于对设备进行维护。

4．月度维护记录

专项人员每月对所管辖范围内设备做定期巡回检查时的记录。

5．季度维护记录

专项人员每季对所管辖范围内设备做定期巡回检查时的记录。

6.3　危险操作说明

在对设备做例行维护过程中，有些操作可能会引起设备故障或业务中断，执行这些操作，在设备的日常维护和操作中要加以注意。

危险操作包括硬件类危险操作、软件类危险操作和命令类危险操作。

1．硬件类危险操作

单板类操作：包括随意按动主控板复位键按钮、电源板带电拔插、不带防静电手腕拔插单板等操作；

线缆类操作：包括随意拔插设备间连接的网线、机柜间连接的网线、设备与维护终端间连接的网线等操作；

电源类操作：包括随意操作机柜配电框内的电源开关，随意操作系统服务器的电源开关等操作。

2．软件类操作

包括修改系统硬盘中的文件目录结构或文件夹名称，随意停止系统中的各服务进程等操作。

3．命令类操作

有些命令涉及系统的总体运行，牵涉面广，只能由有资质且经过培训的维护人员执行。

注意：维护人员在执行MOD、SET类命令修改配置数据之前，请先使用LST类命令查询系统的原有配置并进行记录。一旦修改失败，请立即修改回原有配置，并同时向设备制造商技术服务部门进行咨询。

6.4　例行维护内容

SoftX3000和UMG 8900的例行维护的相关维护内容如下。

一、SoftX3000的例行维护

1．日常维护

SoftX3000日常维护是维护人员每天需要例行执行的设备维护任务，其的维护对象主要包括机房环境、供电系统、终端系统、告警系统、话单系统、设备运行、业务运行和性能统计等几部分。如表6.7所示。

表6.7　日常维护任务列表

操作内容	例行维护项目
监控配电框、ALUI板、告警箱是否上报告警	监控告警系统
监控配电框、风扇框、机框、BAM、iGWB是否运行正常；检查FE端口状态、双归属的工作状态和CPU占用率是否正常	监控设备运行状态
检测基本呼叫情况、39/xx接口状态、AG、TG、UMG注册状态和中继电路状态是否正常	监控业务运行状态
监控设备性能指标和统计结果	监控性能统计任务
维护机房温度、湿度、散热、尘埃、消防和防盗情况	维护机房环境
维护机柜、LAN Switch、服务器和业务机框供电	维护供电系统
维护BAM、iGWB、应急工作站的硬件运行、软件运行、通信状态和文件备份情况，以及BAM网关通信程序的运行情况	维护终端系统
维护话单告警、主机话单池的状态、iGWB话单文件的生成和备份	维护话单系统

（1）机房环境日常维护，如表6.8所示。

表6.8　机房环境日常维护

维护对象	维护项目	序　号	维护内容
机房环境	温度状况	1	观测机房内温度计指示是否在15℃～30℃之间
	湿度状况	2	观测机房内湿度计指示的相对湿度是否在40%～65%之间
	消防状况	3	检查配电柜、N68-22机柜、机框、电缆走线槽等关键部位是否存在火警隐患，消防设施是否完好无损
	防尘状况	4	检查机柜表面、内部、机房地面、工作台桌面等部位是否干净、整洁，无明显的尘埃附着
	防盗状况	5	检查机房的门、窗、防盗网等设施是否完好无损坏

（2）供电系统日常维护，如表6.9所示。

表6.9　供电系统日常维护

维护对象	维护项目	序　号	维护内容
供电系统	机柜供电	1	检查每个机柜的配电框的“RUN”运行指示灯（绿色）是否点亮，并且每秒钟闪烁1次
	LAN Switch供电	2	检查LAN Switch 0、LAN Switch 1的“POWER”电源指示灯（绿色）是否点亮
	服务器供电	3	依次检查BAM、备用iGWB、主用iGWB的电源开关中的指示灯是否为绿色
	业务机框供电	4	检查各业务机框所有UPWR板上的“RUN”运行指示灯（绿色）是否点亮

（3）终端系统日常维护，如表6.10所示。

表6.10　终端系统日常维护

维护对象	维护项目	序　号	维护内容
终端系统	硬件运行状况	1	在“事件查看器”窗口中浏览系统日志，观察BAM、iGWB、应急工作站是否存在CPU、硬盘、网卡等硬件告警
	软件运行状况	2	“BAM管理器”查询各业务进程是否显示“Started”状态
	通信状况	3	检查各网卡的连接状态是否为正常状态

（4）告警系统日常维护，如表6.11所示。

表6.11　告警系统日常维护

维护对象	维护项目	序　号	维护内容
告警系统	配电框的监控	1	检查每个机柜配电框的“ALARM”告警指示灯（红色）是否点亮，告警蜂鸣器是否报警
	ALUI板的监控	2	检查每个机框内的ALUI板的各种指示灯，“RUN”运行指示灯和两个“UPWR”指示灯是否点亮且为绿色
	告警箱的监控	3	检查告警箱上的各种指示灯与告警蜂鸣器，各告警音级别指示灯是否点亮，告警蜂鸣器是否报警，串口通信指示灯（绿色）是否点亮
	告警台的监控	4	在告警台上仔细查看并确认每一条告警信息，系统在当前时间段是否存在致命级别的告警，是否存在配电框、风扇框的告警，是否存在严重告警

（5）设备运行日常维护，如表6.12所示。

表6.12　设备运行日常维护

维护对象	维护项目	序　号	维护内容
设备运行	配电框的运行状况	1	在本地维护终端观察每个机架顶部的“Power”指示灯是否为绿色
	风扇框的运行状况	2	在本地维护终端观察每个机架中所有的“Fans”指示灯是否为绿色
	机框的运行状况	3	在本地维护终端观察每个机架中所有机框的单板运行状态，单板显示的颜色是否为绿色或蓝色
	FE端口的状态	4	在本地维护终端的MML命令输入栏内输入DSP PORT命令查询各FE端口（业务网口，非内部网口）的状态，是否显示为“正常”
	CPU的占用率	5	在本地维护终端的MML命令输入栏内输入DSP CPUR命令查询各模块CPU的占用率是否在80%以下

（6）业务运行日常维护，如表6.13所示。

表6.13　业务运行日常维护

维护对象	维护项目	序　号	维护内容
业务运行	AG注册状态检查	1	在本地维护终端的导航树窗口的Maintenance子窗口中，打开Service→Monitor→Media Gateway Status，查询AG、TG、UMG是否正常注册
	TG注册状态检查	2	
	UMG注册状态检查	3	
	中继电路状态检查	4	在本地维护终端的MML命令输入栏内输入DSP OFTK命令进行查询，各局向是否存在“闭塞”“故障”“未知”等状态的中继电路

2．月度维护项目

SoftX3000月度维护是维护人员每个月需要例行执行的设备维护任务，其维护对象主要包括机柜设备、终端系统和备品备件等三部分。

（1）机柜设备月度维护，如表6.14示。

表6.14 机柜设备月度维护

维护对象	维护项目	序 号	维护内容
机柜设备	供电系统维护	1	检查各电源端子排的外形、接触、配合等是否良好，是否明显存在腐蚀、过流、过温等缺陷
	线缆系统维护	2	检查所有的线缆均是否存在破损、老化、腐蚀、电弧灼伤等缺陷或隐患
	接地系统维护	3	检查所有接地线的连接部位是否接触良好，是否存在松动、腐蚀等缺陷，接地电阻是否小于1欧姆
	防护系统维护	4	检查机柜顶部与内部是否有异物附着或坠入，检查机柜顶部或底部各信号电缆出口处是否包扎严实
	防尘系统维护	5	检查机柜的外壳、底部进风口周围有无尘埃附着，防尘网框、防尘网纱是否清洗干净、有无尘埃附着

（2）终端系统月度维护，如表6.15所示。

表6.15 终端系统月度维护

维护对象	维护项目	序 号	维护内容
终端系统	操作员口令维护	1	操作员账号、操作员账号权限、工作站权限等的设置是否符合维护制度
	系统时间维护	2	BAM、主备用iGWB和应急工作站的系统时间应是否与当地的标准时间保持一致
	BAM数据库备份	3	BAM数据库文件是否成功备份
	BAM硬盘空间清理	4	BAM硬盘各分区的可用空间容量是否保持在该分区总容量的50%以上

（3）备品备件月度维护，如表6.16所示。

表6.16 备品备件月度维护

维护对象	维护项目	序 号	维护内容
备品备件	存储环境检查	1	检查备品备件仓库的防火、防潮、防尘、防磁、通风、震动等存储环境是否符合要求
	数量检查	2	检查备品备件的种类、数量等是否能够满足设备维护的需要。每种单板是否至少有一块备板，UPWR板是否至少有两块备板；是否至少有一个备用的风扇框、两块备用的硬盘

3．年度维护项目

SoftX3000年度维护是维护人员每年需要例行执行的设备维护任务，其维护对象主要是机柜设备。机柜设备的年度维护，如表6.17所示。

表6.17 机柜设备年度维护

维护对象	维护项目	序　号	维护内容
机柜设备	风扇框除尘	1	检查风扇框是否保持清洁、无尘埃附着，每年一次对每个风扇框进行除尘维护
	导风框除尘	2	检查导风框是否保持清洁、无尘埃附着，每年一次对每个导风框进行除尘维护
	单板除尘	3	检查单板是否保持清洁、无尘埃附着，每两年一次对机柜内的所有单板进行除尘维护

二、UMG 8900的例行维护

UMG8900 的例行维护任务如表6.18所示。

表6.18 UMG8900例行维护任务列表

例行维护项目	操作内容	周　期
监控告警系统	监控配电框、告警箱和告警台是否上报告警	每天
监控设备运行状态	监控设备单板、接口、风扇是否运行正常	每天
查看机房防尘状况	维护机房防尘状况	每天
查看机房防盗状况	维护机房防盗状况	每天
查看机房接地网接地电阻	介绍接地系统范畴及检查方法	每天
查看机房接地状况	维护接地系统状况	每月
查看机房散热状况	维护机房散热系统	每月
查看机房湿度状况	维护机房湿度	每月
查看机房消防状况	维护机房消防状况	每月
检查备品备件储存环境	维护备品备件的储存环境	每月
检查备品备件数量	维护备品备件的种类和数量	每季度
权限管理操作	维护系统管理员口令、系统时间和磁盘空间	每年
日志操作	进行数据备份及磁盘空间整理	每天
性能测量操作	监控设备性能指标和统计结果	每天
清洁设备	清洁设备的防尘网框、防尘网纱、风扇框、单板、光纤接头及尾纤接头	每年

UMG8900配电框及接地示意图如图6.2所示。

图6.2　UMG8900配电框及接地示意图

其中监控告警系统和监控设备运行状态两个任务的基本操作如下。

1．监控告警系统包括监控配电框、监控告警箱和监控告警

其操作步骤如下。

（1）监控配电框

检查每个N68-22机柜的配电框的“ALM”告警指示灯与告警蜂鸣器。

若配电框面板上的“ALM”告警指示灯（红色）常灭，表示无故障。

若配电框面板上的“ALM”告警指示灯（红色）常亮或快闪，表示配电框存在故障。

告警开关处于ON位置时，告警蜂鸣器不应报警。

（2）监控告警箱

检查告警箱上的各种指示灯与告警蜂鸣器。指示灯应该设置正确；检查串口通信指示灯，指示正常；告警级别指示灯的状态与实际情况一致。如要准确定位告警部位，再进入LMT客户端系统的告警管理系统进行查询。

各告警音级别指示灯不应点亮，且告警蜂鸣器不应报警。

串口通信指示灯（绿色）应点亮，表示告警箱与应急工作站通信正常。

（3）监控告警

进入LMT客户端系统，在导航树中点击“MML命令”，选择“告警管理”对告警信息进行管理。如图6.2所示。

告警级别主要分为紧急告警项、重要告警项、次要告警项和提示告警项。告警状态指示应该正常。查询结果应该正常，无故障告警。通过MML命令，对告警级别进行修改、查询等操作。通过SET ALMLVL设置告警级别，通过LST ALMCFG查询告警配置相关信息。

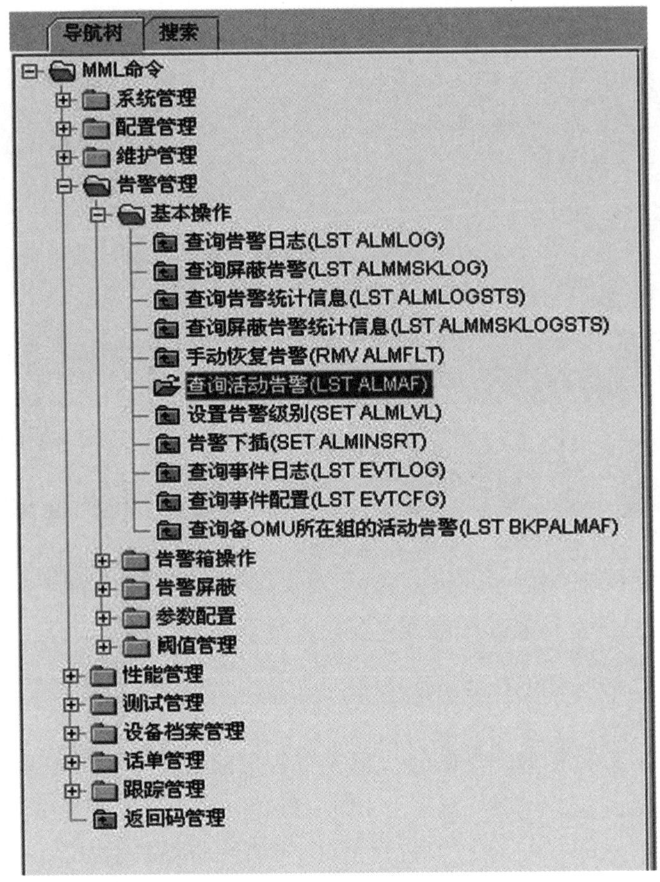

图6.3　告警管理操作界面

对告警信息的管理功能包括对各种告警的查询、修改、恢复和清除等操作；可以通过告警屏蔽对系统和单板的告警进行屏蔽，限制上报的告警信息；提供参数设置和阈值管理功能。

要查询某条告警的详细情况，先选中告警记录再双击鼠标左键即可，可按该详细资料采取相应的处理措施。

2．监控设备运行状态

其操作步骤如下。

（1）查询设备单板运行状态

进入UMG8900设备的本地维护终端，在维护工具导航树中点击“设备面板”，在窗口中观察每个机柜中各单板的运行状态。也可以通过系统提供的MML命令DSP BRD和LST BRD查询单板的配置信息，查询出单板的“机框号”“槽位号”“板位置”“板类型”“板组号”“备份状态”“主备状态”“管理状态”“CPU忙门限”“CPU正常门限”“安装状态”“操作状态”。

在本地维护终端的“面板管理”界面中，所有已配置单板应正确显示名称及单板状态如图6.4所示，单板状态与颜色对应情况如图6.5所示。

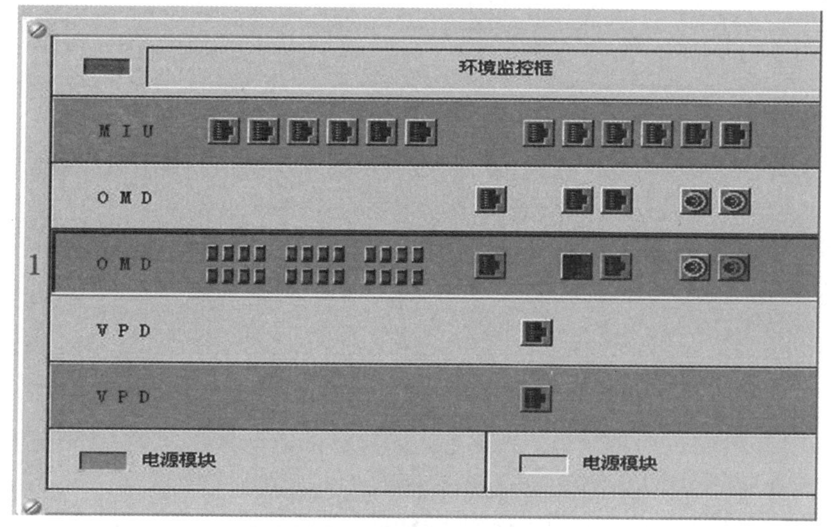

图6.4　面板管理界面

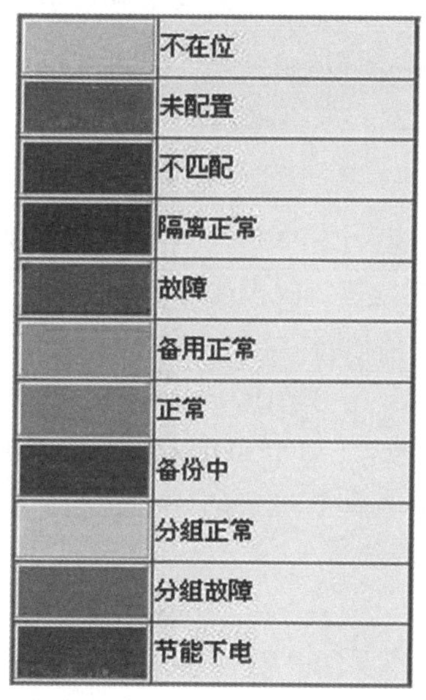

图6.5　单板状态与颜色对应情况

（2）查询LMT的软件运行状况

进入UMG8900设备的本地维护终端，打开各项菜单，查询LMT的软件运行状况是否正常。

在导航树中点击“设备管理”，在窗口中观察每个机柜中各单板的运行状态。

在导航树中打开“跟踪管理”，查看“IP跟踪”“MC接口跟踪”和“呼叫跟踪”。

在“告警”菜单中，通过“告警浏览”“告警日志查询”等对设备告警信息进行管理。告警日志及信息查询范例如图6.6所示。

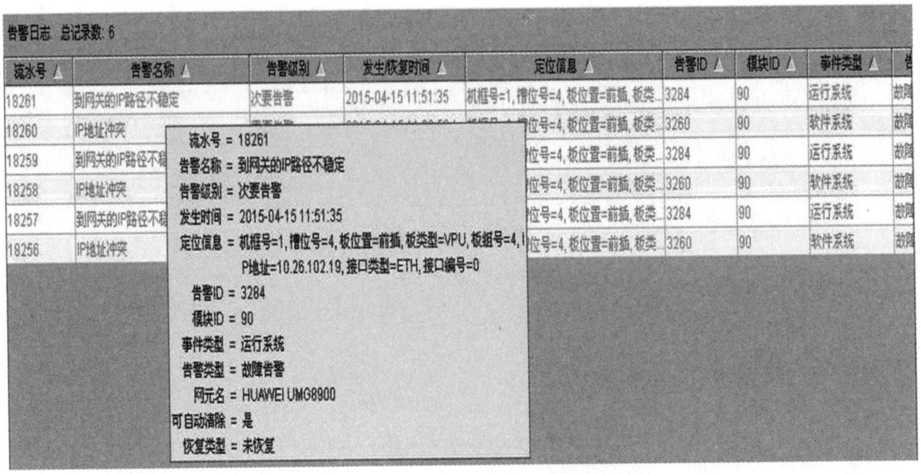

图6.6　告警日志及信息查询

运行“开始>程序>华为本地维护终端> UMG8900 VX00R00Y > UMG8900性能管理系统”，通过性能管理系统对性能统计任务进行管理。(VX00R00Y代表不同的版本。)

运行“开始>程序>华为本地维护终端>跟踪回顾工具”，通过跟踪回顾工具对跟踪任务历史数据信息进行查询。

(3) 查询接口运行状态

启动MML命令行工具，输入DSP IPIF，查询接口运行状态。

通过DSP IPIF可以查询指定接口的当前运行状态和统计信息，用户可以根据这些信息进行流量统计和接口的故障诊断。

(4) 查询IP地址

启动MML命令行工具，输入LST IPADDR，查询IP地址。

通过LST IPADDR，可以查询已配置的IP地址信息。输出内容包括：“板类型”“IP地址”和“IP地址掩码”等。

(5) 查询E1端口信息

启动MML命令行工具，输入DSP E1PORT，查询E1端口状态。

通过DSP E1PORT可以查询E32/T32板所有端口的当前状态，也可以查询E32/T32板指定端口的详细信息。

(6) 查询指定CMU板的呼叫统计信息

启动MML命令行工具，输入DSP CMUINFO，查询指定CMU板的呼叫统计信息或者所有CMU的累计呼叫统计信息。

通过DSP CMUINFO查询指定CMU板的呼叫统计信息。呼叫统计信息包括：“当前占用会话数量”“历史占用会话数量”“已被释放的TDM-TDM呼叫数量”“已被释放的TDM-IP呼叫数量”“已被释放的IP-IP呼叫数量”。如图6.7所示。

```
+++    HUAWEI UMG8900        2015-04-15 16:04:31
O&M    #348
%%DSP CMUINFO:;%%
RETCODE = 0  执行成功


所有CMU会话累计统计信息
----------------------
当前占用会话数      =  0
历史占用会话数      =  0
已被释放的会话数    =  0
会话总时长          =  0 (小时) 0 (分钟) 0 (秒)

已释放会话分类统计信息
----------------------
呼损会话    =  0
TDM--TDM    =  0
TDM--IP     =  0
IP--IP      =  0
TDM--ATM    =  0
IP--ATM     =  0
ATM--ATM    =  0
VIG会话     =  0
多方通话    =  0
集群会话    =  0
其他类型    =  0
```

图6.7　CMU呼叫信息统计报告

(7) 检查时钟状态

输入DSP CLK，选择“板类型”及要查询时钟单板所在“槽位号”，可以查询当前时钟板提供的时钟状态和参数设置。

输入DSP NETCLKSIG命令，选择要查询的“机框号”和“槽位号”，可以查询时钟板提供给NET板和TNC板的时钟，检查寄存器状态。

(8) 查询指定单板的CPU占用状态

在MML命令行工具中输入命令DSP CPUR，选择单板所在的“机框号”“槽位号”和“板位置”，查询各单板的CPU占用率。如图6.8所示。

显示指定单板CPU占用率，一般不应该超过80%。如果单板的CPU占用率过高会有告警产生，如果长时间过高，应检查单板，并采取相应措施处理。

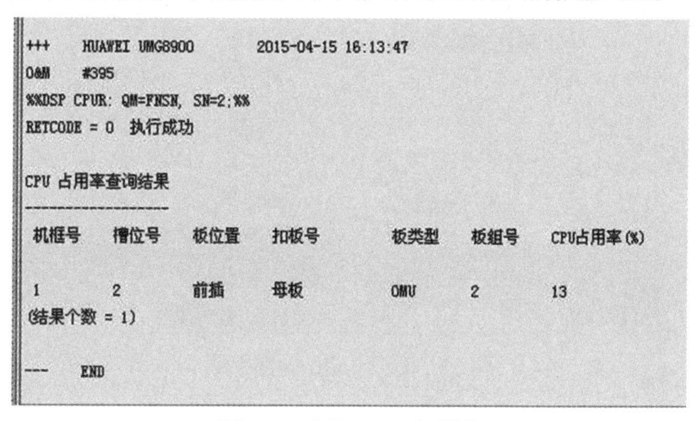

```
+++    HUAWEI UMG8900        2015-04-15 16:13:47
O&M    #395
%%DSP CPUR: QM=FNSN, SN=2;%%
RETCODE = 0  执行成功

CPU 占用率查询结果
------------------
 机框号   槽位号   板位置   扣板号        板类型   板组号   CPU占用率(%)

 1        2        前插     母板          OMU      2        13
(结果个数 = 1)


---    END
```

图6.8　查询CPU占用率

（9）查询指定单板的温度

在MML命令行工具中输入命令DSP TEM，选择单板所在的“机框号”“槽位号”和“板位置”，查询各单板的温度。

查询指定单板温度，每个单板上有两个温度监控点，通过该命令显示出这两个温度监控点的温度，如果温度过高，单板将会有温度告警，要检查单板并采取相应措施，比如是否风扇停转或者机房环境温度过高等。

（10）查询风扇在位状态

启动MML命令行工具，输入DSP FANSTAT命令查询当前风扇的在位状态信息。

可以查询当前风扇是否在位，如果一个机框的风扇框中有多个风扇不在位，有可能影响该机框的散热，导致机框内的温度增高，从而影响系统的正常运行。

（11）查询风扇框温度值

启动MML命令行工具，输入DSP FANTEM命令查询风扇框温度值。

查询风扇框温度值。如果风扇框温度过高，说明该机框的散热状况不好，应该检查该机框的散热情况。

（12）查询日志

启动MML命令行工具，输入LST SYSLOG查询系统日志，

输入LST SECLOG查询安全日志，

输入LST LOG命令查询其他日志。如图6.9所示。

通过该命令查询日志记录，包括“操作日志”“呼叫日志”“运行日志”“安全日志”和“测试日志”。便于及时分析故障原因，定位故障。默认输出的查询结果为64条，但最大可支持1000条，建议将输出结果数量设置为1000条，以防漏取信息。

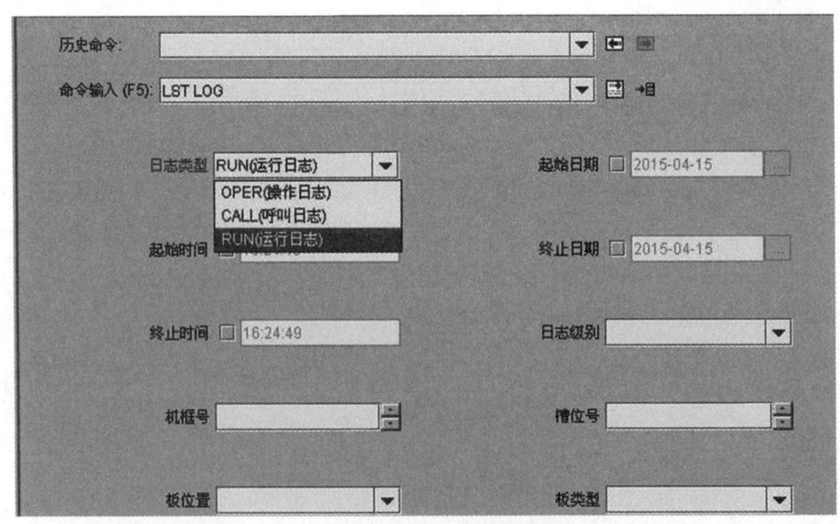

图6.9 LST LOG操作界面

教学策略

1. 重难点

（1）重点：SoftX3000例行维护的规范，UMG8900例行维护的规范。

（2）难点：例行维护中要注意的危险操作项目。

2. 技能训练程度

（1）熟练完成SoftX3000 例行维护项目；

（2）熟练完成UMG8900例行维护项目。

3. 教学讨论

完成软交换网络的例行维护任务，需要熟知软交换网络各设备的硬件和软件结构，熟悉例行维护的规范流程，即需具备一定的理论知识，且经验性较强。建议采用以下的方法进行教学：

任务相关知识点可采用教师讲授、分组讨论、现场教学法等，也可以借助图片等资料进行多媒体教学。

任务完成可采用分组实训、现场教学法等。首先由教师讲解、演示设备维护操作过程，然后由学生完成具体任务，在学生实施过程中发现问题再由老师帮助解决。在实验条件允许的情况下，应该由每个学生单独完成；如条件有限，可以2到3人一组协作完成，但必须保证小组内每个学生都参与。

习题

1. 简述例行维护的目的和分类。
2. 简述例行维护的基本原则。
3. 在软交换网络的维护中，哪些操作属于危险类操作？
4. SoftX3000的日常维护项目有哪些？
5. SoftX3000的终端系统月度维护项目有哪些？
6. 完成UMG8900监控设备运行状态的日常维护有哪些具体操作项目？

任务7　软交换网络故障处理

任务描述

故障处理是指在系统故障的情况下，系统维护人员迅速定位并排除故障，以使系统恢复正常工作。本单元任务是学习软交换网络故障处理的分析方法和处理流程，根据给定的故障现象，完成对SoftX 3000和UMG 8900的故障处理。故障现象如下。

1. SoftX 3000语音业务类故障

通过SIP 中继对接的语音业务不通，假定系统没有硬件故障告警。

2. SoftX 3000设备类故障

SoftX 3000对接网关无法正常注册到软交换，软交换侧查询网关状态一直是故障状态，假定双方数据配置没有问题。

3. UMG8900 语音业务故障

UMG8900下挂用户，假定被叫空闲，主叫拨号后听到忙音，或通话有回声。

任务分析

故障处理是软交换网络维护管理的一个重要环节，需要维护人员具有较高的专业素质，掌握一定的故障分析方法和常用的处理流程，针对具体故障实施有效的故障处理。

一般情况下，故障处理需经历以下四个阶段，过程如图7.1所示。

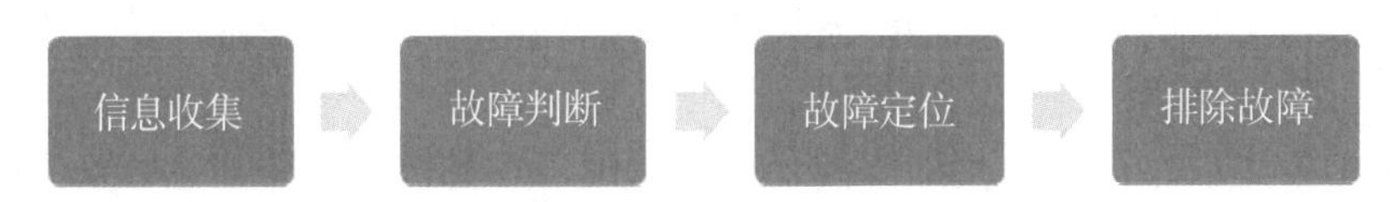

图7.1　故障处理过程

1．信息收集

任何一个故障的处理过程都是从维护人员获得故障信息开始，故障信息是故障处理的重要依据，维护人员应尽可能多的收集故障信息。

2．故障判断

在获取故障信息以后，接下来需要对故障现象有一个大致的定义——确定故障的范围与种类，这也就是说，需要判断故障发生在哪个范围，是属于哪一类、何种性质的问题。

3．故障定位

故障定位就是从众多可能原因中找出单一原因的过程，它通过一定的方法或手段分析、比较各种可能的故障成因，不断排除非可能因素，最终确定故障发生的具体原因。

4．排除故障

排除故障是指采取适当的措施或步骤清除故障、恢复系统的过程。如检修线路、更换单板、修改配置数据、倒换系统和复位单板等。相关知识可参考“知识链接与拓展”7.2 相关内容。

如果在故障处理过程中遇到有难以确定或难以解决的问题，或者通过设备制造商提供的维护手册的指导仍然感觉没有把握，可以通过电话、传真或电子邮件联系设备制造商客户服务中心。

具体地，SoftX3000软交换网络的故障处理流程如图7.2所示。

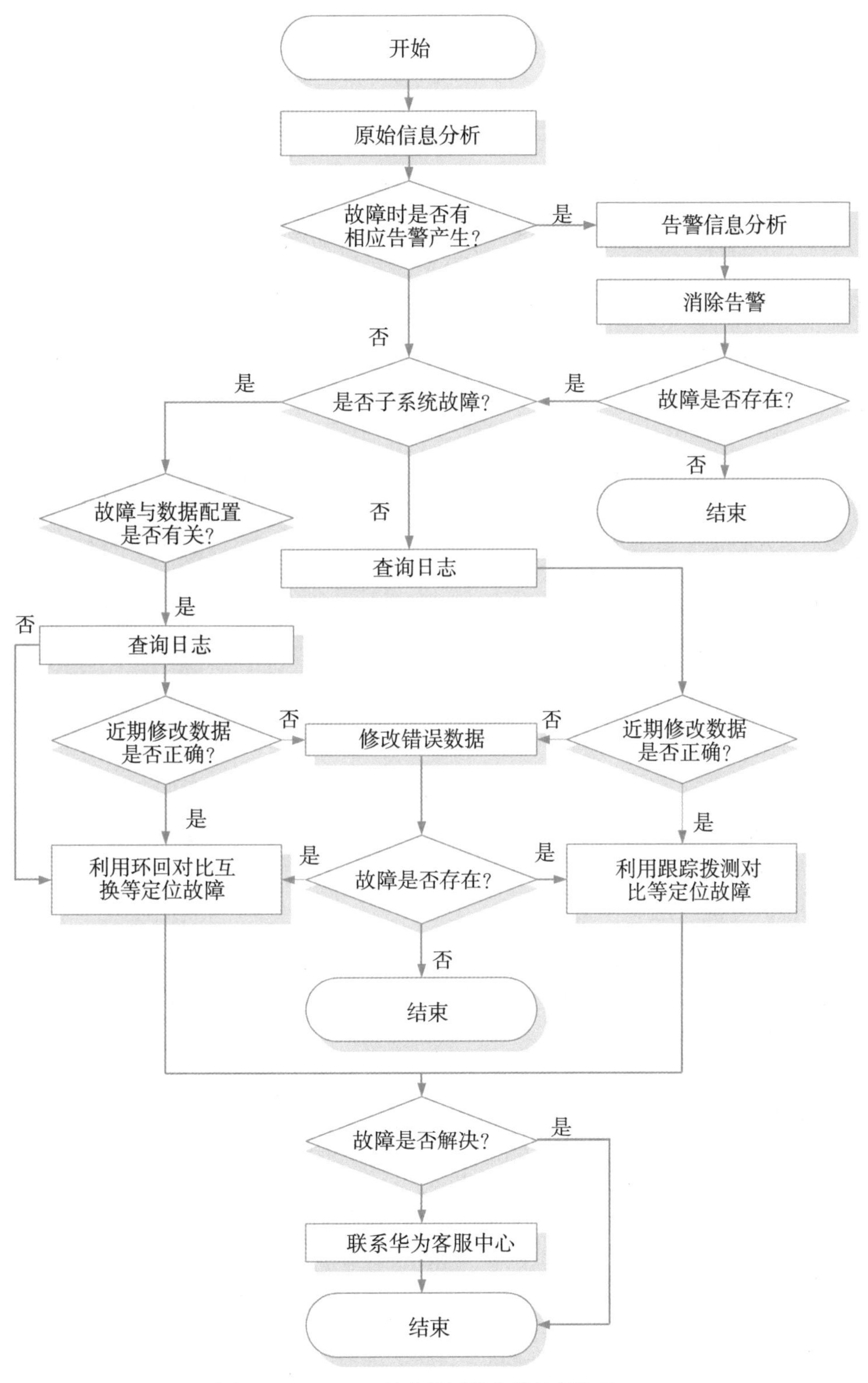

图7.2　SoftX3000软交换网络故障处理流程

必备知识

故障处理要求维护人员熟悉系统及组网，熟练掌握设备操作以及熟练掌握万用表、信令分析仪和抓包软件等仪器仪表的使用。

1．故障判断和定位的方法

故障判断和定位的常用方法包括指示灯状态分析法、信令跟踪分析法、告警信息分析法、日志查询分析、测试或环回分析、拔插法、对比互换法、电话拨测辅助分析、倒换复位法和抓包辅助分析等。

2．SoftX3000常用故障处理工具

SoftX3000常用故障处理工具包括故障管理、跟踪管理、监控管理和性能统计等。

3．UMG 8900语音类业务故障处理

要定位UMG 8900语音类业务故障，必须知道该业务呼叫占用的系统资源和位置。可查询呼叫分配的端点信息、TC/EC资源以及其他呼叫的相关信息。语音类的故障定位主要采取逐段排除的方式。

任务完成

1．SoftX3000故障处理

（1）SoftX3000与CISCO对接SIP中继，语音编解码协商失败导致业务不通。

①现象描述

SoftX3000与Cisco对接SIP中继，SoftX3000作为汇接局，呼叫流程如下。

Cisco的用户→SIP中继→SoftX3000→ISUP中继→其他端局用户，呼叫失败。

②告警信息：无

③原因分析：无

④处理过程

跟踪该呼叫的内部消息和对应的SIP中继消息（操作界面如图7.3所示），根据内部呼叫的释放原因值：

CV_MESSAGE_STATE_ERROR_OR_MESSAGE_ERROR，意思是消息与呼叫状态不符或无消息类型。

查看呼叫的编解码，从对端发过来的SIP消息的INVITE消息，语音编解码类型为：

m=audio 25592 RTP/AVP 0 101

a=sendrecv

a=rtpmap:0PCMU/8000

a=ptime:20

a=rtpmap:101 telephone-event/8000

a=fmtp:101 0-15

再检查本端的媒体网关所配置支持的编解码类型，LST MGW：

Codec list =G.711A

= G.729A

= T.38

由于本端媒体网关配置的编解码类型与对端Cisco配置的编解码类型没有交集，媒体流协商失败，从而导致呼叫失败。

引导客户在Cisco端修改编解码类型，问题解决。

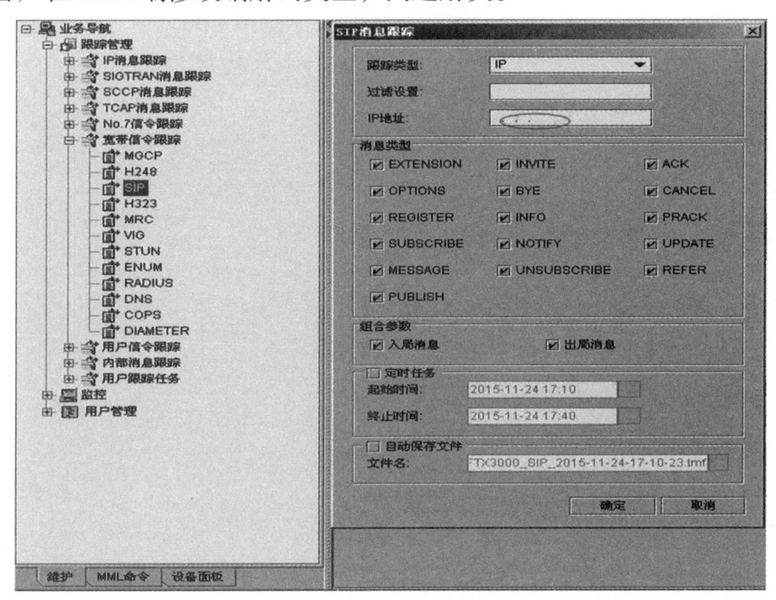

图7.3　跟踪SIP消息操作界面

⑤建议与总结

当与Cisco等美国厂家对接的时候尤其需要注意编解码类型，美国本土一般使用PCMU率，中国和欧洲一般使用PCMA率。

（2）BSGI单板故障导致H.248协议无法分发，网关状态故障。

①现象描述

某局NGN设备，SoftX3000版本是V3R10，在软交换侧ADD MGW后，发现所增加的网关无论是UMG8900，还是UA5000，或是IAD，都无法正常注册到软交换，软交换侧查询网关状态，DSP MGW一直是故障状态。

②告警信息

查看告警窗口，能够看到网关故障的告警。在UMG8900侧，跟踪MC接口底层消息，发现只有OUT的状态，没有IN的状态。

③原因分析

网关无法正常注册，考虑以下几点原因。

· 数据配置问题

· 软交换和网关之间的网络故障。

· 软交换侧的业务接口板以及业务处理板故障。

· 网关侧业务接口板以及处理板故障。

· 软交换侧处理H.248协议的单板故障。

④处理过程

首先，检查数据配置，在软交换侧和网关侧分部检查了配置数据，没有问题。

其次，检查软交换和网关之间的网络连接是否正常，在软交换侧和网关侧PING对端的IP（如图7.4所示），可以PING通，说明网络没有问题。

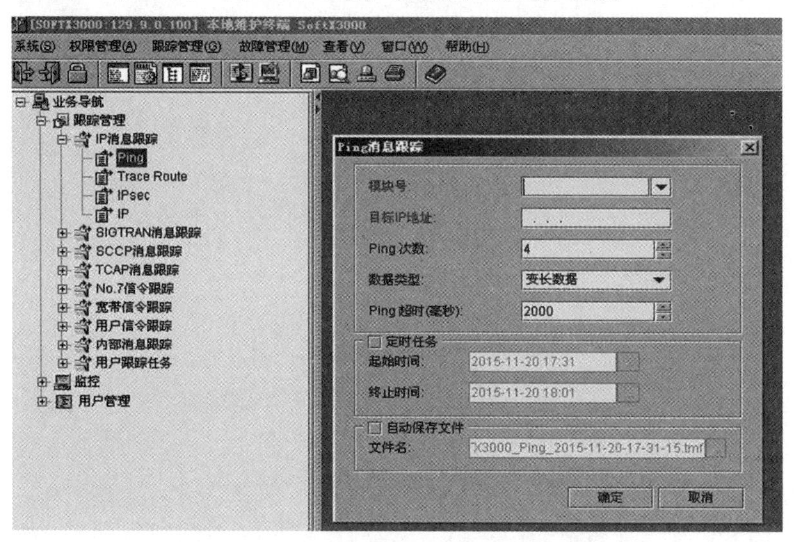

图7.4　在SoftX 3000侧ping对方网关操作界面

检查软交换侧的业务接口板以及处理板BFII和IFMI，单板状态正常（如图7.5所示），也没有任何关于硬件的告警，尝试更换单板，发现更换BFII和IFMI后，故障依旧。

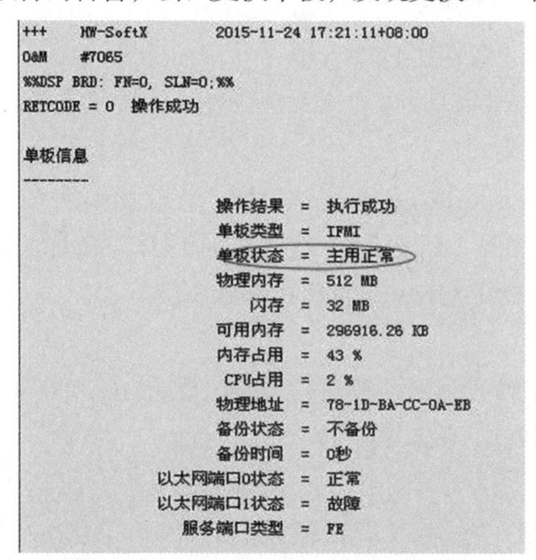

```
+++    HW-SoftX        2015-11-24 17:21:11+08:00
O&M    #7065
%%DSP BRD: FN=0, SLN=0;%%
RETCODE = 0  操作成功

单板信息
--------
                 操作结果  =  执行成功
                 单板类型  =  IFMI
                 单板状态  =  主用正常
                 物理内存  =  512 MB
                     闪存  =  32 MB
                 可用内存  =  296916.26 KB
                 内存占用  =  43 %
                   CPU占用  =  2 %
                 物理地址  =  78-1D-BA-CC-0A-EB
                 备份状态  =  不备份
                 备份时间  =  0秒
          以太网端口0状态  =  正常
          以太网端口1状态  =  故障
             服务端口类型  =  FE
```

图7.5　DSP BRD显示IFMI板状态报告

检查网关侧业务接口板以及处理单板，单板状态正常，也没有任何关于硬件的告警，也同样尝试更换单板，故障依旧，网关仍然无法正常注册。

考虑到H.248协议是BSGI单板来处理，在软交换侧通过LST DPA，查询BSGI单板有配置H.248的分发能力（输出报告如图7.6所示）；查询CDBI单板的功能，也有关于BSGI分发的功能。

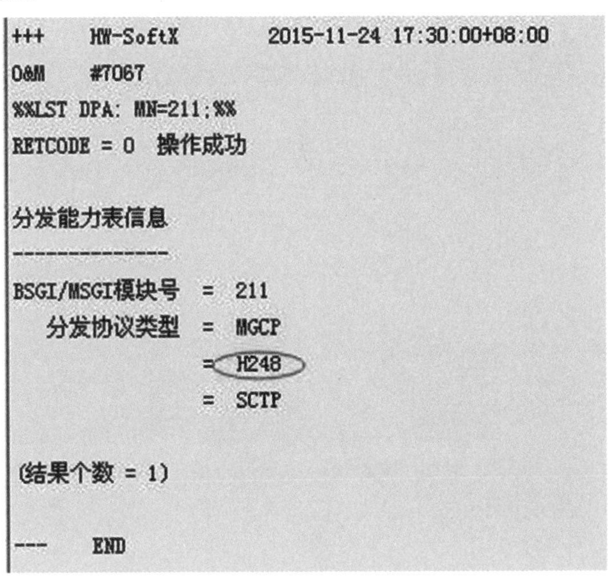

```
+++    HW-SoftX        2015-11-24 17:30:00+08:00
O&M    #7067
%%LST DPA: MN=211;%%
RETCODE = 0  操作成功

分发能力表信息
--------------
BSGI/MSGI模块号  =  211
   分发协议类型  =  MGCP
                 =  H248
                 =  SCTP

(结果个数 = 1)

---    END
```

图7.6　LST DPA查询BSGI分发能力报告

考虑到所有的网关都无法正常注册到软交换，在软交换侧尝试更换BSGI单板，发现在更换完BSGI单板后，网关可以正常注册，问题解决。

2．UMG8900语音业务故障处理

（1） 接续不通

①现象描述

被叫空闲，主叫拨号后听到忙音，呼叫接续失败。

②故障原因

· E1端点故障。

· MGW上没有可用的TDM资源、EC资源或TC资源。

· MGW上没有可用的承载。

· 与MGC的信令链路故障。

③故障处理

· 执行DSP VMGWRSC命令，查询MGW上的资源分配情况，查询是否有可用资源。并对照数据规划表检查对端MGC设备配置的呼叫资源是否一致。例如：MGC配置呼叫中是否需要插入EC，MGW中是否配置了EC等。

· 检查TDM端点是否存在故障。

· 进一步查询信令链路以及H.248链路是否正常。打开MGC的用户接口跟踪，跟踪H.248等消息。跟踪管理操作界面如图7.7所示。

· 如果有H.248增加端点或者修改端点失败的消息（观察H.248的Reply消息），说明问题与网关有关。

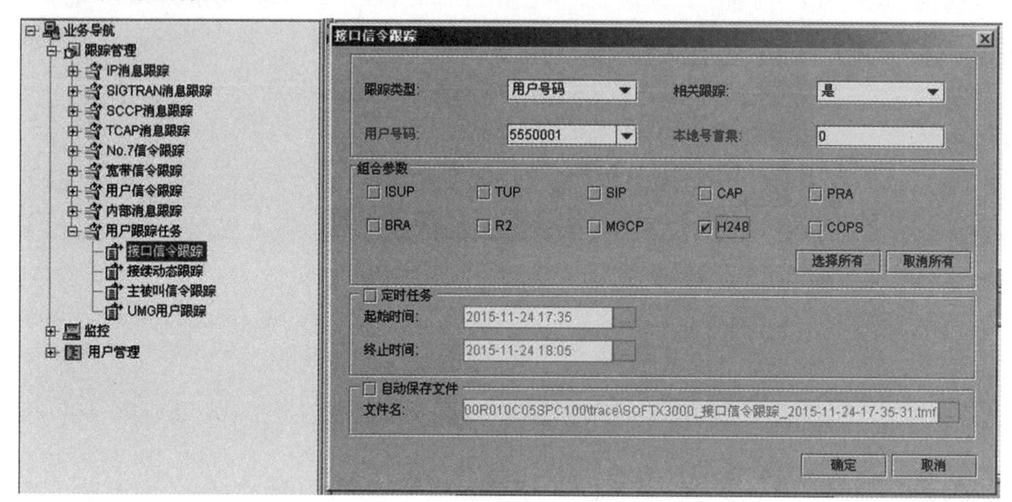

图7.7　SoftX 3000跟踪用户接口信令操作界面

（2）通话过程中出现回声

①故障现象

进行电话拨测，接听电话后发现电话有回声。

②故障原因

· 线路中没有增加EC。

· EC没有正常工作。

③故障排除

· 参考业务呼叫分配资源的查询方法中介绍的方法，查询到呼叫分配的VPU资源板和上下文ID，以及相关的端点信息，包含TDM端点信息和IP端点信息，检查是否分配了EC资源。如果没有EC资源，请在MGC呼叫链路中增加EC。

· 检查是否分配了EC资源。如果没有EC资源，可以查询MGC呼叫链路中是否增加了EC。

任务评价

软交换网络故障处理任务完成后，参考表7.1对学生进行他评和自评。

表7.1　软交换网络故障处理评价表

项目＼内容	学习反思与促进	他人评价	自我评价
应知应会	熟知故障处理的通用流程	Y　N	Y　N
	熟知软交换网络常用的故障判断和定位方法	Y　N	Y　N
	熟知SoftX3000常用的故障处理工具的操作方法	Y　N	Y　N
	熟知UMG 8900语音类业务的故障处理方法	Y　N	Y　N
专业能力	熟练操作SoftX3000常用的故障处理工具	Y　N	Y　N
	熟练完成SoftX3000常见故障处理	Y　N	Y　N
	熟练完成UMG 8900语音类业务的故障处理	Y　N	Y　N
通用能力	合作和沟通能力	Y　N	Y　N
	自我工作规划能力	Y　N	Y　N

知识链接与拓展

7.1　故障处理概述

1. 对维护人员的要求

(1) 具备相关专业素质和技能

· 维护人员必须在专业素质和技能方面达到相应的要求。

· 维护人员应具备以下专业素质和技能。

· 熟悉PCM原理、通信原理和软交换原理等通信专业知识。

· 熟悉系统的功能结构、呼叫流程和业务流程等产品知识。

· 熟悉No.7信令、H.248、SIGTRAN、SIP等相关信令协议和国际技术规范。

· 了解以太网、TCP/IP、Client/Server和数据库常识等计算机网络基础知识。

· 熟练掌握网络日常操作及计算机基本操作。

(2) 熟悉系统及组网

· 维护人员应熟悉系统网络组网情况。

· 熟知网络的硬件结构及性能参数及在系统中的功能。

· 熟知网络的路由规划情况。

· 熟知网络中各组网设备所使用的信令或协议。

· 熟悉相关的传输设备的网络结构和信道分配。

(3) 熟练掌握设备操作

为了提高故障处理的效率，防止误操作，维护人员应对设备的相关操作流程应十分熟练，严格按维护人员的维护级别从事相关维护工作。

维护人员在对设备进行操作时，还应十分清楚以下内容：

· 会导致部分或全部业务中断的操作。
· 会造成设备损坏的操作。
· 会对计费产生重大影响的操作。
· 会导致用户投诉的操作。
· 应急或备份的措施。

（4）掌握常见辅助工具的使用

维护人员应熟练掌握仪器、仪表的使用（例如万用表、信令分析仪和抓包软件等）。部分仪表如图7.8所示。

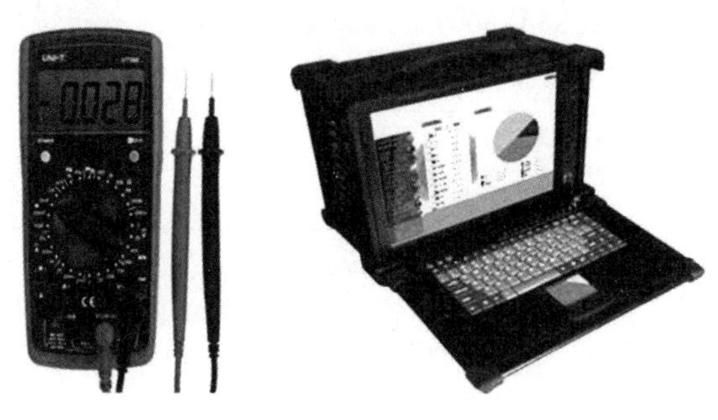

图7.8　万用表和信令分析仪示意图

2．故障处理的通用流程

（1）信息收集

故障信息的来源一般有四种途径：用户故障申告、邻近局故障通告、网管系统告警输出、日常维护或巡检中发现的网络异常。

在故障处理的初期阶段，要注重收集各种相关的原始信息，它可以帮助维护人员大大缩小故障判断的范围，加快定位问题的速度，并提高故障定位的准确性，这对于提高故障处理的时效性，降低设备误操作的风险，以及提高客户满意度等方面都具有积极的意义。

（2）故障判断

在获取故障信息以后，接下来需要确定故障的范围与种类。

对不同的网络设备，故障范围的分类也不一样，可以大致根据功能确定是控制系统、承载系统、接入系统或者业务平台的故障等。故障的种类可以分为软件故障、硬件故障等。

（3）故障定位

故障定位就是从众多可能原因中找出单一原因的过程，它通过一定的方法或手段分析、比较各种可能的故障成因，不断排除非可能因素，最终确定故障发生的具体原因。

准确而快速的定位不仅有利于提高故障处理的效率，而且还可以有效避免因盲目操作设备而导致故障扩大化等人为事故，为采取何种手段或措施排除故障提供指导和参考，是故障处理过程中的重要环节。

（4）排除故障

排除故障是指采取适当的措施或步骤清除故障、恢复系统的过程。如检修线路、更换单板、修改配置数据、倒换系统和复位单板等。

故障排除之后要注意进行检测，以确保故障真正被排除。

故障排除后应回顾故障处理全过程，记录故障处理要点，给出针对此类故障的防范和改进措施，避免同类故障再次发生。

7.2 故障判断和定位的方法

1．指示灯状态分析法

为了帮助维护人员了解设备的运行状况，设备提供了状态指示灯。机柜、单板、服务器和路由器上都有相应的运行状态指示灯，这些指示灯除了直接反映相应单板的工作状况以外，大部分还可反映诸如电路、链路、光路、通道和主备用等的工作状态，是进行故障分析和定位的重要依据之一。

根据提供的状态指示灯，可以大致分析故障产生的部位，甚至分析产生的原因。

指示灯状态分析主要用于快速查找大致的故障部位或原因，为下一步的处理提供思路。由于指示灯所包含的信息量相对不足，所以，它常常与告警信息分析配合使用。

2．信令跟踪分析法

信令跟踪工具是系统提供的有效分析定位故障的工具。从信令跟踪中，可以很容易知道信令流程是否正确，信令流程各消息是否正确，消息中的各参数是否正确，通过分析就可查明产生故障的根源。

信令跟踪在分析用户呼叫接续、局间信令配合等过程的失败原因方面有着重要的应用。

3．告警信息分析法

告警信息是指网管告警系统输出的信息，通常以声音、灯光和屏幕输出等形式提供给维护人员，具有简单、明了的特点，其中告警维护台输出的告警信息，包含故障或异常现象的具体描述、可能的发生原因、有哪些修复建议等，信息量大且全，是进行故障分析和定位的重要依据之一。

4．日志查询分析

通过日志查询在指定时间段内维护人员使用了哪些命令更改数据，然后再通过对这些命令的分析，定位故障。

5．测试或环回分析

测试主要是指借助于仪器仪表、软件测试工具等手段，对可能处于故障状态的用户线路、传输信道和中继设备等进行相关技术参数的测量。根据测量的结果判断设备是否已经故障或者正处于故障的边缘。

6．拔插法

最初发现某种电路板故障时，可以通过插拔电路板和外部接口插头的方法，排除因接触不良或处理机异常产生的故障。

在插拔过程中，应严格遵循单板插拔的操作规范。插拔单板时，若不按规范执行，还可能导致板件损坏等其他问题的发生。

插拔操作可能导致系统业务的中断，甚至导致系统瘫痪，因此插拔操作一定要在话务量很低的时候进行。

7．对比互换法

当用拔插法不能解决故障时，可以考虑对比互换法。

对比是指将故障的部件或现象与正常的部件或现象进行比较分析，查出不同点，从而找出问题的所在，一般适用于故障范围单一的场合。

互换是指用备件进行更换操作后，仍然不能确定故障的范围或部位，此时将处于正常状态的部件（如单板、线缆等）与可能故障的部件对调，比较对调后二者运行状况的变化，以此判断故障的范围或部位。

8．电话拨测辅助分析

电话拨测辅助分析是日常维护最常用的手段之一，它常与用户接口跟踪配合使用，在检测交换系统的各种功能上（如呼叫处理、主叫号码显示和计费等）有着广泛的应用。

9．倒换复位法

倒换是指将主、备用方式工作的设备进行人工切换的操作，也就是将业务从主用设备上全部转移到备用设备上，观察、比较倒换后系统的运行情况，以确定主用设备是否异常或主备用关系是否协调。

复位是指对软交换设备的部分或全部进行人工重启的操作，主要用于判断软件运行是否混乱、程序是否“吊死”等软件问题，是不得已采取的极端操作行为。

相对于其他方法而言，倒换或复位不能对故障的原因进行精确定位，而且由于软件运行的随机性，倒换或复位后故障现象一般难以在短期内重现，从而容易掩盖故障的本质，给软交换设备的安全、稳定运行带来隐患，所以，该方法只能作为一种临时应急措施。

倒换和复位操作可能导致系统业务的中断，甚至系统瘫痪，因此一定要在话务量很低的时候进行，且复位前要有备份措施。

10．抓包辅助分析

应用抓包工具（如Ethereal软件等）直接对设备收发的IP包进行分析，是软交换网络中定位控制层与其他组件间的协议配合以及承载网引起的故障的常用技术手段。

7.3　SoftX3000常用故障处理工具

1．故障管理

故障管理工具提供了系统的各项告警和通知信息，可以让维护人员第一时间知道故障的发生，为判断解决故障提供依据。故障管理提供以下功能，如图7.9所示。

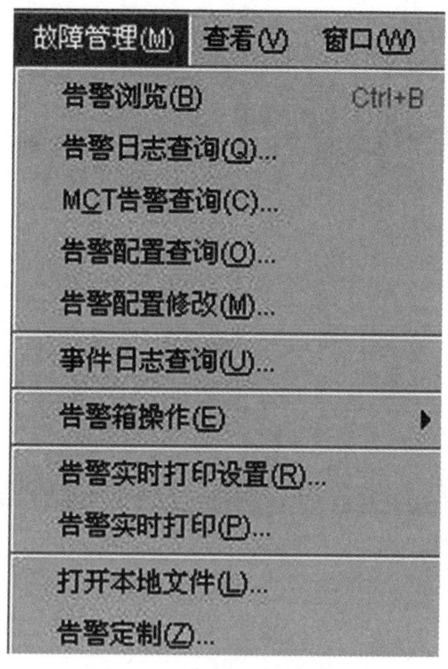

图7.9　故障管理子菜单

从图中可以看出，故障管理可以浏览告警信息、查询告警日志、管理告警配置、操作告警箱、定制告警显示系统、实时打印设置和实时打印等。

操作员在查询告警信息时，首先要明确告警类型和告警级别。告警浏览窗口如图7.10所示。

故障　紧急: 1　重要: 5　次要: 0　提示: 0　恢复: 0

流水号	告警名称	告警级别	发生/恢复时间	定位信息
310	告警箱处于离线状态	紧急告警	2013-12-04 16:12:35	无
311	License文件不存在	重要告警	2013-12-04 16:12:44	文件名=license.dat, 位置=主机
312	NTP服务器监听内网IP地址失败	重要告警	2013-12-04 16:12:48	内部IP=172.20.200.0
313	NTP服务器监听内网IP地址失败	重要告警	2013-12-04 16:12:48	内部IP=172.30.200.0
314	BAM与应急工作站断连	重要告警	2013-12-04 16:17:31	无
376	应急工作站长时间未进行备份	重要告警	2013-12-24 16:13:32	无

图7.10　告警浏览窗口

（1）告警类型

告警类型有故障告警和事件告警两种。

①故障告警：是指由于硬件设备故障，或某些重要功能异常而产生的告警。例如电路故障、链路故障、单板故障等均属于故障告警。

②事件告警：是设备运行时的偶然性事件，即设备运行时的一个瞬间状态。事件

告警只有发生没有恢复。例如接续、单板加载等均属于事件告警。

（2）告警级别

告警级别用于标识故障对业务的影响程度，按严重程度递减分为紧急告警、重要告警、次要告警和提示告警四级。

①紧急告警：是指带有全局性的、会导致主机瘫痪的故障告警和事件告警。例如告警箱处于离线状态、PDB电源供电故障和SMUI单板异常等。

②重要告警：是指局部范围内的单板或线路故障告警和事件告警。例如BAM与应急工作站断连、应急工作站长时间未进行备份和UDP链路故障等。

③次要告警：是指一般性的、描述各单板或线路工作是否正常的故障告警和事件告警。例如IAD设备退出服务等。

④提示告警：指提示性故障告警和事件告警。例如单板加载等。

2．跟踪管理

跟踪管理是对用户电路、中继电路和端口信令链路等的接续过程、状态迁移、资源占用情况、互控过程、发码情况和控制信息流等进行实时动态跟踪观察。跟踪信息可保留以备查看。跟踪监视功能在SoftX3000软交换系统的日常维护中非常有用，可以较快发现接续失败的原因，并为故障处理提供思路。

在SoftX3000本地维护终端维护导航树展开跟踪管理子节点，便可以浏览到跟踪管理节点所包含的消息跟踪种类，如图7.11所示。

图7.11　跟踪管理导航树

导航树上，各种跟踪任务的操作步骤如下。

（1）启动跟踪，输入跟踪参数；

（2）查看跟踪输出结果；

（3）操作跟踪结果。

3．监控管理

监控管理提供对CPU占用率、内存占用率、内存转储、内存内容、中继电路状态和终端状态等的维护管理功能，监控操作导航树如图7.12所示。

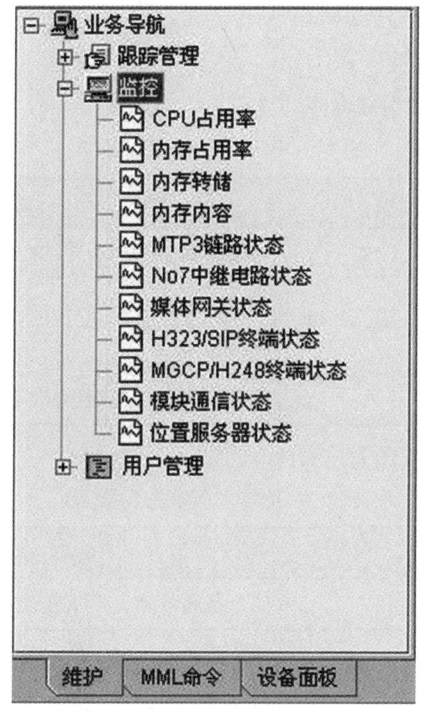

图7.12　监控操作导航树

4．性能统计

性能统计，又称话务统计、话务测量等，是指在软交换设备及其周围的通信网络上进行各种数据的测量、收集及统计活动，从而对软交换设备（或通信网络）的运行状况、信令、用户和系统资源的使用情况进行统计和观察，为设备的运行管理、故障定位，以及网络的监测维护、规划设计等提供可靠的数据依据。在SoftX3000中，性能统计的功能主要是由各业务单板主机软件中的性能统计子模块完成的。

（1）首先维护人员通过工作站设定性能统计任务，该任务由BAM通过SMUI、共享资源总线下达给相应业务单板中的性能统计子模块。

（2）各单板性能统计子模块根据设定的性能统计任务，收集各种呼叫处理信息、设备信息、信令信息和协议信息等性能统计原始数据，并将统计结果返回到BAM。

（3）BAM对性能统计的数据结构进行保存和整理。

（4）维护人员通过工作站即可查看储存在BAM上的性能统计结果。

性能统计可以统计系统运行参数指标，通过对指标的分析，可以更好地对系统的故障和运行情况进行分析。

7.4 UMG 8900语音类业务故障处理方法

UMG8900设备提供与业务呼叫无关的业务承载功能，在MGC的控制下实现业务承载转换和业务流格式处理。对于UMG8900设备来说，不同业务的接续与交互过程，体现为IP、TDM、和语音编解码等承载和业务资源的调用。

1. 常见故障现象及原因

通话业务类的常见故障分类如表7.2所示。

表7.2 通话业务类常见故障

故障分类	故障表现
基本呼叫业务	通话中断、呼叫不成功
通话质量	噪音、单通、双不通、串话
视频业务	呼叫中断
多方通话业务	呼叫不成功、通话中断、通话有噪音

业务类故障常见原因如表7.3所示。

表7.3 业务类故障常见原因

故障分类	故障原因
基本呼叫业务	信令链路故障、半永久连接故障、无可用资源
通话质量	线路质量差、时钟信号异常
视频业务	信令链路故障、无可用资源
多方通话业务	无可用资源

2. 业务呼叫分配资源的查询方法

针对不同业务，MGW会分配不同的资源，通常一个呼叫分配的资源包含TDM资源、TC资源、EC资源。针对IP呼叫，还需要分配IP端点、UDP端口等。

UMG8900中，TC和EC是两种扣板，换句话说是两种资源。TC扣在VPU的0号槽位和1号槽位，EC扣在VPU的2号槽位或扣在ECU上。

TC可以提供编解码转换和放音收号功能。当用于通信的两个终端之间没有可以共同支持的语音编解码格式时，需要通过TC资源来实现语音编解码的转换。例如当发生类似于TDM-IP的呼叫需要进行编解码转换，此时需要添加TC。

EC：提供回波抵消功能。在语音呼叫时有可能会添加EC。EC可以插在ECU单板上，也可以插在VPB、VPD、TCB和TCD的2号槽位上。

要定位业务类的故障，必须知道该业务呼叫占用的系统资源和位置。

（1）查询呼叫分配的端点信息

①执行DSP CONTMOUT命令，根据呼叫的时长判断当前拨测呼叫的源时隙和目的时隙。也就是该呼叫是从哪个端口接入的，承载的TC在哪个VPU板上。

②执行DSP TDMSTAT命令，查询TDM时隙状态，可了解当前呼叫的TDM端点的运行状态。包含会话的上下文ID。

③执行DSP CTXINFO命令，根据“查询呼叫分配的TC/EC资源”查询的上下文ID，查询会话的详细信息，包含端点的拓扑关系。

④执行DSP TERMINFO命令，查询会话各端点的详细信息，其中包含端点的承载属性，如分配的UDP端口、承载的IP地址等。

（2）查询呼叫分配的TC/EC资源

①通过调试台登录到TC资源所分配的VPU单板上，执行CP showcall命令，查询上下文ID对应呼叫分配的TCCB索引cbindex以及Flowid。

②执行chn showcb tc cbindex<0～2047>M，查询该TCCB分配的TC资源在哪个DSP芯片的哪个通道上，即获得该呼叫分配的TC标识Dspid和Chnid。

（3）查询呼叫的相关信息

①通过查询呼叫分配的端点信息查询到的IP端点信息，在UI上执行DSP OLUSR命令可以查询到该呼叫分配的编码类型和打包时长、业务类型、UDP端口和IP地址等信息。

②通过查询呼叫分配的端点信息查询到的IP端点信息（IP地址和UDP端口），在UI上执行DSP RTP命令，可以查询该呼叫RTP报文的收发统计信息。

③通过查询呼叫分配的TC/EC资源查询该呼叫分配到的flowid信息，在调试台上执行NP readbyflowid flowid lag2ipflowinfo命令可以查询到IP端点配置的信息。

④通过查询呼叫分配的TC/EC资源查询到分配TC资源的DSPid和chnid信息，在调试台上执行tc chnstat flowid dspid chnid命令可以查询到该呼叫TC的收发报文统计信息。

3．语音类故障的处理方法

语音类业务主要分两种形式：一种为发夹式呼叫，一种为非发夹式呼叫。

发夹式呼叫在UMG设备内部只分配TDM端点资源，不分配TC资源（根据MGC配置可以在TDM端点插入EC资源）。其端点分配和联网比较简单，主要涉及TDM的联网。非发夹式呼叫不仅需要分配TDM资源，还需要分配TC资源（根据MGC配置可以在TDM端点插入EC资源）和IP端点，其端点分配和联网相对复杂。

由于语音类业务的每个端点都可能是噪声源的引入点，所以语音类的故障定位主要采取逐段排除的方式。操作步骤如下：

通过命令DSP MEDIARES检查设备是否有语音呼叫所需要的资源。呼叫类型包含TDM资源，TC资源、EC资源、MTC资源、多方通话资源等。操作界面如图7.13所示，输出报告如图7.14所示。

图7.13　DSP MEDIARES操作界面

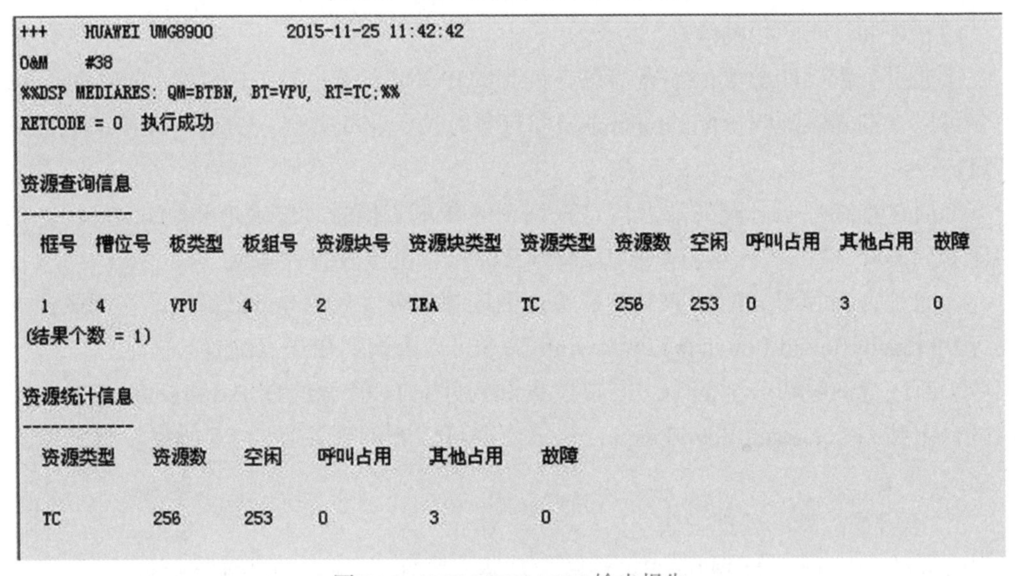

```
+++    HUAWEI UMG8900        2015-11-25 11:42:42
O&M    #38
%%DSP MEDIARES: QM=BTBN, BT=VPU, RT=TC;%%
RETCODE = 0  执行成功

资源查询信息
------------
```

框号	槽位号	板类型	板组号	资源块号	资源块类型	资源类型	资源数	空闲	呼叫占用	其他占用	故障
1	4	VPU	4	2	TEA	TC	256	253	0	3	0

(结果个数 = 1)

资源统计信息

资源类型	资源数	空闲	呼叫占用	其他占用	故障
TC	256	253	0	3	0

图7.14　DSP MEDIARES输出报告

检查UMG8900与MGC以及其对接设备信令链路是否完好。

通过DSP CLK命令检查系统时钟是否正常，通过DSP SLIP命令检查E1链路是否有滑码。参照处理时钟系统类故障和处理对接类故障。

检查拨测话机质量是否完好，可以将话机替换一部能够正常接打电话的话机进行测试，如果拨测话机的接收都没有问题，那么可以确认话机质量完好。

针对IP呼叫，检查IP承载是否正确、IP承载的端口是否异常、是否有冲突错误、CRC错误等。参照处理对接类故障。

通过LST CODECCAP命令检查通话两侧TC端点的编解码配置与对接的设备是否匹配；通过LST TDMIU命令检查TDM侧A/Mu类型配置与对接的设备是否匹配。

如果是G.711编解码，通过LST TCPARA命令检查打包时长是否一致。

如线路上有回声，检查TDM端点是否插入EC。

教学策略

1．重难点

（1）重点：故障处理的通用流程，SoftX3000常用的故障处理工具。

（2）难点：软交换网络故障定位方法，UMG 8900语音类业务的故障处理。

2．技能训练程度

（1）熟练操作SoftX3000常用的故障处理工具。

（2）熟练完成SoftX3000常见故障处理。

（3）熟练完成UMG 8900语音类业务的故障处理。

3．教学讨论

完成软交换网络的故障处理任务，需要熟知软交换网络的组网结构和每个设备的硬件组成及功能，熟悉故障处理流程及规范，即需具备一定的理论知识，且经验性要求较强。建议采用以下的方法进行教学：

任务相关知识点可采用教师讲授、分组讨论、现场教学法等，也可以借助图片等资料进行多媒体教学。

任务完成可采用分组实训、现场教学法等。首先由教师讲解、分析故障处理过程，然后由学生完成具体任务，在学生实施过程中发现问题再由老师帮助解决。在实验条件允许的情况下，应该由每个学生单独完成；如条件有限，可以2到3人一组协作完成，但必须保证小组内每个学生都参与。

习题

1．口述软交换网络故障处理的一般流程。

2．SoftX3000的告警类型和告警级别各有哪些？

3．若所有网关在SoftX3000均不能正常注册，分析故障原因有哪些？如何处理？

4．你在完成SoftX3000故障处理过程中用到了哪些故障判断和定位的方法？

5．你在完成UMG8900故障处理过程中用到了哪些故障判断和定位的方法？

6．结合实际故障处理经验，请对故障判断和定位方法按经验值重新排序。

学习模块二

现代承载网维护

XIAN DAI CHENG ZAI WANG WEI HU

学习情景4　承载网设备安装及组网

学习情境概述

1．学习情境概述

承载网络可以分为IP承载网和光传输承载网，本学习情境主要关注光传输承载网的设备安装和组网，以SDH光传输技术作为切入点，通过完成一个设备安装和组网的任务，学习承载网的设备安装规范，掌握SDH技术的基本概念，典型SDH设备的硬件构成等知识。

2．学习情境知识地图（见图8.1）

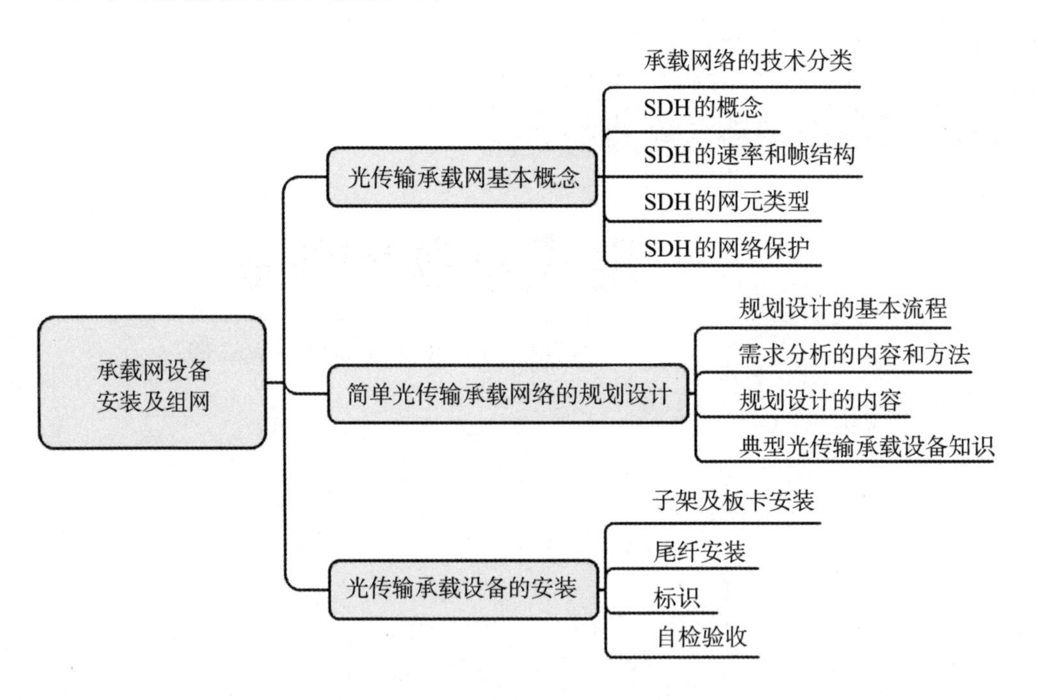

图8.1　承载网设备安装及组网知识结构图

主要学习任务

主要学习任务如表8.1所示。

表8.1　主要学习任务列表

序号	任务名称	主要学习内容	建议学时	学习成果
1	承载网设备安装及组网	根据给定要求，完成承载网的简单规划设计、硬件的安装、纤缆连接等工作任务	14课时	熟悉常用设备硬件构成和安装规范，掌握简单承载网络规划设计和设备安装

任务8　承载网设备安装及组网

任务描述

某市的A、B、C、D、E五个局站之间需要组建新的通信线路，各节点间的业务需求如表8.2所示，具体的地理位置分布和可用光缆状况如图8.2所示。各节点作为汇聚节点，考虑到未来的业务发展，将在各节点下新建接入节点。要求完成设备安装和网络组建。

表8.2　各节点之间业务需求

节点	A	B	C	D	E
A		32×E1	32×E1	32×E1	
B	32×E1				
C	32×E1				31×E1
D	32×E1				31×E1，3×E3
E			31×E1	31×E1，3×E3	

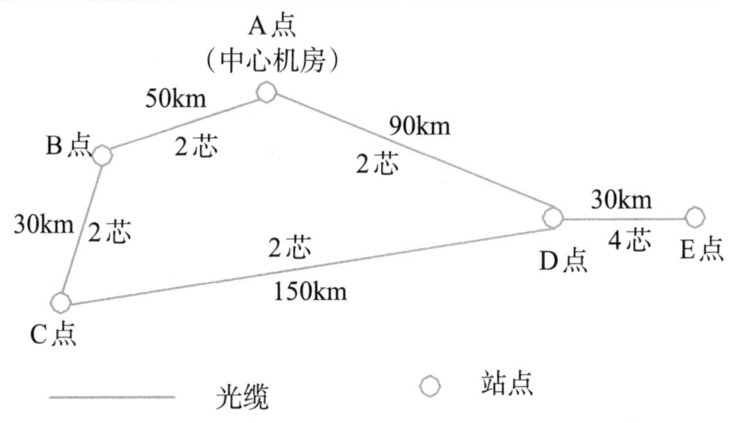

图8.2　站点地理位置分布和可用光缆状况

任务分析

要完成本任务，首先要对该网络进行需求分析，包括业务需求、保护需求、网络时钟需求、公务和ECC需求等。

在进行需求分析的基础上，对传输设备进行选型，并结合传输设备的具体功能和相关参数，对网络进行工程规划，输出工程组网图、工程保护配置信息、工程硬件配置信息、工程线缆连接关系、工程网络时钟跟踪图、工程网络公务图、工程网络管理和ID分配图等工程信息，明确各个网元承载的业务量，整个网络采用的网络保护方式、重要单板和电源的保护方式，各个网元之间的时钟锁定关系，公务电话的配置需求，网络管理关系和网元ID分配等。

最后，根据工程规划，进行设备安装及组网。

必备知识

1. SDH的基本概念

承载网中所使用的设备主要包括基于IP分组的数通网络设备和光传输设备，基于此可以将承载网分为IP承载网和光传输承载网两大类。光传输承载网所用的技术则包括SDH、WDM、OTN、ASON等。SDH是不同速度的数位信号的传输提供相应等级的信息结构，采用块状的帧结构来承载信息，分成段开销区、净负荷区和管理单元指针区三个区域。SDH传输业务信号时各种业务信号要进入SDH的帧都要经过映射、定位和复用三个步骤。

2. SDH的网元类型

SDH网元设备完成对信息的同步传输、复用和交叉连接，分为终端复用器TM、分插复用器ADM、再生中继器REG和数字交叉连接设备DXC几种类型。

3. SDH的保护方式

SDH网络常用的保护方式有二纤单向通道保护环、二纤双向通道保护环、二纤单向复用段保护环和二纤双向复用段保护环等。

4. 常用的SDH设备

在实际应用中，常用的光传输设备包括华为、中兴、烽火和大唐等公司的产品。常用的型号如华为公司的OSN9500、OSN7500、OSN3500、OSN1500、OSN500，中兴公司的S385、S390等。

任务完成

一、需求分析

1．业务需求

如图8.2所示，A、B、C、D和E节点之间有2芯或4芯光纤可用。由于各节点处于汇聚层，进行各地业务的汇聚和调度，考虑到未来业务增长，它们之间的光纤速率使用2.5Gbps。由于中心机房位于A节点，网络管理系统安装在中心节点A点。根据表8.2各节点之间业务需求，可以统计出各节点的PDH业务总需求。由于光线路速率采用2.5Gbps，即STM-16（参见知识连接与拓展8.1承载网和SDH的基本概念SDH速率相关内容），根据图8.2中各节点所需连接的其他节点的数量，可以得出各节点的SDH业务需求。各节点之间的业务需求如表8.3所示。

表8.3　各节点业务需求

业务需求 网　元	PDH业务	SDH业务
A	96×E1	2×STM-16
B	32×E1	2×STM-16
C	63×E1	2×STM-16
D	63×E1，3×E3	2×STM-16
E	62×E1，3×E3	1×STM-16

2．保护需求

在保护需求方面，需要考虑网络保护和设备保护两个方面。在网络保护方面，由于各节点均属于汇聚节点，承载业务较多，所以要求环路和链路采用网络保护，在出现断纤、光板故障等，要求业务能够得到保护，且倒换时间不大于50ms。在业务保护方面，对各节点核心的交叉板和作为基本保障的电源板给予备份，对于重要节点，如A节点，由于业务量更大，可采用TPS支路保护倒换。设备级保护需求如表8.4所示。

表8.4　设备级保护需求

网　元	TPS保护	交叉备份	电源板备份
A	是	是	是
B	否	是	是
C	否	是	是
D	否	是	是
E	否	是	是

3．网络时钟需求

对于SDH网络，时钟同步非常重要。SDH网络可选择的时钟包括外部时钟（通常指BITS时钟）、线路时钟（跟踪锁定线路信号的时钟）、支路时钟（跟踪锁定支路信号的时钟）和内部时钟（设备自身晶振产生的时钟），其优先级顺序依次递减。

在本任务中，由于A点位于中心机房，有BITS时钟，所以要求全网跟踪该时钟；若BITS时钟失效，则改为跟踪A节点的内部时钟，以此保证全网同步。

4．公务和ECC需求

为方便维护工程师使用，全网每个节点设置1个公务电话。因没有其他特殊情况和要求，全网不设置人工路由，无其他ECC需求。

二、工程规划

在本部分，需要输出工程组网图、工程保护配置信息、工程硬件配置信息、工程线缆连接关系、工程网络时钟跟踪图、工程网络公务图和工程网络管理和ID分配图等工程信息。

1．工程组网图

根据工程状况和工程需求，采用华为OSN3500设备组建本地城域骨干网，其组网规划如图8.3所示。实际地名代号与网元名称对应关系见表8.5。每个节点设置1套OSN3500，A、B、C、D四个节点组成环网结构，D、E节点组成链型结构。

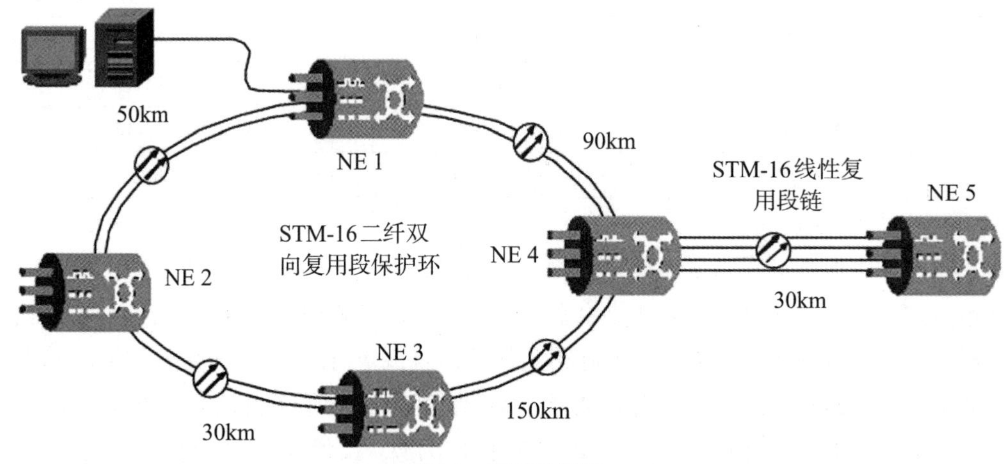

图8.3　组网规划图

表8.5　实际地名代号与网元名称对应关系

地名代号	网元名称
A	NE1
B	NE2
C	NE3
D	NE4
E	NE5

2．工程保护配置信息

在网络保护方面，根据前面的保护需求分析和SDH网络保护原理（参见知识链接与拓展8.3 SDH的网络保护 部分内容），环网部分采用二纤双向复用段保护环，链型部分采用1+1线形复用段保护方式，倒换时间均能满足50ms要求。在本网络中，STM-16环还可以配置为环带链的SNCP保护方式。

网络中，设备保护配置如表8.6所示，各网元详细的配置将在工程硬件配置信息部分体现。

表 8.6　设备保护配置

保护类型	需要保护的网元	硬件实现
TPS 保护	NE1	根据设备手册，在 slot 1 槽位上配置支路板即可
交叉板备份	NE1、NE2、NE3、NE4、NE5	采取 1+1 备份，配置 2 块交叉板
电源板备份	NE1、NE2、NE3、NE4、NE5	采取 1+1 备份，配置 2 块电源板

3．工程硬件配置信息

根据各节点业务需求、保护需求、组网规划和保护配置，结合 SDH 网元类型（详细参见知识链接与拓展 8.2　SDH 的网元类型）和设备硬件相关知识（详细参见知识链接与拓展 8.4　华为 OSN 3500 设备介绍），可确定各个网元的硬件配置。

（1）网元 NE1 硬件配置

网元 NE1 配置为 STM-16 级别 ADM，单板类型选择配置情况如表 8.7。

表 8.7　NE1 单板类型选择配置表

单板类别	配置单板	配置说明
业务单板	2 块 SL16	网元分别要与 NE2 和 NE4 相连，形成 STM-16 环，因此需用 2 块 SL16 板
	3 块 PQ1 3 块 D75S	每块 PQ1 板可支持 63 个 E1，网元在本地要上下 96 个 E1 业务，需配置 2 块 PQ1。再加上采用 TPS 保护，需增加配置一块 PQ1 板。每块 D75S 提供 32 个 E1 接口，需配备 3 块 D75S 接口板
系统必配单板	2 块 GXCSA	交叉板需采用 1+1 备份，故配置 2 块
	2 块 PIU	电源板需采用 1+1 备份，故配置 2 块
	1 块 GSCC	1 块必配主控板 GSCC
	1 块 AUX	1 块必配的辅助控制板 AUX

根据设备产品说明手册，单板可以按图 8.4 板位配置方案进行设备安装配置。

S19	S20	S21	S22	S23	S24	S25	S26	S27	S28	S29	S30	S31	S32	S33	S34	S35	S36	S37	S38
DS75	DS75	DS75						PIU	PIU										AUX

FAN	FAN	FAN

S1	S2	S3	S4	S5	S6	S7	S8	S9	S10	S11	S12	S13	S14	S15	S16	S17	S18
PQ1	PQ1	PQ1				SL16		GXCSA	GXCSA		SL16						

走线区

图 8.4　NE1 单板配置信息

（2）网元NE2硬件配置

网元NE2的单板配置及配置说明如表8.8所示。

表8.8 NE2单板类型选择配置表

单板类别	配置单板	配置说明
业务单板	2块SL16	网元分别要与NE1和NE3相连，形成STM-16环，因此需用2块SL16板
	1块PQ1 1块D75S	每块PQ1板可支持63个E1，网元在本地要上下32个E1业务，配置1块PQ1即可。配备1块D75S接口板
系统必配单板	2块GXCSA	交叉板需采用1+1备份，故配置2块
	2块PIU	电源板需采用1+1备份，故配置2块
	1块GSCC	1块必配主控板GSCC
	1块AUX	1块必配的辅助控制板AUX

单板板位配置可按图8.5实施。

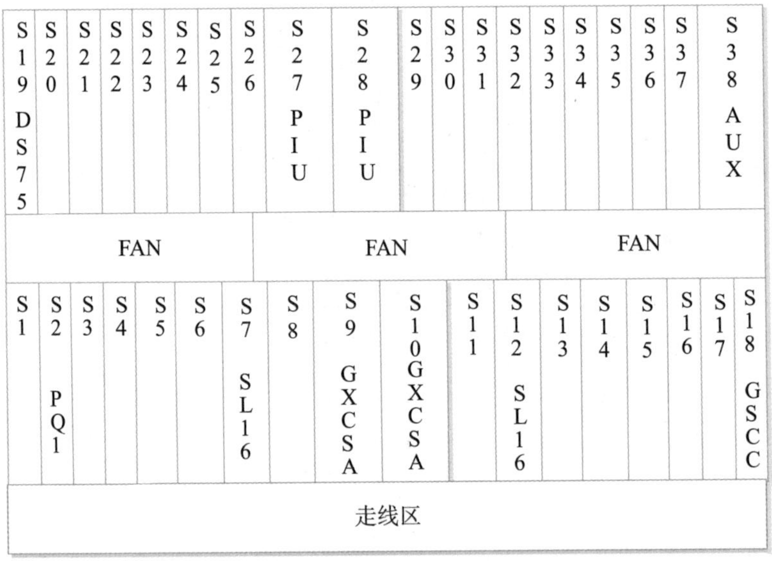

S19 DS75	S20	S21	S22	S23	S24	S25	S26	S27 PIU	S28 PIU	S29	S30	S31	S32	S33	S34	S35	S36	S37	S38 AUX

FAN	FAN	FAN

S1	S2 PQ1	S3	S4	S5	S6	S7 SL16	S8	S9 GXCSA	S10 GXCSA	S11	S12 SL16	S13	S14	S15	S16	S17	S18 GSCC

走线区

图8.5 NE2单板配置信息

（3）网元NE3硬件配置

网元NE3作为STM-16级别ADM进行硬件配置，其单板类型选择配置如表8.9。

表8.9 NE3单板类型选择配置表

单板类别	配置单板	配置说明
业务单板	2块SL16 1块BPA	网元分别要与NE2和NE4相连，形成STM-16环，因此需用2块SL16板。此外，由于NE3和NE4之间距离为150km，距离较远，根据设备特点，需增加配置一块BPA前置放大板
	1块PQ1 2块D75S	每块PQ1板可支持63个E1，配置1块PQ1刚好。配备2块D75S接口板
系统必配单板	2块GXCSA	交叉板需采用1+1备份，故配置2块
	2块PIU	电源板需采用1+1备份，故配置2块
	1块GSCC	1块必配主控板GSCC
	1块AUX	1块必配的辅助控制板AUX

单板板位可按图8.6配置方案实施。

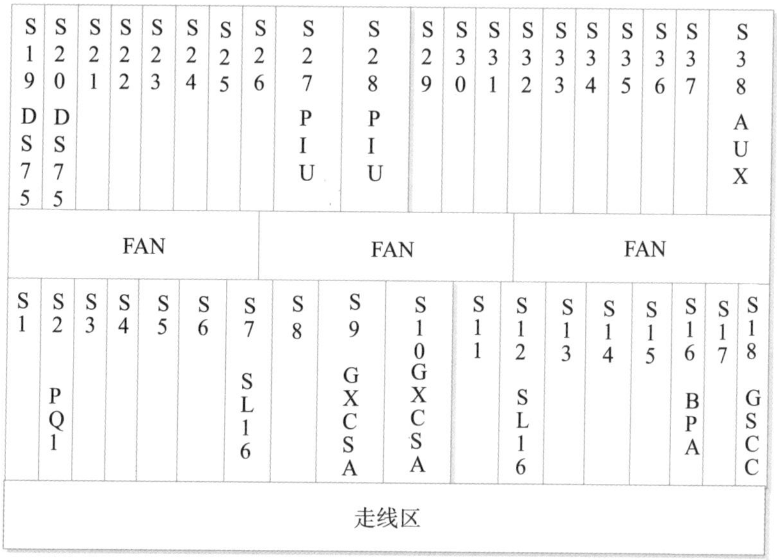

S19	S20	S21	S22	S23	S24	S25	S26	S27	S28	S29	S30	S31	S32	S33	S34	S35	S36	S37	S38
DS75	DS75							PIU	PIU										AUX

FAN　FAN　FAN

S1	S2	S3	S4	S5	S6	S7	S8	S9	S10	S11	S12	S13	S14	S15	S16	S17	S18
	PQ1					SL16		GXCSA	GXCSA		SL16				BPA		GSCC

走线区

图8.6 NE3单板配置信息

（4）网元NE4硬件配置

网元NE4作为网络中环和链相接的部分，配置为STM-16级别的MADM。其单板类型选择配置如表8.10所示。

表8.10 NE4单板类型选择配置表

单板类别	配置单板	配置说明
业务单板	4块SL16 1块BPA	网元分别要与NE1和NE3相连，形成STM-16环，因此需用2块SL16板，要与NE5相连组成1+1保护链型结构，因此需要再配置2块SL16。由于NE3和NE4之间距离为150km，距离较远，根据设备特点，需增加配置一块BPA前置放大板

续表

单板类别	配置单板	配置说明
业务单板	1块PQ1 2块D75S	每块PQ1板可支持63个E1，本网元要上下63个E1，配置1块PQ1刚好。配备2块D75S接口板
	1块PL3 1块C34S	本网元要在本地上下3个E3业务，配置1块PL3和配套的C34S接口板
系统必配单板	2块GXCSA	交叉板需采用1+1备份，故配置2块
	2块PIU	电源板需采用1+1备份，故配置2块
	1块GSCC	1块必配主控板GSCC
	1块AUX	1块必配的辅助控制板AUX

网元NE4的板位配置方案如图8.7所示。

S19 DS75 | S20 DS75 | S21 C34S | S22 | S23 | S24 | S25 | S26 | S27 PIU | S28 PIU | S29 | S30 | S31 | S32 | S33 | S34 | S35 | S36 | S37 | S38 AUX

FAN | FAN | FAN

S1 | S2 PQ1 | S3 PL3 | S4 | S5 | S6 | S7 SL16 | S8 SL16 | S9 GXCSA | S10 GXCSA | S11 | S12 SL16 | S13 SL16 | S14 | S15 | S16 BPA | S17 | S18 GSCC

走线区

图8.7 NE4单板配置信息

（5）网元NE5硬件配置

网元NE5的单板类型选择配置如表8.11所示。

表8.11 NE5单板类型选择配置表

单板类别	配置单板	配置说明
业务单板	2块SL16	与NE4相连组成1+1保护链型结构，因此需要再配置2块SL16
	1块PQ1 2块D75S	每块PQ1板可支持63个E1，本网元要上下63个E1，配置1块PQ1刚好。配备2块D75S接口板
	1块PL3 1块C34S	本网元要在本地上下3个E3业务，配置1块PL3和配套的C34S接口板
系统必配单板	2块GXCSA	交叉板需采用1+1备份，故配置2块
	2块PIU	电源板需采用1+1备份，故配置2块
	1块GSCC	1块必配主控板GSCC
	1块AUX	1块必配的辅助控制板AUX

网元NE5的板位配置方案如图8.8所示。

S19	S20	S21	S22	S23	S24	S25	S26	S27	S28	S29	S30	S31	S32	S33	S34	S35	S36	S37	S38
DS75	DS75	C34S						PIU	PIU										AUX

FAN	FAN	FAN

S1	S2	S3	S4	S5	S6	S7	S8	S9	S10	S11	S12	S13	S14	S15	S16	S17	S18
	PQ1	PL3				SL16		GXCSA	GXCSA		SL16				BPA		GSCC

走线区

图8.8　NE5单板配置信息

4．工程线缆连接关系

根据之前确定的硬件配置，五个网元之间的纤缆连接关系如表8.12所示。

表8.12　纤缆连接关系表

本端信息				对端信息			
网元名称	板位	单板名称	端口号	网元名称	板位	单板名称	端口号
NE1	SLOT7	SL16	1IN	NE2	SLOT12	SL16	1OUT
NE1	SLOT7	SL16	1OUT	NE2	SLOT12	SL16	1IN
NE2	SLOT7	SL16	1IN	NE3	SLOT12	SL16	1OUT
NE2	SLOT7	SL16	1OUT	NE3	SLOT12	SL16	1IN
NE3	SLOT7	SL16	1IN	NE4	SLOT12	SL16	1OUT
NE3	SLOT7	SL16	1OUT	NE4	SLOT12	SL16	1IN
NE4	SLOT7	SL16	1IN	NE1	SLOT12	SL16	1OUT
NE4	SLOT7	SL16	1OUT	NE1	SLOT12	SL16	1IN
NE4	SLOT6	SL16	1IN	NE5	SLOT12	SL16	1OUT
NE4	SLOT6	SL16	1OUT	NE5	SLOT12	SL16	1IN
NE5	SLOT7	SL16	1IN	NE4	SLOT13	SL16	1OUT
NE5	SLOT7	SL16	1OUT	NE4	SLOT13	SL16	1IN

5．工程网络时钟跟踪图

根据本网络时钟需求，设置NE1为主时钟网元，在网元NE1设置BITS为首选时钟，备选时钟为其内部时钟。全网的时钟跟踪方式如图8.9所示。

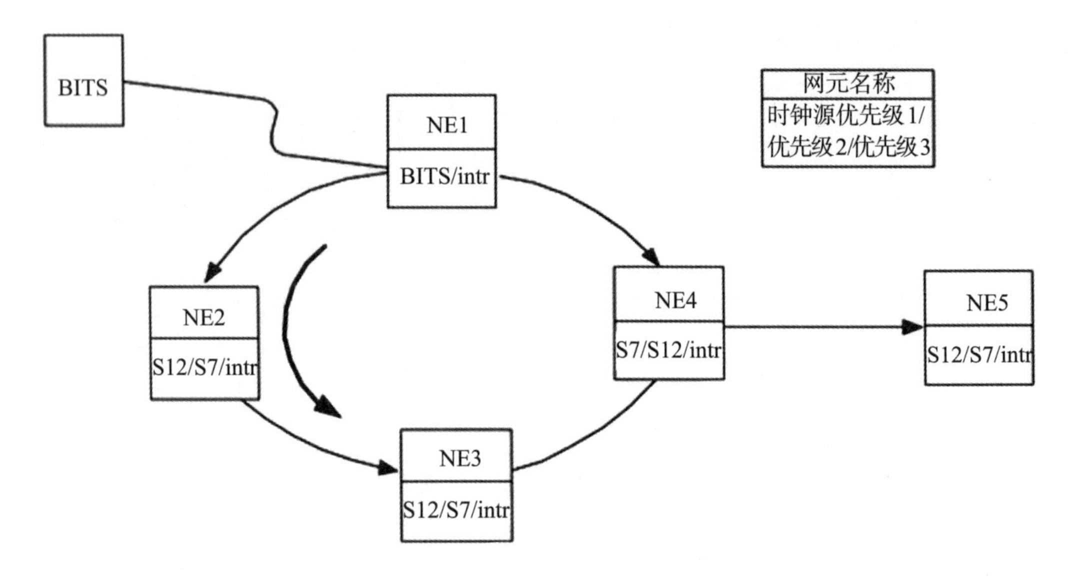

图8.9　全网时钟跟踪方式

正常状态下，NE1跟踪主用BITS，其他网元跟踪方式如图所示，最终全网的时钟统一于一个基准源BITS。当发生断纤时，受影响的节点时钟源自动倒换，全网时钟仍然统一于主用BITS基准源。当主用BITS失效后，NE1则跟踪其内部时钟，全网时钟仍然能统一于唯一的基准源。

6．工程网络管理和ID分配图

根据规划的工程组网图，全网ID分配和管理情况如图8.10所示，其中网元NE1为网关网元。

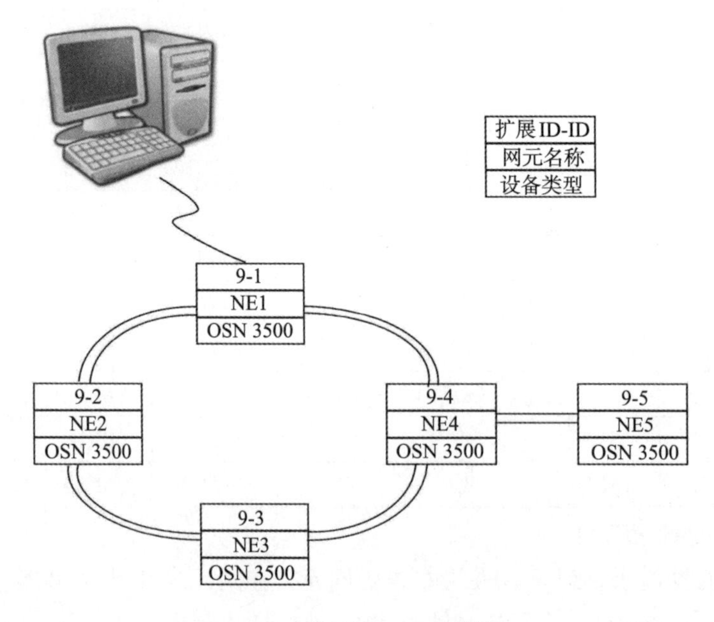

图8.10　ID分配图

7. 工程网络公务图

根据设备手册建议，公务电话号码长度4位，第一位为子网号，二至四位为用户号。为避免出错，建议用户号后两位与网元ID相同。本网络的公务电话和会议电话规划如图8.11所示。

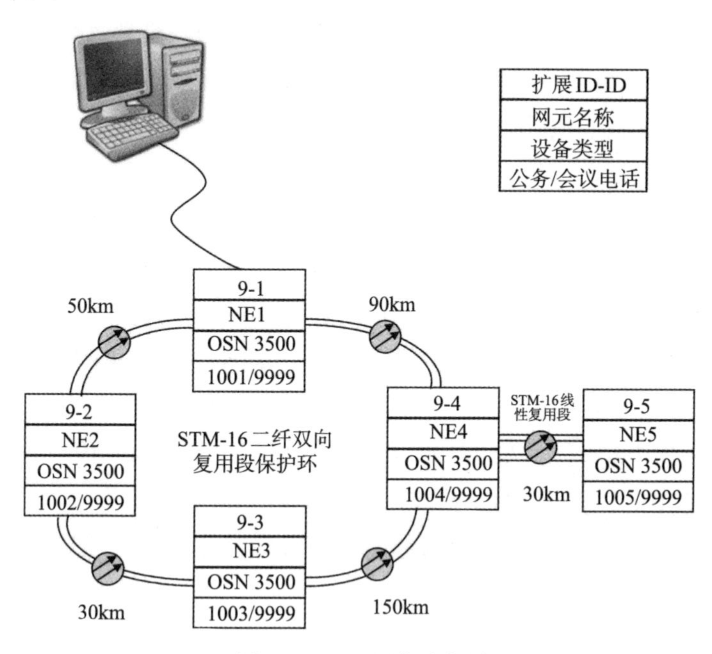

图8.11　工程网络公务图

三、设备安装和纤缆连接

光传输设备的安装包括开箱及验货、机柜安装、电缆布放及接线、子架及板卡安装、尾纤安装、标识和自检验收等步骤。其中开箱及验货、机柜安装、电缆布放及接线与其他通信设备类似，不再赘述。以下由子架及板卡安装开始描述设备安装和纤缆连接工作。

1. 子架及板卡安装

（1）子架安装。因为目前均采用上走线方式，所以屏内设备从下到上安装子架系统。多个子架间保持合理间隔，间隔至少大于1U。若有风扇的子架，应留出足够的散热距离。检查子架系统背板上的插针，插针应平直、整齐、清洁。

（2）板卡安装。插入板卡前应将机柜和子架内的杂物及灰尘清除；手拿板卡时，切勿触摸单板上的印刷电路板、元器件；顺着各板位的防误插导槽插入板卡。

2. 尾纤安装

（1）选择尾纤。根据设备光板与光纤配线架之间的距离确定适当长度的尾纤；尾纤光纤连接器与光板的接口及盘纤盒接口匹配。

（2）尾纤穿入波纹管。尾纤在设备至ODF处，需加保护套管且保护套管两端须进入设备内部。

（3）布放尾纤。布放尾纤时应注意，弯曲半径应大于尾纤最小曲率半径（2mm尾纤最小曲率半径为40mm，3mm尾纤最小曲率半径为60mm）；尾纤在ODF内应理顺固定，对接可靠，多余尾纤应盘放在盘纤盒内并盘放整齐；尾纤布放后应无其他线缆和物品压在上面。

（4）绑扎尾纤。采用绑扎带进行绑扎，要求间距均匀，松紧适度。

（5）插入尾纤。取下防尘帽，用酒精棉球清洁光连接器后，将尾纤插入相应接口。需注意尾纤与光板、法兰盘等需连接可靠，松紧适度。

3．标识

子架、单板、线缆均安装完毕后，需按要求进行标识。标识应注意：

（1）设备、屏柜、线缆、电路均应标识齐全、醒目、规范。

（2）屏柜前、后门或侧门内侧粘贴设备配置框图，配置框图内容应包括板卡槽位分布、板卡型号及中文定义、框图最后更新时间，对于光线路板，还应标明板卡对应线路名称。

（3）线缆标签距端口2cm处绑扎，两端标签填写正确清晰，内容与设计、实际相符，同排标签成直线布置且朝向一致。

（4）设备、板卡标签排列整齐，标签粘贴不得遮盖设备板卡型号、指示灯等，不应妨碍板卡的正常拔插。

4．自检验收

（1）外观检查。设备外观清洁、屏内无杂物；各子架安装牢固，固定螺栓数量足够并已拧紧；板卡安插到位并已固定；设备保护地、工作地已与机房地网连接，接地线选用符合要求且连接牢固。设备、板卡、线缆标识齐全、清晰、正确，且粘贴符合工艺要求。柜内线缆布放整齐、美观，无扭绞现象，线缆绑扎满足要求。线缆进出口采用防火材料严密封堵。

（2）接线检查。接线正确无误，各连接端子连接牢固，螺栓无松；插接式连接导线插接到位且连接牢固。

（3）电源检查。打开供电设备侧对应的电源开关，在传输设备直流配电盒测量供电设备的电压，电源电压应在-40V~-57V之间，并确保正负极没有接反，空开容量或接线端子与设备功率应相匹配。

任务评价

承载网设备安装完成后，参考表8.13对学生进行他评和自评。

表8.13　承载网设备安装评价表

项目＼内容	学习反思与促进	他人评价	自我评价
应知应会	熟知SDH基本概念、速率等级和帧结构	Y　N	Y　N
	熟知SDH的复用结构	Y　N	Y　N
	熟知光传输承载网设备安装流程和规范	Y　N	Y　N
	熟知光传输承载网工程规划的输出内容	Y　N	Y　N
专业能力	熟练阅读相关施工技术文件	Y　N	Y　N
	熟练使用工程安装工具仪表	Y　N	Y　N
	熟练完成光传输承载网组网	Y　N	Y　N
通用能力	合作和沟通能力	Y　N	Y　N
	自我工作规划能力	Y　N	Y　N

知识链接与拓展

8.1　承载网和SDH的基本概念

对于NGN网络而言，根据NGN的特点和基本功能描述，可以分为业务层、承载层和传送层三个层次。承载层由业务元传递层、控制/路由层和管理层三个子层组成。承载层起到承上启下的作用，对它的基本要求是：按照业务层的要求把每个业务信息流从源端引导到目的端；按照每种业务的属性要求调度网络资源确保业务的功能和性能；实现多媒体业务对通信形态的特殊要求；它将适应各种类型数据流的非固定速率特性，并提供统计复用功能；通过在承载层组建不同的承载VPN，可以为不同类型和性质的通信提供其所需要的QoS保证和网络安全保证。

根据技术不同，承载网可以分为IP承载网和光传输承载网。IP承载网由基于IP技术的路由器、交换机等组成。光传输承载网所用的技术则包括SDH、WDM、OTN、ASON等。

SDH（Synchronous Digital Hierarchy，同步数字体系），是不同速度的数位信号的传输提供相应等级的信息结构，包括复用方法和映射方法，以及相关的同步方法组成的一个技术体制。

SDH采用的信息结构等级称为同步传送模块STM－N（Synchronous Transport Mode，N=1，4，16，64），最基本的模块为STM－1，四个STM－1同步复用构成STM－4，16个STM－1或四个STM－4同步复用构成STM－16，四个STM－16同步复用构成STM－64，甚至四个STM－64同步复用构成STM－256。SDH采用块状的帧结构来承载信息，如图8.12所示。

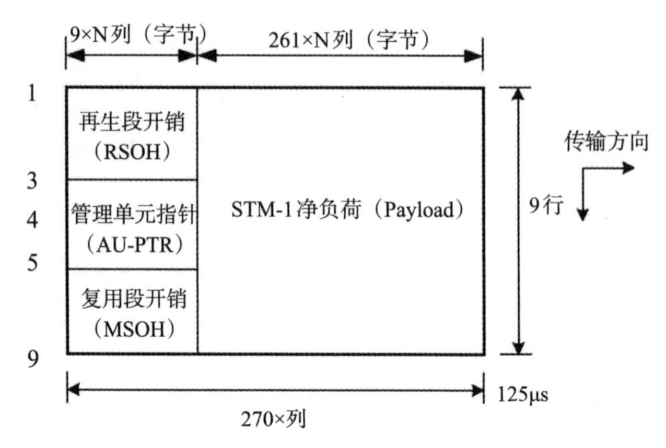

图8.12　SDH帧结构

每帧由纵向9行和横向270×N列字节组成，每个字节含8bit，整个帧结构分成段开销（Section OverHead，SOH）区、STM-N净负荷区和管理单元指针（AU PTR）区三个区域，其中段开销区主要用于网络的运行、管理、维护及指配以保证信息能够正常灵活地传送，它又分为再生段开销（Regenerator Section OverHead，RSOH）和复用段开销（Multiplex Section OverHead，MSOH）；净负荷区用于存放真正用于信息业务的比特和少量的用于通道维护管理的通道开销字节；管理单元指针用来指示净负荷区内的信息首字节在STM-N帧内的准确位置以便接收时能正确分离净负荷。SDH的帧传输时按由左到右、由上到下的顺序排成串型码流依次传输，每帧传输时间为125μs。STM-1的传输速率为155.520Mbit/s；STM-4的传输速率为622.080Mbit/s；STM-16的传输速率为2488.320Mbit/s，STM-64的传输速率为9953.280Mbit/s。

SDH传输业务信号时各种业务信号要进入SDH的帧都要经过映射、定位和复用三个步骤。ITU-T G.707标准建议的复用映射结构如图8.13所示。

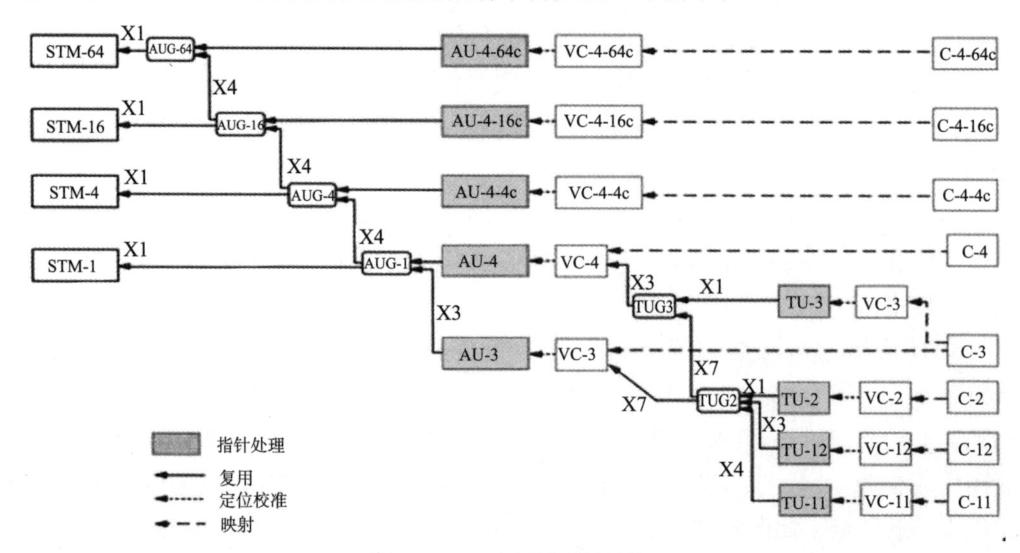

图8.13　SDH复用映射结构

映射是将各种速率的信号先经过码速调整装入相应的标准容器（C），再加入通道开销（POH）形成虚容器（VC）的过程，帧相位发生偏差称为帧偏移。定位即是将帧偏移信息收进支路单元（TU）或管理单元（AU）的过程，它通过支路单元指针（TU PTR）或管理单元指针（AU PTR）的功能来实现。复用是一种使多个低阶通道层的信号适配进高阶通道层，或把多个高阶通道层信号适配进复用层的过程。复用也就是通过字节交错间插方式把TU组织进高阶VC或把AU组织进STM-N的过程，由于经过TU和AU指针处理后的各VC支路信号已相位同步，所以该复用过程是同步复用，原理与数据的串并变换相类似。

8.2　SDH的网元类型

SDH网元设备完成对信息的同步传输、复用和交叉连接，分为终端复用器TM、分叉复用器ADM、再生中继器REG和数字交叉连接设备。

终端复用器的主要任务是将PDH各低速支路信号，放入STM-N帧结构中，并经电光转换为STM-N光线路信号。同时终端复用器也完成上述过程的逆过程。终端复用器主要用在点到点的网元设备上和链型网的两个端点，也经常用在星形、树形和环带链的场合，作为SDH传输网络的重点。

分插复用器是网络中应用最为广泛的网元形式，这主要是因为它将同步复用和数字交叉连接功能综合于一体，具有灵活地分插任意支路信号的能力。分插复用器在链形网、环形网和枢纽形网中应用十分广泛。

再生中继器的功能主要是完成信号的再生、放大与中继传输功能，与TM、ADM相比，它在站点上没有上、下业务的功能，主要用于各种类型网络的中长距离信号再生。

数字交叉连接设备是SDH网络的重要单元，具有复用、配线、保护/恢复、监控和网管多项功能，DXC的核心是交叉连接。

8.3　SDH的网络保护

1．二纤单向通道保护环

二纤单向通道保护环采用1+1保护方式、“首端桥接，末端倒换”结构。一根光纤用于传业务信号，称S光纤；另一根光纤用于保护，称P光纤。在两根光纤上传送相同的业务信号，但方向相反；在接收端根据信号优劣选择从主用或备用光纤上接收业务信号。

如图8.14所示，在节点A，进入环以节点C为目的地的支路信号（AC）同时馈入发送方向光纤S1和P1。其中S1光纤按顺时针方向将相同的业务信号送至分路节点C，P1光纤逆时针方向将同样的信号作为保护信号送至分路节点C。接收端分路节点C同时收到两个方向支路信号，按照分路通道信号的优劣决定选其中一路作为分路信号。正常情况下，以S1光纤送来信号为主用信号。同时，从C点插入环以节点A为目的地的支路信号（CA）按上述同样方法送至节点A，即S1光纤所携带的CA信号（信号传输方向与AC信号一样）为主用信号在节点A分路。

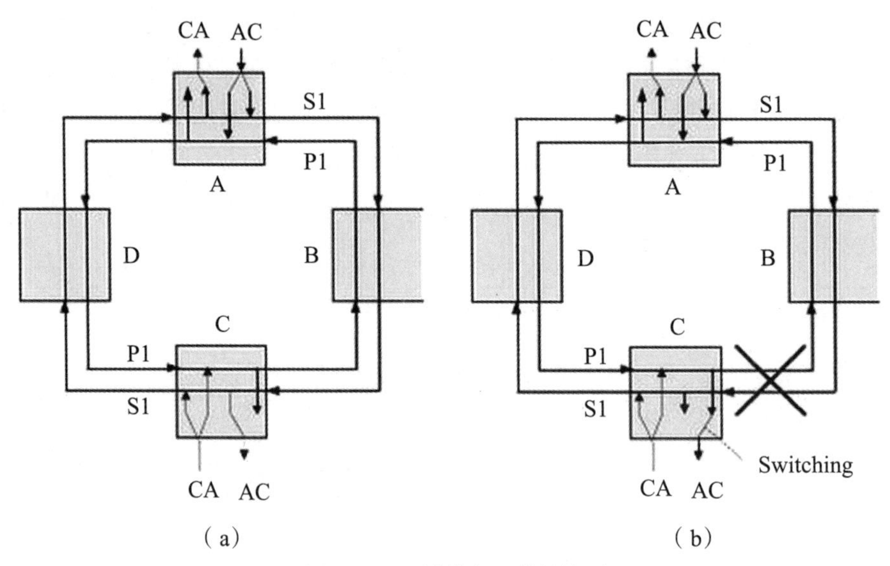

图8.14　二纤单向通道保护环

当BC节点间光缆被切断时，两根光纤同时被切断，如图8.14（b）所示。对于AC间的业务：在节点C，由于从A经S1光纤来的AC信号丢失，按通道选优准则，倒换开关将由S1光纤转向P1光纤，接收由A节点经P1光纤而来的AC信号，从而使AC间业务信号仍得以维持，不会丢失。故障排除后，倒换开关恢复至原来位置。对于CA间的业务：由于业务是经过D点在S1光纤上进行传输的，不受断纤的影响，与正常时传输情况相同。

2．二纤双向通道保护环

二纤双向通道保护环的1+1方式与单向保护环基本相同，只是返回信号沿相反方向返回，其主要优点是在无保护环或将同样ADM设备应用于线性场合有通道再利用功能，从而使总的分插业务量增加，另外，该种保护方式可以保证双向业务的一致路由，这一点对于时延敏感的业务（如视频）很重要。如图8.15所示。在节点A进入环以节点C为目的地的支路信号（AC）同时馈入发送方向光纤S1和P1，即所谓双馈方式（1+1保护）。其中S1光纤按顺时针方向将相同的业务信号送至分路节点C，P1光纤逆时针方向将同样的信号作为保护信号送至分路节点C。接收端分路节点C同时收到两个方向支路信号，按照分路通道信号的优劣决定选其中一路作为分路信号。正常情况下，以S1光纤送来信号为主用信号。同时，从C点插入环以节点A为目的地的支路信号（CA）按上述同样方法送至节点A，即S2光纤所携带的CA信号（信号传输方向与AC信号相反）为主用信号经过节点B在节点A分路。

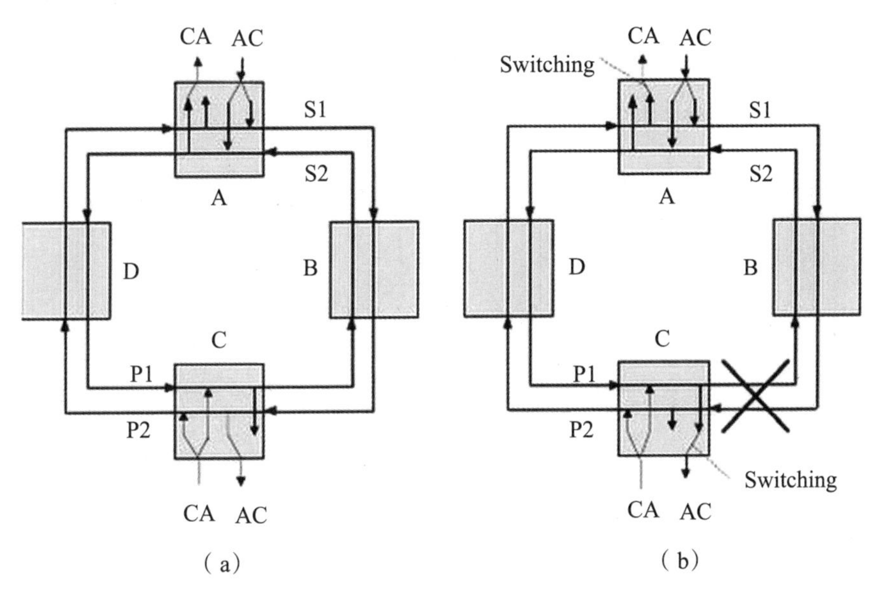

图8.15　二纤双向通道保护环

当BC节点间光缆被切断时，两根光纤同时被切断，如图8.15（b）所示。对于AC间的业务：在节点C，由于从A经S1光纤来的AC信号丢失，按通道选优准则，倒换开关将由S1光纤转向P1光纤，接收由A节点经P1光纤而来的AC信号作为分路信号，从而使AC间业务信号仍得以维持，不会丢失。故障排除后，通常开关返回原来位置。对于CA间的业务：在节点A，由于从C经S2光纤来的CA信号丢失，按通道选优准则，倒换开关将由S2光纤转向P2光纤，接收由C节点经P2光纤而来的CA信号作为分路信号，从而使CA间业务信号仍得以维持，不会丢失。故障排除后，通常开关返回原来位置。

3．二纤单向复用段保护环

这种环形结构中节点在支路信号分插功能前的线路上都有一保护倒换开关，如图8.16（a）所示。正常情况下，低速支路信号仅仅从S1光纤进行分插，保护光纤P1是空闲的。

当BC节点间光缆被切断，两根光纤同时被切断，与光缆切断点相邻的两个节点B和C的保护倒换开关将利用APS协议转向环回功能，如图8.16（b）所示。对于AC间的业务：在B节点，S1光纤上的业务信号（AC）经倒换开关从P1光纤返回，沿逆时针方向经A节点和D节点仍然可以到达C节点，并经C节点倒换开关环回到S1光纤并落地分路。其他节点（A和D）的作用是确保P1光纤上传的业务信号在本节点完成正常的桥接功能，畅通无阻的传向分路节点。这种环回倒换功能可保证在故障状况下仍维持环的连续性，使低速支路上业务信号不会中断。故障排除后，倒换开关返回其原来位置。对于CA间的业务：由于业务是经过D点在S1光纤上进行传输的，不受断纤的影响，与正常时传输情况相同。

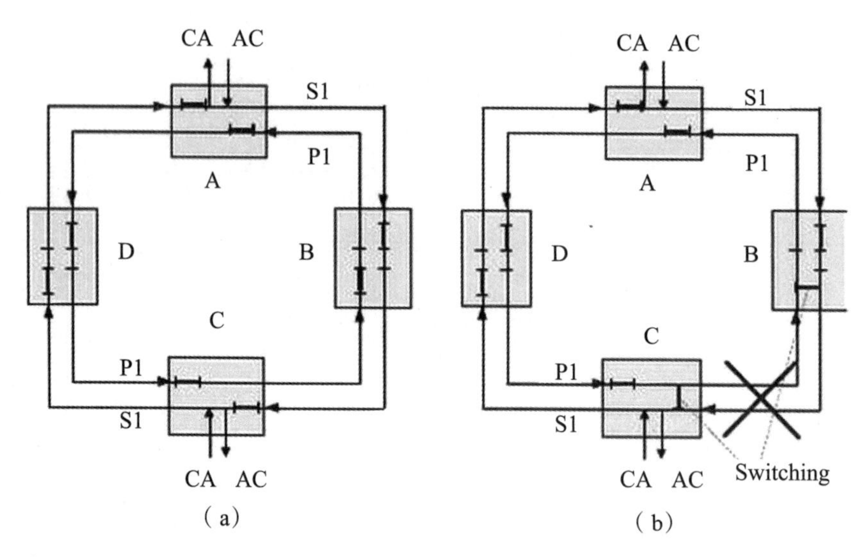

图8.16 二纤单向复用段保护环

4. 二纤双向复用段保护环

二纤双向复用段保护环工作通道和保护通道的安排见图8.17（a）。利用时隙交换技术，一条光纤同时载送工作通路（S1）和保护通路（P2），另一条光纤上同时载送工作通路（S2）和保护通路（P1）。每条光纤上一半通路规定载送工作通路（S），另一半通路载送保护通路（P）。在一条光纤上的工作通路（S1），由沿环的相反方向的另一条光纤上的保护通路（P1）来保护。反之亦然。这就允许业务双向传送，每条光纤上只有一套开销通路。

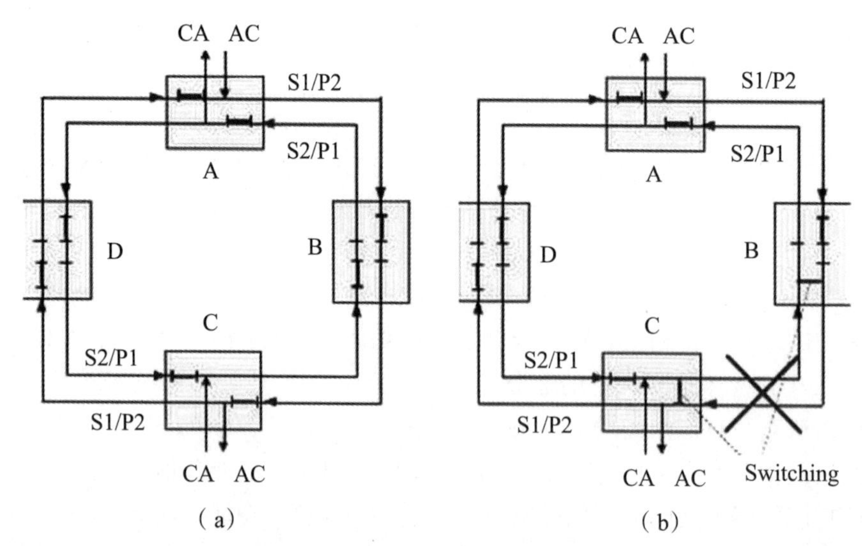

图8.17 二纤双向复用段保护环

当BC节点间光缆被切断后，如图8.17（b）所示，两根光纤也会被切断，与切断点相邻的B节点和C节点中的倒换开关将S1/P2光纤和S2/P1光纤沟通。利用时隙交换技术，可以将S1/P2光纤和S2/P1光纤上的业务信号时隙移到另一根光纤上的保护信号时隙，从而完成保护倒换作用。例如，S1/P2光纤的业务信号时隙1到m可以转移到S2/P1光纤上的保护信号时隙（N/2+1）到（N/2+m）。当故障排除后，倒换开关通常将返回其原来的位置。

8.4　华为OSN 3500设备介绍

1. OSN3500的特点

华为OptiX OSN3500是华为技术有限技术有限公司开发的智能光传输设备。OSN3500采用统一交换架构，既可以作为TDM设备使用，也可以作为基于MPLS/MPLS-TP技术的分组设备使用。OSN3500可以支撑LTE移动承载，可基于分组提供完善的传送解决方案，实现整个无线网络在核心层的业务汇聚与调度。它内置波分技术，可以实现和波分设备对接的灵活组网方案。它可以为分组承载网络提供维护无忧的解决方案，提供分组承载网络规划工具，实现媒介无关端到端可视化业务配置和免仪表开局功能，支持自动故障定位及丰富分组业务性能监控。OSN3500主要用于城域网汇聚层，也可用于业务量大的城域网接入节点或业务量偏少的城域骨干节点。

2. OSN3500的硬件结构

OSN3500的硬件结构包括机柜、子架和各种单板。其系统结构如图8.18所示。

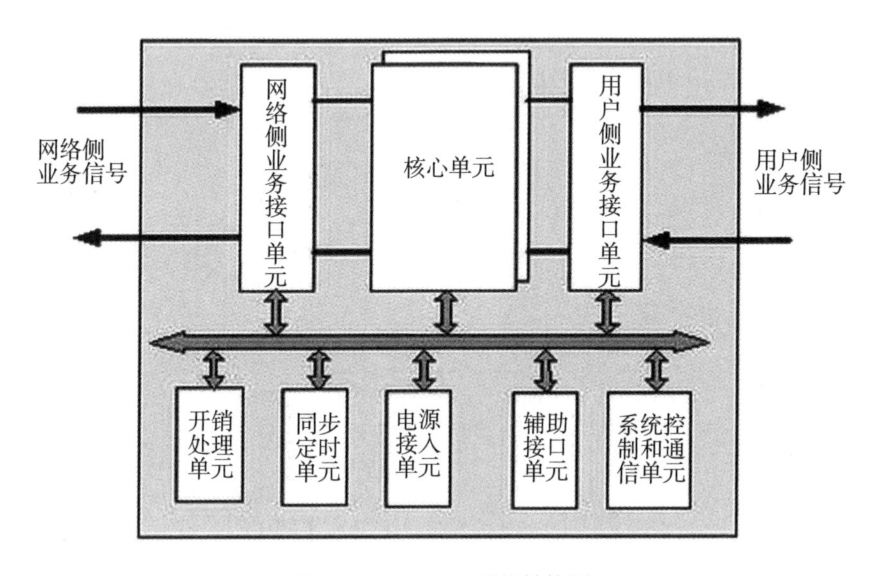

图8.18　OSN3500系统结构图

OSN3500的子架采用双层子架结构，分为接口板区、处理板区、风扇区和走线区。如图8.19所示。

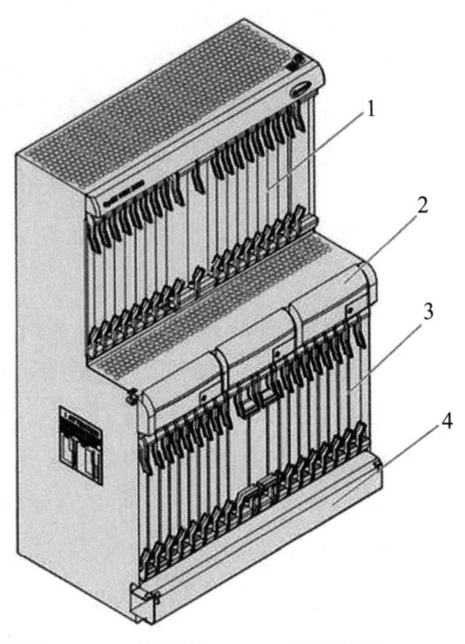

1. 接口板区　　2. 风扇区　　3. 处理板区　　4. 走线区

图8.19　OSN3500子架结构图

3.OSN3500的槽位

OSN3500的槽位如图8.20所示。共有40个槽位，1-18槽位位于子架下层，19-37槽位位于子架上层，38-40槽位位于两层子架之间。

<table>
<tr><td>SLOT19</td><td>SLOT20</td><td>SLOT21</td><td>SLOT22</td><td>SLOT23</td><td>SLOT24</td><td>SLOT25</td><td>SLOT26</td><td>SLOT27PIU</td><td>SLOT28PIU</td><td>SLOT29</td><td>SLOT30</td><td>SLOT31</td><td>SLOT32</td><td>SLOT33</td><td>SLOT34</td><td>SLOT35</td><td>SLOT36</td><td>SLOT37AUX</td></tr>
<tr><td colspan="7">FAN</td><td colspan="6">FAN</td><td colspan="6">FAN</td></tr>
<tr><td>SLOT1</td><td>SLOT2</td><td>SLOT3</td><td>SLOT4</td><td>SLOT5</td><td>SLOT6</td><td>SLOT7</td><td>SLOT8</td><td>SLOT9XCS</td><td>SLOT10XCS</td><td>SLOT11</td><td>SLOT12</td><td>SLOT13</td><td>SLOT14</td><td>SLOT15</td><td>SLOT16</td><td>SLOT17SCC</td><td colspan="2">SLOT18SCC</td></tr>
<tr><td colspan="19">走纤区</td></tr>
</table>

图8.20　OSN3500槽位图

单板槽位分配如下：

业务板槽位：19-26槽位、29-36槽位；

业务处理板槽位：1-8槽位、11-17槽位；

交叉和时钟板槽位：9-10槽位；

系统控制和通信板槽位：17-18槽位；

电源接口板槽位：27-28槽位；

辅助接口板槽位：37槽位；

风扇槽位：38-40槽位。

4.OSN3500的单板

（1）SDH类单板

SL64：1路STM-64光接口板

SL16：1路STM-16光接口板

SLD16：2路STM-16光接口板

SLQ16：4路STM-16光接口板

SL4：1路STM-4光接口板

SLD4：2路STM-4光接口板

SLQ4：4路STM-4光接口板

SL1：1路STM-1光接口板

（2）PDH类单板

PQ1：63路E1业务处理板

PL3：3路E3/T3业务处理板

PD3：6路E3/T3业务处理板

PQ3：12路E3/T3业务处理板

SPQ4：4路E4/STM-1电信号处理板

（3）数据类单板

EFT8：8或16路FE以太网透明传输板

EGT2：2路GE以太网透明传输板

EFS0：8路以太网交换处理板

EGS4：4路GE以太网交换处理板

EGR2：2路GE以太环网处理板

EMR0：12路FE+1路GE以太环网处理板

（4）接口板和倒换桥接板

DS75：32路E1/T1电接口倒换出线板（75Ω）

D34S：6路E3/T3电接口转接倒换板

ETF8：8路100M以太网双绞线出线板

（5）交叉和系统控制类单板

GXCSA：普通型交叉时钟板

EXCSA：增强型交叉时钟板

UXCSA：超强型交叉时钟板

GSCC：智能系统控制板

（6）辅助类单板

AUX：系统辅助接口板

FAN：风扇板

（7）波分类单板

CMR2：2路光分插复用板

CMR4：4路光分插复用板

MR2A：2路光分插复用板

LWX：任意速率波长转换板

OBU1：光功率放大板

FIB：滤波隔离板

（8）光放大单板和色散补偿板

BPA：光功率放大、前置放大一体板

BA2：光功率放大板

COA：外置盒式光纤放大器

DCU：色散补偿板

（9）电源类单板

PIU：电源板

教学策略

1．重难点

光传输技术的基本概念。

2．教学讨论

要完成承载网设备安装及组网，首先要了解承载网的基本概念，其次是要了解设备构成和组网的实施流程，以及设备安装的流程规范。

在教学中，建议将学生分为若干组，由教师讲解、演示设备安装和组网的过程，学生分组完成具体任务。学生通过观摩、分组讨论，以组为单位完成任务。学生可2～3人一组，要在教师指导下到实际设备上完成组网。

习题

1．SDH不同等级的传输速率如何计算得来？

2．SDH有哪些网元类型，分别用于那些情况下？
3．SDH的复用结构是怎样的？
4．华为的SDH设备由那些模块组成？
5．华为OSN3500常用的接口板有哪些？
6．二纤双向复用段保护环的工作原理是怎样的？
7．光传输承载网规划设计的输出内容有哪些？
8．设备安装完毕后，自检验收的内容有哪些？
9．如何进行光传输承载设备上尾纤的安装？

学习情景5　IP承载网维护

学习情境概述

1．学习情境概述

本学习情境主要聚焦IP承载网的日常运营管理，涉及IP承载网的日常维护规范和维护技能，IP承载网故障分析和故障处理，以及IP承载网网络性能指标和优化措施等。使学生能通过学习与实践，掌握IP承载网维护的方法及内容，IP承载网故障分析与处理方法以及IP承载网的网络优化思路等。

2．学习情境知识地图（见图9.1）

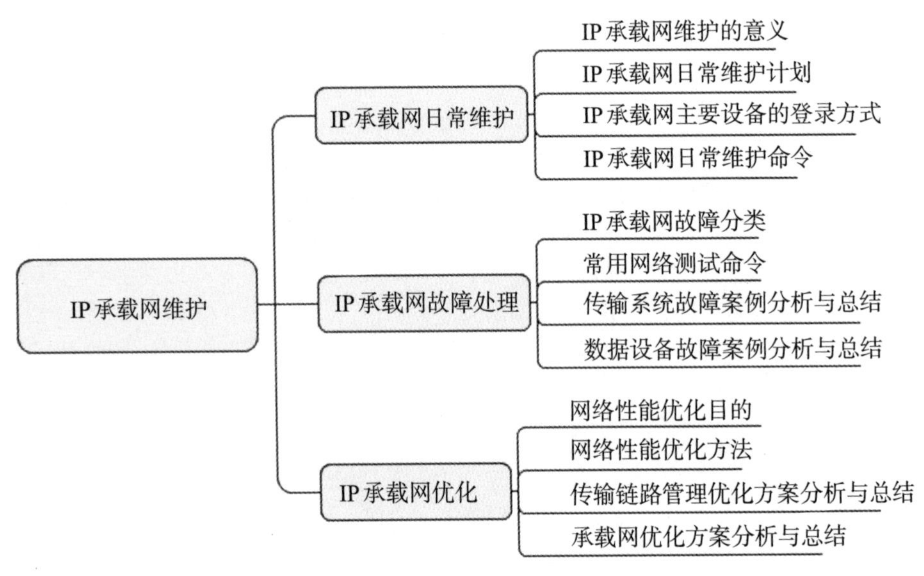

图9.1　IP承载网维护知识结构图

主要学习任务

主要学习任务列表如表9.1所示。

表9.1　主要学习任务列表

序　号	任务名称	主要学习内容	建议学时	学习成果
1	完成IP承载网日常维护	按照IP承载网日常维护及常规巡检的内容、周期频次、方法及规范要求等完成承载网设备的日常运行保障与维护任务	4课时	熟悉IP承载网日常维护规范、内容，能够使用工具仪器实施维护

续表

序　号	任务名称	主要学习内容	建议学时	学习成果
2	排除IP承载网设备类故障	按照故障排除流程和方法、规范，完成设备类故障的认识与排除	8课时	熟悉设备类故障常见种类及现象，能够按规范要求完成设备类故障排除
3	排除IP承载网传输系统类故障	按照故障排除流程和方法、规范，完成传输系统故障的认识与排除	8课时	熟悉传输系统类故障常见种类及现象，能够按规范要求完成传输系统故障排除
4	IP承载网的优化方案设计与实施	掌握网络优化的思路和方法，按照规范要求进行IP承载网网络性能优化，并完成优化方案实施	8课时	熟悉IP承载网的主要性能指标，掌握常用网络优化技能

任务9　IP承载网日常维护

任务描述

IP承载网在现有网络中负责对各项网络业务的传输，重要地位不言而喻。为了掌握IP承载网的日常维护方法和技能，现模拟新建一IP承载网，为了保证IP承载网的正常运行，现需制定完整的IP承载网维护计划，请实现。

任务分析

IP承载网的正常运营需要一系列的维护工作进行支撑。为进一步规范IP承载网例行维护工作，确保设备长期安全、稳定、可靠地运行，需要依据IP承载网设备厂家指导文件，综合分析制定相应的IP承载网日常作业规范。

IP承载网日常作业的周期分为“每日”“每周”“每季度”“每半年”四类，各类周期的主要作业内容如表9.2所示。

表9.2　IP承载网日常作业内容

维护周期	维护项目
日	机房温度，湿度状况
	日志、告警
	设备温度、电压状态
	设备风扇、电源状态
	CPU占用状态、内存占用状态

续表

维护周期	维护项目
周	系统时间
	CF卡剩余容量
	接口流量
	单板运行状态
	OSPF/ISIS/BGP邻居状态
	路由信息
	业务VPN路由检查
	管理级用户控制
	Telnet登录控制
	FTP口令控制
	备份配置文件
季度	更改用户登录口令
	标签状况检查
	防尘网除尘
半年	主备控制板切换（建议设备升级版本时进行）

必备知识

IP承载网设备可以通过Console口进行本地登录、通过以太网端口利用Telnet进行本地或远程登录等。

其中，通过Console口进行本地登录是登录交换机的最基本的方式，也是配置通过其他方式登录交换机的基础。以太网交换机缺省情况下只能通过Console口进行本地登录。

绝大多数数据设备支持Telnet功能，用户可以通过Telnet方式对交换机进行远程管理和维护。此时交换机和Telnet用户端都要进行相应的配置，才能保证通过Telnet方式正常登录交换机。

IP承载网日常作业命令包括每日作业命令以及每周作业命令等。每日作业命令涉及显示系统告警信息、显示系统日志信息等；每周作业命令涉及显示系统时钟、显示CF卡剩余容量等。

1．每日例行工作（见表9.3）

表9.3　每日例行维护

维护项目	操作指导	参考标准
机房温度状况	观测机房内温度计指示	机房温度应在21°C ~ 25°C 之间
机房湿度状况	观测机房内湿度计指示	机房湿度应在40% ~ 70%之间
告警	执行display trapbuffer命令	无告警信息。 如果有告警，需要记录，对于3级以上告警需并立即分析并处理。 如下显示信息的加粗部分为告警级别： <HUAWEI> display trapbuffer Trapping Buffer Configuration and contents:enabled allowed max buffer size : 1024 actual buffer size : 256 channel number : 3 , channel name : trapbuffer dropped messages : 0 overwritten messages : 131 current messages : 1 #Nov 16 2009 15:33:06 PE-1 SRM_BASE/1/ENTITYRESUME: OID 1.3.6.1.4.1.2011.5.25 .129.2.1.10 Physical entity is detected resumed from failure. (Entity-PhysicalInd ex=16908289, BaseTrapSeverity=2, BaseTrapProbableCause=67719, BaseTrapEventType= 5, EntPhysicalContainedIn=16908288, EntPhysicalName="LPU 2", Rel-ativeResource="S FP", ReasonDescription="LPU 2 is failed, EAGF SFP 0 of PIC0 is ab-normal, Resume ")
日志	执行display logbuffer命令	没有大量重复的日志信息。 如果有这种情况出现，需要立即分析并处理。 如下显示信息中的加粗部分所示，该日志重复出现多次。 <HUAWEI> display logbuffer Logging buffer configuration and contents:enabled Allowed max buffer size : 1024 Actual buffer size : 512 Channel number : 4 , Channel name : logbuffer Dropped messages : 0 Overwritten messages : 3 Current messages : 3

续表

维护项目	操作指导	参考标准
日志	执行display logbuffer命令	Nov 13 2009 18:12:18 HUAWEI %%01SRM/3/LPURESET(l):LPU3 reset, the reason is LPU board LOAMNET init failed and reset lpu. Nov 13 2009 18:10:22 HUAWEI %%01SRM/3/LPURESET(l):LPU3 reset, the reason is LPU board LOAMNET init failed and reset lpu. Nov 13 2009 18:08:26 HUAWEI %%01SRM/3/LPURESET(l):LPU3 reset, the reason is LPU board LOAMNET init failed and reset lpu.
设备温度	执行display temperature命令	各模块当前的温度应该小于Minor（轻微告警门限）。 如下所示，Temp(c)表示设备当前温度，正常情况下应该小于Minor（轻微告警门限）。 <HUAWEI> display temperature SlotID9 : Base-Board, Unit:C, Slot9 PCB I2C Addr Chl Status Minor Major Fatal Adj_speed Temp TMin Tmax (C) -- SRUA 1 1 0 NORMAL 66 78 90 56 67 40 SRUA 1 2 0 NORMAL 57 69 80 46 57 32 SRUA 1 3 0 NORMAL 55 67 78 44 55 31 SRUA 1 4 0 NORMAL 64 72 80 46 57 33
设备电压	执行display voltage命令	单板当前的电压应该在上下限之间。 如下所示，Vol表示当前电压值，LowAlmThreshold Major表示低电压轻微告警值，HighAlmThreshold Major表示高电压轻微告警值。 正常情况下LowAlmThreshold Major<Vol<HighAlmThreshold Major。 <HUAWEI> display voltage SlotID6 : SlotID: 6 Base-Board, Unit: Volt, Slot6 PCB I2C Addr Chl Status Required LowAlmThreshold HighAlmThreshold Vol Ratio Major Fatal Major Fatal -- FADB 1 0 0 NORMAL 1.50 1.20 1.05 1.80 1.95 1.49 1.00 FADB 1 0 1 NORMAL 1.80 1.44 1.26 2.16 2.34 1.84 1.00 FADB 1 0 2 NORMAL 2.50 2.00 1.75 3.00 3.25 2.79 0.68 FADB 1 0 6 NORMAL 5.00 4.05 3.55 6.07 6.57 4.97 0.38

续表

维护项目	操作指导	参考标准
风扇状态	执行display fan命令	FAN的“present”为“YES” FAN的“Status”为“AUTO”。 如下面显示信息的加粗部分所示。 <HUAWEI> display fan Slotid : 19 Present: YES Registered: YES Status : AUTO FanSpeed: [No.]Speed [1]100% [2]100% Slotid : 20 Present: YES Registered: YES Status : AUTO FanSpeed: [No.]Speed [1]100% [2]100%
电源状态	执行display power命令	PWR的“Present”为“Yes” PWR的“State”为“Normal”。 如下面显示信息的加粗部分所示。 <HUAWEI> display power No Present mode State Num -- 17 Yes DC Normal 1 18 Yes DC Normal 1
CPU占用状态	执行display cpu-usage命令	CPU的占用率应低于80%。 如果长时间过高，应检查设备，查询原因。 下面显示信息的加粗部分为CPU当前占用率，应该低于80%。 <HUAWEI> display cpu-usage CPU Usage Stat. Cycle: 60 (Second) CPU Usage : 8% Max: 92% CPU Usage Stat. Time : 2009-11-16 18:31:48 CPU utilization for five seconds: 8%: one minute: 8%: five minutes: 8%. TaskName CPU Runtime(CPU Tick High/Tick Low) Task Explanation BOX 0% 0/ 2ad2ab BOX Output _TIL 0% 0/ 0 Infinite loop event task _EXC 0% 0/ 0 Exception Agent Task TICK 0% 0/ 8a559c ---- More ----

续表

维护项目	操作指导	参考标准
内存占有率	执行display memory-usage命令	内存的占用率应低于80%。 如果长时间过高，应检查设备，查询原因。 下面显示信息的加粗部分为当前内存占用率，应该小于80%。 <HUAWEI> display memory-usage Memory utilization statistics at 2010-11-16 18:36:45 150 ms System Total Memory Is: 1073741824 bytes Total Memory Used Is: 506644196 bytes Memory Using Percentage Is: 47%

2．每周例行工作（见表9.4）

表9.4　每周例行维护

维护项目	操作指导	参考标准
系统时间	执行display clock命令	通过该命令查询系统日期和时间。时间应与当地实际时间一致（时间差不大于5分钟）。 如果不合格，请执行clock命令修改系统时间或者NTP。 请重点关注下面信息的加粗部分。 <HUAWEI> display clock 2010/11/16 17:59 Monday Time Zone(DefaultZoneName) : UTC
CF卡剩余容量	执行dir命令	cfcard里的文件都必须是有用的，否则请执行delete /unreserved命令删除
接口流量	执行display interface brief命令	把当前流量和接口带宽比较，如果使用率超过端口带宽的80%，需要记录并确认。 并检查接口下的入方向和出方向是否有错误统计，重点关注错误统计的增长情况，并且参考出现错误包的时间间隔。 如下面显示信息的加粗部分所示，InUti表示接口接收方向最近300秒内的平均带宽利用率，正常情况下应该小于80%。OutUti表示接口发送方向最近300秒内的平均带宽利用率，正常情况下应该小于80%。inErrors表示接口接收的错误报文数，正常情况下应该为0。outErrors表示接口发送的错误报文数，正常情况下应该为0。 <HUAWEI> display interface brief PHY: Physical *down: administratively down ^down: standby (l): loopback (s): spoofing (b): BFD down (e): EFM down (d): Dampening Suppressed InUti/OutUti: input utility/output utility

续表

维护项目	操作指导	参考标准
接口流量	执行display interface brief命令	Interface PHY Protocol InUti OutUti inErrors outErrors Aux0/0/1 *down down 0% 0% 0 0 GigabitEthernet0/0/0 up up 0% 0% 0 0 GigabitEthernet2/0/0 up up 0% 0% 0 0 GigabitEthernet2/0/0.100 up down 0% 0% 0 0 GigabitEthernet2/0/1 down down 0% 0% 0 0 GigabitEthernet2/0/2 *down down 0% 0% 0 0 GigabitEthernet2/0/3 *down down 0% 0% 0 0 GigabitEthernet2/0/4 *down down 0% 0% 0 0 GigabitEthernet2/0/5 *down down 0% 0% 0 0 GigabitEthernet2/0/6 *down down 0% 0% 0 0 GigabitEthernet2/0/7 *down down 0% 0% 0 0 GigabitEthernet2/0/8 down down 0% 0% 0 0 GigabitEthernet2/0/9 *down down 0% 0% 0 0 LoopBack0 up up(s) 0% 0% 0 0 NULL0 up up(s) 0% 0% 0 0 ---- More ----
单板运行状态	执行display device命令	单板“Online”为“Present” 单板“Status”为“Normal”。 如下面显示信息加粗部分所示。 <HUAWEI> display device NE40E's Device status: Slot # Type Online Register Status Primary ------------------------------------- 1 LPU Present Registered Normal NA 2 LPU Present Registered Normal NA 3 LPU Present Registered Normal NA 6 LPU Present Registered Normal NA 9 MPU Present NA Normal Master 10 MPU Present Registered Normal Slave 11 SFU Present Registered Normal NA 12 SFU Present Registered Normal NA 13 SFU Present Registered Normal NA 14 SFU Present Registered Normal NA 15 CLK Present Registered Normal Master 16 CLK Present Registered Normal Slave 17 PWR Present NA Normal NA 18 PWR Present NA Normal NA 19 FAN Present Registered Normal NA 20 FAN Present Registered Normal NA 21 LCD Present Registered Normal NA

续表

维护项目	操作指导	参考标准
OSPF邻居状态	执行display ospf peer命令	正常情况下，邻居状态State为“2-Way”或“FULL”。 正常情况下，要求该邻居建立时间不应该小于一天。 如下面显示信息加粗部分所示。 <HUAWEI> display ospf peer OSPF Process 1 with Router ID 10.1.1.2 Neighbors Area 0.0.0.0 interface 10.1.1.2(GigabitEthernet1/0/0)'s neighbors Router ID: 10.1.1.1 Address: 10.1.1.1 GR State: Normal State: Full Mode:Nbr is Slave Priority: 1 DR: 10.1.1.1 BDR: None MTU: 0 Dead timer due in 35 sec Retrans timer interval: 5 Neighbor is up for 72:00:05 Authentication Sequence: [0]
IS-IS邻居状态	执行display isis peer命令	邻居状态State为“UP”。 如下面显示信息加粗部分所示。 <HUAWEI> display isis peer Peer information for ISIS(1) ---------------------------- System Id Interface Circuit Id State HoldTime Type PRI 0000.0000.0001 GE1/0/0 0000.0000.0001.01 Up 9s L2 100 0000.0000.0002 GE1/0/0 0000.0000.0001.01 Up 28s L2 64
BGP邻居状态	执行display bgp peer命令	邻居状态State为“Established”。 如下面显示信息加粗部分所示。 <HUAWEI> display bgp peer BGP local router ID : 2.2.2.2 Local AS number : 65009 Total number of peers : 3 Peers in established state : 3 Peer V AS MsgRcvd MsgSent OutQ Up/Down State PrefRcv 9.1.1.2 4 65009 49 62 0 00:44:58 Established 0 9.1.3.2 4 65009 56 56 0 00:40:54 Established 0 200.1.1.2 4 65008 49 65 0 00:44:03 Established 1
路由信息	执行display ip routing-table命令。与前一次记录的路由信息比较，检查是否有明显变化并可抽样对其中的路由项进行ping或者tracert操作	正常情况下，路由表中有默认路由。 对于处于一个网络中同一层次的设备，如果运行相同的路由协议，各设备上的路由条目应该相差不大（因为静态路由的配置差异，路由条目上可能存在一定差异）。

续表

维护项目	操作指导	参考标准
业务VPN路由	执行display ip routing-table vpn-instance vpn-instance-name命令	检查业务VPN路由情况
管理级用户控制	执行display cur-rent-configuration| include super password level 3 命令	请使用super password 命令为系统配置超级用户密码，并且要求是密文方式，密码长度大于6位
Telnet登录控制	执行display cur-rent-configuration | include super password level 3命令	Telnet口令和super口令的设置要不同。 密码使用密文格式
FTP口令控制	执行display cur-rent-configuration | include super password level 3命令	FTP口令和super口令的设置要不同。 密码使用密文格式
配置文件检查	执行display current-configura-tion、display saved-configuration命令查看当前配置和保存配置	运行配置需要与保存过的配置相同
	执行compare configuration来比较当前运行配置和保存配置是否一致	配置必须与用户的要求保持一致
备份配置文件	备份配置文件	配置文件可通过如下三种方法进行备份： 直接屏幕拷贝 通过TFTP备份配置文件 通过FTP备份配置文件

3．每季度例行工作（见表9.5）

表9.5　每季度例行维护

维护项目	操作指导	参考标准
更改用户登录口令	在 local-aaa-server 视图下执行 user username password cipher命令。 对于用本地 password 认证的登录用户，执行set authentication password命令修改用户口令	口令采用密文方式，密码长度大于6位。 最少每季度更改一次口令
防尘网除尘、风扇除尘	参见设备除尘维护	为了保证系统散热和通风状况良好，避免防尘网被灰尘堵住，必须定期清洗防尘网

4．每半年例行工作（见表9.6）

表9.6　每半年例行工作

维护项目	操作指导	参考标准
主备控制板切换	按指导文档	建议设备升级版本时进行，或按省公司具体指导文档操作；倒换应在深夜业务闲时进行

任务完成

（1）根据任务要求，用表格形式制定一个涵盖周、月、季巡检的巡检计划。

（2）按制定的巡检计划，对涉及的设备完成一次周巡检任务、一次月巡检任务和一次季巡检任务，填写对应的巡检计划表格。

（3）根据巡检的结果，完成巡检作业报告，对设备运行状况进行综合分析。

（4）本地IP承载网设备登记表（见表9.7）。

表9.7　本地IP承载网设备登记表

设备名称	设备厂家	设备型号	管理地址	局址
GDSG-MC-IPMAN-QQT-RT01-NE80	华为	NE80E	*.*.*.*	全球通12F机房

任务评价

IP承载网日常维护规范制定完成后，参考表9.11对学生进行他评和自评。

表9.11　IP承载网日常维护评价表

项　目＼内　容	学习反思与促进	他人评价	自我评价
应知应会	熟知IP承载网的维护重要性和维护要点	Y　N	Y　N
	熟知IP承载网每日维护计划要点	Y　N	Y　N
	熟知IP承载网每周维护计划要点	Y　N	Y　N
	熟知IP承载网每季维护计划要点	Y　N	Y　N
	熟知IP承载网半年维护计划要点	Y　N	Y　N
专业能力	熟练使用维护检测工具仪表	Y　N	Y　N
	熟练完成IP承载网日常维护工作	Y　N	Y　N
通用能力	合作和沟通能力	Y　N	Y　N
	自我工作规划能力	Y　N	Y　N

知识链接与拓展

9.1　登录IP承载网设备

1．登录设备的方法简介

数据设备的登录，可以通过以下几种方式实现：

通过Console口进行本地登录；

通过以太网端口利用Telnet进行本地或远程登录；

通过Console口利用Modem拨号进行远程登录；

通过WEB网管登录；

通过NMS（Network Management Station，网管工作站）登录。

2．用户界面公共配置

表9.8　用户界面公共配置

操　作	命　令	说　明
锁定当前用户界面	lock	可选 在用户视图下执行 缺省情况下，不锁定当前用户界面
配置在用户界面之间传递消息	send { all | number | type number }	可选 在用户视图下执行
清除指定的用户界面	free user-interface [type] number	可选 在用户视图下执行

续表

<table>
<tr><th>操　作</th><th>命　令</th><th>说　明</th></tr>
<tr><td>进入系统视图</td><td>system-view</td><td>-</td></tr>
<tr><td>配置登录交换机时的欢迎信息</td><td>header { incoming | legal | login | motd | shell } text</td><td>可选
缺省情况下，没有配置欢迎信息</td></tr>
<tr><td>配置交换机的系统名</td><td>sysname string</td><td>可选
缺省情况下，系统名为H3C</td></tr>
<tr><td>进入用户界面视图</td><td>user-interface [type] first-number [last-number]</td><td>-</td></tr>
<tr><td>配置中止当前运行任务的快捷键</td><td>escape-key { default | character }</td><td>可选
缺省情况下，键入<Ctrl+C>中止当前运行的任务</td></tr>
<tr><td>配置历史命令缓冲区大小</td><td>history-command max-size value</td><td>可选
缺省情况下，历史缓冲区为10，即可存放10条历史命令</td></tr>
<tr><td>配置用户界面的超时时间</td><td>idle-timeout minutes [seconds]</td><td>可选
缺省情况下，所有的用户界面的超时时间为10分钟
如果10分钟内某用户界面没有用户进行操作，那么该用户界面将自动断开
idle-timeout 0 表示关闭用户界面的超时功能</td></tr>
<tr><td>配置终端屏幕一屏显示的行数</td><td>screen-length screen-length</td><td>可选
缺省情况下，终端屏幕一屏显示的行数为24行
screen-length 0表示关闭分屏功能</td></tr>
<tr><td>启动终端服务</td><td>shell</td><td>可选
缺省情况下，在所有的用户界面上启动终端服务</td></tr>
<tr><td>配置终端的显示类型</td><td>terminal type { ansi | vt100 }</td><td>可选
缺省情况下，终端显示类型为ANSI</td></tr>
<tr><td>显示用户界面的使用信息</td><td>display users [all]</td><td rowspan="3">display命令可以在任意视图下执行</td></tr>
<tr><td>显示用户界面的物理属性和部分配置</td><td>display user-interface [type number | number] [summary]</td></tr>
<tr><td>显示当前WEB用户的相关信息</td><td>display web users</td></tr>
</table>

3．通过Console口进行本地登录

通过Console口进行本地登录是登录交换机的最基本的方式，也是配置通过其他方式登录交换机的基础。以太网交换机缺省情况下只能通过Console口进行本地登录。

用户终端的通信参数配置要和交换机Console口的配置保持一致，才能通过Console口登录到以太网交换机上。交换机Console口的缺省配置如表9.9所示。

表9.9　交换机Console口缺省配置

属　性	缺省值
波特率	9600bit/s
流控方式	不进行流控
校验方式	无校验位
停止位	1
数据位	8

第一步：如图9.2所示，建立本地配置环境，只需将PC机（或终端）的串口通过配置电缆与以太网交换机的Console口连接。

图9.2　通过Console口搭建本地配置环境

第二步：在PC机上运行终端仿真程序（如Windows 3.X的Terminal或Windows 9X/Windows 2000/Windows XP的超级终端等，以下配置以Windows XP为例），选择与交换机相连的串口，配置终端通信参数为：波特率为9600bit/s、8位数据位、1位停止位、无校验和无流控，如图9.3、图9.4、图9.5所示。

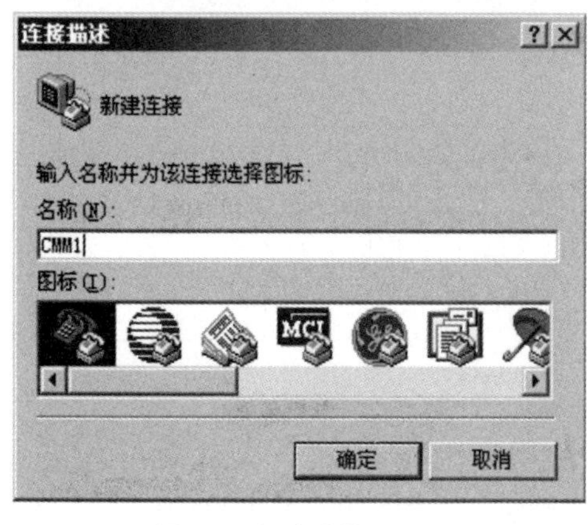

图9.3　新建连接

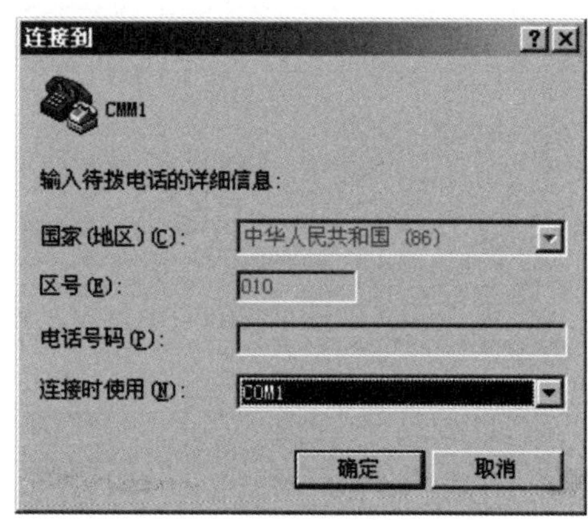

图9.4　连接端口配置

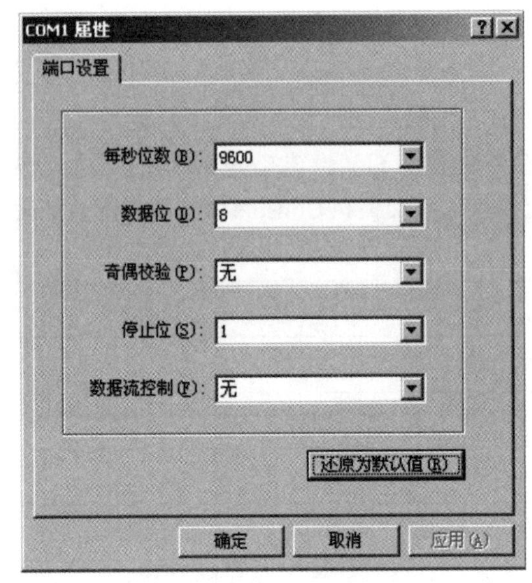

图9.5　端口通信参数配置

第三步：以太网交换机上电，终端上显示设备自检信息，自检结束后提示用户键入回车，之后将出现命令行提示符（如<H3C>）。

第四步：键入命令，配置以太网交换机或查看以太网交换机运行状态。需要帮助可以随时键入“?”，具体的配置命令请参考本手册中相关模块的内容。

4．通过Telnet进行登录

绝大多数数据设备支持Telnet功能，用户可以通过Telnet方式对交换机进行远程管理和维护。

交换机和Telnet用户端都要进行相应的配置（见表9.10），才能保证通过Telnet方式正常登录交换机。

表9.10　通过Telnet登录交换机需要具备的条件

对　象	需要具备的条件
交换机	启动Telnet服务
	配置交换机VLAN接口的IP地址，交换机与Telnet用户间路由可达，具体配置请参见“IP地址-IP性能”、“IPv4路由”模块中的相关内容
	配置Telnet登录的认证方式和其他配置见后续两表
Telnet用户	运行了Telnet程序
	获取交换机VLAN接口的IP地址

通过终端Telnet到以太网交换机：

第一步：通过Console口正确配置以太网交换机VLAN 1接口的IP地址（VLAN 1为交换机的缺省VLAN）。

· 通过Console口搭建配置环境。请参见“通过Console口登录交换机”章节。

· 通过Console口在超级终端中执行以下命令，配置以太网交换机VLAN 1接口的IP地址。

配置以太网交换机VLAN 1接口的IP地址为202.38.160.92，子网掩码为255.255.255.0。

```
<H3C> system-view
[H3C] interface vlan-interface 1
[H3C-Vlan-interface1] ip address 202.38.160.92 255.255.255.0
```

第二步：在通过Telnet登录以太网交换机之前，针对用户需要的不同认证方式，在交换机上进行相应配置。缺省情况下，Telnet用户登录需要进行Password认证。

第三步：如图9.6所示，建立配置环境，只需将PC机以太网口通过网络与以太网交换机VLAN 1下的以太网端口连接。如果PC机和以太网交换机不在同一局域网内，那么PC机和交换机VLAN 1接口之间必须存在互相到达的路由。

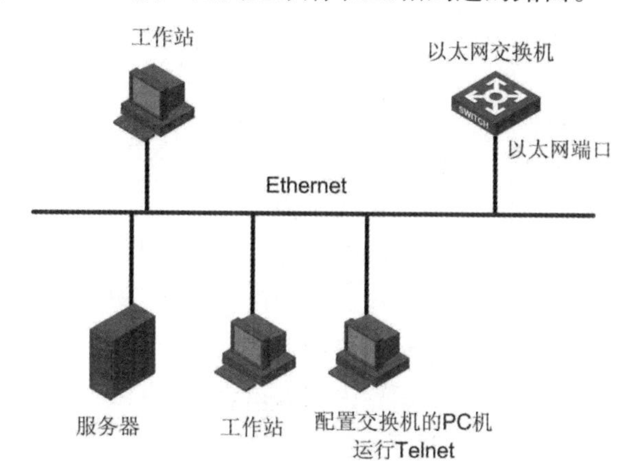

图9.6　通过局域网搭建本地配置环境

第四步：在PC机上运行Telnet程序，输入交换机VLAN 1接口的IP地址，如图9.7所示。

图9.7　运行Telnet程序

第五步：如果配置验证方式为Password，那么终端上显示“Login authentication”，并提示用户输入已配置的登录口令，口令输入正确后出现命令行提示符（如<H3C>）。如果出现“All user interfaces are used，please try later!”的提示，表示当前Telnet到以太网交换机的用户过多，请稍候再连接（S3610&S5510系列以太网交换机最多允许5个Telnet用户同时登录）。

9.2 IP承载网日常作业命令介绍

1．每日作业命令

Display trapbuffer //显示系统告警信息

Display logbuffer //显示系统日志信息

Display temperature //显示设备温度信息

Display voltage //显示设备电压信息

Display fan //显示设备风扇状态

Display power //显示设备电源状态

Display cpu-usage //显示CPU占用状态

Display memory-usage //显示内存占用状态

2．每周作业命令

Display clock //显示系统时钟

Dir //显示CF卡剩余容量

Display interface brief //显示接口流量信息

Display device //显示单板运行状态

Display isis peer //显示ISIS邻居信息

Display bgp peer //显示BGP邻居信息

Display ip routing-table //显示路由信息

Display ip routing-table vpn-instance vpn-instance-name //显示vpn路由信息

Display current-configuration| include super password level 3 //显示管理级

Display current-configuration //显示配置文件

教学策略

1．重难点

（1）IP承载网的维护要点。

（2）IP承载网的维护计划。

2．技能训练程度

（1）熟练使用维护测试工具仪器。

（2）熟练运用网络测试命令。

3．教学讨论

完成IP承载网日常维护任务，需要熟悉IP承载网网络结构和硬件组成，熟悉维护流程及规范，即需具备一定的理论知识，且操作性较强。建议采用以下的方法进行教学：

任务相关知识点可采用教师讲授、分组讨论和现场教学法等，也可以借助图片等资料进行多媒体教学。

任务完成可采用分组实训、现场教学法等。首先由教师讲解、演示设备安装过程；然后由学生完成具体任务，在学生安装设备过程中发现问题再由老师帮助解决。在实验条件允许的情况下，应该由每个学生单独完成；如条件有限，可以2到3人一组协作完成，但必须保证小组内每个学生都参与。

习题

1．简要描述IP承载网每日维护计划的要点与维护目的。

2．简要描述IP承载网每周维护计划的要点与维护目的。

3．简要描述IP承载网每季维护计划的要点与维护目的。

4．简要描述IP承载网半年维护计划的要点与维护目的。

5．简要描述在IP承载网的日常维护中常用的测试命令的用法。

6．简要描述在IP承载网日常维护中，查看系统日志的意义。

任务10 IP承载网故障处理

任务描述

IP承载网主要负责传输网络中的各项业务，IP承载网故障引起的网络中断造成故障影响巨大，因此IP承载网的故障处理对于IP承载网的日常维护尤为重要。IP网承载网的故障是指由于IP网设备、主机系统等发生故障而导致影响业务正常使用或危及网络安全稳定运行的情况。现在根据需要模拟一承载网故障，请根据老师指导，完成承载网相应故障的判断与处理。

任务分析

IP网故障是指由于IP网设备、主机系统等发生故障而导致影响业务正常使用或危及网络安全稳定运行的情况。

一、IP承载网故障分类

IP网故障按影响业务的严重程度分类如下：

1．特别重大故障

（1）100万以上互联网用户无法访问互联网1小时以上；

（2）全网50%以上国际互联带宽阻断1小时以上；

（3）骨干网与国内运营商网间直连点1个以上互联方向全阻1小时以上；

（4）2个以上省网（或2个以上电信网络安全防护定级3.2级以上城域网）脱网或严重拥塞（指链路时延>110ms或丢包率超过8%，下同）1小时以上；

（5）IP承载网2个省业务阻断1小时以上；

（6）党政军重要机关、与国计民生和社会安定直接有关的重要企事业单位及具有重大影响的会议、活动等相关通信阻断。

2．重大故障

（1）10万以上互联网用户无法访问互联网1小时以上；

（2）造成某个全国级重要信息系统用户数据通信中断1小时以上；

（3）全网30%以上国际互联带宽阻断1小时以上；

（4）骨干网与国内运营商网间直连点1个互联方向网间直连（或某个交换中心）全阻1小时以上；

（5）1个以上省网（或1个以上电信网络安全防护定级3.1级以上城域网）脱网或严重拥塞1小时以上；

（6）IP承载网1个省或某省2个以上地市业务阻断1小时以上；

（7）互联网骨干网某一核心节点全阻1小时以上；

（8）专线接入业务500端口以上阻断1小时以上；

（9）省级域名系统或认证系统全阻1小时以上。

3．较大故障

（1）省、直辖市或自治区网内5万以上互联网接入用户无法正常访问互联网1小时以上；

（2）造成某省级重要信息系统用户数据通信中断1小时以上；

（3）全网10%以上国际互联带宽阻断1小时以上；

（4）骨干网与交换中心互联全阻1小时以上；

（5）1个以上城域网（电信网络安全防护定级3.1级以下）脱网或严重拥塞1小时以上；

（6）IP承载网1个以上地市业务阻断1小时以上；

（7）互联网骨干网某一核心节点全阻30分钟以上；

（8）专线接入业务100端口以上阻断1小时以上；

（9）省级域名服务器或认证服务器或计费服务器中断30分钟以上；

（10）重要大客户中心节点业务全阻1小时以上。

4．一般故障

（1）省、直辖市或自治区网内1～5万互联网接入用户无法正常访问互联网1小时以上；

（2）专线接入业务20端口以上阻断1小时以上；

（3）造成某地市级重要信息系统用户数据通信中断1小时以上；

（4）国际互联设备、电路阻断,但未造成上述严重后果；

（5）骨干网与国内运营商直连设备、电路阻断,但未造成上述严重后果；

（6）IP 骨干网重要节点或链路阻断,但未造成上述严重后果；

（7）省级域名服务器或认证服务器或计费服务器中断。

5．其他故障

除上述四类故障以外的 IP 网故障。

二、故障处理的原则

（1）先抢通，后修复；先核心，后边缘；先本端，后对端；先网内，后网外。当两个以上的故障同时发生时，对重大阻断、重要大客户故障等予以优先处理。

（1）监测传输电路是否正常，原则上以 IP 层环测为依据。

三、故障类型与处理分析

1．传输系统链路故障。

2．承载网设备配置故障。

必备知识

IP 承载网故障排查常用命令包括：

· ipconfig 命令

· ping 命令

· arp（地址转换协议）命令

· netstat 命令

· tracert 命令

· route 命令

任务完成

一、传输系统链路故障处理思路分析

1．定位传输类故障问题的思路分析

排除光传输设备的故障，最关键的一步是根据网管、路由器、传输设备上告警的具体情况，将光传输设备的故障点准确地定位到单站，这是维护人员在日常维护工作中必须牢固树立的观念。

光传输设备的故障定位、诊断的一般原则是“先外部，后传输；先单站，后单板；先线路，后支路；先高级，后低级”（如图 10.1 所示）。如何在实践中根据光传输设备的网管告警及利用仪表等，在最短时间内落实并处理故障，是每一位维护人员应该具备的专业素质。

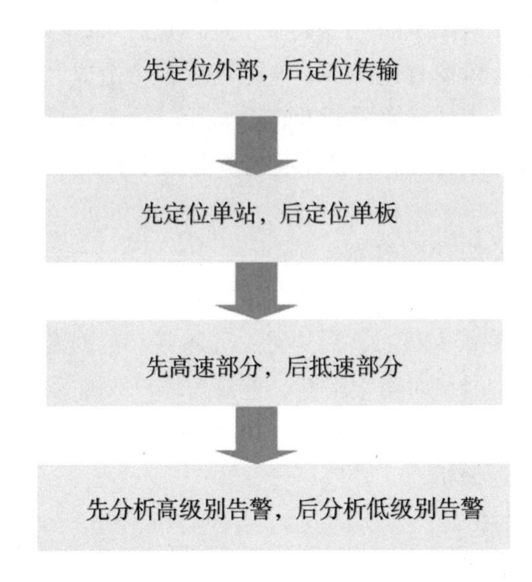

图 10.1　故障定位基本原则示意图

（1）在发生传输引起的告警或故障时，应当先检查是否是外部环境导致传输告警或故障，例如：是否存在光缆中断、施工导致光路损坏等。在排除了外部因素后，再进一步检查传输链路、传输设备本身。

（2）在检查传输链路、传输设备时，应当首先判断整条传输链路中，最有可能发生故障的站点。定位到站点后，再逐一检查站点的传输设备、板卡模块等是否存在问题，即遵循“先单站、后单板”的排障思路。

（3）应当注意的是，传输速率为 2.5G、10G 等高速信号通常都是由多路低速支路信号（如 155M）复用而成的，并且在不同信号速率层面都附加很多监测码以检测传输信号质量。因此在排障时也可遵循“先高速部分、后低速部分”的顺序进行故障诊断。

（4）在发现有传输告警或故障时，应当先处理高级别告警，再排查低级别告警，即先处理重要告警、再处理一般性告警，确保对业务性能的影响降到最低限度。

2. 处理传输类故障问题的经验分析

通常，根据对常见传输告警信息的分析，结合告警产生的原理，可以有效帮助我们对故障进行诊断和定位。传输侧引起的常见告警信息摘要如下：

（1）对于相邻两个网元，在网管上都有 R-LOS、R-LOF 告警，而没有 MS-RDI、MS REI，说明远端劣化指示和远端误码指示无法回传，很可能是光缆中断。

（2）如果相邻两网元本端有 R-LOS、R-LOF 告警，另一端有 MS-RDI、MS-REI，说明远端劣化指示和远端误码指示能够回传，可能是光纤单断或尾纤头脏、衰耗大，或本端收光板或对端发光板有故障。

（3）如果当前两个相邻网元都有R-LOS和R-LOF，并且当前网元无法登陆，一般情况为当前网元掉电，造成两个方向光路不通。

（4）传输光路不通并且有R-LOS、R-LOF告警，原因可能有：断纤、光纤性能劣化、尾纤头太脏、衰耗过大、光板故障、发射或接收光功率异常、使用光板型号不对。

（5）如果传输侧误码过量，设备外部原因可能有：光纤性能劣化、损耗大、光纤接头太脏，或连接不正确、设备接地不良、设备附近有强烈干扰源、设备散热不良、工作温度高、传输距离过短或过长等。

（6）设备内部原因可能有：线路板接收侧衰减过大、对端发送电路故障，或本端接收电路故障、时钟同步性能不好、支路板故障、风扇故障等。

一般情况下，当POS链路传输质量下降时，会产生PLOP、PAIS和PRDI等告警，POS接口的成帧错误率会增高，两端路由器间POS链路时延会增大，上述情况通常对应2级告警，在这种情况下可以采取下列步骤进行故障诊断和定位：

· 查看传输网管（例如IP承载网AR-BR链路所承载的省干二平面SDH传输系统）；

· 告警发生时是否有割接动作；

· 传输是否产生保护倒换；

· 确认传输故障原因。

另外，在某些情况下，由于传输质量劣化导致pos接口链路不可用，在这种情况下，需要按照如下步骤处理：

· 查看业务（软交换业务等）是否受影响，多数情况下接口闪断不会影响到业务。一般单链路故障不会影响到业务，双链路故障时会导致业务中断；

· 查看传输网管，确认链路质量下降原因、传输侧是否存在故障；

· 排查是否为传输故障，如果是传输故障，联系传输专业相关人员进行故障处理，如果非传输故障，联系IP专业相关人员进行故障处理。

在日常运维工作中，由于网络扩容、网络变更、网络割接操作等人为因素也会造成链路质量下降，导致故障发生。如果是割接操作期间出现的告警，完成后割接人员须确认告警已经清除（需要手动清除告警）；如果不是割接时间内产生的告警，需登录AR和CE设备侧确认是否有异常日志告警（show log/dis logbbuffer）及端口状态是否异常（show interface “故障GE或pos接口”），针对异常情况进行处理。

综上所述，在进行故障分析、诊断、定位及处理的过程中，需要不断学习实践、积累总结经验，才能逐渐掌握一套系统的故障排除方法及手段。目前常用的有效排障方法包括：告警/性能分析法、接口（线路）环回法、更改数据配置法、仪表测试法、部件替换法和经验分析处理等方法。

采用何种方法需根据实际故障情况进行灵活选取，但最终目的都是尽快解决问题，保障业务的持续稳定运行。

二、传输系统链路故障案例分析

1．常见IP承载网BR-AR POS接口闪断分析案例

【问题描述】

目前XX移动IP承载网中BR和AR设备均为思科路由器。BR设备为思科CRS-1路由器、AR设备为思科GSR12416路由器，各个地州AR上联BR链路均为2.5G POS（传输为SDH、OTN）链路，部分AR下联CE链路也采用了2.5G POS链路接入。

因此，在承载网日常运维过程中，掌握POS链路故障（告警）分析处理的一些基本办法、逐渐培养故障定位和故障分析的思路显得尤为重要。

目前IP承载网使用的思科路由器POS接口主要有两种速率：2.5G和10G。思科路由器POS接口设置了对传输不同层面（section、line、path）的错误检测机制，当检测到不同传输层面的错误或告警信息后，思科路由器pos接口也会采取一定的动作，例如将接口或协议状态变为down。

【问题分析】

下面先来看一下思科设备pos接口下能够设置的检测参数都有哪些，如下所示：

验证命令

```
BA-IPNET-RT01-（config-if）#pos report ?
  all       all Alarms/Signals
  b1-tca    B1 BER threshold crossing alarm
  b2-tca    B2 BER threshold crossing alarm
  b3-tca    B3 BER threshold crossing alarm
  lais      Line Alarm Indication Signal
  lrdi      Line Remote Defect Indication
  pais      Path Alarm Indication Signal
  plop      Path Loss of Pointer
  prdi      Path Remote Defect Indication
  rdool     Receive Data Out Of Lock
  sd-ber    LBIP BER in excess of SD threshold
  sf-ber    LBIP BER in excess of SF threshold
  slof      Section Loss of Frame
  slos      Section Loss of Signal
```

通过以上命令行输出可以看到，思科设备pos接口下对传输的不同层面都设置了检测参数，通过对不同传输层面：section、line、path进行检测，并根据检测到的告警，pos接口将采取不同的动作转换接口或协议状态，同时在设备端产生一条对应的日

志消息，便于网络运维人员进行故障定位和分析。

对应上述参数，思科设备端告警主要分为以下几类。

（一）BER告警（Bit Error Rate告警）

当思科CRS-1或GSR路由器POS接口（2.5G、10G）收到BIP告警超过设置的特定阀值时，路由器将产生相应的log日志信息，提醒网络管理员注意接口链路传输质量。

备注：BIP-8（bit interleaved parity （BIP−8） checks），字节间插奇偶校验。

相关告警日志信息如下所示：

```
Show log
Feb 22 08:50:47.845: %SONET−4−ALARM: POS3/0: B1 BER exceeds threshold，TC alarm declared
Feb 22 08:50:47.845: %SONET−4−ALARM: POS3/0: B2 BER exceeds threshold，TC alarm declared
Feb 22 08:50:47.845: %SONET−4−ALARM: POS3/0: B3 BER exceeds threshold，TC alarm declared
```

B1,B2,B3统称为BIP：比特间插奇偶校验码，用于监测传输各个层面（section、line、path）的误码。SDH帧在三个层面（section、line、path）都有自己的BIP，接口在收到帧时会监测BIP字段，当接收端收到的帧的误码超过了一定的限度，这时设备会上报一个误码越限的告警信号。

对应到设备端即为b1、b2、b3-tca告警：

b1-tca ：B1 BER threshold crossing alarm ,B1误码率超过阀值

b2-tca：B2 BER threshold crossing alarm,B2误码率超过阀值

b3-tca：B3 BER threshold crossing alarm,B3误码率超过阀值

接下来对B1、B2、B3-TCA告警监测的不同层面做详细说明：

（1）B1-tca告警，用于检测两台相邻的STE设备（Section Terminating Equipment, such as a regenerator）间的bit错误，即指示setion层面存在bit errors告警。

（2）B2-tca告警，用于检测两台相邻的LTE设备（Line Terminating Equipment, such as Add/Drop Multiplexer（ADM） or DCS）间的bit错误，即指示Line层面存在bit errors告警。

（3）B3-tca告警，用于检测两台相邻的PTE设备（Path Terminating Equipment, such as two router’s pos interface）间的bit错误，即指示Path层面存在bit errors告警。

一般组网通常都是由两台路由器通过POS接口（2.5G、10G）、通过传输进行点对点互联，典型的传输组网结构如图10.2所示。

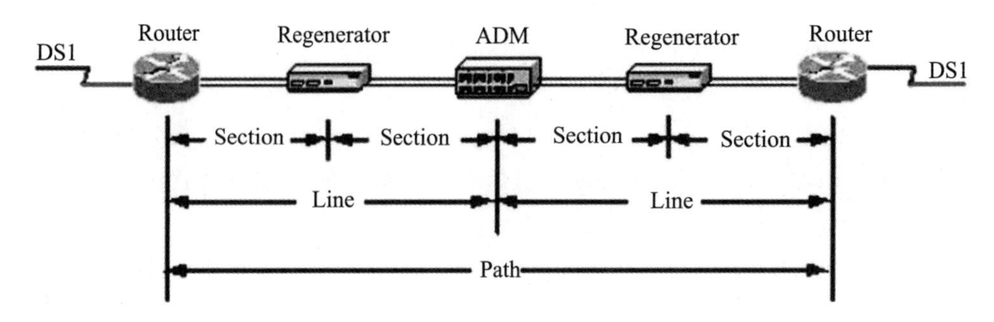

图 10.2　传输组网结构

通过上图，可以看到在传输不同层面（section、line、path）对应到传输网络中大致的位置。

通常情况下，如果网络中只有B1、B2的误码告警增加，而没有B3误码告警持续增加，一般不会出现这样的状况。因为B3误码检测对应的是Path层面或者payload section，B1、B2误码的增加必然会影响到Path层面，除非没有启用对Path层面的误码检测。

B3误码告警通常指示Path或Payload的误码，由于ADM（分插复用器）或regenerators（中继器）并不能终结Path（通道层），所以B3误码告警通常指示Path（通道层）终结设备（即路由器）的本端接口或者远端接口存在问题，导致了Path（通道层）或payload出现误码。

当一个POS接口收到BIP Errors告警时，接口并不会丢弃帧，设备也不会采取任何措施，只是单纯地发出告警。

（二）SLOF、SLOS、LAIS、LRDI、PAIS、PLOP、PRDI告警

通常情况下，SONET设备在检测到告警时，会主动向上游或下游的设备通告告警信息，通知其他设备传输链路中存在问题。

通过show controllers命令，可以观察到本地接口上检测到的告警、对应命令输出为Active Defects section，同时可以观察到当前上游设备检测到的告警、对应命令输出为Active Alarms section。

命令摘要如下所示。

```
show controller pos 1/0
POS1/0
SECTION
 LOF = 1        LOS   = 1                BIP（B1）= 31165
LINE
```

```
AIS = 1      RDI   = 0    FEBE = 0       BIP（B2） = 0
PATH
AIS = 1      RDI   = 1    FEBE = 0       BIP（B3） = 25614
LOP = 0      NEWPTR = 1   PSE  = 0       NSE    = 0
Active Defects: SLOF SLOS B1-TCA LAIS PAIS PRDI B3-TCA
Active Alarms:  SLOS B1-TCA B3-TCA
Alarm reporting enabled for: SF SLOS SLOF B1-TCA B2-TCA PLOP B3-TCA
TC alarm declared
Feb 22 08:50:47.845: %SONET-4-ALARM:  POS3/0: B2 BER exceeds thresh-
old，TC alarm declared
Feb 22 08:50:47.845: %SONET-4-ALARM:  POS3/0: B3 BER exceeds thresh-
old，TC alarm declared
```

对应LRDI、SLOS、SLOF、LAIS等告警，如果设备检测到上述告警信息，同样会在设备端产生一条告警信息，并将相关接口或协议状态转换为down，在告警消除后又恢复相关接口或协议的状态。

告警日志摘要如下所示：

```
show log
Aug  7 05:14:49 BST: %SONET-4-ALARM:  POS4/7: LRDI cleared
Aug  7 05:14:52 BST: %SONET-4-ALARM:  POS4/7: LRDI
Aug  7 05:15:02 BST: %LINEPROTO-5-UPDOWN: Line protocol on Interface
POS4/7，changed state to down
! ---路由器收到Line层面远端劣点指示LRDI，将接口协议状态置于down；
Aug  7 05:15:13 BST: %SONET-4-ALARM:  POS4/7: LRDI cleared
Aug  7 05:16:42 BST: %SONET-4-ALARM:  POS4/7: LRDI
Aug  7 05:16:45 BST: %SONET-4-ALARM:  POS4/7: SLOS
Aug  7 05:16:47 BST: %LINK-3-UPDOWN: Interface POS4/7，changed state
to down
Aug  7 05:16:56 BST: %SONET-4-ALARM:  POS4/7: LRDI cleared
Aug  7 05:16:56 BST: %SONET-4-ALARM:  POS4/7: PRDI
Aug  7 05:17:49 BST: %SONET-4-ALARM:  POS4/7: LRDI
! ---常见的告警日志还包括如下输出
Feb 18 16:34:22.309: %SONET-4-ALARM: ATM5/0: ~SLOF SLOS LAIS ~LR-
DI PAIS PRDI ~PLOP
```

上述日志摘要输出中，“~”标志标明相关告警未检测到，而没有“~”标记的则表示检测到相关的告警，例如上面输出日志信息中，检测到了section loss of frame告警、Line Alarm indication signal告警等等。

一般来说，当一台SONET设备检测到一个传输失效（failure condition）状态时，将会通知网络中的上游或下游设备出现失效状态。

SONET设备通常用AIS（Alarm Indicator Signal）通知下游Downstream设备传输链路中出现了问题；而RDI（Remote Defects Indication）则作为一种控制或回馈机制用于通知上游Upstream设备传输链路中出现了问题，RDI早先也被称为FERF（far end receive failure indications）。

下面将详细介绍不同告警的产生机理及接口对应该类告警所采取的动作：

SLOF（Section Loss of Frame），Section层面帧丢失，连续3ms以上没有收到帧将导致该类告警；

SLOS（Section Loss of Signal），Section层面信号丢失，输入无光功率、光功率过低、光功率过高，使BER劣于10-3将导致该类告警。

在默认情况下，接口产生该类告警后会立即将状态切换down，待告警消除后接口状态会自动恢复。

告警日志摘要如下所示：

```
show log
Jan 26 02:40:22.164: %SONET-4-ALARM:  POS0/0/0: SLOS
Jan 26 02:40:22.264: %LINK-3-UPDOWN: Interface POS0/0/0, changed state to down
Jan 26 02:40:45.199: %SONET-4-ALARM:  POS0/0/0: SLOS cleared
Jan 26 02:40:45.199: %SONET-4-ALARM:  POS0/0/0: PLOP
Jan 26 02:40:45.299: %LINK-3-UPDOWN: Interface POS0/0/0, changed state to up!
```

LAIS Line Alarm Indicator Signal，Line层面（复用段）告警指示信号，即如果STE（section terminating equipment）从上行的Section检测到SLOF或者SLOS，它就会产生LAIS告警来提醒下行的LTE（Line terminating equipment-通常是路由器）。

如图10.3所示，路由器RTB发送流量给路由器RTA，中继器A可以看成为一个section终结设备，当其检测到section B层面存在问题后，生成一个LAIS告警来通知路由器RTA传输链路中存在故障，路由器RTA接收到告警后即将相关接口状态置于down、待告警消除后回复接口状态为up。

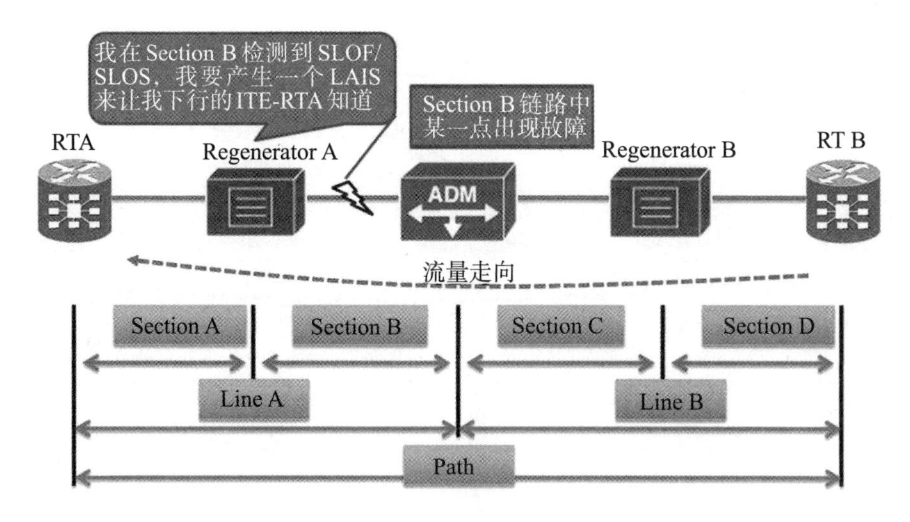

图10.3 流量示意图

LRDI Line Remote Defects Indication，Line层面（复用段）远端劣点指示，即如果一台LTE收到LAIS，它就会产生一个LRDI告警来提醒上行的LTE。如图10.3所示：

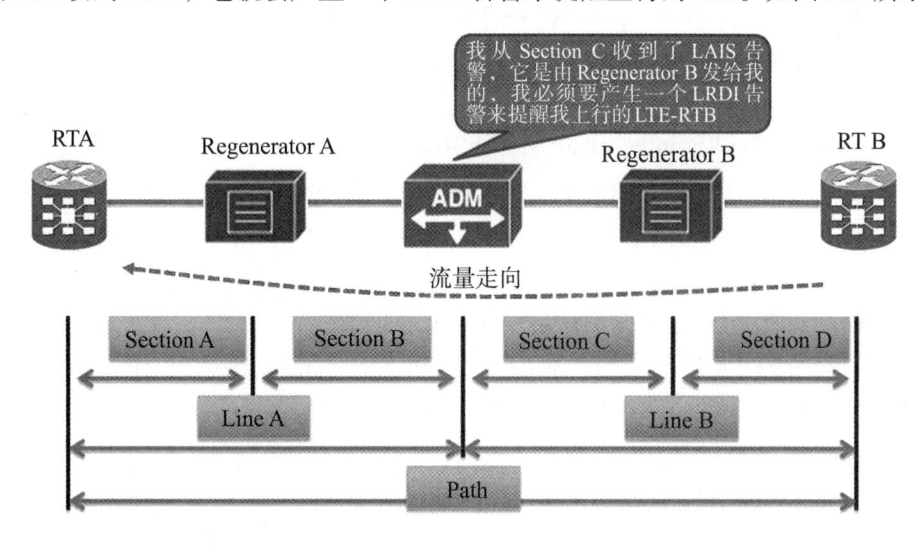

图10.4 流量示意图

由图10.4，ADM可以看作是一个LTE-Line层面终结设备，当ADM从中继器B接收到LAIS告警后，作为一种控制或回馈机制、ADM生成LRDI告警提醒路由器RTB传输链路中存在问题，路由器RTB接收到告警后即将相关接口状态置于down、待告警消除后回复接口状态为up；

PAIS Path Alarm indication Signal，通道层告警指示信号，当一台LTE收到LAIS告警时，他会产生一个PAIS告警来提醒它下行的PTE设备传输链路中存在故障。如图10.5所示：

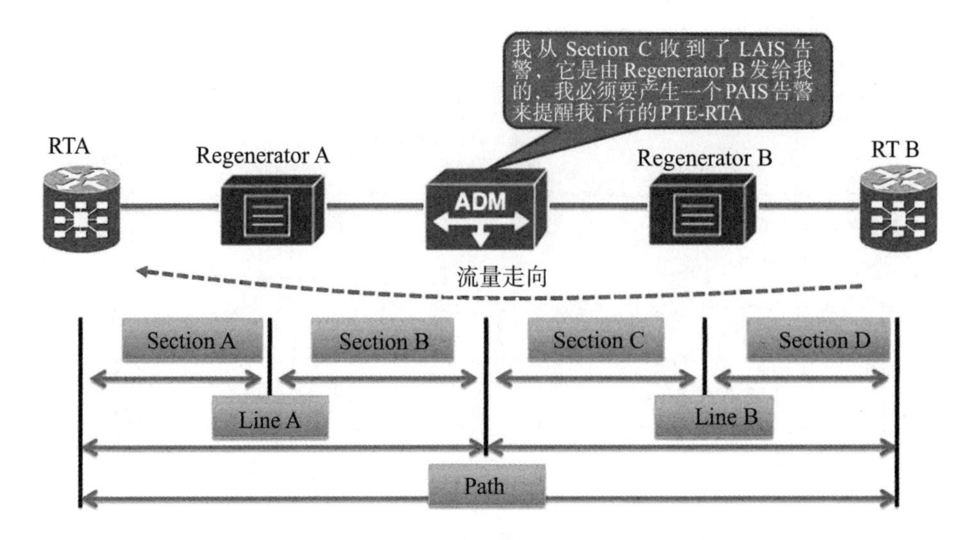

图10.5 流量示意图

图10.5中，ADM作为Line层面终结设备，当其接收到来自中继器B的LAIS告警后，生成PAIS告警，通知自己下行的Path层面终结设备、即路由器RTA传输链路中存在故障，路由器RTA接收到告警后即将相关接口状态转换为down、待告警消除后恢复接口状态为up；

PLOP Path Loss of Pointer，Path层丢失指针，指针通常用于指示信息净负荷的第一个字节在STM-N帧内的准确位置的指示符，以便收端能根据这个位置指示符的值——指针值，正确分离出信息净负荷。丢失指针意味着接收端无法从传输数据帧中正确分离出信息负荷payload。

网络中设备产生PLOP告警有两种情况：

（1）两端的PTE封装的帧类型不一致时，中间的ADM会产生PLOP告警，但这个告警不会发给其他设备，只在自己的系统中显示。当两端的PTE（路由器）检测到input和output方向的数据帧封装类型不一致时，它不会产生告警，它只是单纯的报告这一情况。此时，我们使用命令show controller pos x/x/x ，设备会提示"Facility alarm: PathFarEndRxFailure"；

（2）当PTE检测到传输数据帧中的pointer字节不可用或者有过量的NDF（New Data Flag）字节时，设备会在自身产生POLP告警。

PRDI Path Remote Defects Indication，Path层面远端劣点指示，PRDI告警只会在通道层传递；当下行PTE收到PAIS告警时，它就会产生一条PRDI告警来提醒远端的上行PTE，让其知道下行链路发生了故障。如图10.6所示：

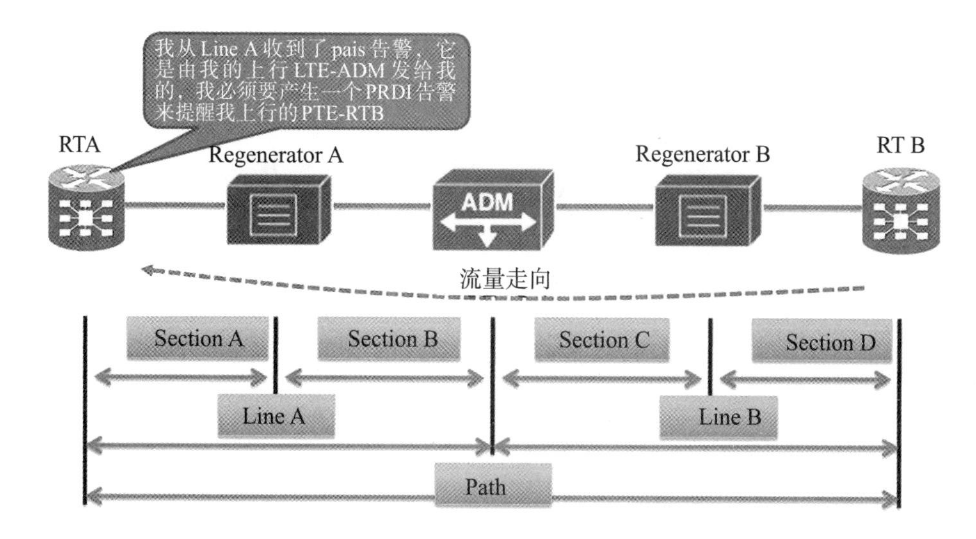

图10.6　流量示意图

图10.6中，路由器RTA接收到来自ADM（line层终结设备）发来的PAIS告警，路由器RTA生成PRDI告警，告诉路由器RTB传输链路中存在故障，路由器RTB接收到告警信息后即将相关接口状态切换到down、待告警消除后再回复接口为up状态；

【故障分析处理】

（一）对于B1、B2、B3-TCA告警的排错方法，通常可以采取如下手段进行：

（1）检查接口的收、发光功率，确保在正常范围内；

（2）检查接口光模块或光纤连接头是否被污染、是否连接牢固；

（3）检查两端接口的时钟配置是否匹配；

（4）检查链路中各段传输设备是否存在问题；

（5）对接口设置loopback internal（内部打环）或者在ODF（或传输端）打环，观察接口状态，若打环以后接口及协议状态能够up，进行ping测接口IP，判断接口自身是否存在问题。

通过上述步骤，分段分析可能的问题原因，帮助定位故障发生的层面，最终排除故障，恢复网络的正常通信。

（二）对于SLOF、SLOS告警的排错方法，通常可以采取如下手段进行：

SLOS：

（1）检查两端设备接口上光纤的物理连接；

（2）在接口上使用loopback internal命令检测端口可用性；

（3）请传输专业人员在传输设备上打软/硬环检测链路可用性；

（4）检查接口收发光功率。

当接口检测在连续125微秒（也就是SDH发送一个帧的时间）内检测没有LOS，系统清除告警。

SLOF：

（1）检查两端设备接口上光纤的物理连接；

（2）检查两端PTE设备帧封装类型是否一致。

严格意义上说产生SLOF并不是没收到帧，而是帧中再生段中的A1/A2参数有误。当收到连续的两个帧中所含的A1/A2参数正确，系统清除告警。

（三）对于LAIS、LRDI告警的排错方法，通常可以采取如下手段进行：

LAIS：

（1）检查远端接口配置是否正确；

（2）检查远端接口协议状态是否匹配。

LRDI：

检查远端接口状态。

（四）对于PAIS、PRDI、PLOP

PAIS：

（1）检查两端接口配置；

（2）排查链路故障。

PRDI：

检查对端接口以及传输链路。

PLOP：

检查两端接口帧封装配置和时钟源配置；

注意，缺省情况下cisco设备不会对Path层面的告警采取措施，除非在接口下配置了pos delay trrigers path xx （ms）。

【处理结果】

通过对上述告警产生原理的认真学习和理解，结合故障分析中对不同告警提出的不同故障定位及排除方法、结合接口或传输打环测试等手段，基本能够对POS接口相关的告警及故障处理做到较好的应对。

在掌握上述方法的同时，与传输运维技术人员保持持续交流，互相学习，在日常运维工作中注意不断实践并总结排障经验，从而不断提高对故障诊断及排除能力。

【案例点评】

关于IP承载网路由器间跨局链路通过传输系统承载，路由器端口上因配置过相应的path层面及line层面拖延计时（现网配置为200ms），通常来说传输正常倒换（一般为50ms以内），路由器侧不应该感知进而发生端口宕故障。但实际维护工作中，经常遇到因传输故障或倒换时路由器侧引发端口物理及协议宕的问题。经过大量的测试验证以寻找优化办法，但只能优化，不能完全避免。究其原因，主要是异厂家异系统的不同机制带来的对接问题。

（三）传输类故障处理流程总结

在发现告警，进行告警分析、故障诊断、故障处理等环节，可遵循一定的流程，从而保证整个排障过程可管、可控、可查，便于不同专业人员协同配合完成整个排障过程。

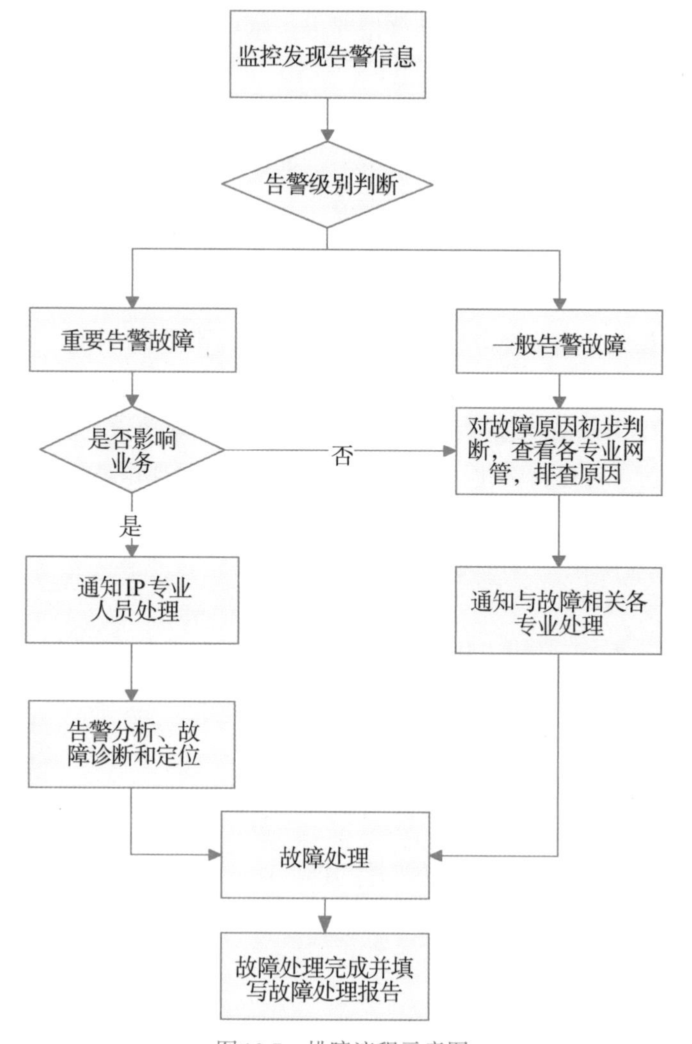

图 10.7　排障流程示意图

如图 10.7 所示，在监控发现告警信息后，应当首先判断告警信息的重要级别及对业务侧的影响范围，对重要告警应当首先给予关注。在确认告警级别后，判断当前告警是否影响到业务。若有影响，应当通知相关IP专业人员协助进行故障分析、定位和诊断。

对一般性的告警信息，可查看网管侧的告警详细记录，并通知相关专业配合排查。

故障处理完后，需要将故障现象、告警信息、故障原因、诊断过程、处理办法等形成为的文档记录，作为日常维护工作的故障案例素材。

三、承载网设备配置故障思路分析

对配置类问题引起的隐患或故障，主要根源通常为人员操作失误，例如运维人员对技术不熟练、对网络或设备不熟悉、对规范化配置不了解、工作责任心差、粗心等等，不可一概而论。但根源都可归结为人为因素。因此，要求维护人员熟练掌握专业原理及技能的同时，还应当具备缜密的思维和严谨的工作态度。我们需要对人员的技术能力、责任心、操作规范性等方面严格要求，建立一套良好的操作规范、操作审计措施，最大程度避免这一类问题的发生。

从制度层面来说，可制定相应的操作规程或流程，对整个网络操作过程，如割接、扩容、变更等日常操作流程进行规范。例如，针对每次操作，应当基于操作需求制定详细的操作实施方案或技术方案，在操作执行之前，必须组织专家对操作实施方案或技术方案、操作脚本、测试脚本等进行论证和审核，审核通过之后提交操作实施计划和操作申请。

如果在操作过程中发现意外问题导致操作不能达到预期目标，应当在操作规定的结束时间点之前进行回退，首先保障业务系统的运行不受影响。而后启动问题倒查机制，对操作过程中出现的问题进行排查，并提出详细的解决方法，同时对操作实施方案或技术方案、脚本等进行优化，审核通过后再行提交操作申请。

流程如图10.8所示。

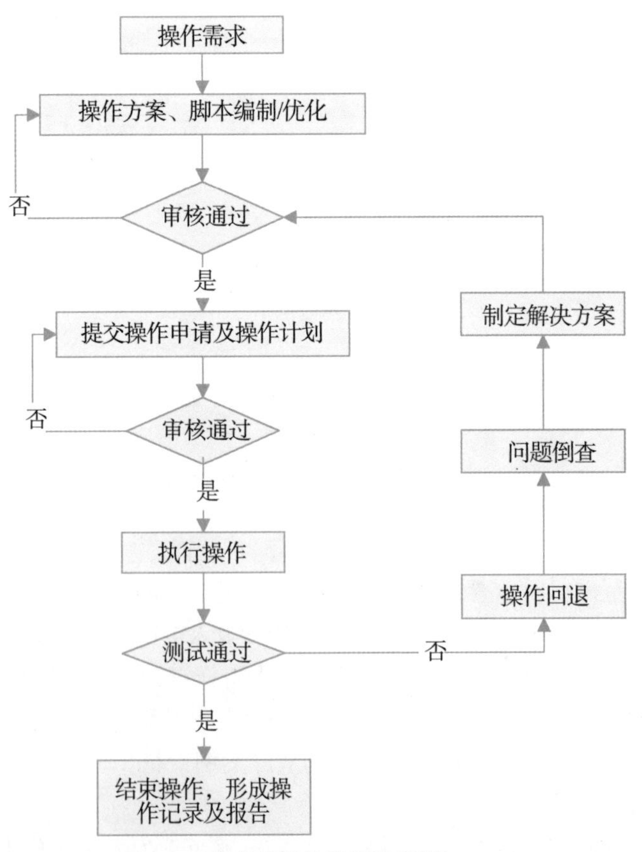

图10.8　规范化操作流程示意图

四、承载网设备配置故障案例分析

1．华为路由器配置的路由策略未生效问题

华为CE路由策略名称/前缀列表名称都严格区分大小写，如未能匹配成功则，路由策略失效。

【问题描述】

新建大唐RNC接入昆明PS域CE03/CE04，采用路由策略过滤的方式在OSPF中引入静态路由和直连路由，匹配IP前缀的路由才能被引入到OSPF。CE03上没有配置该RNC与CE间的直联网段20.31.137.4/30的IP前缀，但却发现该路由被引入到OSPF中并发布了出去，通过与CE03间的ospf邻接关系，CE04上能够学到这个网段路由。

【问题分析】

华为CE-NE40E的IP前缀是采用严格匹配原则，即路由的掩码也要和IP前缀的掩码一致，路由才能匹配上IP前缀，从而被引入到OSPF中去。

分析路由策略限制未生效的原因有：

（1）IP前缀配置错误：当路由策略中引用了一个不存在的IP前缀名时，会导致策略最终不会去匹配前缀。

（2）路由策略配置错误：当OSPF引用了一个不存在的路由策略名时，会导致OSPF不会按照策略引入路由，而是引入所有直连和静态路由。

CE上配置如下：

```
ospf 18 router-id 20.168.79.152 vpn-instance ChinaMobile_YN_IUPS_SG
 import-route direct type 1 route-policy policy_iups_sg
 import-route static type 1 route-policy policy_iups_sg
route-policy IUPS_SG permit node 60
 if-match ip-prefix prefix_iups_sg_datang
ip ip-prefix prefix_iups_sg_datang index 10 permit 20.31.137.1 32
ip ip-prefix prefix_iups_sg_datang index 20 permit 20.31.137.17 32
ip ip-prefix prefix_iups_sg_datang index 30 permit 20.31.137.33 32
ip ip-prefix prefix_iups_sg_datang index 170 permit 20.31.137.0 24
ip ip-prefix prefix_iups_sg_datang index 180 permit 20.31.137.8 29
 ……
```

基于上述两种可能原因，仔细检查CE03配置，发现OSPF 18中引入路由时引用的策略名称和实际配置的策略名称不一致，前者是policy_iups_sg，后者是IUPS_SG，故路由策略并未引入生效，导致OSPF在引用直连路由和静态路由时并没有匹配到已配置的路由策略，而是匹配了一个不存在的策略。对于这种情况，设备的处理方式是引

入所有直连和静态路由，所以CE04学习到CE03中IP前缀里并未配置的路由，该路由是CE03与RNC间的直连路由。

【问题处理】

（1）按照局数据规范中定义的路由策略名称，修改CE03上OSPF 18中引用的策略名称，使其与定义的策略路由名称一致，即：

```
ospf 18 router-id 20.168.79.152 vpn-instance ChinaMobile_YN_IUPS_SG
 import-route direct type 1 route-policy IUPS_SG
 import-route static type 1 route-policy IUPS_SG
```

（2）将OSPF引用的路由策略和配置的路由策略统一起来，问题现象消失，CE04上不再能看到策略限制以外的路由。

【案例点评】

在路由器上配置路由策略和IP前缀时，都应该注意引用的名称和配置的实际名称要一致（大小写必须一样），否则可能导致因名称不一致而使设备引用一个不存在的路由策略或者IP前缀的情况，这种情况下已配置的路由策略和IP前缀实际并未生效。

任务评价

IP承载网故障处理完成后，参考表10.1对学生进行他评和自评。

表10.1　IP承载网故障处理评价表

内容／项目	学习反思与促进	他人评价	自我评价
应知应会	掌握IP承载网的故障分类	Y　N	Y　N
	掌握IP承载网的故障处理原则	Y　N	Y　N
	掌握IP承载网传输系统故障处理技巧	Y　N	Y　N
	掌握IP承载网数据配置故障处理技巧	Y　N	Y　N
专业能力	熟练使用故障分析处理工具仪表	Y　N	Y　N
	熟练完成故障的定位与处理	Y　N	Y　N
通用能力	合作和沟通能力	Y　N	Y　N
	自我工作规划能力	Y　N	Y　N

知识链接与拓展

10.1　ipconfig命令

ipconfig命令用于显示本机当前的TCP/IP配置的设置值，包括本机当前的IP地址、子网掩码、默认网关以及DNS服务器。可以用来检验TCP/IP配置是否正确。对于使用了动态主机配置协议（DHCP）的局域网，这个命令的作用就更加重要和实用。Ipconfig 可以让我们了解自己的计算机是否成功地分配到一个 IP 地址，并查看它的具体参数。

ipconfig 最常用的选项有 ipconfig、ipconfig/all、ipconfig/release 和 ipconfig/renew。

当使用 ipconfig 时不带任何参数选项，那么它为每个已经配置的接口显示 IP 地址、子网掩码和默认网关值（见图 10.9）。

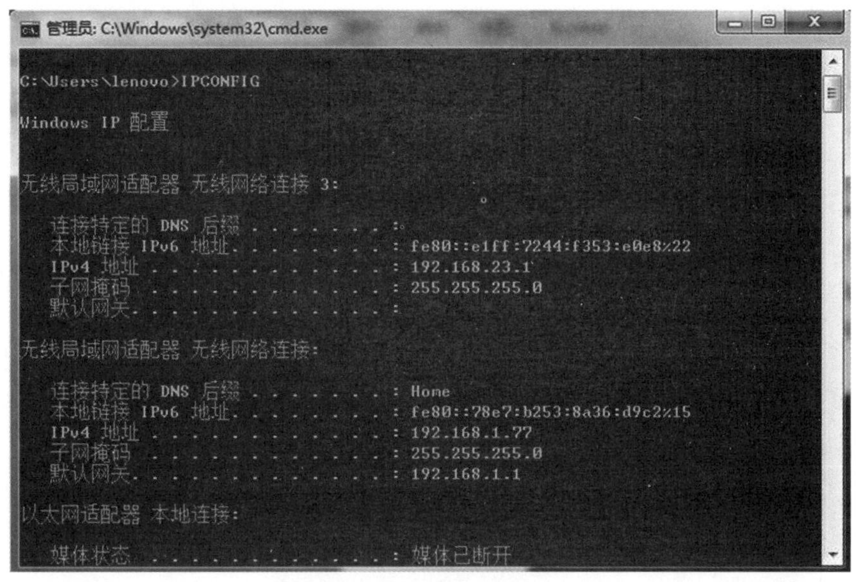

图 10.9　ipconfig 命令 1

当使用 all 选项时，ipconfig 能为 DNS 和 WINS 服务器显示它已配置且所要使用的附加信息，并且显示内置于本地网卡中的物理地址（MAC）。如果 IP 地址是从 DHCP 服务器分配的，那么 ipconfig 将显示 DHCP 服务器的 IP 地址和租用地址预计失效的日期（见图 10.10）。

```
无线局域网适配器 无线网络连接:

   连接特定的 DNS 后缀 . . . . . . . : Home
   描述. . . . . . . . . . . . . . . : Realtek RTL8723BE Wireless LAN 802.11n P
I-E NIC
   物理地址. . . . . . . . . . . . . : 54-35-30-62-02-9D
   DHCP 已启用 . . . . . . . . . . . : 是
   自动配置已启用. . . . . . . . . . : 是
   本地链接 IPv6 地址. . . . . . . . : fe80::78e7:b253:8a36:d9c2%15(首选)
   IPv4 地址 . . . . . . . . . . . . : 192.168.1.77(首选)
   子网掩码 . . . . . . . . . . . . : 255.255.255.0
   获得租约的时间 . . . . . . . . . : 2015年12月5日 19:38:57
   租约过期的时间 . . . . . . . . . : 2015年12月6日 19:38:57
   默认网关. . . . . . . . . . . . . : 192.168.1.1
   DHCP 服务器 . . . . . . . . . . . : 192.168.1.1
   DHCPv6 IAID . . . . . . . . . . . : 290731312
   DHCPv6 客户端 DUID . . . . . . . : 00-01-00-01-1A-E1-53-75-3C-97-0E-ED-83-2

   DNS 服务器 . . . . . . . . . . . : 192.168.1.1
   TCPIP 上的 NetBIOS . . . . . . . : 已启用
```

图 10.10　ipconfig 命令 2

ipconfig/release 和 ipconfig/renew。这两个附加选项，只能在向 DHCP 服务器租用 IP 地址的计算机上起作用。如果我们输入 ipconfig/release，那么所有接口的租用 IP 地址便重新交付给 DHCP 服务器（归还 IP 地址）。如果我们输入 ipconfig/renew，那么本地计算机便设法与 DHCP 服务器取得联系，并租用一个 IP 地址。

10.2 ping 命令

ping 是个使用频率极高的实用程序，用于确定本地主机是否能与另一台主机交换数据以及测试主机的联通状态。根据返回的信息，可以推断 TCP/IP 参数是否设置得正确以及运行是否正常。但由于可以自定义所发数据报的大小及无休止地高速发送，ping 也被某些别有用心的人作为 DDOS（拒绝服务攻击）的工具，例如许多大型的网站就是被黑客利用数百台可以高速接入互联网的电脑连续发送大量 ping 数据报而瘫痪的。

Windows 上运行的 ping 命令能够发送 4 个 ICMP（网间控制报文协议）回送请求，每个 32 字节数据，如果一切正常，应能得到 4 个回送应答。ping 能够以毫秒为单位显示发送回送请求到返回回送应答之间的时间量。如果应答时间短，那么表示数据报不必通过太多的路由器或网速比较快。ping 还能显示 TTL（Time TO Live 存在时间）值，可以通过 TTL 值推算一下数据报已经通过了多少个路由器。该命令的输出界面如图 10.11 所示。

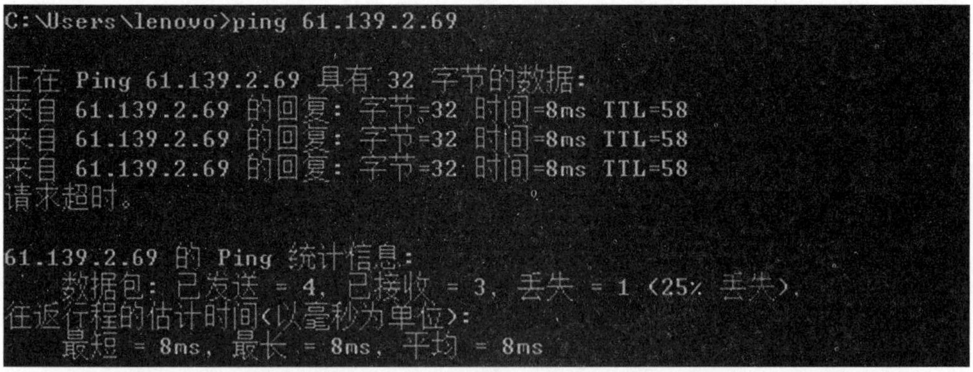

```
C:\Users\lenovo>ping 61.139.2.69

正在 Ping 61.139.2.69 具有 32 字节的数据:
来自 61.139.2.69 的回复: 字节=32 时间=8ms TTL=58
来自 61.139.2.69 的回复: 字节=32 时间=8ms TTL=58
来自 61.139.2.69 的回复: 字节=32 时间=8ms TTL=58
请求超时。

61.139.2.69 的 Ping 统计信息:
    数据包: 已发送 = 4，已接收 = 3，丢失 = 1 (25% 丢失)，
往返行程的估计时间(以毫秒为单位):
    最短 = 8ms，最长 = 8ms，平均 = 8ms
```

图 10.11　Ping 命令 1

Ping 命令常用的参数选项有：

ping IP-t。连续对 IP 地址执行 ping 命令，直到被用户按 Ctrl+C 键中断。

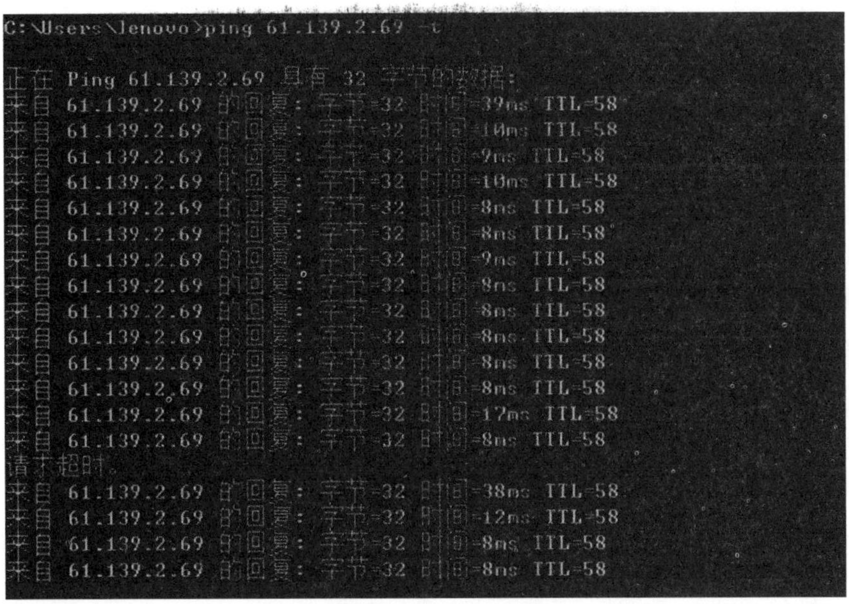

```
C:\Users\lenovo>ping 61.139.2.69 -t

正在 Ping 61.139.2.69 具有 32 字节的数据:
来自 61.139.2.69 的回复: 字节=32 时间=39ms TTL=58
来自 61.139.2.69 的回复: 字节=32 时间=10ms TTL=58
来自 61.139.2.69 的回复: 字节=32 时间=9ms TTL=58
来自 61.139.2.69 的回复: 字节=32 时间=10ms TTL=58
来自 61.139.2.69 的回复: 字节=32 时间=8ms TTL=58
来自 61.139.2.69 的回复: 字节=32 时间=8ms TTL=58
来自 61.139.2.69 的回复: 字节=32 时间=9ms TTL=58
来自 61.139.2.69 的回复: 字节=32 时间=8ms TTL=58
来自 61.139.2.69 的回复: 字节=32 时间=8ms TTL=58
来自 61.139.2.69 的回复: 字节=32 时间=8ms TTL=58
来自 61.139.2.69 的回复: 字节=32 时间=8ms TTL=58
来自 61.139.2.69 的回复: 字节=32 时间=8ms TTL=58
来自 61.139.2.69 的回复: 字节=32 时间=17ms TTL=58
来自 61.139.2.69 的回复: 字节=32 时间=8ms TTL=58
请求超时。
来自 61.139.2.69 的回复: 字节=32 时间=38ms TTL=58
来自 61.139.2.69 的回复: 字节=32 时间=12ms TTL=58
来自 61.139.2.69 的回复: 字节=32 时间=8ms TTL=58
来自 61.139.2.69 的回复: 字节=32 时间=8ms TTL=58
```

图10.12　Ping命令2

ping IP-1 L（见图10.12）。指定ping命令中的数据长度为L字节，而不是默认的32字节。

ping IP-n（见图10.13）。执行特定次数的ping命令。

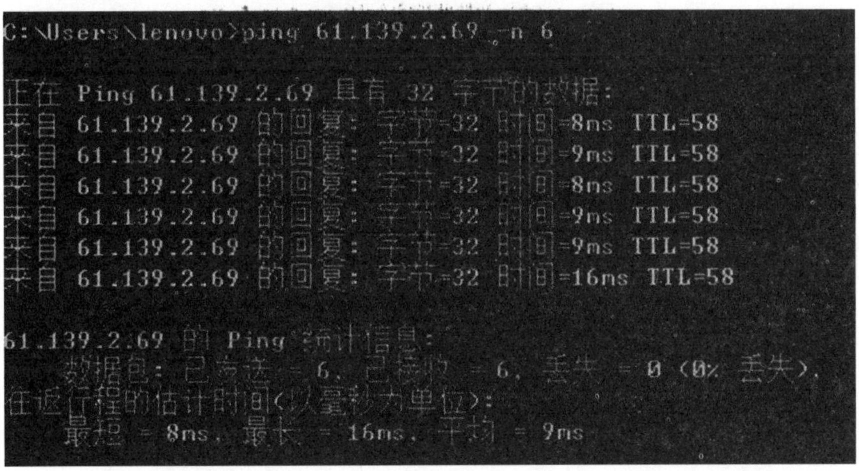

```
C:\Users\lenovo>ping 61.139.2.69 -n 6

正在 Ping 61.139.2.69 具有 32 字节的数据:
来自 61.139.2.69 的回复: 字节=32 时间=8ms TTL=58
来自 61.139.2.69 的回复: 字节=32 时间=9ms TTL=58
来自 61.139.2.69 的回复: 字节=32 时间=8ms TTL=58
来自 61.139.2.69 的回复: 字节=32 时间=9ms TTL=58
来自 61.139.2.69 的回复: 字节=32 时间=9ms TTL=58
来自 61.139.2.69 的回复: 字节=32 时间=16ms TTL=58

61.139.2.69 的 Ping 统计信息:
    数据包: 已发送 = 6，已接收 = 6，丢失 = 0 (0% 丢失)，
往返行程的估计时间(以毫秒为单位):
    最短 = 8ms，最长 = 16ms，平均 = 9ms
```

图10.13　Ping命令3

10.3　arp命令

arp（地址转换协议）是一个重要的TCP/IP协议，用于确定对应IP地址的网卡物理地址。使用arp命令，我们能够查看本地计算机或另一台计算机的ARP高速缓存中的当前内容。

arp常用命令的参数选项：

arp -a或arp -g 。用于查看高速缓存中的所有项目。-a和-g参数的结果是一样的，多年来-g 一直是UNIX 平台上用来显示ARP 高速缓存中所有项目的选项，而Windows 用的是arp -a（-a 可被视为all，即全部的意思），但它也可以接受比较传统的-g 选项。

（2）arp -a [IP]。如果我们有多个网卡，那么使用arp -a 加上接口的IP 地址，就可以只显示与该接口相关的ARP 缓存项目。

（3）arp -s [IP] [物理地址]。可以向ARP 高速缓存中人工输入一个静态项目。该项目在计算机引导过程中将保持有效状态，或者在出现错误时，人工配置的物理地址将自动更新该项目。如图10.14 所示，我们人工地加了218.18.33.123 00-d4-5a-8e-3f，它的类型是静态的。

```
C:\>arp -s 218.18.33.123 00-d4-5a-55-8e-3f

C:\>arp -g

Interface: 218.18.33.68 on Interface 0x1000003
  Internet Address      Physical Address      Type
  218.18.33.1           00-e0-fc-44-7c-1b     dynamic
  218.18.33.123         00-d4-5a-55-8e-3f     static
```

图10.14　arp命令的输出截面

arp -d [IP]。使用本命令能够人工删除一个静态项目。

10.4　netstat命令

netstat 命令是一个监控TCP/IP 网络的非常有用的工具，它可以显示路由表、实际的网络连接以及每一个网络接口设备的状态信息。

netstat 的几个常用命令选项（见图10.15、图10.16、图10.17）：

netstat-s。选项能够按照各个协议分别显示其统计数据。

```
C:\Users\lenovo>netstat -s

IPv4 统计信息

  接收的数据包              = 195336
  接收的标头错误            = 4795
  接收的地址错误            = 53263
  转发的数据报              = 0
  接收的未知协议            = 27
  丢弃的接收数据包          = 134944
  传送的接收数据包          = 317657
  输出请求                  = 65753
  路由丢弃                  = 0
  丢弃的输出数据包          = 184
  输出数据包无路由          = 7
  需要重新组合              = 6
  重新组合成功              = 2
  重新组合失败              = 0
  数据报分段成功            = 0
  数据报分段失败            = 0
  分段已创建                = 0
```

图10.15　netstat命令1

netstat -a。本选项用于显示一个所有的有效连接信息列表，包括已建立的连接（ESTABLISHED），也包括监听连接请求（LISTENING）的那些socket。

```
C:\Users\lenovo>netstat -a

活动连接

  协议  本地地址              外部地址            状态
  TCP    0.0.0.0:135            lenovo-PC:0            LISTENING
  TCP    0.0.0.0:445            lenovo-PC:0            LISTENING
  TCP    0.0.0.0:3888           lenovo-PC:0            LISTENING
  TCP    0.0.0.0:8089           lenovo-PC:0            LISTENING
  TCP    0.0.0.0:49152          lenovo-PC:0            LISTENING
  TCP    0.0.0.0:49153          lenovo-PC:0            LISTENING
  TCP    0.0.0.0:49155          lenovo-PC:0            LISTENING
  TCP    0.0.0.0:49156          lenovo-PC:0            LISTENING
  TCP    0.0.0.0:49160          lenovo-PC:0            LISTENING
  TCP    127.0.0.1:4300         lenovo-PC:0            LISTENING
  TCP    127.0.0.1:4301         lenovo-PC:0            LISTENING
  TCP    127.0.0.1:5905         lenovo-PC:49241        ESTABLISHED
  TCP    127.0.0.1:5905         lenovo-PC:49242        ESTABLISHED
  TCP    127.0.0.1:5905         lenovo-PC:49243        ESTABLISHED
  TCP    127.0.0.1:5905         lenovo-PC:49244        ESTABLISHED
  TCP    127.0.0.1:27015        lenovo-PC:0            LISTENING
  TCP    127.0.0.1:49235        lenovo-PC:49236        ESTABLISHED
```

图10.16　netstat命令1

netstat -r。本选项用于显示关于路由表的信息，格式同“route -e”。除了显示有效路由外，还显示当前有效的连接。

netstat -e。本选项用于显示有关以太网的统计数据。它列出的项目包括传送的数据报的总字节数、错误数、删除数、数据报的数量和广播的数量。这些统计数据既有发送的数据报数量，也有接收的数据报数量。这个选项可以用来统计一些基本的网络流量。

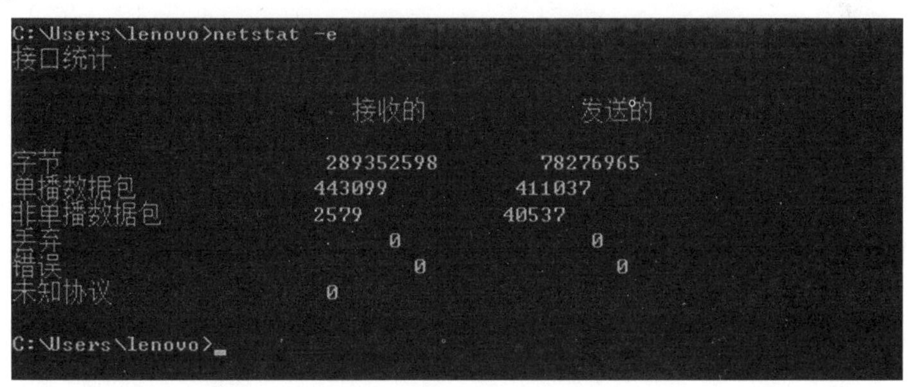

图10.17　netstat命令3

10.5　tracert命令

当数据报从你的计算机经过多个网关传送到目的地时，tracert命令可以用来跟踪数据报使用的路由（路径）。该实用程序跟踪的路径是源计算机到目的地的一条路径，不能保证或认为数据报总遵循这个路径。如果你的配置使用DNS，那么你常常会从所产生的应答中得到城市、地址和常见通信公司的名字。tracert 是一个运行得比较慢的命令（如果你指定的目标地址比较远），每个路由器你大约需要给它15 秒钟。

tracert 的使用很简单，只需要在tracert 后面跟一个 IP 地址或URL，tracert 会进行相应的域名转换的（见图10.18）。tracert 一般用来检测故障的位置，你可以用tracert IP 在哪个环节上出了问题，虽然还是没有确定是什么问题，但它已经告诉了我们问题所在的地方。

```
C:\Users\lenovo>tracert 61.139.2.69

通过最多 30 个跃点跟踪到 61.139.2.69 的路由

  1    33 ms     2 ms     3 ms  192.168.1.1
  2     5 ms     4 ms     5 ms  100.68.0.1
  3    17 ms     4 ms     3 ms  61.157.110.237
  4    11 ms    15 ms    11 ms  222.213.9.9
  5    57 ms     *        9 ms  171.208.197.138
  6     8 ms     8 ms     8 ms  61.139.113.58
  7     7 ms     9 ms     7 ms  61.139.2.69

跟踪完成。
```

图10.18　tracert命令

10.6　route命令

大多数主机一般都是驻留在只连接一台路由器的网段上。由于只有一台路由器，所以不存在使用哪一台路由器将数据报发送到远程计算机上去的问题，该路由器的IP 地址可作为该网段上所有计算机的缺省网关来输入。但是，当网络上拥有两个或多个路由器时，你就不一定想只依赖缺省网关了。实际上你可能想让你的某些远程IP 地址通过某个特定的路由器来传递，而其他的远程IP 则通过另一个路由器来传递。在这种情况下，你需要相应的路由信息，这些信息储存在路由表中，每个主机和每个路由器都配有自己独一无二的路由表。大多数路由器使用专门的路由协议来交换和动态更新路由器之间的路由表。但在有些情况下，必须人工将项目添加到路由器和主机上的路由表中。route 就是用来显示、人工添加和修改路由表项目的。

route 的几个常用命令选项：

（1）route print。本命令用于显示路由表中的当前项目，在单路由器网段上的输出由于用IP 地址配置了网卡，因此所有的这些项目都是自动添加的。

（2）route add。使用本命令，可以将新路由项目添加给路由表。例如，如果要设定一个到目的网络ip1 的路由，其间要经过5 个路由器网段，首先要经过本地网络上的一个路由器，路由器IP 为ip2，子网掩码为mask1，那么你应该输入以下命令：

route add ip1 mask mask1 ip2 metric 5

（3）route change。可以使用本命令来修改数据的传输路由，不过，你不能使用本命令来改变数据的目的地。下面这个例子可以将数据的路由改到另一个路由器，它采用一条包含3个网段的更直的路径：

route add ip1 mask mask1 ip2 metric 3

（4）route delete。使用本命令可以从路由表中删除路由。例如：route delete ip1。

教学策略

1．重难点

（1）掌握IP承载网故障处理原则和思路。

（2）掌握IP承载网常见故障的分析与处理技巧。

2．技能训练程度

（1）掌握故障的定位和排查技能。

（2）掌握故障分析仪表的使用方法。

3．教学讨论

完成IP承载网故障处理任务，需要熟知IP承载网的网络结构和主要设备组成，熟悉故障处理流程及规范，即需具备一定的理论知识，且操作性较强。建议采用以下的方法进行教学：

任务相关知识点可采用教师讲授、分组讨论、现场教学法等，也可以借助图片等资料进行多媒体教学。

任务完成可采用分组实训、现场教学法等。首先由教师讲解、演示设备安装过程，然后由学生完成具体任务，在学生安装设备过程中发现问题再由老师帮助解决。在实验条件允许的情况下，应该由每个学生单独完成；如条件有限，可以2到3人一组协作完成，但必须保证小组内每个学生都参与。

习题

1．简要描述IP承载网的故障分类。

2．简要描述IP承载网的故障处理原则。

3．简要描述IP承载网的传输系统故障分析处理思路。

4．简要描述IP承载网的数据配置故障分析处理思路。

5．简要描述IP承载网常用的光传输设备故障的排查方法。

6．简要描述IP承载网的数据配置故障分析处理思路。

任务11 IP承载网的优化

任务描述

当前，IP承载网的技术解决方案及分类方法很多。随着电信技术的不断发展，各种业务异彩纷呈，同时业务融合也成为大势所趋。分组和宽带作为业务融合的技术基础和基本特征，使得分组化的网络融合成为必由之路。本任务主要结合IP承载网优化中多业务、分组化的需求，对现有的各种多业务承载解决方案的特点和应用进行了比较和分析，通过实际案例探讨了分组化多业务承载的应用策略。

任务分析

运营商传统的IP承载网以互联网接入为主，提供尽力而为的服务，对于在网络上承载的其他业务，如IPTV、VoIP、NGN等不能提供业务所需的可靠性、安全性以及QoS等。为了保证各种业务的正常运行，国内运营商正在从骨干和城域两方面入手来建设电信级的IP多业务承载网络。

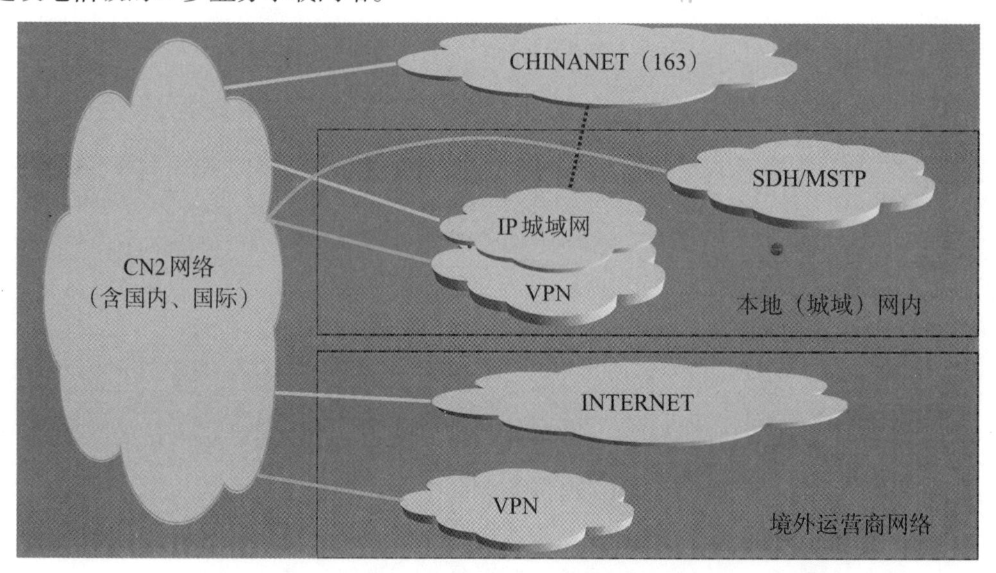

图11.1 电信级IP承载网络

首先在骨干层，运营商建设了一张新的IP承载网，用来专门承载NGN、3G、IP-TV、VPN互联及视频监控等一些高收益业务，而原有的公众互联网主要用于承载传统公众上网业务及其他没有严格质量保证的业务。例如，中国电信构建了CN2电信级承载网，中国网通也在已经拥有China169和CNC net两张IP网的基础上，新建一张IP承载网来承载NGN等电信级业务。骨干层IP承载网和公众互联网双平面的共存，从根本上分离了普通业务和高价值业务的承载，可以确保高价值业务对承载网络的质量需求。相对于骨干网的建设，城域网的建设相对更加复杂，城域网是一个城域范围内的网络，它同时包括互联网在城域范围内的延伸和IP承载网在城域范围内的延伸，既要考虑普通宽带业务接入，又要考虑一些高价值业务的接入，而且城域网特别是业务接入层面，设备种类多，分布范围广，投资及维护成本都较大，如何保证网络的合理部署，保证网络的安全可靠，保证不同业务的QoS水平及业务的分流都是运营商急需解决的问题。

由此，IP承载网优化的需求包括：

具备端到端的服务保障。具备QoS能力，提供业务的QoS保障满足IPTV等视频业务对带宽、时延、抖动等参数的要求。

完善的冗余备份保护机制。网络可靠性高，能够实现快速收敛，在50ms内实现对关键业务的保护倒换。

有效承载语音、视频等业务。具有低时延、高效率的特征，同时针对视频业务需要提供组播支持，具备组播管理、组播安全控制、静态组播配置等可控组播的能力，支持单播/组播分离的能力，支持频道的快速切换。

高效的管理和维护机制。在传统的网络管理功能基础上，还需要增强对于业务的管理能力。在边缘层，实现对业务的识别，从而进行流分类、调度、整形，实现不同的处理，能够有效地对P2P等业务进行流量控制。

充分保证用户和网络的安全。对于用户可以安全隔离和区分，网络设备可以有效防止DOS/DDOS或网络病毒等的恶意攻击。

保护已有投资、节省资源。与现存网络无缝兼容，支持平滑升级，从而可以保护已有投资。同时，在网络升级和演进过程中，能够有效节省光纤、接口等网络资源。

必备知识

IP承载网优化通常是指通过各种硬件或软件统计、分析、约束求解技术的调整，使网络性能达到既定目标的最佳平衡点。其主要内容包括：设备排障、提高网络运行指标、网络负荷均衡、合理调整网络资源、提高设备利用率、减少线路投资、建立和维护网络优化档案。其关键技术涉及：

（1）统一控制面的关键技术；

（2）统一控制平面的网络模型；

（3）统一优化调度的关键技术；

（4）全局优化的计算技术；

（5）统一调度的应用。

任务完成

一、IP承载网网络优化目标与具体举措

【优化目标分析】

（1）网络规划方面：IP承载网新建链路时应合理的设计及配置传输网络资源，保证IP承载网链路安全性，充分考虑IP承载网链路相互之间的关联,减小传输故障导致的链路中断对业务层面的影响。

（2）维护标准方面：统一IP承载网厂家与传输厂家对现网网络异常情况的响应规范;及时、有效发现链路告警和底层传输告警直接的关系，快速找到故障根本原因;总结出相关告警处理经验案例集。

（3）支撑手段方面：建立IP承载网链路和传输电路资源对应以及流程管理系统，提升手段，能够快速评估传输故障与IP承载网故障的关联性。

【优化具体措施】

· 规范传输承载方式

IP承载网电路包含以下几种常规的承载方式：波分设备承载方式、SDH设备承载方式、光缆裸纤方式和尾纤直连方式。具体在选取的时候需遵循以下基本原则：

首先考虑采用波分设备承载方式和SDH设备承载方式，在无波分系统和SDH系统的情况下，可以考虑采用光缆裸纤方式，但需加强对其的监控和维护力度，并且作为网络隐患点列入整改项中，对于同楼层的设备之间的电路可以使用尾纤直连方式。

· 规范传输资源配置

传输网是电信网络最底层网络层次，其资源的合理有效配置对于IP承载网的安全保障最为关键。通过分析全网各种典型拓扑状态下呈主备保护状态的链路对/链路组对的实际情况，总结IP承载网及软交换CE传输资源配置的基本原则为：确保链路（组）对的传输承载具备端到端全程物理双路由，采用不同系统负荷分担、运用多种保护方式综合提升传输电路的安全性、可监控性和可维护性。

具体要求如下：

（1）全程物理双路由：针对IP承载网、软交换CE的链路（组）对分配具备不同物理路由的传输电路，使得单处光缆、传输设备故障不会导致链路（组）对全部中断。具体是指链路（组）对分别接入不同的传输设备、使用不同路由走向的光缆。

（2）传输设备承载：要求优先采用传输设备承载IP链路，以提高传输电路的安全性、可监控性、可维护性，在条件不具备的情况下才可选择裸纤承载，但需加强对其的监控和维护力度，并且作为网络隐患点列入整改项中。

（3）不同系统负荷分担：通过不同传输系统实现相关传输电路的负荷分担，降低业务中断风险。

（4）保护方式：应同时综合采用OLP线路保护、波道保护和GE保护等保护方式，提高传输路由安全性。

（5）负载分担链路（组）容量安全性：在存在多条（2条以上）不同方向负载分担链路（组）组网情况下，需保障出现部分链路（组）中断情况下剩余链路（组）负载安全性，确保流量低于警戒值。

· 梳理跨专业资源关联关系

针对目前IP承载网链路与传输资源对应关系不完善，资源数据不能完整呈现IP承载网链路传输资源信息，且无法有效呈现主、备链路（组）具体传输电路是否存在同路由隐患的问题，根据上面两节的原则规范，制定标准化资源数据表项，建立IP承载网链路与传输资源对应关系数据库，并根据资源表项显性呈现系统拓扑，更好进行主备链路同路由核查。资源表项选取原则：

（1）表项应体现省公司和市公司IP承载网维护部门和传输部门的分工界面。

（2）表项应体现出物理链路所经所有中间件。

（3）表项应忽略传输系统之间物理连接情况。

（4）表项应体现出端到端的物理路由信息。

· 梳理跨专业告警关联关系

由IP承载网专业导出IP承载网侧链路相关告警，由传输专业导出传输网侧相关告警，通过两个专业协作，共同分析整理生成IP承载网与传输波分告警对应关系表，建立跨专业告警关联规则。深入挖掘IP承载网现网告警及厂家系统告警手册相关典型告警原因，总结形成IP承载网华为、思科、阿尔卡特与传输相关告警分析处理经验，可进一步提高IP承载网与传输专业关联性告警的互动处理效率，提升IP与传输基础技术能力。

· 建立跨专业联合维护机制

（1）建立IP承载网与传输专业间跨专业定期维护沟通机制，加强专业间沟通，提高跨专业维护响应速度，通过专业间相互学习加深IP承载网与传输专业技术交流，完善维护人员知识结构，改变过去各自局限于本专业的局面。

（2）从实际维护工作出发，仿真各类实际故障案例，组织实施IP承载网与传输联动故障模拟测试。

二、IP承载网传输链路运维管理优化案例分析

【问题描述】

IP承载网是各运营商以IP技术构建的一张专网，用于承载对传输质量要求较高的业务（如软交换、视讯、重点客户VPN等）。随着中国移动网络IP化工作的深化与推进，IP承载网目前已承载了中国移动重要的软交换语音业务。截至2010年中国移动IP承载网分担了全网超过97%的话务量，全网设备总数超过800台，下联软交换CE2200台，链路数已达到469条，占用骨干传送网资源的68%。IP承载网已经成为承载中国移动话音业务的基础支撑网络，同时也是传输网的最大客户。

但是IP承载网目前还存在较多影响业务质量的链路闪断故障，链路闪断将导致IP承载网IGP协议重新收敛，过多的链路闪断将会带来链路协议报文增多，增加路由器CPU负荷，因而影响承载话音的质量。根据2008年某月中国移动网络部统计，闪断次数最多的为Q省，闪断次数达到1155次，主要原因是工程建设中由于设备软调导致链路不稳定，而闪断次数排第二（641次）的G省，主要原因就是BR到地市AR链路的传输不稳定导致。2008年至2009年全网共发生节点脱网严重故障42起，由于传输故障引起的严重故障为30起，占到71%。其中，单平面双节点中断故障15起，单平面单节点中断故障13起，其他传输类故障为2起。分析以上统计数据不难看出物理层的传输链路故障是引发IP承载网主要诱因，但是数据的背后有更深层次的问题需要去挖掘。结合实际情况进行深入分析，总结IP承载网维护中存在以下四点亟待解决的问题：

（1）IP承载网下层传输链路资源配置缺乏统一的技术规范与管理规定。

影响：IP承载网许多传输链路配置存在同路由隐患，易造成业务重大故障。

（2）IP承载网链路与传输资源缺乏关联对应标准及统一的管理系统。

影响：无法呈现主、备链路传输配置是否符合要求，不利于隐患及时整改。

（3）IP承载网各厂家路由器对传输告警的匹配不一致。

影响：易引起网络运行不稳定、链路闪断，直接影响用户业务感知。

（4）IP承载网与传输维护人员对“关联性维护处理”经验不足。

影响：不利于IP承载网、传输网络维护工作与人员技术水平的提升。

【优化案例分享】

案例：传输通道收发分离与收发一致对IP承载网链路性能影响测试

背景：IP承载网链路传输通道的收发路由在网管配置上可以分为收发路由分离以及收发路由一致两种模式，其参考模型如图11.2所示。当收发路由分离时，其路由的物理长度会存在差异，即长短径。收发路由的长短径有可能引起收发路由在传输通道发生故障时，由于网络时延不一致，引起主备通道倒换失败，传输通道降质等等一系列问题。

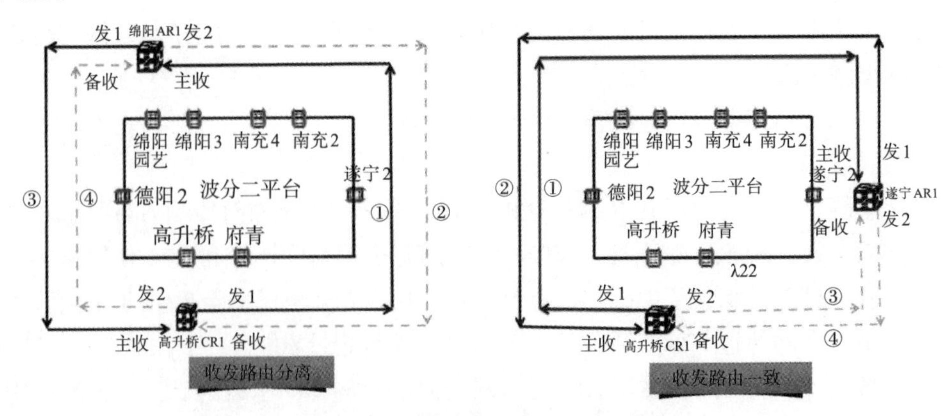

图11.2　传输通道收发路由模型图

网络测试结果如表11.1所示。

表11.1　传输通道收发分离与收发一致对IP承载网链路性能影响测试

传输操作步骤	传输操作时间	传输操作相关说明	IP承载网质量监督仪表测试结果				IP承载网设备告警内容	路由协议变化
			时延（ms）	抖动（ms）	丢包率（%）	MOS		
主通道—备通道（双纤切换）	0.35	断③④点	9.33	0.21	0.33	4.4	无告警	无变化
	0.42	恢复③④点	9.36	0.25	0	4.4	无告警	无变化
备通道—主通道（双纤切换）	0.44	断①②点	4.05	0.24	0.34	4.4	无告警	无变化
	0.44	恢复①②点	3.65	0.24	0	4.4	无告警	无变化

在省内传输环境下，传输主备通道切换时，传输通道为收发分离路由和收发一直路由时对IP承载链路性能质量及用户业务使用感知无明显异常影响，因此通常情况下，对于IP承载网现网传输配置为收发不一致无须做整改为一致，但从网络规划统一的角度，对新建IP承载网传输主备通道建议尽量配置为收发一致路由更佳。

三、IP承载网单平面丢包问题的组网优化

【问题描述】

在移动软交换系统中，Mc接口是指（网关MSC服务器）（（G） MSCS）和媒体网关（MGW）之间的接口。该接口的协议传输可以基于IP，也可以基于异步传输模式（ATM），但是在目前的实际组网结构中基本都是采用基于IP的承载方式。由于MGW通常还需要兼做信令网关功能，所以MSCS和MGW之间需要通过IP承载网来传输的控制消息除了Mc接口的H248信令以外，通常还需要转接A口信令（基站系统应用部分（BSSAP）/信令连接控制部分（SCCP））、局间信令（ISDN用户部分（ISUP）、电话用户部分（TUP）），有些组网情况下可能还需要转接移动应用部分（MAP）/SCCP信令（移动交换中心子系统移动应用部分（MSCMAP）、拜访位置寄存器子系统移动应用部分（VLRMAP）、归属位置寄存器子系统移动应用部分（HLR-MAP））。因此，在软交换设备组网中，IP承载网是非常重要的一个环节，是软交换系统正常运转的必要条件。通常IP承载网采用双平面的组网方式，其中任意一个平面中断不会影响其承载的软交换业务。但是在实际应用中却发现当IP承载网出现单平面丢包（非完全中断）时，软交换业务会受到严重的影响，表现为偶联拥塞、偶联中断、接通率下降等现象。

在移动软交换设备逐步替换传统交换设备的初期，当还未具备接入全网统一的IP承载网的条件时，往往会采用IP承载网专网的方式，提供点到点之间的IP承载。随着IP承载网建设的完善，再逐步把软交换设备割接到一个统一的IP承载网中。软交换设备在接入IP承载网时，通常有两种典型的组网方式，即主备接入方式、负荷分担接入方式。

主备接入方式的特点是：

（1）软交换侧通常配置1对SIPI（信令IP接口板）单板，每个单板出1个快速以太网（FE）接口，分别接入2台二层交换机，再通过交换机分别接入2台站点接入设备（CE）；其中二层交换机的主要作用是保证软交换侧SIPI主备倒换和CE侧虚拟路由器冗余协议（VRRP）倒换可以分别独立进行，当某些CE支持二层接口时可以不用再单独配置二层交换机。

（2）软交换侧的接口板采用主备工作方式，CE对软交换侧启用VRRP；

（3）SIPI、CE间故障检测是独立进行的、两者没有关联，其中SIPI主备倒换检测的主要依据为SIPI和二层交换机之间端口状态，CE的VRRP倒换检测的主要依据为CE之间心跳消息。

（4）在正常情况下，采用主备方式接入的MSCS和MGW之间实际只能使用其中的1条传输通道（主用通道），如图11.3所示。

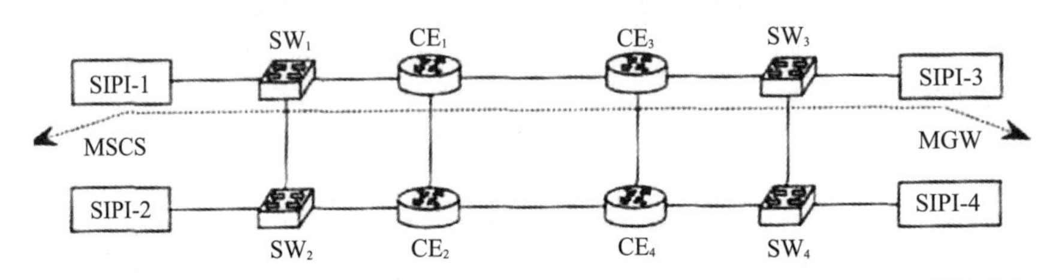

图11.3　主备方式组网示例

负荷分担接入方式的特点是：

（1）软交换侧通常配置1对SIPI单板，每个单板出1个FE接口，可以直接接入CE或者通过交换机汇聚以后再接入CE；

（2）软交换侧的接口板采用负荷分担工作方式，CE也采用负荷分担的工作方式；

（3）SIPI和CE之间可以通过双向转发检测（BFD）进行检测；

（4）在正常情况下，采用负荷分担方式接入的MSCS和MGW之间可以使用2条传输通道，如图11.4：

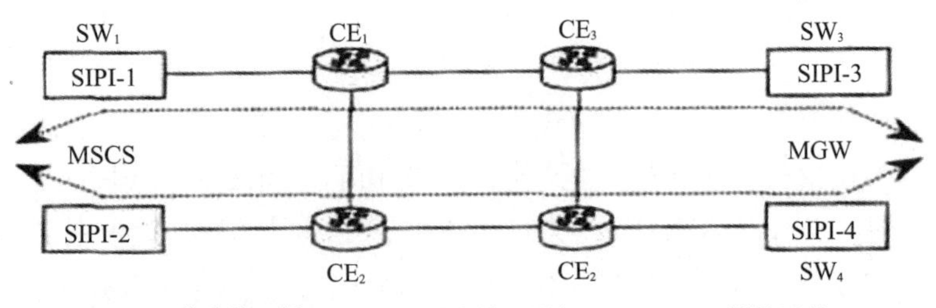

图11.4　负荷分担方式组网示例

【优化问题分析】

1. 两种组网方式下对IP承载网单平面丢包问题的分析

（1）主备接入方式下，业务只承载于主用传输通道，针对IP承载网单平面丢包问题的表现如下：备用传输通道出现丢包问题时，由于软交换业务不会承载于备用传输通道，所以对业务没有任何影响；软交换设备也无法检测到备用通道是否存在丢包；主用传输通道出现丢包问题时，由于软交换业务全部承载于主用传输通道，所以对业务会有一定影响，影响程度和IP承载网的丢包率有关；软交换设备可以检测到主用通道存在丢包，但是无法控制IP承载网倒换到备用通道上.也就是说，当主用通道中断时，IP承载网可以检测到并切换到备用通道；当主用通道出现丢包时，IP承载网通常无法检测到，也就不会切换到备用通道。因此，主备接入方式下针对IP承载网单平面丢包问题，软交换侧基本上无法再继续进行相关的优化工作。

（2）负荷分担接入方式下，业务可以承载在2个传输通道上，针对IP承载网单平面丢包问题的表现如下：其中任何1个传输通道出现丢包，只会影响承载在此通道上的业务，另一个通道上的业务不受影响。同时，软交换侧可以检测到其中存在丢包的传输通道，也就可能主动选择其中传输质量较好的通道进行传输。因此，负荷分担接入方式下针对IP承载网单平面丢包问题，软交换侧基本具体继续进行相关的优化工作的条件。

2. 负荷分担接入方式下针对IP承载网单平面丢包问题的优化分析

从上述分析可知，采用主备接入方式时，一旦主用传输通道出现丢包等问题，由于路由器通常不具备根据链路质量检测功能，不会进行路由切换，导致承载的上层业务受到严重影响；而采用负荷分担方式时，可以通过优化避免上层业务受到影响。在实际应用当中，发现有些情况下虽然已经采用负荷分担组网，但是在单个传输通道出现故障时仍然会影响所有承载的业务，以下对其中的几个关键因素进行分析。

（1）流控制传输协议（SCTP）目的地地址的路由配置方式在软交换侧需要设置到SCTP目的地IP地址的路由，对于负荷分担接入方式，常见的设置方式有如下3种：

路由配置方式一：配置一条路由，下一跳选择其中一个路由器的接口地址；

路由配置方式二：配置两条等价路由，下一跳分别选择2个路由器的接口地址，且两条路由是等价的，两条路由同时有效；

路由配置方式三：配置两条非等价路由，下一跳分别选择2个路由器的接口地址，且两条路由是不等价的，正常情况下只有优先级高的路由是有效的，当高优先级路由不可用时，低优先级的路由才有效。

路由配置方式一、三本质上都是单下一跳的方式，其中方式三相对方式一增加了备选路由；路由配置方式二则是多下一跳方式。

（2）是否采用SCTP多归属SCTP协议中对多归属的定义为“如果可以使用多个目的地传送地址作为到一个端点的目的地地址，那么这个SCTP端点可以被看作是多归属的。更进一步，端点的高层协议（ULP）应当可以在多个目的地地址中选择一个地址作为到这个多归属SCTP点的首选通路”。当不采用SCTP多归属时，到目的地址的传送地址就只有1个。对于路由配置方式一、三，到此目的IP的有效路由只有1条，当这条路由上出现丢包时，就影响SCTP传送业务；对于路由配置方式二，只要其中1条路由出现丢包，会影响SCTP传送业务。当采用SCTP多归属时，到目的地址可以有2个或者多个传送地址，在端到端之间有2个或者多个通路。对于路由配置方式一、三，可以使不同目的IP在不同的路由上传送，当其中1条路由出现丢包时，只会影响相关的通路，在另外1条路由上的其他通路可以不受影响，如果此通路为SCTP的首选通路，那么SCTP传送业务就可以不受影响；对于路由配置方式二，则由于所有通路都会在2条路由上传输，所以只要其中1条路由出现丢包，就会影响SCTP传送业务。

（3）SCTP拥塞对选路的影响

以上（1）、（2）分析是针对单个SCTP而言的，但在实际应用时，上层业务通常都会使用一组SCTP进行传输。以MTP第三级用户的适配层（M3UA）为例，分析部分SCTP故障时对上层业务的影响。在M3UA协议中对故障克服的定义是“在现行使用的应用服务器进程故障或不可用的情况下，信令业务重新选路到替换服务器进程或应用服务器过程（ASP）组的能力。故障克服也应用于返回先前不可用的应用服务器进程的业务时。”ASP包含SCTP端点，当ASP组中部分SCTP出现故障或不可用时，根据协议规定，上层业务就不会再选择故障的SCTP了；但部分SCTP出现拥塞但未中断时，上层业务可能仍然会选择拥塞的SCTP，从而导致业务受到影响。

【组网优化建议】

根据上述分析，对移动软交换和IP承载网组网的优化建议如下：

（1）采用负荷分担接入方式：主备接入方式下不能实现转发平面或路径的切换，网元没有切换主动权，因此需要选择负荷分担接入方式；

（2）SCTP支持传输质量监控：当SCTP通路存在多个传输路径时，需要SCTP层进行各路径传输质量监控，并自动选择其中传输质量较好的路径。该功能要求多个传输路径不能存在交叉节点，否则交叉节点出现丢包时会导致所有传输路径的链路质量下降。

（3）采用SCTP多归属配置：采用SCTP多归属配置，每条SCTP的主用通路、备用通路分别走不同的路由，且没有交叉节点。默认情况下，当主用通路所在传输平面故障、重传超过5次（该参数可配置）时，自动进行SCTP首选通路的切换；在支持传输质量监控的情况下，SCTP可以检测各通路的传输质量，当主用通路传输质量劣化但未导致通路断时，SCTP仍然可以进行通路切换，自动选择传输质量较好的通路。

（4）SCTP拥塞控制优化：上层业务在进行动态选路时，根据SCTP拥塞状态判断，自动选择未拥塞的SCTP；同时，设置拥塞上报的门限值，只有超过门限时才向上层用户上报拥塞，并由上层用户进行业务流量的拥塞控制。

任务评价

IP承载网优化完成后，参考表11.2对学生进行他评和自评。

表11.2　IP承载网优化评价表

项目＼内容	学习反思与促进	他人评价	自我评价
应知应会	熟知IP承载网优化的原则和方法	Y　N	Y　N
	熟知IP承载网优化的实施流程	Y　N	Y　N
	熟知IP承载网传输链路优化的实施流程	Y　N	Y　N
	熟知IP承载网组网方式优化的实施流程	Y　N	Y　N
专业能力	熟练阅读网络优化相关施工技术文件	Y　N	Y　N
	熟练使用网络优化性能测试相关工具仪表	Y　N	Y　N
通用能力	合作和沟通能力	Y　N	Y　N
	自我工作规划能力	Y　N	Y　N

知识链接与拓展

11.1　网络优化技术概述

1．网络优化技术产生的背景

随着网络的迅猛发展，网络的服务质量问题已经越来越受到人们的关注。昂贵的设备投入、日益增加的用户数都对网络的发展造成了阻碍，同时更加广泛的性能需求以及人们对服务质量、业务的更高要求又对迫使网络必须不断发展。如何利用现有的网络设备、资源和容量，最大限度地提高网络的平均服务质量，提高效益；如何使得网络在不断发展的过程中，能够保持网络的服务质量不下降，这就引出了一种技术——“网络优化技术”。

2．网络优化技术的目的

网络优化技术主要的目的有以下几个方面：

（1）提高平均的网络服务质量：主要包括高质量的语音和其他业务服务，足够的覆盖和接通率等。

（2）尽可能地减少运营成本：主要包括提高设备的利用率，增加网络容量，减少设备和线路的投资等。

3．网络优化技术的前提条件

网络优化技术是一件复杂的系统工程。它的涉及面广、时间长、对专业知识的要求极高，要把网络优化工作做好，需要大量的人力、物力、财力的投入。主要包括：

（1）经验丰富的优化工程师：长期、专一的网优技术人员，具备分析问题、解决问题的思路和能力。同时这些人员应具备有线、无线领域的专业知识；既要熟悉承载网规范，又要对设备的性能、参数、算法等非常熟悉；另外还需要有一定的工程经验。

（2）齐备的优化工具。

（3）完整而可靠的原始数据。

（4）详尽的地理信息数据。

4．网络优化技术的主要内容

网络优化工作的主要内容包括以下方面：

（1）设备排障：发现并排除一些影响网络性能的设备故障。

（2）提高网络运行指标：

（3）网络负荷均衡：信令负荷均衡、设备负荷均衡、链路负荷均衡等。

（4）合理调整网络资源，疏通网络中的一些瓶颈，增加网络容量。

（5）提高设备利用率 。

（6）减少线路投资：合理安排有线链路，路由调整等。

（7）建立和维护长期的网络优化工作平台，建立和维护网络优化档案。

11.2 承载网的优化方法——组网方式的融合

在网络的发展过程中，IP 方式承载和以太网业务逐渐成为整个网络承载的主流方式。当前大型运营商的骨干承载网主要由 IP 骨干网络和光传输骨干网络组成。IP 网络负责数据分组的转发，而光传输网络负责大容量数据传输，为 IP 网络提供光通道。两张网络是分层规划和独立运维管理的。IP 数据流量已经占到承载网流量的绝大部分。据一些咨询机构提供的数据表明：IP 业务平均每年都以 40% ~ 50% 速度不断递增。这些流量给网络来了巨大的压力，主要表现在：路由器扩容压力越来越大，并且 IP 网络运营面临增量不增收的尴尬处境。

一些大型运营商和服务商研究发现：经过核心路由器的 IP 流量中，大约 60% ~ 70% 流量只需要路由器流量中转而无须 IP 层处理，逐跳转发将浪费大量路由器资源。此外，将中转流量旁路核心路由器可以有效降低 IP 网络的投入。与传输设备和以太网交换设备相比，路由器的端口十分昂贵。解决该问题的一个思路是通过流量下沉，将中转流量移交给光传输网络，减少昂贵端口的消耗，同时节省传输中的单位比特能耗；另外通过融合设备加强二层处理功能，支持处理不需经过 IP 转发的流量，这样也能实现降低设备成本和节能减排的作用。从长远的需求角度看，当进行网络实施流量工程提升网络性能之际，软件厂商提供更加全面和优化的算法，进行业务流量规划和分布，寻找业务连接的全局最优路径，可以使得网络运行在一个高效和合理的状态。

由于当前数据网络和光网络规划和运营分别隶属于不同部门，流量优化一般采用单独的规划和调度，部门之间通过静态的工单进行联系和沟通。数据网络是负责数据分组的转发和调度，而光传输网络负责大容量数据传输；一般是IP/多协议标签交换（MPLS）网络规划流量和路径后，下工单要求传输部门建立光通道来连接各路由器，光网络通过静态配置或者动态连接操作提供物理链路资源。但这样分层运营和独立优化的方法很难获得全局优化的效果。

因此，要想获得较好的优化效果，运营商需要整合其部门管理职能、优化业务流程并使用先进的优化技术。如果使用光网络来旁路数据网络的中转流量，那么需要通过数据网络和光网络的统一调度，并在合适位置将分组流量引导到相应的光通道上，之后直接传输到对端的路由器，从而节省中间网络路由器的端口，减轻传输压力。对于一些纯交换的以太网业务，则可以通过边缘的增强传输设备直接接入，无须通过IP路由器逐系转发，光网络直接将流量导向目的地。为了协助运营商实现运营效率提升，设备和软件提供商需要进行一系列的技术创新和改进。

1．数据网络的融合与黑链路

随着IP承载多业务时代的到来，路由器在数据网络中的地位日益突出，相应的网络边缘设备能力不断提升，路由器与光网络的边界和接口也出现了新的界定和融合。路由器设备发展集成了光收发模块，减少了相关光传输设备收发模块的数量。同时，路由器光模块具备G.709的成帧能力和前向纠错编码（FEC）能力，通过加强运维、管理和维护（OAM）能力和编码增益，降低了光传输再生时候的光电光（OEO）转化和电交叉的成本。如图11.5所示，路由器通过收发模块发送或者接收光传输设备的彩光，即连接链路是满足G.698.2规范要求的黑链路。数据网络边界的接口从而把传统的光传输部分功能纳入进来，优化设备配置。根据集成程度不同，还出现另一种技术，如图11.6所示，路由器进一步集成合分波器，网络的边界成为合波后的多通道波分复用链路。

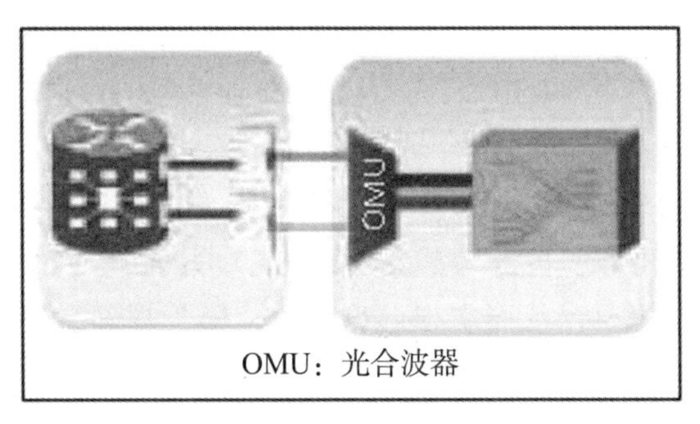

图11.5　路由器出彩光口

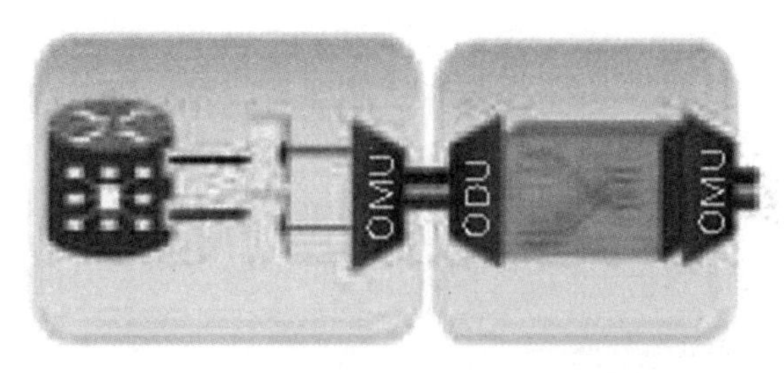

ODU：光分波器　　OMU：光合波器

图11.6　路由器集成合分波

黑链路接口方式可以给网络融合带来很多益处，在一定范围内对投资成本（CAPEX）的优化带来了明显效果，如减少OEO转化次数、节省光层发射模块、减少网元数量和电层交叉处理成本。在运营成本（OPEX）方面，通过集成的模块，将光层OAM信息自然带到数据层，从而实现信息互通，便于端到端的管理。但是这种应用是有局限性的，例如在大型和长距离光传输中，由于没有电层再生能力，一些色散、非线性效应难以补偿，对于40G/100G传输系统码型、色散容限等参数多厂商难以统一等。此外，当多种类型的数据网络承载到统一的光网络上，光网络的运维能力也会显得不足。所以在范围不大的区域进行传输时，如在城域网或者互联网数据中心（IDC）中心之间流量旁路，这种组网方式更有发展前途。而对于传统大型运营商，还会寻求其他更为有效的网络方式组网。

2．光网络的融合与传统GE接口发展

网络融合另外一个发展趋势是把重点改造放在光传输网络上，而使数据网络保持最小改动。数据设备仍保留千兆以太网（GE）/同步数字体系（SDH）承载分组（POS）接口，并通过电路或者灰光接口连接到传输设备上。光传输设备在电交叉处理能力上集成分组处理功能，并首先在传输业务处理线卡上增加基于虚拟局域网（VLAN）封装和交换功能，再进行单板级别的数据流量汇聚和疏导；然后进一步发展设备增强业务处理单板和背板能力，实现设备级别的流量汇聚和交换；最后设备集成MPLS或者的标签交换路径（LSP）功能，进行更加细致的通道调度和交换。

黑链路接口方式可以给网络融合带来很多益处，在一定范围内对投资成本（CAPEX）的优化带来了明显效果，如减少OEO转化次数、节省光层发射模块、减少网元数量和电层交叉处理成本。在运营成本（OPEX）方面，通过集成的模块，将光层OAM信息自然带到数据层，从而实现信息互通，便于端到端的管理。但是这种应用是有局限性的，例如在大型和长距离光传输中，由于没有电层再生能力，一些色散、非线性效应难以补偿，对于40G/100G传输系统码型、色散容限等参数多厂商难以统一等。此外，当多种类型的数据网络承载到统一的光网络上，光网络的运维能力也会显得不足。所以在范围不大的区域进行传输时，如在城域网或者互联网数据中心（IDC）中心之间流量旁路，这种组网方式更有发展前途。而对于传统大型运营商，还会寻求其他更为有效的网络方式组网。

3．光网络的融合与传统GE接口发展

网络融合另外一个发展趋势是把重点改造放在光传输网络上，而使数据网络保持最小改动。数据设备仍保留千兆以太网（GE）/同步数字体系（SDH）承载分组（POS）接口，并通过电路或者灰光接口连接到传输设备上。光传输设备在电交叉处理能力上集成分组处理功能，并首先在传输业务处理线卡上增加基于虚拟局域网（VLAN）封装和交换功能，再进行单板级别的数据流量汇聚和疏导；然后进一步发展设备增强业务处理单板和背板能力，实现设备级别的流量汇聚和交换；最后设备集成MPLS或者的标签交换路径（LSP）功能，进行更加细致的通道调度和交换。

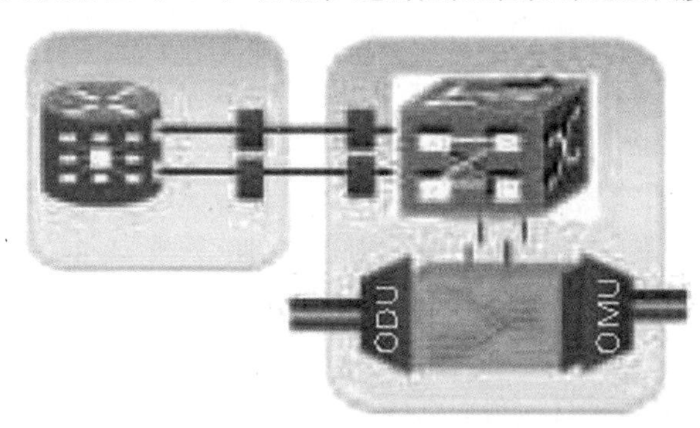

图11.7　传输设备集成分组处理功能

如图11.7所示，光传输设备不仅保留了电层处理功能，还融合了大量的二层甚至部分三层处理功能。

通过保持原有网络接口形式的一致，可以实现在光传输设备的升级改造，这符合运营商兼容已有网络、逐渐演进的发展思路。光传输设备通过增加不太复杂的二层汇聚和交换功能，提升传输网络流量、调度灵活性的同时，仍然保持了传统的传输网络传输可靠、OAM&P能力强、运维水平高的特点。同时，网络仍然可以把IP的中转流量下沉到光传输设备中并实现传输，此时传输设备具备从到ODU3粒度以及ODUflex的调度能力，多厂商之间互连互通不存在任何障碍，产业化推动比较容易。但是，从功能简化和设备层级减少的出发点考虑，该方案的成果不明显。

4．两层改造和通道化OTN接口

运营商还曾考虑过数据设备和光传输设备都保留光传送网（OTN）接口能力的方案，这样一来光传输可以为分组承载建立通道化的OTN接口，并可以将IP流量下沉到传输设备进行旁路。但是该方案和设备在业界影响较小，因为无论从设备简化还是网络兼容性角度，优势都不明显。如果光网络侧要保留ODU0调度能力，网络两侧设备都需要具有光通道数据单元（ODUk）的封装和解封装处理能力，综合来看该方案反而增加了设备成本。

设备功能的融合业务的融合客观要求网络构成的融合以及组织的融合，而网络的融合又以设备的融合为基础。在数据网络和光传输网络融合的过程中，二者相互渗透、学习，并相互兼容。承载网在融合过程中出现了具备分组、时隙和波长综合交换能力的设备。设备融合的一种方案是从网络上层向下层集成和融合，并在以分组为交换内核的统一架构下，单平面具备IP/MPL、VLAN、虚容器（VC）、λ接口能力，并支持多种交换粒度的调度架构；另一种方案是从网络下层传输向上层交换能力集成和融合，存在分组和时隙交叉综合交换架构，并且不同交换矩阵之间通道电路连接，双平面同样具备IP/MPLS、VC、ODUk、λ接口能力。如表所示，各个交换平面架构都有各自的优缺点。根据网络承载的业务特点，这些融合的程度和具备的能力可以是一个逐步演进的过程。

当这种具备多种能力的强大设备成熟之际，网络的组网和应用方式将会出现改变，它既可以充当数据设备，进行部分的分组业务的调度和疏导，也可以作为光网络的发起点，创建底层的光传输通道，完成端到端的连接管理和维护。作为一个跨越两张网络的边缘节点，统一流量调度工作大部分在该设备完成，其承担的处理能力和管理控制能力要求非常高。由于需要具备多种层次的交换能力和接口能力，这种设备的技术复杂度和设备体积也是一个挑战。随着芯片处理能力、光电集成度、控制传送高速协同、光缓存技术的发展和成熟，光突发交换（OBS）甚至光分组交换（OPS）的融合交换将是更长远的演进目标和解决技术。

表11.3　不同交换架构比较

	优　势	缺　陷
单平面	可扩展性和灵活性； 分组和时分之间灵活的带宽分配	满足TDM的性能要求困难；交换成本较高。
双平面	与传统TDM性能一致，易于理解，逐步增加分组交换能力，平滑演进；支持交换容易巨大	背板比较复杂：双平面之间容易限制； 可扩展性和灵活性限制

11.3　承载网优化——网络优化调度的关键技术

网络优化通常是指通过各种硬件或软件统计、分析、约束求解技术的调整，使网络性能达到既定目标的最佳平衡点。硬件方面是指在合理分析系统需要后，在性能和价格方面做出最优解；软件方面指通过对软件参数的设置以期取得在软件承受范围内达到最高性能负载。

在电信承载网中的网络优化是指给定网络拓扑、节点资源、链路资源、交换能力和物理通道参数等基本参数条件下，根据用户制订流量均衡、端口消耗、最短路径、能耗合理等优化目标，进行业务流量的多层多域网络优化求解，完成通道路径分配、拼接和匹配，从而获得整个网络业务流量端到端分配的优化路径。在分组和光传输融合的承载网中，统一调度就是完成IP网络的LSP、虚拟以太网连接和光网络的光通道统一匹配，流量路径优化。这对分组网络有一个要求，即IP流量的通道化传输。采用

MPLS-TE，流量通过LSP传输，以太网流量也采用类似的以太网虚拟连接通道进行流量传输。

模型有利于保证网络的可管可控，既能满足优化所需的信息，又能符合信息的管理要求。在一定组网条件下，利用分布和集中相配合的协同计算组件，是优化和调度的基础。

大规模组网LSPs规划和计算多层多域网络的路径计算和分配是一个基于图论的多约束问题，如何在时间、空间效率和最优效果之间获得平衡，需要在算法上改进以获得一个理想的优化计算结果。

网络和光网络的控制面信令互通在网络完成优化之后，需要有合适的智能软件完成LSP自动连接以及各种连接的拼接、嵌套，这需要有合适的协议满足异构网络自动连接，以完成配合统一调度和全局优化。

多层多域和多自治域的路由互通优化计算需要自动获取网络拓扑、节点资源、链路资源、交换能力、物理通道参数等基本参数条件，这些扩展的链路信息需要跨越多个层面和区域，并在不同自治域之间自动扩散，从而使得计算节点动态准备获得信息。

异构网络链路自动发现不同类型的网络设备之间通过协议和接口不断改进，从而可以获取对端的端口速率、接口类型和链路连通性，异构网络的信令通道的通信建立。

1．统一控制面的关键技术

分组网络和光网络的控制信息互通需要协议支持，目前业界一致看好的协议是IETF主导的通用多协议标记交换（GMPLS）。GMPLS是基于MPLS-TE的扩展，首先应用在SDH/同步光纤网络（SONET）产品的自动交换光网络（ASON）控制面上，后来发展成为可以用在各种网络上的通用控制面技术。

当前GMPLS技术可以支持的通用标签交换方式包括光纤/端口交换、波长交换（WSON）、时隙交换，OTN）、二层交换、ATM、Frame Relay和分组交换（MPLS，MPLS-TP）等。

GMPLS的主要协议包括用于路由扩散和管理的基于流量工程的中间系统到中间系统协议基于流量工程的中间系统到中间系统协议、基于流量工程的开发最短路径优先协议（OSPF-TE），用于信令连接的基于流量工程的资源预留协议（RSVP-TE）和链路管理的链路管理协议（LMP）。这些协议是对原有MPLS协议的扩展，除了保留流量工程特性以外，主要是能够针对多种交换粒度的节点能力和链路能力进行扩展。

对MPLS-TE的一个很重要的改进是支持控制通道和数据通道分离。光网络一般都是控制通道和数据通道分离的，而IP数据网络是控制通道和数据通道合一的，此外它还支持呼叫与连接过程的分别建立。在协议发展过程的信令协议基于路由受限标签分发协议和专用网网间接口（PNNI）逐渐边缘化，支持厂商不多。

需要指出的是，GMPLS协议可以辅助提升多层优化和统一调度的能力，并非优化必需的前提条件。在网管配合下，核心的优化组件和算法组件计算是可以获得优化路径，并且通过手工配置得以实现。有了协议和相应的智能控制技术，将提升网络规划和优化能力和实现速度。

2．统一控制平面的网络模型

为了实现多层融合的统一控制和调度，可以采用3 种网络组成控制模型：重叠模型、对等模型和边界对等模型。

重叠模型重叠模型把分组网作为客户域，把光传送网作为服务域，两个网络的拓扑信息不相互扩散，只通过光互联论坛（OIF）用户节点接口（UNI）或者交互业务请求、资源发现等信息，各自的网络控制和传输技术独立发展。

重叠模型保持了现网层次架构和网络管理运营模式，用户可以在较少的改动条件实现网络优化。传统的源路由计算方式不能获得全局优化的路径和流量控制，需要其他方式如路径计算单元（PCE）、网管等增强计算进行优化。

对等模型在对等模型中，所有分组网络设备和光网络设备都在一个控制域中并互换拓扑信息和TE 链路信息、节点能力信息。这和现有网络架构不一样。对等模型需要对光网络和分组网络统一管理。对控制平面要求比较高，控制管理信息比较复杂，任何一个节点都可以进行优化计算。

目前只是在光网络的时隙和波长交换两个网络域中实现了对等模型。

对于多层多域控制技术而言，这是一个长远的发展目标。

边界对等模型边界对等模型是一个介于重叠模式和对等模式之间的统一控制模型，边界路由器或者P-OTN 既是分组网络节点，也是光网络节点。拓扑信息和TE 链路信息、节点能力信息只是在边界节点进行交换，其他节点只知道本域信息。在该模型中，IP 网络和光网络的统一网络管理好于分别管理，这也意味着想要改变现有的承载网管理模式。

统一控制模型的选择，决定了统一调度的基本框架和模式，是统一调度方案的核心问题。光网络融合数据能力比较适合使用重叠模型，这也是当前运营商的承载网运营模式。

数据网络扩展光传输能力一般采用边界对等或者对等模型。

3．统一优化调度的关键技术

随着网络规模的不断扩大，目前嵌入式单元源路由计算能力已经难以满足统一调度和全局优化的路径计算能力。多层多域网络采用重叠模型后，路由信息的隔离也使得全局优化的难以实现。因此，PCE应运而生，其主要功能是基于网络拓扑、流量工程数据库（TED），按带宽和其他约束条件，计算出LSP 路径。

分布可以是内置、外置或者与网管结合，目前最多应用的PCE 是作为外置式布置的一个计算单元，灵活地避免各个控制域信息隔离的缺陷，在第三方（或者运营商定制）开发的单元同步各个域的TED，并通过在不同域中都布置PCE 协同完成跨越多个域的路径计算。PCE 使用逐域计算、反向递归算法（BRPC）等算法完成端到端优化计算。

尤其是在多层多域和多自治域的大型网络优化中，PCE 的优点更加突出，可以在每个域配置一个强大的外置PCE单元，通过多PCE分工协作，共同完成一个端到端的最优路径计算。甚至可以引入等级PCE，在多个域之上设置一个父PCE（H-PCE），由父PCE完成域序列的选择，子PCE进行各个域的优化路径计算。例如在图11.8中通过协同计算完成一条基于流量工程标签交换路径（TE-LSP）穿越多个自治域（AS），域内经过的标签交换路由器（LSR）由子PCE计算，域选择和自治域边界路由器ASBR选择则由父PCE负责。

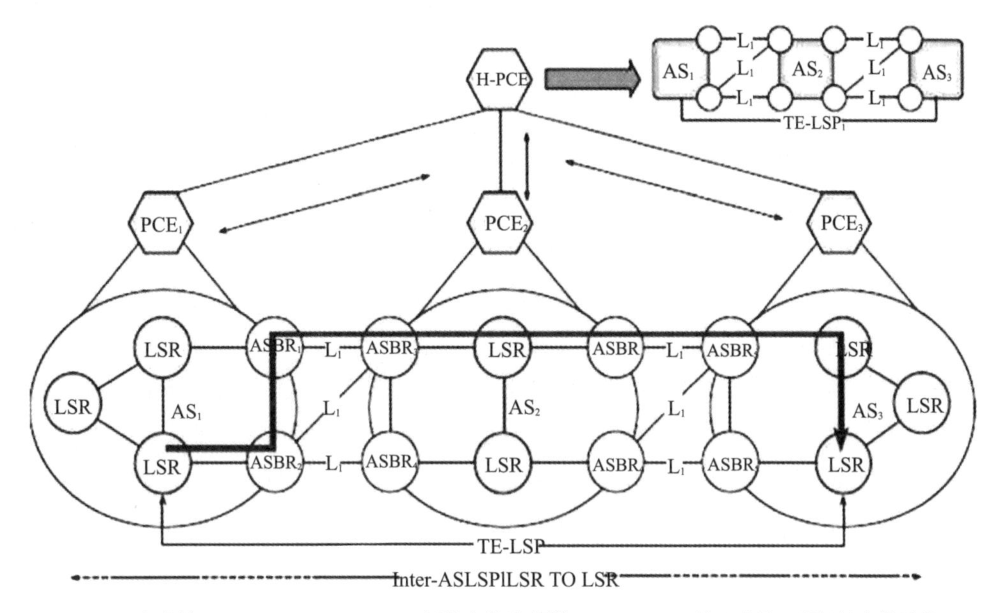

图11.8 层次PCE协同完成路径计算

4．全局优化的计算技术

在全局优化和统一调度中，最具有挑战的是多层多域网络的优化算法。当网络叠加多个层次和多个约束条件后，其计算复杂程度成平方级别的增加。单纯地在一个网络增加多层多域网络的多个约束条件，进行多目标的联合优化往往会因为计算的复杂度难以在规定的时间内求解出满意的结果。联合优化较于单层优化具有显著优势，但是由于多层优化规划运算较为复杂，而且多层联合优化层间协调的内容尚未存在标准，因而多层联合规划与优化一直是个较为棘手的问题。而整数线性规划作为规划与优化问题的一种解决方案已经被充分研究，由于对计算机要求过高，ILP一般仅限制于理论研究。

合适的IP、光层网络统一调度能提供不同层次的网络业务路由优化以及IP层和光层资源的合理分配。

进行网络优化和调度时候时，运营商通常将IP层和其他网络层次分离开，上下层网络间构成客户/服务关系。

服务层根据连通性为客户层构建虚拟网络拓扑（VNT），通过虚TE链路（例如服务层使用FA-LSP为客户层建立的链路）进行连接。根据服务层的跳数、节点能力、保护特性和传输距离等因素，映射为不同连接权重。规划IP层网络根据业务需求矩阵，包括节点需求、接口带宽等考虑本层链路权重，并应用基于约束的Dijkstra算法确定本层传输路径。服务层的路径计算则依靠本次的计算结果进行类似计算（类似递归方法），在每个层次进行不断优化，最终获得端到端的优化路径。通常的最短路径优先计算方法，在IP层所有业务都要经过中间节点，无法解决Router Bypass问题。IP层是统计复用的，而底层传输是空间分割的，计算结果IP层流量将占用大量的带宽和端口。可以使用统一调度的方法对底层传输空间进行网络化，通过不同约束条件和优化目标找到特定条件服务层捷径，从而实现路径优化的一个特例——流量。

5．统一调度的应用

假设某运营商的承载网络由数据、以太网交换机和光传输网络组成。传统的业务都通过IP边缘路由器接入，然后经过中间路由器逐跳转发。但大部分互联网业务流量只是在两个特定的边缘路由器上下路，逐跳转发会浪费大量而昂贵的路由器端口。通过全局优化，制订边缘路由器为流量汇聚点，光层生成新的虚拟直连链路，直接将流量旁路，如图中的红色路径。对于以太网交换机业务，如果无须IP转发或者承载，直接通过光层具备以太网业务能力的融合设备，并直接将流量导向对等服务器，那么可以减少不必要的IP转发，如图11.9中的蓝色路径。

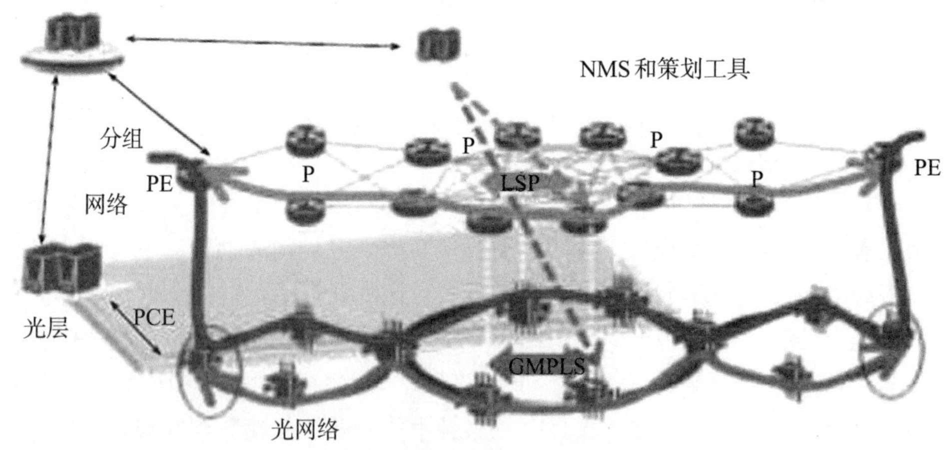

图11.9 旁路IP流量和光层接入以太网业务

网络、设备的融合和多层多域网络的联合优化调度，可以减轻IP网络流量压力和提高承载网运营效率，减少的运营商的资本投资和运维成本，是电信网络发展的长期趋势。传输网和IP网的管理、运营融合有多种方式和演进技术，无论是从光层向数据融合还是数据层向光层演化，都需要抓住运营商的业务特点，并从网络既有格局和保护投资角度，按照不同应用场景和发展目标灵活运用，最终实现平滑演进。

在网络和设备融合、创新的基础上，要积极发展网络优化和统一调度，充分挖掘网络运行的潜力。通过多层多域联合优化软件的优化算法和智能控制软件，实现流量的优化分布和最小代价传输。

教学策略

1．重难点

（1）掌握IP承载网优化的原则和方法。

（2）掌握IP承载网优化的实施流程。

2．技能训练程度

（1）能熟练阅读网络优化相关技术文件。

（2）能熟练使用网络优化测试仪器仪表。

3．教学讨论

完成IP承载网网络优化任务，需要熟知IP承载网网络结构和主要网络性能指标，熟悉网络优化流程及规范，即需具备一定的理论知识，且操作性较强。建议采用以下的方法进行教学：

任务相关知识点可采用教师讲授、分组讨论、现场教学法等，也可以借助图片等资料进行多媒体教学。

任务完成可采用分组实训、现场教学法等。首先由教师讲解、演示设备安装过程，然后由学生完成具体任务，在学生安装设备过程中发现问题再由老师帮助解决。在实验条件允许的情况下，应该由每个学生单独完成；如条件有限，可以2到3人一组协作完成，但必须保证小组内每个学生都参与。

习题

1．请简要描述IP承载网优化的具体需求。

2．请简要描述IP承载网优化的实施流程。

3．请简要描述IP承载网优化调度的关键技术。

4．请简要描述IP承载网传输链路优化的技术措施。

5．请简要描述路由负载分担的常见路由配置方式。

6．请简要描述IP承载网组网的优化建议。

学习情景6　光传输承载网维护

学习情境概述

1. 学习情境概述

本学习情境聚焦光传输承载网的维护，在承载网的维护内容里，包括了日常维护、故障处理与网络优化。光传输承载网在通信网络中占有重要作用，对于维护人员来说，应该做好日常维护，能进行故障处理并了解网络优化的一些方法。通过学习与实践，掌握光传输承载网的日常维护内容，掌握光传输设备的故障处理方法，掌握光传输承载网的优化方法等。

2. 学习情境知识地图（见图12.1）

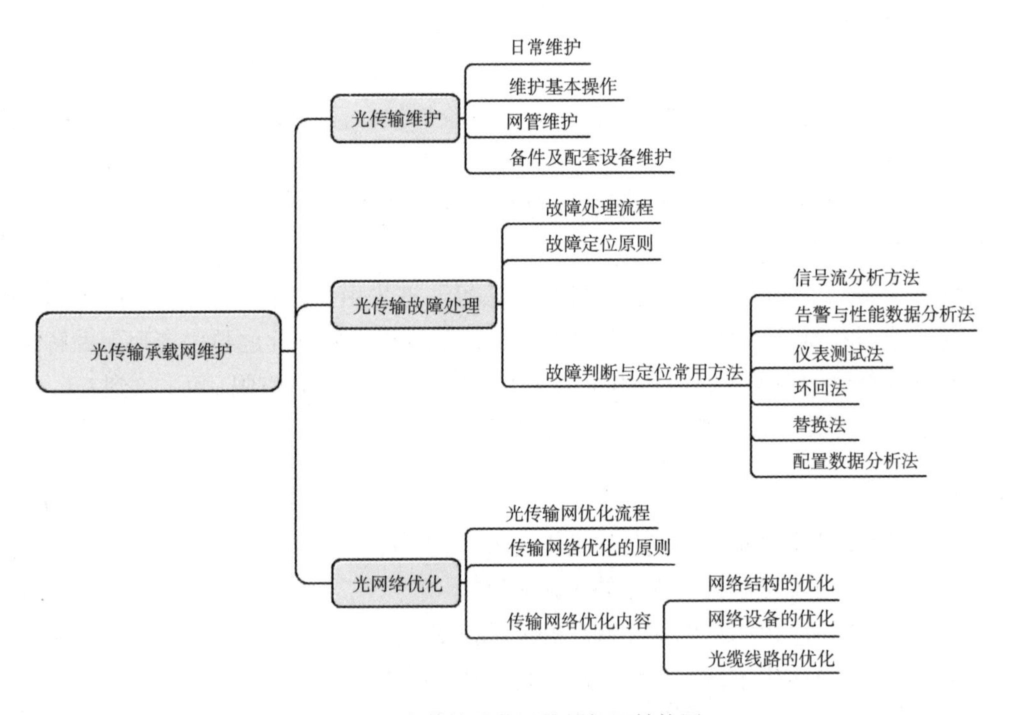

图12.1　光传输承载网维护知识结构图

主要学习任务

主要学习任务如表12.1所示。

表12.1　主要学习任务列表

序号	任务名称	主要学习内容	建议学时	学习成果
1	光传输承载网日常维护	按照网络维护的要求，完成传输承载设备的日常维护任务	4课时	熟悉日常维护流程和规范，能够熟练使用工具仪表
2	光传输承载网故障处理	按照传输设备故障处理的方法和流程等，完成给定故障的排除	6课时	熟悉光传输承载网故障处理流程和方法，能够完成故障处理
3	光传输承载网优化	按照网络优化方法，完成本地传输网的优化任务	4课时	熟悉光传输承载网优化流程和方法，能够提出网络的优化方法

任务12　光传输承载网日常维护

任务描述

某校现有一个实验光传输承载网，配置有数套华为OSN3500光传输承载设备，请为该网络制定日常维护作业计划，并完成一次例行维护。

任务分析

光传输设备信息容量大，一旦出现故障，影响特别大。要降低故障率，缩短故障历时，做好日常维护工作是很有必要的。只有做好了日常维护工作，才能防患于未然，才能在故障发生时有充分的准备，迅速排除故障，减少经济损失。因此拟定光传输承载网的日常维护作业计划是很有必要的。要制定光传输承载网的日常维护作业计划，必须要明确日常维护的内容、对象和周期。

其次，为了避免在日常维护过程中造成人员伤害和设备损坏，还需要掌握设备维护相关安全知识。

制定日常维护作业计划后，还必须按照规范标准要求，使用相关设备、仪器仪表、维护终端如光功率计、2M误码仪、网管系统等，实施维护操作，确保网络正常运行。因此，还需阅读设备手册，掌握常用仪器仪表的使用。

必备知识

1. 日常维护的内容

首先，要确保设备正常工作，保障业务，必须为设备正常工作提供必要的环境条件。这包括机房和设备的清洁情况、机房的温度、湿度、供电等。其次，要了解设备目前的工作状态。通常在机柜、单板上都有不同的指示灯，设备还有告警声音提示，可以通过检查指示灯和声音告警确定设备工作状态。另外，通过传输网管也能实时监控设备运行情况，因此通过网管对设备进行检查也是日常维护不可或缺的部分。再次，传输系统的性能也应是日常维护工作中的检查内容之一，这主要是指业务误码率和设备收发光口的光功率等。这些性能情况有些可以通过网管监控，有些需要通过仪器仪表进行测试。还有，设备和网管上都有很多的配置数据，这些数据直接影响设备正常工作，因此对设备数据的检查和网管数据的备份也应纳入日常维护工作。最后，由于传输承载的业务量非常大，一旦出现故障，影响很大，所以通常都设有保护方式。保护倒换是否正常进行，也是日常维护的检查内容之一。

2. 日常维护的对象

从维护操作对象来看，光传输承载网的日常维护包括可分为设备维护基本操作、运用网管进行的设备维护操作和针对备件及配套设施设备的例行维护项目。

设备维护基本操作包括检查温度、湿度、观察机柜指示灯、观察单板指示灯等。

运用网管进行设备维护的基本操作包括检查网元和单板状态、检查光功率、检查告警以及监视性能事件等。

备件及配套设施设备维护包括检测备件的BIOS版本，主机软件版本，对ODF、DDF的清洁，对列柜电源熔丝的检查等。

3. 日常维护的周期

从维护周期来看，维护周期可分为每天、每周、每月、每季、每年等。

每天进行的维护操作包括机房及设备温湿度检查、机柜及单板指示灯检查、设备声音告警检查等。每周进行的维护操作包括设备面板机架清洁等。每月进行的维护操作包括风扇的检查和清理、空调滤尘罩清洁、各类设备的告警功能检查、监控系统主要功能检查、业务联络系统检查、误码测试检查，以及无人值守机房的室内清洁、设备表面清洁和机架清洁等。每季进行的维护操作主要是ODF、DDF的清洁除尘。每年进行的维护操作包括保护倒换系统功能检查、机房直流电源设备及馈线等可靠性检查、列柜电源熔丝及备件检查等。

在实际工作中，维护操作的周期和内容可能根据实际情况进行一定的调整。

4. 设备维护安全注意事项

光传输承载网络和设备，由于其自身的特点，在维护中主要的安全注意事项包括激光、电气、单板维护、网管系统维护和更改业务配置几个方面。

（1）激光安全

在激光安全方面，光传输承载设备的光接口板激光器发送的激光为不可见的红外光，如果照射人眼，可能会对眼睛造成永久性伤害。因此，在设备维护过程中，应避免激光照射到人眼，禁止眼睛直视光口。对于某一些单板，由于其发送光功率非常大，在进行维护和操作时，必须先关闭激光器，保证安全（具体应根据不同产品型号和单板类型，查看产品手册）。

在设备维护中，除了防止对人体造成伤害，还应注意对设备本身光口的保护。一是注意防尘，对于未使用的设备光口和尾纤接头，要用防尘帽盖住。二是要使用专用清洁工具和材料清洁光接口（使用无水酒精、脱脂棉或擦纤纸）。三是插拔光接口板时，要先拔下连接在板上的尾纤，避免带纤插拔板。四是用尾纤对光口进行硬件环回测试时，环回通路上一定要加衰耗器，避免接收光功率过大烧坏接收光模块。五是要避免随意调换光接口板和模块，以免造成参数与实际使用不匹配。六是在使用OTDR测试仪时，需要断开对端站与光接口板相连的尾纤，以防光功率太强损坏接收光模块。

（2）电气安全

对设备进行维护操作时，为防止损坏设备，严禁带电安装和拆除设备；严禁带电安装和拆除设备电源线；在连接电缆之前，必须确认电缆、电缆标签与实际安装是否相符。

（3）单板维护安全

单板维护主要要注意防静电、防潮和机械安全三个方面。

单板在不使用时要保存在防静电袋内。在对设备进行维护操作前，要佩戴好防静电手腕，并将防静电手腕的另一端插在设备子架的防静电插孔中，防止人体静电损坏敏感元器件。防静电手腕的佩戴方法如图12.2所示，防静电插孔的位置因设备厂家型号不同，可能有所区别，具体可以查看设备手册。

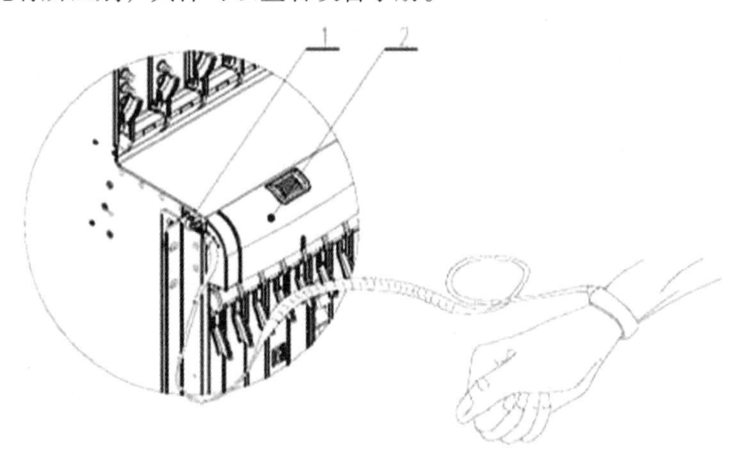

1. 防静电插孔　2. 风扇盒

图12.2　佩戴防静电手腕图

备用单板的存放要注意防潮，注意环境温度、湿度的影响。存放单板的防静电保护袋中要放置干燥剂，以吸收袋内水分，保持袋内干燥。将防静电封装的单板从温度较低、较干燥的地方拿到温度较高、较潮湿的地方时，至少需要等30分钟以后才能拆封，否则会导致潮气凝聚在单板表面，容易损坏器件。

单板在运输中要避免震动，避免造成单板损坏；插拔单板时要小心，严格遵循插拔步骤，避免损坏。

（4）网管系统维护安全

网管系统在使用中，要注意按要求定期修改账户密码，确保网管密码安全。严格保证网元侧和网管侧数据一致，定期备份网管数据库。不用网管终端接入外网，进行上网等操作，避免病毒感染等。

（5）更改业务配置安全

业务调配要在业务量最小的时候进行。不要在业务高峰期进行业务调配，以免出错，影响巨大。

技能训练

1．光功率计的使用

光功率计是指用于测量绝对光功率或通过一段光纤的光功率相对损耗的仪器。光纤通信系统是色散受限和损耗受限系统，因此，在光纤通信系统中，光功率的测量是最基本的维护操作之一。常见的光功率计如图12.3所示。

图12.3　光功率计

在实际测量中，将被测光纤与光功率计测试接口相连，打开光功率计电源开关，根据需要选择好波长和单位，屏幕上显示的数值即为测出的光功率。

要测试设备发光功率，需要用测试跳纤将设备发光口与光功率计连接起来。测试设备接收光功率则需将设备收光口上的光纤拔下，插在光功率计测试接口上。如果将测出的光功率和设备手册上的光功率对比，即可判断光功率是否正常。以华为SDH传输设备为例，其光接口指标如表12.2。

表12.2　华为SDH传输设备光接口指标

光接口类型	工作波长	平均发送光功率	灵敏度	过载点
I-1	1310nm	-15~-8dbm	-23dbm	-14dbm
S-1.1	1310nm	-15~-8dbm	-28dbm	-8dbm
L-1.1	1310nm	-5~0dbm	-34dbm	-10dbm
L-1.2	1310nm	-5~0dbm	-34dbm	-10dbm

注意：

（1）光功率计的测试接口在不使用时，一定要将其防尘帽盖好，否则会因其长期暴露在空气中附着灰尘而导致测量存在较大的误差。

（2）在测试前，要用脱脂棉和无水酒精清洁测试跳纤接头，以减少误差。

2．2M误码仪的使用

2M误码仪是在数字传输系统中常用的一种日常维护测试仪表。顾名思义，它主要完成对2Mbps接口数字通道的业务误码测试。在进行测试时，通常在业务通道的一侧接误码仪，在业务通道另外一侧进行环回操作（硬件环回、软件环回均可）。此时误码仪发出的信号将回到自己的接收端，将其与发出的信号做对比，即可确定误码情况。

常见的2M误码仪外形如图12.4所示。

图12.4　2M误码仪

任务完成

一、制定维护作业计划

如前所述，日常维护根据对象不同，可以分为设备侧日常维护、网管侧日常维护、备件及配套设施日常维护。各自又可按照作业周期不同，分为每日维护作业计划、月度维护作业计划和年度维护作业计划等。

1. 设备侧日常维护作业

设备侧维护作业是指需要通过观察或者操作设备硬件进行的维护作业。根据设备手册要求，维护周期分别为每天、每2周和每月。

（1）每天需进行的设备维护操作包括：

①检查设备温度湿度；

②观察机柜指示灯；

③观察单板指示灯；

④检查设备声音告警。

（2）需每两周进行的设备维护操作包括：

①检查和定期清理风扇；

②检查公务电话。

（3）需每月进行的设备维护操作是：业务误码测试检查。

可分别拟定如表12.3、表12.4、表12.5维护作业计划，详细操作方法与判定标准可参见知识链接与拓展12.2设备维护基本操作部分内容。

表12.3　设备侧维护记录表（每天）

		维护状况	备　注	维护人
项　目	检查设备温度、湿度	□正常　□不正常		
	观察机柜指示灯	□完成　□未完成		
	观察单板指示灯	□完成　□未完成		
	检查设备声音告警	□完成　□未完成		
发现问题及处理情况记录				
遗留问题说明				
核查				

表 12.4　设备侧维护记录表（每两周）

		维护状况	备　注	维护人
项目	检查和定期清理风扇	□正常　□不正常		
	检查公务电话	□完成　□未完成		
发现问题及处理情况记录				
遗留问题说明				
核查				

表 12.5　设备侧维护记录表（每月）

		维护状况	备　注	维护人
项目	业务误码测试检查	□完成　□未完成		
发现问题及处理情况记录				
遗留问题说明				
核　查				

2．网管侧日常维护作业

网管侧维护作业是指通过网管操作对设备进行的维护作业操作，其周期可分为每天和每月。可根据设备手册要求，制订维护作业计划如表 12.6 和表 12.7 所示，详细操作方法与判定标准可参见知识链接与拓展 12.3 运用网管进行设备维护的基本操作部分内容。

表 12.6　网管侧维护记录表（每天）

		维护状况	备　注	维护人
项目	检查网元和单板状态	□正常　□不正常		
	检查光功率	□正常　□不正常		
	检查告警	□正常　□不正常		
	监视性能事件	□正常　□不正常		
	检查保护倒换状态	□正常　□不正常		
	查询日志记录	□正常　□不正常		
	检查ECC路由	□正常　□不正常		
发现问题及处理情况记录				
遗留问题说明				
核查				

表 12.7　网管侧维护记录表（每月）

		维护状况	备　注	维护人
项目	检查网元时间	□正常　□不正常		
	校验配置数据一致性	□正常　□不正常		
	备份网元配置数据	□正常　□不正常		
	备份T2000数据库	□正常　□不正常		
	导出导入配置脚本	□正常　□不正常		
	修改网管用户口令	□正常　□不正常		
发现问题及处理情况记录				
遗留问题说明				
核查				

3. 备件及配套设施设备日常维护作业（见表12.8～12.10）

备品备件的维护一般没有固定的周期。对于在维护中使用到的备品备件，比如更换后的损坏件或者经领用但未使用的备件，应及时返回备件库，并做好备件的状态检测和记录。对于一年以上一直未使用的备件，应至少每年做一次定性检测。同时，备件应随着现网网络的软硬件更新做相应的升级工作，以保证可用性。

表12.8　备品备件维护记录表

		维护状况	备　注	维护人
项目	备件的BIOS版本检查	□正常　□不正常		
	备件主机软件版本	□正常　□不正常		
	备件单板软件版本和逻辑版本	□正常　□不正常		
发现问题及处理情况记录				
遗留问题说明				
核查				

配套设施设备的维护主要包括对各类配线架、配套电源列头柜的检查等。

表 12.9　配套设施设备维护记录表（每季度）

		维护状况	备　注	维护人
项目	ODF 清洁	□正常　□不正常		
	DDF 清洁	□正常　□不正常		
发现问题及处理情况记录				
遗留问题说明				
核查				

表 12.10　配套设施设备维护记录表（每年）

		维护状况	备　注	维护人
项目	电源直流配电设备及馈线的检查	□正常　□不正常		
	列柜电源熔丝检查	□正常　□不正常		
发现问题及处理情况记录				
遗留问题说明				
核查				

任务评价

光传输承载网日常维护作业计划制定完成后，参考表12.11对学生进行他评和自评。

表12.11　光传输承载网日常维护评价表

项目＼内容	学习反思与促进	他人评价	自我评价
应知应会	熟知光传输承载网日常维护内容	Y　N	Y　N
	熟知光传输承载网日常维护标准	Y　N	Y　N
专业能力	熟练阅读光传输设备手册	Y　N	Y　N
	熟练使用光功率计	Y　N	Y　N
	熟练使用2M误码仪	Y　N	Y　N
	熟练完成例行维护	Y　N	Y　N
	熟练填写维护作业记录	Y　N	Y　N
通用能力	合作和沟通能力	Y　N	Y　N
	自我工作规划能力	Y　N	Y　N

知识链接与拓展

12.1　光传输承载网设备日常维护项目

如前所述，设备维护基本操作、用网管进行的设备维护操作，以及对备件、环境和配套设施设备例进维护，是日常维护中的重要内容。设备的例行维护项目见表12.12，运用网管对设备进行例行维护的项目见表12.13，针对环境及配套设施设备的例行维护项目见表12.14。

表12.12　设备的例行维护项目

周　期	维护项目
每天	检查温度、湿度
	观察机柜指示灯
	观察单板指示灯
	检查设备声音告警
每2周	检查和定期清理风扇
	检查公务电话
每月	检查业务-测试误码

表 12.13　运用网管对设备进行例行维护的项目

周　期	维护项目
每天	检查网元和单板状态
	检查光功率
	检查告警
	监测性能事件
	检查保护倒换状态
	查询日志记录
	检查ECC路由
每月	同步网元时间
	校验配置数据一致性
	备份网元配置数据
	备份和恢复T2000数据库
	导出和导入配置脚本
	修改网管用户口令

表 12.14　环境及配套设施设备的例行维护

周　期	维护项目
每季度	ODF、DDF的清洁除尘
每年	机房直流电源设备及馈线等可靠性检查
	列柜电源熔丝检查

12.2　设备维护基本操作

1．检查温度、湿度

操作目的是检查机房的温度、湿度是否符合设备运行的环境要求。操作步骤包括在网管上查询告警，检查是否有温度异常告警，如TEM_HA、TEM_LA、TEMP_ALARM或者TEMP_OVER等；用温度计和湿度计测量机房的温、湿度，测量值在设备运行允许范围内。设备长期稳定运行的温度通常为0℃～45℃，相对湿度为通常10%～90%。建议保持机房温度为20℃左右，湿度为60%左右。

2．观察机柜指示灯

通过查看机柜指示灯的状态，判断设备是否有告警。查看机柜顶部指示灯，应该只有绿色的电源指示灯亮。如绿色电源指示灯熄灭，表示设备的供电电源中断，检查供电设备的输出电压是否正常。如果红色、橙色或黄色告警指示灯中有任何一个状态为亮，表示设备当前产生了告警。

3．观察单板指示灯

通过观察单板指示灯，可以判定单板的状态。

4．检查设备声音告警

该操作主要目的是检查设备声音告警功能是否正确设置。

5．检查和定期清理风扇

检查风扇运行是否正常，并及时清理防尘网，保证设备能够正常散热。需对防尘网进行清理。操作时，先抽出防尘网，将粘贴在防尘网上的海绵撕下后用水冲洗干净，放在通风处吹干。清理工作完成后，将海绵重新粘贴在防尘网上，将防尘网插回原位置。

6．检查公务电话

检查公务电话设置是否正确，并检查是否能正常拨打、接听公务电话。检查方法是在所在站点依次拨打其他站点的公务电话，正常状态是通话正常，在所在站点拨打会议电话，正常状态是通话正常。

7．检查业务——测试误码

检查设备运行期间，业务是否有误码。检查方法是：选定一条未用通道，在网管上对该通道进行业务配置；找到此业务通道在本站的PDH接口和在对端站的PDH接口，按图12.5连接；在对端站PDH接口作内环回（例如在DDF（Digital Distribution Frame）处的硬件自环）；在本站相应的接口连接误码仪，并开始误码测试。正常情况下，24小时误码数为“0”。需注意，测试时，仪表需要良好的接地，测试期间尽量不要开、关其他电器。误码测试完成后，切记解除所做的环回并删除测试业务。

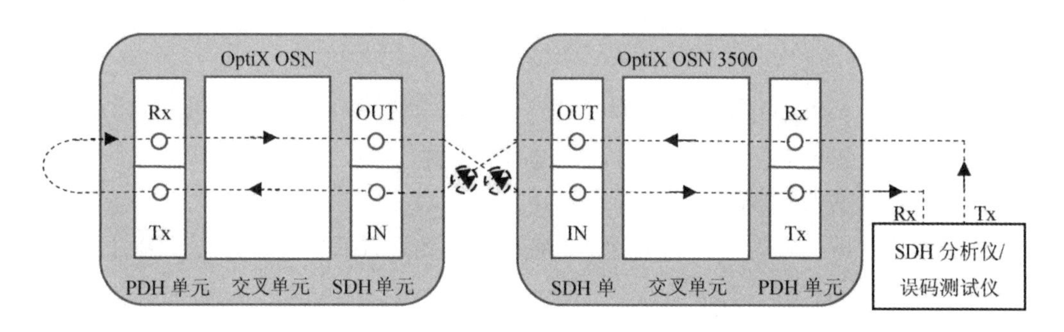

图12.5　误码测试连接图

12.3　运用网管进行设备维护的基本操作

1．检查网元和单板状态

运用网管可以检查网元和单板是否运行正常。

2．检查光功率

传输设备网管通常提供性能监视功能，其中包括对发光功率和收光功率的性能监视。只需在网管上查询相应的性能事件，即可显示网元单板的接收光功率和发送光功率。对照设备手册中各种光板的光功率指标，可以检查各个光口的接收和发送光功率是否正常。

在实际维护工作中，除用网管监控传输设备发光功率和收光功率外，有时还需要用光功率计对设备进行光功率测试。

3．检查告警

网管提供查询设备告警的功能，可以查询全网告警、网元告警和单板告警。

4．监视性能事件

传输设备的性能事件主要是误码和抖动。可以查询设备的15分钟性能事件或24小时性能事件，前提是已经设置了15分钟和24小时性能监视。

5．检查保护倒换状态

查询设备保护状态是否正常，包括检查MSP倒换状态，检查SNCP倒换状态，检查TPS倒换状态，检查主控板保护状态，检查交叉时钟板的保护状态等。

6．查询日志记录

网管工作日志记录了各个网管操作员在网管上所做的各种操作，查询网管的工作日志可以了解之前的操作记录。

7．检查ECC路由

在实际应用中，通常网管和网关网元直接通信，网管通过网关网元对非网关网元进行管理。ECC（Embedded Control Channel）即嵌入式控制通道，用于传输网元间通信，传送TMN信息，实现网管对非网关网元的管理。如果ECC路由不正常，那么会影响对网元的管理，因此需要检查网络的ECC路由是否正常。通常在传输网管上如果网元图标是绿色的，表示ECC路由正常，如果网元图标是灰色的，表示ECC路由不正常。

8．同步网元时间

日常维护中，需要使网元时间和网管时间保持一致，保证网元上报信息的时间正确。同步网元时间包括手工同步和自动同步两种方式。

9．校验配置数据一致性

校验配置数据一致性的目的主要是检查网元侧的配置数据是否与网管侧的配置数据一致，避免错误数据下发。

10．备份网元配置数据

应定期备份网元配置数据，避免网元数据丢失。完成网元配置数据备份后，如果网元掉电重启后，可以到FDB0、FDB1中读取配置数据。

11．备份和恢复T2000数据库

备份网管数据后，当网管升级或更换网管时，可以直接到备份数据库中读取数据，不用再从网元侧上载。

12．导出和导入配置脚本

导出导入配置脚本主要用于T2000版本升级时备份配置数据。需注意：导出配置脚本之前，要先完成全网网元配置和业务配置，建议先执行配置数据一致性校验，确保网管侧配置数据与网元侧配置数据一致。导入配置脚本前，建议先备份T2000的MO数据或者T2000数据库，然后关闭T2000 Server，初始化T2000数据库，最后导入全网配置文件。

如果导入脚本文件不成功，可以用备份的数据进行恢复。

13. 修改网管用户口令

为确保安全，需要定期修改网管用户口令，避免无关人员操作。

12.4　备件及配套设施设备维护

备件的例行维护目的是通过的定期维护，保证备件随时可以替换网上的单板，提高维护效率。维护的主要内容是检测备件的BIOS版本、主机软件版本、单板软件版本和逻辑版本应与网上运行的同类单板的版本是否一致。

配套设施设备的日常维护包括对ODF、DDF的清洁，对电源配电设备及馈线的检查，对列柜电源熔丝的检查等。

教学策略

1. 重难点

（1）重点：日常维护的主要内容。

（2）难点：光功率计和2M误码仪的使用方法。

2. 技能训练程度

熟练掌握光功率计和2M误码仪的使用。

3. 教学讨论

要完成光传输承载网的日常维护，首先要拟定维护作业计划，其次要掌握维护操作的方法。可采用教师讲授、分组讨论的方法首先制定作业计划，包括确定作业内容、周期，以及制作维护作业记录表。可采用现场教学法、演示教学法等教学方法，先由教师讲解演示日常维护操作方法，然后由学生完成具体任务，在此过程中，教师负责指导。在实验条件允许的情况下，应该由每个学生单独完成；如条件有限，可以2到3人一组协作完成，但必须保证小组内每个学生都参与。在维护操作方面，光功率的测量和业务误码测试，教师应重点讲解演示。

习题

1. 光传输承载网的日常维护内容包括哪些？
2. 光传输承载网日常维护的周期是多长？
3. 在使用光功率计时，有哪些注意事项？
4. 做业务误码测试时，如何搭建测试的环境？
5. 如何判定光传输设备发送和接收光功率是否正常？
6. 备件检查主要检查哪些方面？

任务13　光传输承载网故障处理

任务描述

故障描述：F国G网络，该网络为1600G设备。B站点收L站点共开通有3波的LWFS单板，在纠错前误码率为0的情况下会偶尔出现不可纠误码，影响到与B站点对接的SDH设备，SDH设备上报误码性能。

组网介绍：B站点和L站点之间只有一个跨段，该跨段衰减较大，组网图如图13.1所示。

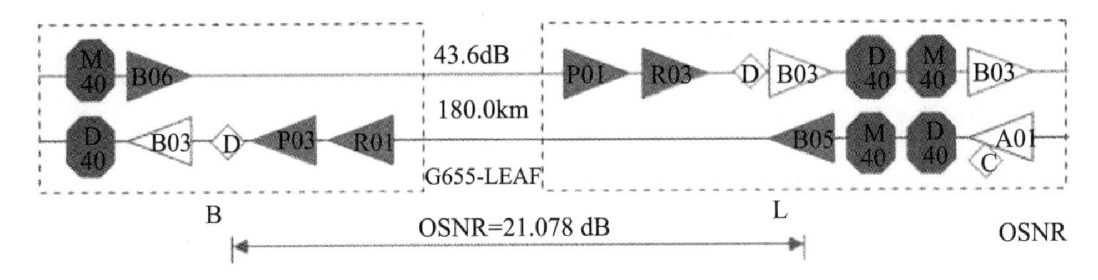

图13.1　故障链路图

请根据以上情况完成故障定位与排查。

任务分析

从本地传输网业务承载趋势来看，如表13.1所示，从该表可以看出，光传输承载网络主要以OTN设备为主。故在处理故障时，本任务主要选择OTN设备故障。

表13.1　本地传输网业务承载趋势

需求专业	需求现状	现网传输解决方案	需求发展	传输解决方案
无线	2G/3G基站承载	MSTP承载	LTE基站承载	IPRAN承载
政企	中小颗粒带宽需求	MSTP/MSAP	带宽需求提升	IPRAN/OTN
IP城域网	10G、GE电路	10G OTN	100G电路	100G OTN
接入网	OLT GE上行链路承载	10G OTN	点位、带宽增加10G上行链路	深化OTN覆盖县乡波分
PSTN	2M、155M电路	MSTP	逐步退网	随业务退网

1．任务目标

该任务的核心目标是完成此故障的处理，总结故障处理的一般方法。

2．完成任务的流程步骤

一般完成任务的主要流程步骤如图13.2所示。

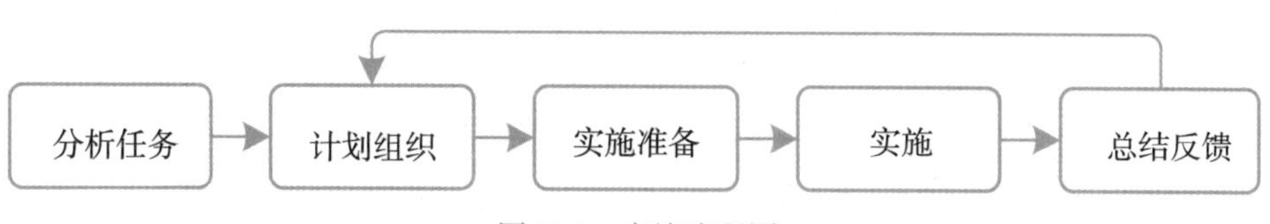

图13.2　实施流程图

完成该任务，需要从故障定位（请参考“知识链接与拓展”中的13.3内容）、故障分析、故障排除等环节认真分析落实。

3．任务的重点

该任务的重点在于掌握故障定位思路（请参考“知识链接与拓展”中的13.2内容）与处理方法，完成故障排除。

必备知识

1．OTN设备各主要单板功能

· M40：40路合波板。

· D40：40路分波板。

· BA：功率放大，主要用在发射机之后，延长设备的中继距离。

· PA：预放，或前置放大，主要用在接收机之前，提高光信号的功率，便于后端的信号检测。

· LWFS：波长转换板，把非标准波长转换成OTN设备的标准波长。

2．环回操作

· 线路侧的环回在与设备相连的ODF架上进行。

· 环回时要注意添加衰减器，避免光功率过大烧坏光板。

3．故障处理的思路

· 先外部，后内部；先网络，后网元；先高级，后低级；先多波，后单波；先双向，后单向；先共性，后个别。

任务完成

一、故障定位处理过程

步骤1　确认单板纠错功能已经开启。

步骤2　由于出现误码的波数有3波，根据故障处理思路中的“先多波，后单波”原则对主光路的尾纤进行清洁，如图13.3所示，故障现象依旧。

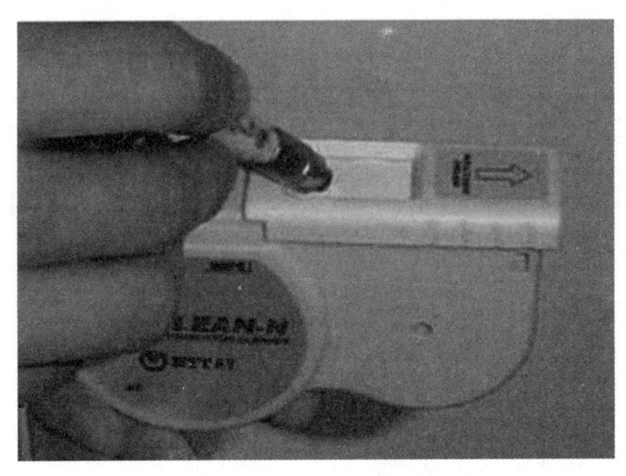

图 13.3　清洁尾纤

步骤 3　对单板进行波分侧光纤环回（请参考“知识链接与拓展”中的 13.3.4 内容），注意选择合适的衰减器，如图 13.4 所示，观察 24 小时没有误码，排除单板故障。

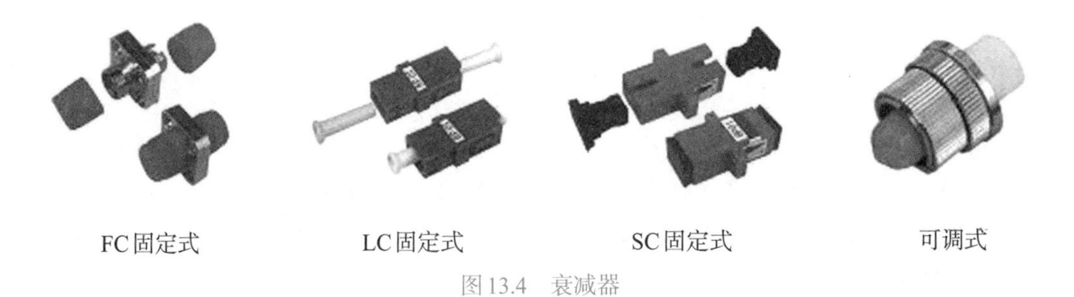

图 13.4　衰减器

步骤 4　纠错前误码率没有波动，排除光缆 PMD 影响，如图 13.5 完成测试连接。

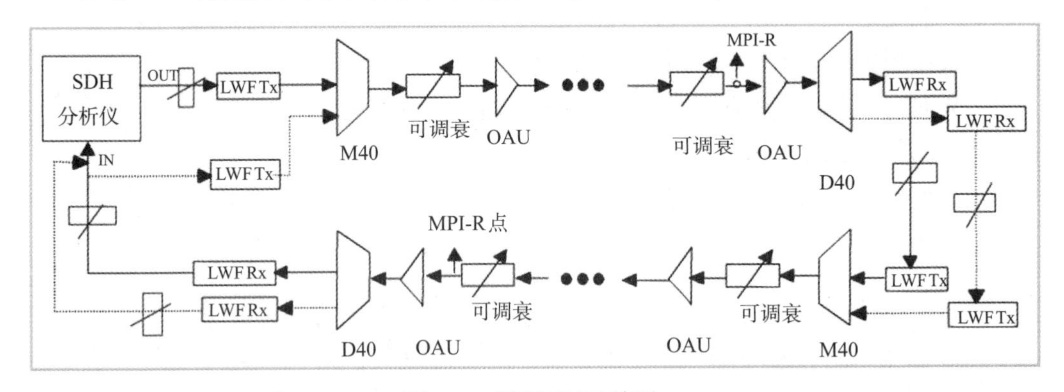

图 13.5　误码测试连接图

步骤 5　协调客户采用 OTDR 仪表进行光缆测试（请参考“知识链接与拓展”中的 13.3.3 内容），如图 13.6 所示，将尾纤清洁后连接到 OTDR 上观察，确认在某处光缆熔接点反射较大。通过更换客户光缆纤芯，挂表 48 小时，没有出现误码，问题解决。

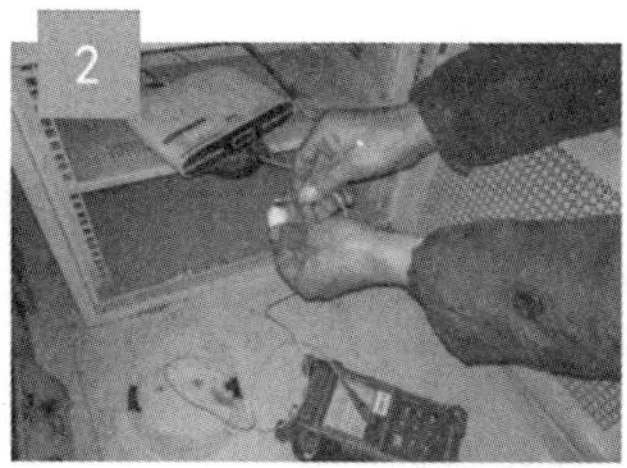

图 13.6　OTDR 连接测试图

二、总结和建议

在定位纠错前误码率性能较好但随机出现误码的问题时，建议先排除单板故障，之后对光路的尾纤进行清洁，如果问题依然存在，需要协调进行光缆 OTDR 测试，一般来说排除单板故障和光口污染问题后，随机出现误码是由光缆反射造成。

任务评价

故障处理完成后，参考表 13.2 对学生进行他评和自评。

表 13.2　光传输承载网故障处理评价表

项目 \ 内容	学习反思与促进	他人评价	自我评价
应知应会	熟知传输故障处理流程	Y　N	Y　N
	熟知故障定位的一般原则	Y　N	Y　N
	熟知故障判断与定位的常用方法	Y　N	Y　N
专业能力	熟练解读故障案例库文件	Y　N	Y　N
	熟练使用故障处理工具仪表	Y　N	Y　N
	熟练完成故障定位与处理	Y　N	Y　N
通用能力	合作和沟通能力	Y　N	Y　N
	自我工作规划能力	Y　N	Y　N

知识链接与拓展

13.1 故障处理流程

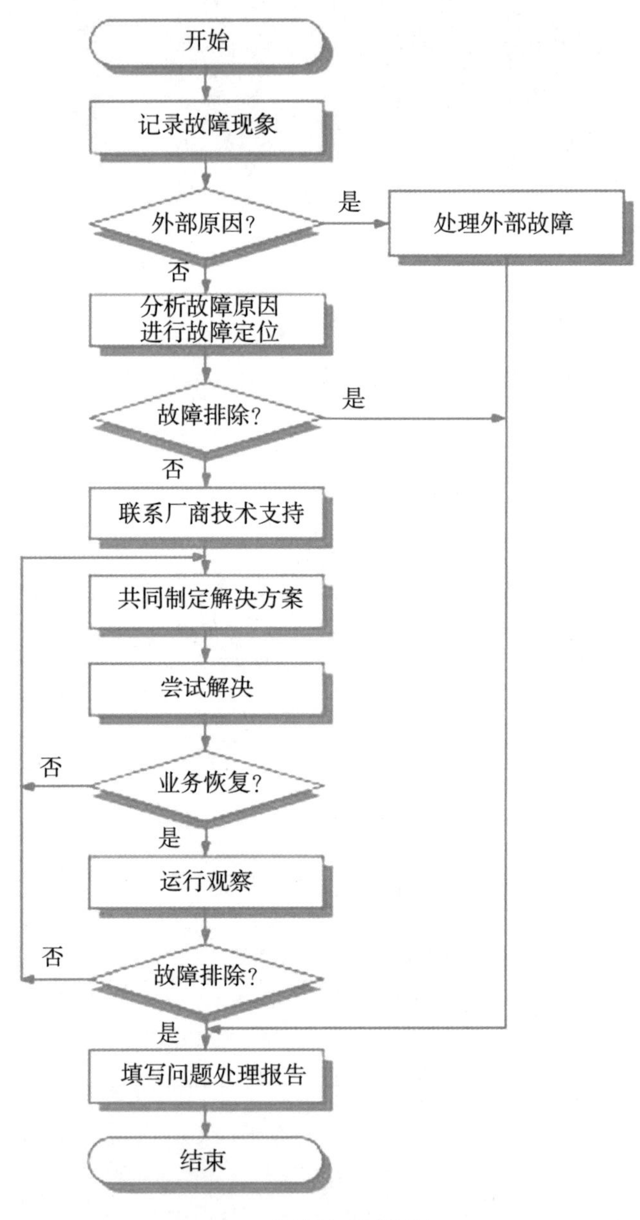

图 13.7 故障处理流程图

进行故障记录时，力求做到对故障发生的全过程进行真实、详细的记录。对于像故障发生的时间，在故障出现前后曾经做过哪些操作等重要信息都要进行详实地记录，同时对于网管中的告警信息，性能事件等重要数据也要进行保存。其处理流程如

图13.7所示。

外部原因造成的故障，如电源问题、光缆问题、机房环境（温度等）和终端设备（交换机等）等，应及时进入其他相应处理流程。如果是由于设备问题造成的故障，参照厂商设备故障指导手册进行处理。在解决问题时，对设备的操作应该严格按照操作规范进行，如必须佩戴防静电手带等。

遇到困难无法排除故障时，拨设备提供商电话，以获取技术支持，并配合设备公司工程师处理故障。在业务恢复后，对运行情况进行观察，确认故障已经排除。在故障处理完后，应及时填写相关的处理报告

13.2　故障定位的一般原则

故障定位的一般原则可总结为：先外部，后内部；先网络，后网元；先高级，后低级；先多波，后单波；先双向，后单向；先共性，后个别。

1．先定位外部，后定位内部

在进行系统的故障定位时，应该首先排除外部设备的问题。这些外部设备问题包括光纤、光缆、客户设备和电源等问题。

2．先定位网络，后定位网元

传输设备出现故障时，有时不会只是一个单站出现告警信号，而是在很多单站同时会上报告警。这时我们就需要通过分析和判断缩小导致故障的范围，快速、准确地定位出是哪个站的问题。

3．先分析高级别告警，后分析低级别告警

在分析告警时，应首先分析高级别的告警，如紧急告警、主要告警；然后再分析低级别的告警，如次要告警和提示告警。

4．先分析多波信号告警，后分析单波信号告警

在分析告警时，应先分析是多个波道都有问题还是仅单波道信号有问题。多波道信号同时出现故障，问题通常在合波部分，处理了合波部分的故障后，单波道信号告警通常就随之消除了。

5．先分析双向信号告警，后分析单向信号告警

在分析告警时，若“本站收、对端站发”的方向有告警，需要先检查“对端站收、本站发”的方向是否有类似的故障现象，若双方向都有告警需要先分析处理。

6．先分析共性告警，后分析个别告警

在分析告警时，应先分析是个别问题还是共性问题，确定问题的影响范围。需要确定是一个单板出问题，还是多个单板出现类似问题；对多光口单板，是一个光口有误码还是多个或所有光口都有误码。

13.3 故障判断与定位的常用方法

对于一般性的硬件故障，一般采用“①分析，②环回，③换板”的方法：

当故障发生时，首先通过对信号流向、告警事件和性能数据进行分析，初步判断故障点范围。

然后通过逐段测量光功率和分析光谱，排除光纤跳线或光缆故障，并最终将故障定位到单板。

最后通过更换单板或更换光纤，排除故障问题。

13.3.1 信号流分析法

先分析业务信号流向，根据业务信号流向逐点排查故障是波分系统中故障定位的常用方法。通过业务信号流的分析，可以较快地定位到故障点。下面通过举例，对信号流分析法给予说明。

示例一：各站点均使用光波长转换类或支线路合一单板

故障现象：

组网结构如图图13.8所示。A站到B站其中一路客户业务中断，B站该路客户设备接收无光或接收到大量误码。

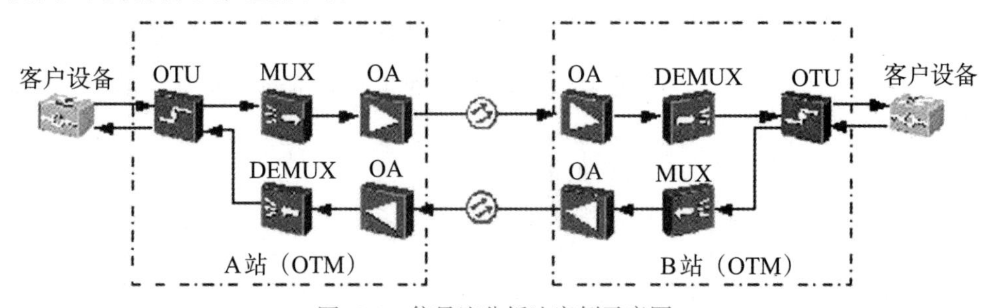

图13.8 信号流分析法案例示意图

分析判断：

B站客户设备接收无光或接收到大量误码，由上图所示，B站客户设备接收的业务信号流向为：A站客户设备→A站OTU→A站MUX→A站OA→B站OA→B站DEMUX→B站OTU→B站客户设备，可能的故障原因包括：

· A站信号发送部分有问题。

· 光路问题（包括光纤和光纤接头）。

· B站信号接收部分有问题。

（1）先对A站的OTU单板告警和性能进行分析，如果OTU单板客户侧接口有接收无光告警或接收光功率过低时，那么故障点可能出在A站客户设备的光发送端或客户设备到OTU单板的光纤跳线，或是OTU单板的客户侧接收模块。

（2）如果A站OTU单板客户侧的输入光功率正常，再检测输出光功率是否正常，如不正常则故障点在OTU单板。

（3）如果A站OTU单板的输出光功率也没有问题，观察A站MUX板的输出光功率是否有很大的变化。如果A站上的波数比较多的话，丢失其中的一波不会使功率发生大的变化，所以需要把MUX板的MON口信号接入MCA（光谱分析）板，查询是否发生掉波告警。

（4）由于MUX板主要工作器件是无源器件，损坏的可能性不大，所以如果MCA板检测到该波信号丢失，最可能出故障的地方是连接OTU单板和MUX板的光纤跳线。

（5）OA板有输入、输出光功率检测功能。如果出现故障，受到影响的业务不会仅仅是其中一波，所以故障出在OA板的可能性很小。

（6）在B站，按此信号流向进行分析：B站OA→B站DEMUX→B站OTU单板→B站客户设备。B站的信号流分析方法与A站的分析方法类似。

13.3.2　告警和性能数据分析法

当系统发生故障时，一般会伴随有大量的告警事件和异常性能数据的产生，通过对这些信息的分析，可大概判断出所发生故障的类型和位置。

获取告警和性能事件信息的方式有以下两种：

（1）通过网管查询传输系统当前或历史发生的告警和性能事件数据。

（2）通过设备机柜和单板的指示灯状态，了解设备当前的运行状况或存在告警的级别。

通过网管获取故障信息，定位故障的特点是：

（1）全面：全面是指能够获取全网设备的故障信息。

（2）准确：准确是指能够获取设备当前存在哪些告警、告警发生时间，以及设备的历史告警；能够获取设备性能事件的具体数值。

如果告警和性能事件太多，可能会面临无从着手分析的困难。

完全依赖于计算机、软件和通信三者的正常工作，一旦以上三者之一出问题，通过该途径获取故障信息的能力将大大降低，甚至于完全失去。

注意：

（1）通过网管获取性能信息时，先要在网管上开启性能监视，否则性能信息不会上报。

（2）通过网管获取告警或性能信息时，应注意保证网络中各网元的当前网元运行时间设置正确，倘若网元时间设置错误，将会导致告警、性能信息上报错误或根本不上报。

示例一：非汇聚OTU类单板处理SDH标准信号信号流分析

以本站非汇聚类OTU单板处理SDH业务时，产生R_LOS告警为例，介绍告警信号流分析方法，如图13.9所示。

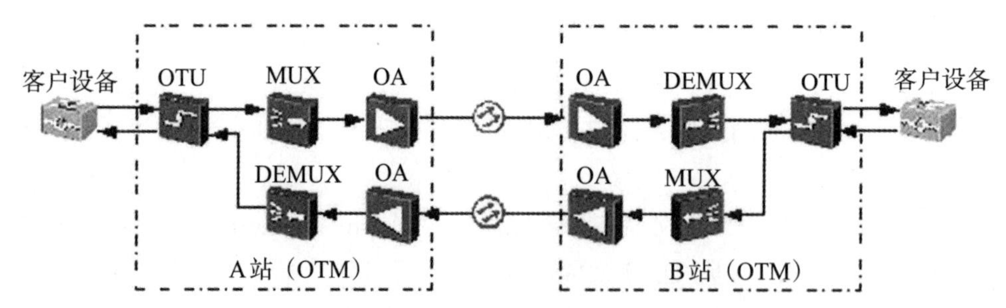

图13.9　告警、性能数据分析法示例一示意图

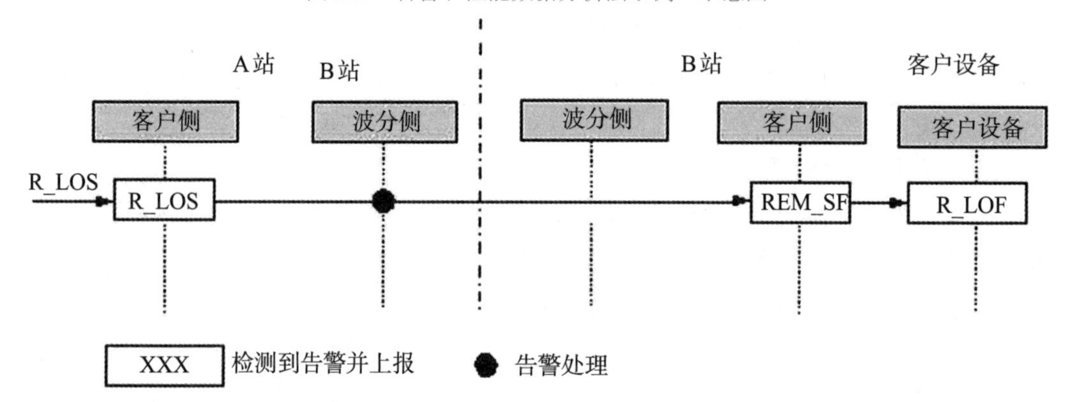

图13.10　非汇聚型OTU处理SDH信号的告警信号流

参考图13.10，A站OTU单板的客户侧接收R_LOS信号，A站OTU单板的波分侧对该告警进行处理后，传到B站。在B站的OTU单板客户侧将检测到REM_SF告警。该告警继续传送到B站下游的客户端设备，并向客户端设备上报R_LOF告警。

若通过U2000查询到A站OTU单板客户侧上报R_LOS告警，B站客户设备上报R_LOF告警。可判断为A站OTU单板的客户侧输入信号有问题。

示例二：非汇聚OTU类单板处理OTN标准信号信号流分析

以非汇聚类OTU单板处理OTN业务时，OTU单板对OTU2_LOF告警的处理为例介绍告警信号流分析方法，其他告警以此类推。如图13.11所示，线路上传送的是ODU2业务，A站点到B站点间光纤劣化。

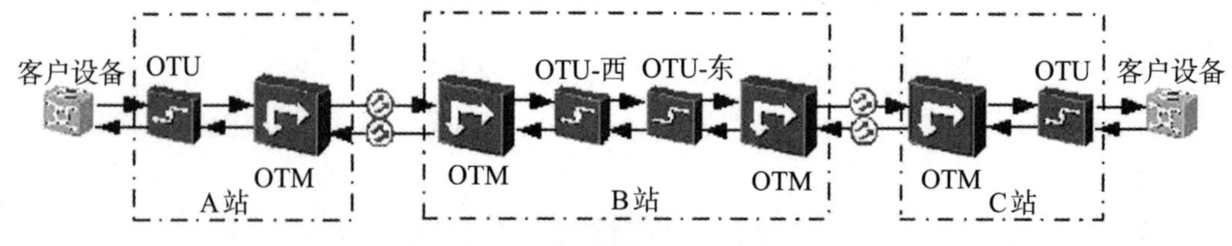

图13.11　告警、性能数据分析法示例二示意图

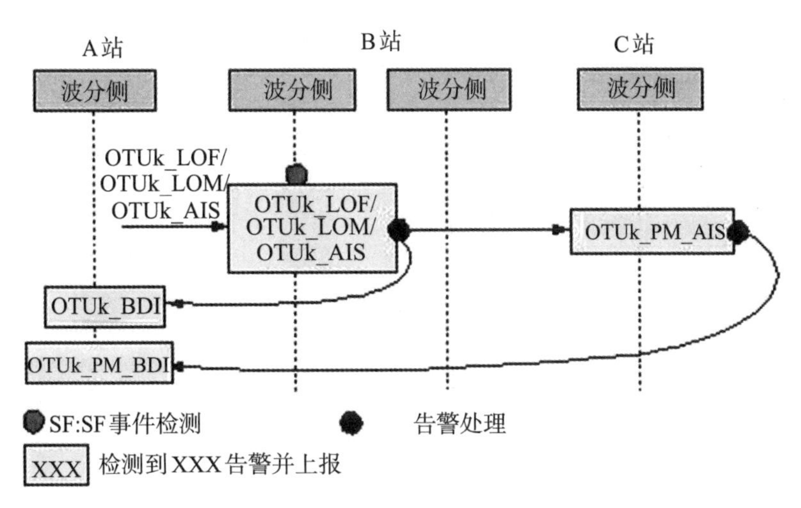

图13.12　非汇聚型OTU处理OTN信号的告警信号流

参考图13.12，A站到B站的光纤劣化后，B站点OTU-1单板波分侧检测到OTU2_LOF（劣化比较严重的情况下，可能出现LOF，可能出现LOM，这里以LOF为例），并进行处理后传到A站和C站。在C站的OTU单板的波分侧将检测到ODU2_PM_AIS；同时C站点将告警处理后经B站点透传到A站，A站点将上报OTU2_BDI和ODU2_PM_BDI。

若通过网管查询到A站点OTU单板波分侧有OTU2_BDI和ODU2_PM_BDI，B站OTU单板波分侧上报OTU2_LOF告警，C站有ODU2_PM_AIS，可判断B站点波分侧输入信号异常，可以进一步判断是否由AB段的光纤劣化引起。

13.3.3　仪表测试法

仪表测试法一般用于排除传输设备外部问题以及与其他设备的对接问题。

WDM系统常用测试仪表包括：光功率计、光谱分析仪、SDH测试仪、数据业务测试仪、通信信号分析仪和万用表等。用最多的是光功率计和光谱分析仪的测试。

通过仪表测试法分析定位故障，说服力比较强。缺点是对仪表有需求，同时对维护人员的要求也比较高。

1．光功率测试

虽然从网管上的性能数据中可以得出各点的光功率，但是为了得到精确的值，用光功率计再次测量该点光功率也是非常必要的。

对于主信号的光功率，可以通过检测“MON”口的输出光功率，根据不同的单板“MON”口信号与主信号的功率比例关系，计算得到主信号的光功率，各单板“MON”接口信号与主信号的功率比例关系，具体参见设备的硬件描述。

2．光谱分析测试

用光谱分析仪测试单板的“MON”口输出信号的光谱，直接从仪表上读出光功率、信噪比和中心波长，分析光放大板的增益平坦度。将得到的数据和原始数据比较，检查是否出现比较大的性能劣化。检查项如下：

·单波光功率是否正常，平坦度是否正常。

·信噪比是否符合设计要求。

·中心波长偏移是否超出指标要求。

光合波板、光分波板和光放大板等单板的“MON”口，均可以在线测试主信道光谱。如果受到影响的业务是主信道的所有业务，那么可以重点分析光放大板的光谱；如果受损的业务只是主信道中的一路业务时，重点分析光合波板和光分波板的光谱。

13.3.4 环回法

环回法是故障定位中最常用、最直接的方法。它不依赖于对大量告警和性能数据的深入分析。作为设备维护人员，应该熟练掌握。

环回操作分为软件、硬件两种，这两种方式各有所长。

硬件环回是用光纤对物理端口（光接口）的环回操作。硬件环回相对于软件环回而言环回更为彻底，但它操作不是很方便，需要到设备现场才能进行操作；另外，光接口在硬件环回时要避免接收光功率过载。

软件环回虽然操作方便，但它定位故障的范围和位置不如硬件环回准确。比如，在单站测试时，若通过光口的软件内环回，业务测试正常，并不能确定该光板没有问题；但若通过尾纤将光口自环后，业务测试正常，则可确定该光板是好的。

环回注意点：

当通过进行合波部分的光路环回来定位故障时，需要确保信噪比和色散满足OTU单板的要求。

环回法会中断业务信号。因此它一般应用在开局调测或业务已经中断时的定位故障。

配置保护后，建议不要进行环回操作，否则可能导致异常倒换。如果必须环回，请先将业务锁定在当前通道，再进行环回。环回任务结束后，取消锁定。

环回法适合于已知故障的范围，将故障范围分成两段，分别进行排除。它排除的故障可以为板件故障、线路故障。举例如图13.13所示。

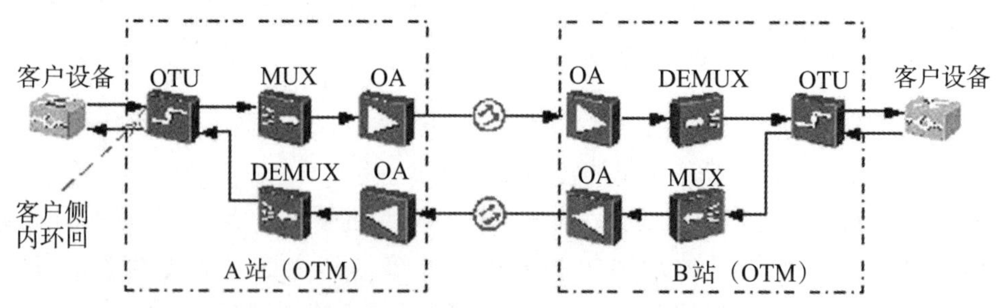

图13.13　环回法故障解决示意图

图13.12中，A站OTU单板客户侧上报R_LOS告警，波分侧无告警；B站OTU单板的波分侧和客户侧均无告警，客户设备上报LOF告警。

对A站OTU单板的客户侧按图13.13所示进行客户侧内环回。

· 若A站和B站的告警都消失，可以判断A站OTU单板未接收到来自A站客户设备的信号，故障点为A站客户设备或A站客户设备与A站OTU单板之间的连纤。

· 若A站和B站的告警依然存在，可以判断A站OTU单板故障。

13.3.5　替换法

替换法就是使用一个工作正常的部件去替换一个怀疑工作不正常的部件，从而达到定位故障、排除故障的目的。这里的部件，可以是一段光纤跳线、一块单板、一个法兰盘或一个衰减器。

替换法的优势是可以将故障定位到较细的位置，且对维护人员的要求不高，因此是一种比较实用的方法。

但该方法对备件有要求，且操作起来没有其他方法方便。插拔单板时，若不小心，还可能导致板件损坏等其他问题的发生。

替换法应用

替换法适用于排除传输外部设备的问题，如光纤、法兰盘、接入客户设备、供电设备等；或故障定位到单站后，用于排除单站内单板或模块的问题，举例如图13.14和图13.15所示。

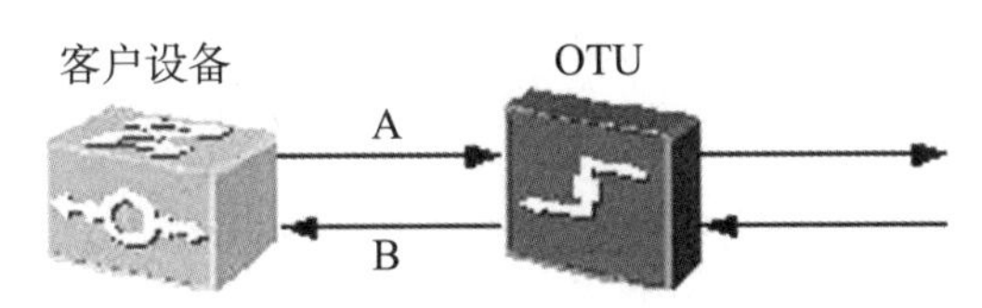

图13.14　尾纤替换法故障解决示意图

图13.13中的OTU单板上报R_LOS告警，而客户设备接收没有发生告警，则可以调换光纤A和B，观察OTU单板和客户设备的告警情况。如果OTU单板仍然有R_LOS告警，那么可以判断客户设备的发送模块或OTU单板的接收模块有故障；但如果OTU单板没有告警，而客户设备产生R_LOS告警，那么说明光纤A故障。

注意：

测试时首先把OTU单板和客户设备的激光器自动关闭功能设置为“禁止”。

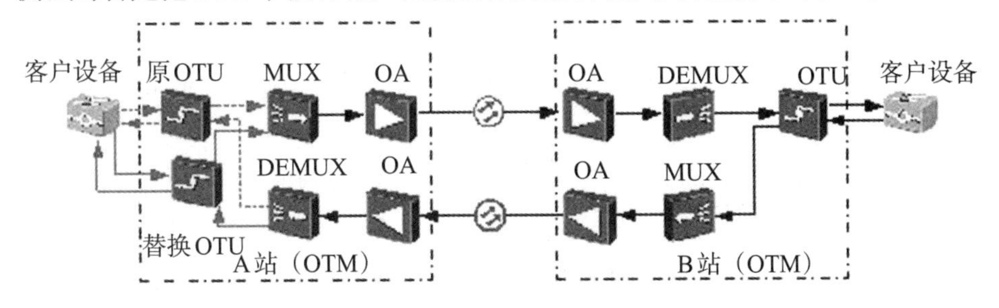

图13.15　单板替换法故障解决示意图

图13.15中A站的OTU单板上报R_LOS告警，而客户设备接收没有发生告警，可以用相同规格的备用替换OTU单板替换原OTU单板，观察OTU单板和客户设备的告警情况。如果单板替换后告警消除，说明该OTU单板故障。

13.3.6 配置数据分析法

在某些特殊的情况下，如外界环境条件的突然改变，或由于误操作，可能会使设备的配置数据——网元数据和单板数据遭到破坏或改变，导致业务中断等故障的发生。此时，在将故障定位到单站后，可使用配置数据分析法进一步定位故障。

配置数据分析法的应用

通过查询、分析设备当前的配置数据是否正确来定位故障。

例如某支路板的SNCP保护不倒换，我们就需要查看该保护的参数配置是否正确。

对于网管误操作，还可以通过查看网管的操作日志来进行确认。

配置数据分析法适用于故障定位到单站后故障的进一步分析。该方法可以查清真正的故障原因。但该方法定位故障的时间相对较长，且对维护人员的要求非常高。一般只有对设备非常熟悉，且经验非常丰富的维护人员才使用。

除了上面的几种常用分析方法外还有测试帧功能、RMON性能分析法等，这里不再讲述，请查阅相关资料。

教学策略

1．重难点

（1）重点：故障处理的原则与常用方法。

（2）难点：综合运用各种故障处理方法排除并处理故障。

2．技能训练程度

会使用误码测试仪、光功率计及光谱分析仪进行环回与故障定位。

3．教学讨论

完成传输故障的排除，需要熟知传输设备的系统结构和硬件组成，熟悉故障处理流程与方法，即需具备一定的理论知识，且操作性较强。建议采用以下的方法进行教学：

任务相关知识点可采用教师讲授、分组讨论和现场教学法等，也可以借助图片等资料进行多媒体教学。

任务完成可采用分组实训、现场教学法等。首先由教师讲解、故障处理方法，然后由学生完成具体任务，在学生分析故障过程中发现问题再由老师帮助解决。在实验条件允许的情况下，应该由每个学生单独完成；如条件有限，可以4到8人一组协作完成，但必须保证小组内每个学生都参与。

习题

1. 传输故障定位的原则是什么？
2. 故障判断的常用方法有哪些？
3. 简述环回法处理故障时应该注意哪些问题？
4. 请画出波分设备数据流的分析图。
5. 请设计一个讲授环回法处理故障的案例。
6. 请思考哪些教学法适合讲授故障处理部分，并举例说明。

任务14　光传输承载网优化

任务描述

随着网络业务的变化与使用时间的增长，传输网络在承载业务、网络结构上会出现很多变换，这些变化可能导致传输网络的某些性能下降，所以有计划地对传输网络进行资源调查与清理，根据业务发展需要与网络运行需求提出一些优化或扩容的方案，逐步达到优化业务，精简节点，提高网络保护能力，扩大接入容量的目的。网络优化工程师小吴接到公司任务，以下图14.1为小吴所在分局的网络拓扑结构，该网络中某些节点多次发生故障，造成大量业务阻断，单位要求小吴根据该地的组网情况提出优化改造建议。假如你是小吴，如何根据以上情况完成网络的优化改造建议呢？

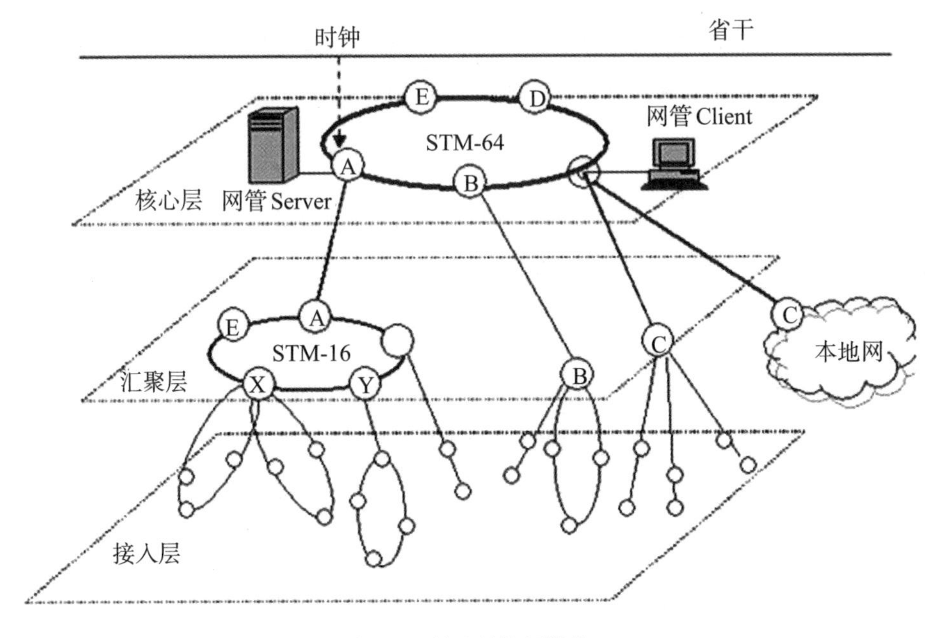

图14.1　某地传输网结构

任务分析

国内各大运营商都在对传输网络进行大规模的扩容建设，快速建设的同时也使得传输网络出现了网络性能问题，直接影响到网络的可靠性和资源利用率，急需对现有网络进行优化改造。本任务旨在通过对传输优化案例的探讨，掌握传输网的优化内容（请参考“知识链接与拓展”中的14.3内容）、优化原则与优化方法。能够根据现网出现的问题提出针对性的优化方案。

必备知识

1．传输网络结构的认识

· 接入层：传输网的最下层，负责连接用户侧设备，速率较低，网络以星形网为主。

· 汇聚层：传输网的中间层，汇聚本地的业务，连接接入层与核心层，网络结构以环形或环带链形为主。

· 核心层：传输网的最高层，速率较高，沟通各业务网的交换局的核心节点的网络，常利用DWDM/OTN设备组成环网。

2．传输网的保护

· 网络的保护包括：链路保护、自愈环保护与网状网保护。

· 设备单板的保护：对于电源板、主控板、交叉板选用1+1的热备份保护，支路或线路板常采用1:1的保护。

3．传输网的同步

· 时钟的来源包括：外部时钟（常用BITS）、内部时钟、线路抽时钟和支路抽时钟。

· 传输网同步方式：采用主从同步方式，配置时钟时不能成环。

任务完成

一、评估分析

经过对现有网络的数据收集，就开始对现有网络进行评估，评估的目的是分析现有网络的“瓶颈”或“风险”。主要从以下七个方面进行考虑。

1．网络资源利用率分析

（1）汇聚层中B、C站点不仅是核心层B、C站点的扩展子架，同时本身又带有接入层站点如图14.1所示；造成端口利用率和槽位利用率偏高，无法完成新业务的上下；

（2）核心层STM-64网络，整体电路利用率适中，但是AE站点间单段电路利用率较高，是网络瓶颈，造成业务安排困难；

（3）A、E处的业务均通过A处进行转接。

2．网络安全性分析

（1）汇聚层A、E处的业务均通过A处进行转接，而A处仅仅通过STM-16光口和核心层相连，相连的光口没有任何保护，多次发生故障，造成大量业务阻断；

（2）汇聚层B、C和核心层的连接关系也是如此；

（3）Y处通过1个支链下挂1个接入环，没有任何保护意义；

（4）多处支链没有保护；

（5）多个接入环仅仅通过一个站点上联；

（6）多次扩容，网上设备版本不兼容现象较严重。

3．备品备件分析

（1）本地网和城域网的备品备件均在A处，其他站点无任何备品备件；

（2）备品备件版本混乱，并且不兼容。

4. 网管系统分析

（1）本地网和城域网共用ECC资源，制约网管上报速度；

（2）本地网和城域网采用不同网管。

5．多业务支持分析

由于网络经过多次扩容，不能很好地支持多业务，造成网络资源不能很好地利用。

6．同步系统分析

在C处有BITS外时钟，而事实上，城域网和本地网的时钟都采用省干的抽时钟，造成部分链路较长的站点时钟等级劣化。

7．维护故障分析

通过查找运行维护记录，并进行统计分析发现Y站点的机房条件不好造成该站点经常瘫痪。

二、优化方案

针对该传输网络存在的问题，最终选取了一个最优方案，优化之后的网络如图14.2所示：

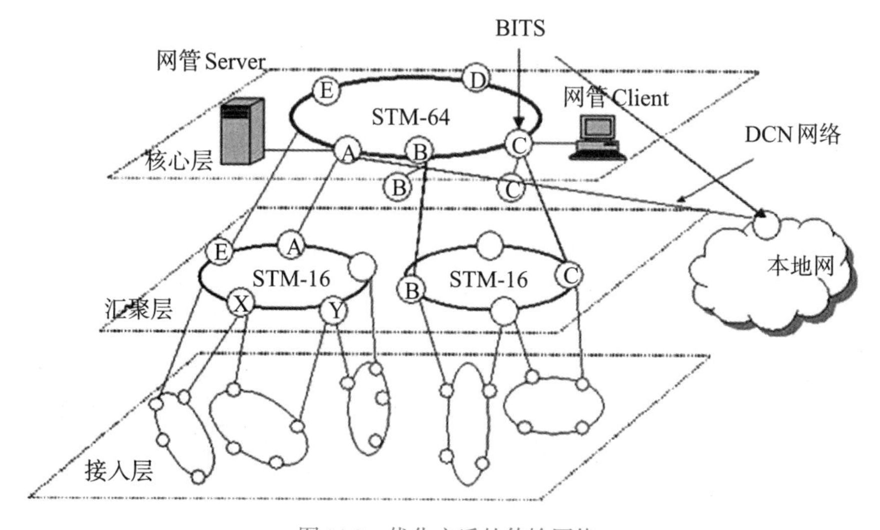

图14.2　优化之后的传输网络

三、对比分析

经过网络优化方案的实施，原有的传输网络“症状”消失——原有网络的资源利用率提高20%；消除了原有网络所有的故障隐患，其他指标如备品备件、多业务支持等性能指标都得到了大幅度地提升。

任务评价

传输网络优化完成后，参考表14.1对学生进行他评和自评。

表14.1 传输网络优化评价表

项目 \ 内容	学习反思与促进	他人评价	自我评价
应知应会	熟知传输网络优化的流程	Y N	Y N
	熟知传输网络优化的原则	Y N	Y N
	熟知传输网络优化内容	Y N	Y N
	熟知传输网络评估分析内容	Y N	Y N
专业能力	熟练解读传输网络技术文件	Y N	Y N
	熟练使用优化评估方法	Y N	Y N
	熟练完成优化的内容的分析	Y N	Y N
通用能力	合作和沟通能力	Y N	Y N
	自我工作规划能力	Y N	Y N

知识链接与拓展

14.1 光传输网优化流程

传输网络优化是一个长期的过程，它贯穿于网络发展的全过程。它是运行维护工作的一个重要组成部分，是以日常维护为基础的更高层次的维护工作，它不同于网络规划和工程建设，又和网络规划、工程建设密不可分。定期地在扩容工程前或后进行网络优化，是提高网络服务质量的最佳途径。

传输网络优化流程，如图14.3所示，包括：数据收集、网络评估分析、网络优化方案（方案对比）、工程实施、优化前后网络评估分析对比和网络优化方案改进六部分。

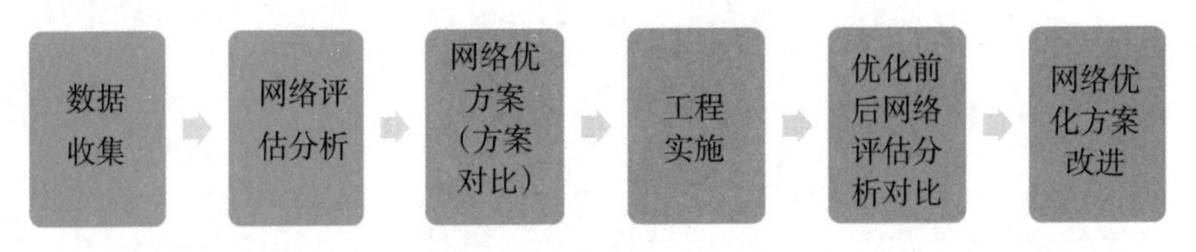

图14.3 传输网络优化流程

在传输网络优化流程中，有两个重要步骤：数据收集和网络优化方案分析和比较。其中数据收集是网络评估分析和网络优化的基础，数据收集是否全面和准确全面影响后续的流程。网络优化方案的分析和比较，是能否制定出切实可行的网络优化方案的关键，该步骤需要多方人员共同参与和完成。

14.2　传输网络优化的原则

传输网优化是在保证业务网不间断业务应用和不断发展的前提下进行优化，因此，在实行网络优化时应坚持以下原则。

（1）应该坚持走网络建设和网络优化相结合的原则；

（2）应在保障运营电路的安全性和新业务的正常接入运营下，完成网络的优化；

（3）充分分析和利用现有资源，挖掘现网潜力；充分分析前期网络运行、维护中存在问题，研究造成网络故障的原因并对其进行解决；

（4）充分分析中远期业务的流量、流向，完善和优化网络结构、通路组织，达到网络的高效、高产出能力；以全局的角度、全网的高度进行传输网络优化；确保传输网络发展的连续性；

（5）传输网核心层和汇聚层设备、光缆的优化思路应该是层次清晰、结构合理，安全可靠；

（6）应注意节约投资和充分发挥资金效率的原则、根据实际情况充分利用管道和光纤光缆等基础资源，除了自建外，还可采用租用、置换等方式建设。

14.3　传输网络优化内容

传输网的内容主要包括三大要素：网络结构、传输设备和光缆线路，此外还有网络的同步、网络管理等。

一、网络结构的优化

网络结构的优化包括结构拓扑的优化、通路组织的优化、网管结构的优化和同步方案的优化等。

1．网络结构拓扑的优化

根据我国网络结构体系总体的思路，传输网结构总的是采用分层、分区、分割的概念进行规划，就是说从垂直方向分成很多独立的传输层网络，具体对某一区域的网络又可分为若干层，例如本地传输网可分成核心层、汇聚层、接入层3层。这样有利于对网络的规划、建设和管理。下面就按照这个理念，分别对核心层、汇聚层、接入层的优化进一步讨论。

（1）核心层网络的优化

核心层网络是沟通各业务网的交换局（局间电路需求比较大、电路种类比较多，多为平均型业务）的核心节点的网络。核心层网络的核心节点通常不会很多，在通信发达地区，如北京、上海、广州、深圳等地区通常将有10个左右（一般按平均20万线设置1个），如果在西部欠发达地区，一个行政区域通常只有2～3个节点，根据局间业务量的大小可组织1个或多个传输速率建议为2.5Gbit/s或10Gbit/s的环路可满足要求。

核心层的环可以考虑2纤或4纤的复用段保护环，容量相同的情况下，4纤环比2纤环更经济，保护方式更灵活。如果光缆资源比较丰富，相邻2个节点间具有2条不同光缆路由，建议采用4纤环，它可以容忍系统多点故障，以提高网络生存性。

（2）汇聚层网络的优化

（a）汇聚层节点的选择。一般依据地理区域的分布或行政区域的划分将本地传输网划分为若干个汇聚区，选择一些机房条件好、业务发展潜力大、可辐射其他节点的站点设置汇聚点。建议以县（包括县级市）为汇聚区，在县辖区内选择重点镇作为汇聚点；

（b）汇聚环上节点数量的调整，节点数不宜太多，一般为4～6个；

（c）汇聚层可以采用2纤或4纤的复用段保护环或通道保护环，传输速率建议为2.5Gbit/s或10Gbit/s。对于平均分配的业务，可以采用2纤或4纤的复用段保护环。如果有汇聚型的业务，那么2纤通道保护环在业务配置和调度、保护倒换等方面都比复用段保护环简单和容易，更适合在汇聚型的业务中使用。

（3）接入层网络的优化

一般的业务接入站（如基站、数据POP点）至汇聚节点的传输系统称为接入层，接入层涉及站点数量多，结构也复杂，是网络优化中工作量最大的层面。接入层网络的优化主要考虑以下内容。

（a）环路上节点数量的调整，每个环的节点不应太多，在光纤资源允许的情况下，建议环上的节点数不应超过10个。对于节点数超标的环路，建议采取裂环拆环的方式，拆成2个或多个环路。对于物理路由上光纤资源紧张的地区，则需敷设新的光缆，以便于组织多个接入层环网；

（b）环路容量的扩容，对于接入层环路中155Mbit/s容量不足的系统升级到622Mbit/s，并且保持通道容量有一定的富余，以满足新增业务的需要；

（c）链路的改造，通过新建部分光缆，将能成环的链路尽量成环，不能成环的链路尽量控制在5个以内，以保持网络安全性有稳定性；

（d）尽量少用微波设备组网，如果要用，尽量将微波改造到网络的末端或不重要的站点，为节省投资，应将网络优化中拆除的微波设备，尽可能利用在网络的末端。

总之，网络拓扑结构的优化除以上所谈的之外，还应考虑环路节点数的取定，其数值应满足各节点对环路容量的分担要求；以及结合光缆线路的优化进行链路成环改造等。

2．核心节点设备落地电路的保护

一般核心节点传输设备有大量的电路需要落地，目前多数厂家已经可以提供对支路板件的1:N保护，但从负荷、风险分担的角度讲，在核心节点的传输设备一般采用光、电分离的方式配置，即主子架完成群路、支路等光接口接入和核心控制、交叉功能，E1支路等电接口采用专用的扩展子架来完成上下。为提高电路生存性，对扩展子架与主机架的连接可进行保护。如图14.4所示，为10Gbit/s设备下的扩展子架的可供选择的两种保护方式。

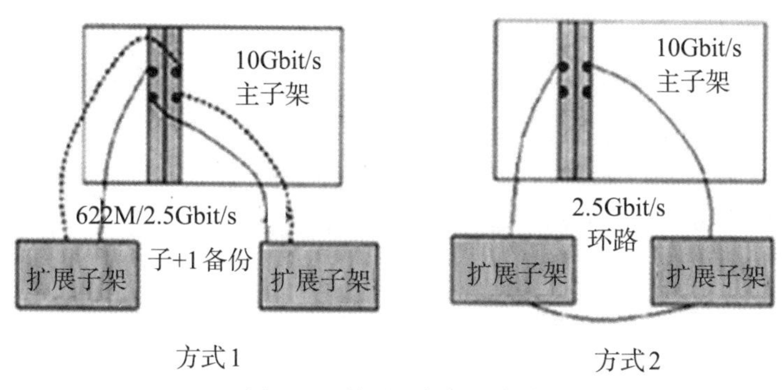

图14.4　扩展子架保护方式

3．通路组织的优化

通路组织优化应在充分分析现网上通路组织情况及新增电路需求的基础上，对本区内业务电路的流量、流向进行归纳，做出通道安排的远期规划，而后按规划通路调整通路组织和运营电路。其优化的原则如下。

（1）减少电路跨环转接次数，一般通过2个环路即可将电路传送至相应交换局，最多不超过3个环路；

（2）根据网络的分层，建议低阶通道疏导、归并尽量在网络的边缘（如接入点至汇聚点）进行；在网络的核心层采用高阶通道整体规划，减少对交叉资源的消耗；

（3）高阶通道可根据业务的类别（如话音、数据等）进行通道分配，也可以根据业务的流向或局向（即电路的落地点）归类进行通道分配；

（4）对高阶通道的占用尽量按短路由规划、并考虑通道利用的均衡，减小通道分配负荷的不平衡度；

（5）对数据业务电路的通路规划，应考虑数据业务的动态特性，采用共享通路方式兼顾基本带宽和动态峰值带宽分配；

（6）通路优化的同时应对中心局房电路落地支路安排、DDF的成端安排进行优化。

4．网管系统的优化

网管系统的优化可分为两个方面：一是网管信息传送的优化；另一个是网管系统职能的优化。

网管信息传送目前是依托传输系统本身的DCC通道进行。一般通过设备环境及网络结构优化后，网管信息应可在网络上进行透明的传送。应避免网管信息在不同设备厂家间进行传送，确实需要时，应保证网管信息传送的可靠、透明性。根据设备网管系统对其网元寻址方式划分ECC子网，以提高ECC子网的响应时间。通过使用或租用DCN网电路对无保护ECC通道进行保护、对网管系统网关网元等进行备份。

网管系统职能的优化主要指对网管系统安全管理级别和权限划分，及多网管下的管理范围、职责分工进行优化配置，发挥网管设备管理潜力，提高网络的可运营性、可控性。

5. 同步方案的优化

主要指根据同步时钟的传送要求，对网络主、备用同步链路时钟信号的传送、倒换等进行优化，设定SSM字节，避免出现同步环路。

应减小同步链路长度尤其是主用情况下的链路长度，保证同步定时传送的可靠、精准。同步链路节点应控制在20个以内，尽量不超过16个。

二、网络设备的优化

设备的优化主要是指如何合理配置和使用不同厂商的设备问题。为降低工程造价，一个本地传输网上应用的设备不宜局限在一个厂家的设备，需引入不同的设备厂商的竞争。但也不宜过多，品种太多又不利于网络管理，一般限制在1～2个厂家。多厂家设备的应用环境通常有两种配置情况：一个是横向划分，即分区域应用多厂家设备；另一个是纵向划分，即分层面应用多厂家设备。根据目前传输设备的特点，多层面网络中不同层面上的设备尽量统一才能实现一个完整的网络功能，因此按横向划分应用不同厂家设备是比较好的。

三、光缆线路的优化

光缆线路是光传输网络的最基础的传输媒质，为传输系统提供物理上的光通路。所以光缆线路优化要求根据网络组织的优化，以通路规划的思路，以业务为导向，考虑经济、工程实施性等因素，进行光纤线路的优化。对不合理的纤芯配置进行调整，以提高光纤的利用率。为提高光缆线路的生存性，对长链路光缆线路可采用沟通单链成环，或同路由异侧敷设备份光缆等方式；对本地区偏远的路段可通过和相邻地区置换纤芯互为备份的方式。

四、网络优化的实施建议

优化方案的实施的难点在于保证电路正常运营的基础上进行网络结构调整（含设备的搬迁替换）和通路时隙的调整。在准备阶段运营商宜协调设计院、设备厂家等各方意见形成完善、统一、稳定、可行的调整目标网络方案，确保网络调整的一致性，避免不必要的重复调整。而后对现有的光缆网络、纤芯资源、机房条件、电源容量、DDF/ODF架情况进行调查，并根据调整目标方案，结合各类业务的特点以及业务接入的需求，制定分步骤实施方案。同时，应明确分工界面和组织方式，与相关专业进行充分的沟通，保障工程实施的顺利进行。

网络结构调整和设备搬迁替换过程应标准规范，充分考虑光纤、电源、机房、传输机架等条件，做出详细、全面的电路割接方案，确保割接过程中电路的安全割接电路做到有完善的记录，保证运营开通电路的安全；应自上而下的进行调整，按照核心、汇聚、边缘层的顺序逐步进行优化调整，先对高阶通路形成稳定的整体规划，再对各低阶时隙进一步调整；结构和设备调整亦应分区域、整子网进行，优先调整已成环、可成环网络；可先在调整量小的区域试行，在积累网络优化调整经验后再全面推广。

14.4　传输网络评估分析内容

光传输网络评估分析主要包括以下7个方面，如图14.5所示：一是网络资源利用率，二是网络生存性，三是备品备件，四是网管系统，五是多业务支持，六是同步，七是维护故障分析，下面对这七个因素进行阐述。

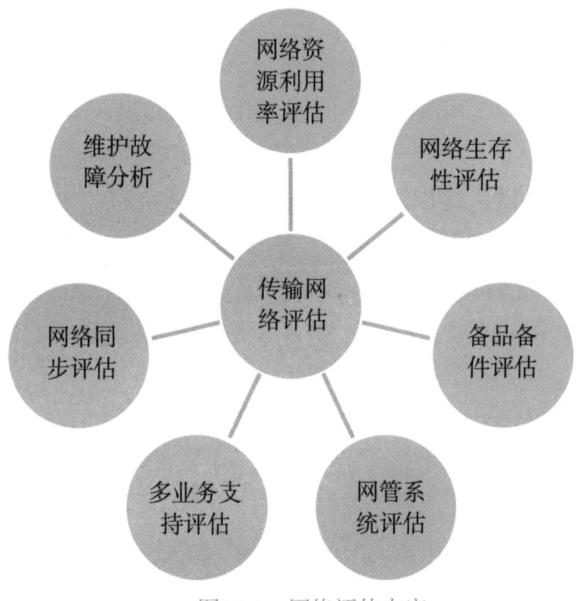

图14.5　网络评估内容

1．网络资源利用率

主要包括设备的端口利用率、槽位利用率、交叉资源利用率；网络的单段电路利用率、网络平均电路利用率、网络调度效率、业务转接方式，以及设备升级能力。

评估网络资源利用率的主要目的就是分析现有的网络资源是否得到充分利用，网络资源利用的是否合理，以及是否存在网络“瓶颈”和网络的经济合理性。

2．网络生存性

包括设备保护、设备运行条件，网络拓扑合理性、网络保护、业务配置方式、线路情况等。

主要考虑目前的网络结构合理性，网络是否足够安全，是否存在故障隐患，以及保护方式和业务配置是否对网络运行存在障碍。

3．备品备件

是考察目前的备品备件设置是否合理,主要考虑备品备件的单板类型尽量少，以及备件中心的设置和重要站点的备件放置，减轻维护压力、减少出错率、提高维护效率。另外还有考虑现有网络中运行的设备是否已经停产或者不再供货。

4．网管系统

是分析现有网管系统对当前网络和未来的管理是否存在能力不够问题，ECC组网分析，以及端到端电路的调度能力。

5．多业务支持

从目前传输网络承载的业务模式和组网方式入手，分析现有的传输网络是否能够在用户需求不断改变和新业务不断推出的情况下，传输网络如何演进才能够适应这种变化，保护用户投资。

6．同步系统

主要考虑设备的时钟提供和接入能力以及网络的时钟源设置。

7．维护故障分析

维护故障分析就是根据运行维护记录或者故障统计资料，进行分析。主要通过查看运维记录，统计现有网络中发生的故障，对故障统计进行分类汇总，找出故障的原因。主要包括单板故障分析、设备故障统计分析、关键节点故障分析、网络故障分析、业务故障统计分析、ECC故障分析、网管故障分析和线路故障分析等。

教学策略

1．重难点

（1）重点：掌握网络优化的流程与常用方法。

（2）难点：针对不同网络给出优化评估方案。

2．技能训练程度

能进行网络的评估，写出简要评估报告。

3．教学讨论

完成网络的优化评估，需要熟知网络优化评估的流程，熟悉网络优化的方法，即需具备一定的理论知识，且操作性较强。建议采用以下的方法进行教学：

任务相关知识点可采用教师讲授、分组讨论、现场教学法等，也可以借助图片等资料进行多媒体教学。

任务完成可采用分组实训、现场教学法等。首先由教师讲解、演示评估流程，然后由学生完成具体任务，在学生进行评估分析过程中发现问题再由老师帮助解决。可以4到8人一组协作完成，但必须保证小组内每个学生都参与。最后以小组为单位提交优化评估报告，或提交PPT演示文稿讲解。

习题

1．传输网络优化应遵循哪些原则？

2．简述网络优化评估的流程？

3．针对不同的网络层次，接入层、汇聚层与核心层在网络拓扑优化中分别应该注意哪些内容？

4．传输网路评估分析内容包括哪些？

5．请选择一个网络优化的案例，按照优化的流程，完成课件的制作。

6．请思考网络评估部分的内容适合采用哪些教学方法？

附录　缩略语

ACL	Access Control List	访问控制列表
ACM	Address Complete Message	地址全信息
ADSL	Asymmetrical Digital Subscriber Line	非对称数字用户线
AGCF	Access Gateway Control Function	接入网关控制功能
ALUI	Alarm Unit	告警板
AMG	Access Media Gateway	接入媒体网关
ANM	Answer Message	应答消息
API	Application Programming Interface	应用程序设计接口
AS	Application Server	应用服务器
ASON	Automatically Switched Optical Network	自动交换光网络
ASP	Application Server Process	应用服务器进程
ATM	Asynchronous Transfer Mode	异步传输模式
BA	Backword Amplifier	后置放大器
BAC	Border Access Controller	业务边缘接入控制
BAM	Backend Administration Module	后管理模块
BFII	Back insert FE Interface unit	后插FE接口板
BGCF	Breakout Gateway Control Function	出口网关控制功能
BHCA	Busy Hour Call Attempts	忙时试呼次数
BICC	Bearer Independent Call Control protocol	与承载无关的呼叫控制协议
BITS	Building Integrated Timing Supply	大楼综合定时供给系统
BSGI	Broadband Signaling Gateway	宽带信令处理板
CDBI	Central Database Board	中心数据库板
CIC	Circuit Identification Code	电路识别码
CNG	Comfort Noise Generation	舒适噪声生成
DDF	Digital Distribution Frame	数字配线架

续表

DHCP	Dynamic Host Configuration Protocol	动态主机配置协议
DNS	Domain Name Server	域名服务器
DPC	Destination Point Code	目的信令点编码
DSCP	Differentiated Services Codepoint	区分服务代码点
DSL	Digital Subscriber Line	数字用户线
DSS	Digital Subscriber Signaling	数字用户信令
DTMF	Dual Tone Multifrequency	双音多频
DUP	Data User Part	数据用户部分
ECC	Embedded Control Channel	嵌入式控制通道
ENUM	E.164 Number URI Mapping	E.164号码到URI映射
FCCU	Fixed Calling Control Unit	固定呼叫控制板
FISU	Fill-in Signaling Unit	填充信令单元
FMC	Fixed Mobile Convergence	固定移动融合
FXO	Foreign Exchange Office	外部交换局
FXS	Foreign Exchange Station	外部交换站
HLR	Home Location Register	归属位置寄存器
HSCI	Hot-Swap and Control unit	热插拔控制板
HSS	Home Subscriber Server	归属用户服务器
IAD	Integrated Access Device	综合接入设备
IAM	Initial Address Message	初始地址消息
I-CSCF	Interrogating-Call Session Control Function	查询呼叫会话控制功能
IETF	Internet Engineering Task Force	互联网工程任务组
IFMI	IP Forward Module	IP转发模块板
iGWB	iGateway Bill	计费网关
IM-MGW	IP Multimedia-Media Gateway	IP多媒体媒体网关
IMS	IP Multimedia Subsystem	IP多媒体子系统
INAP	Intelligent Network Application Part	智能网应用部分
iOSS	integrated Operation Support System	综合运营支撑系统

续表

IP	Internet Protocol	网际协议
IPTV	Internet Protocol television	互联网协议电视
ISDN	Integrated Services Digital Network	综合业务数字网
ISUP	ISDN User Part	ISDN用户部分
ITU	International Telecommunications Union	国际电信联盟
ITU-T	ITU-Telecommunication Standardization Sector	国际电信联盟-电信标准局
IUA	ISDN Q.921 User Adaptation	ISDN Q.921用户适配层
IVR	Interactive Voice Response	交互式话音应答
LAN	Local Area Network	局域网
LMT	Local Maintenance Terminal	本地维护终端
LOF	Loss Of Frame	帧丢失
LSSU	Link Status Signaling Unit	链路状态信令单元
LTE	Long Term Evolution	长期演进
M2PA	MTP2 Peer Adaptation	MTP2对等适配层
M2UA	MTP2 User Adaptation	MTP2用户适配层
M3UA	MTP3 User Adaptation	MTP3用户适配层
MAC	Medium Access Control	媒体访问控制
MAP	Mobile Application Part	移动应用部分
MFC	Multi Frequency Compelled	多频互控
MG	Media Gateway	媒体网关
MGC	Media Gateway Controller	媒体网关控制器
MGCF	MediaGateway Control Function	媒体网关控制功能
MGCP	Media Gateway Control Protocol	媒体网关控制协议
MML	Man-Machine Language	人机语言
MRCA	Media Resource Control Adapter	媒体资源控制板
MRFC	Multimedia Resource Function Controller	多媒体资源功能控制器
MRFP	Media Resource Function Processor	媒体资源功能处理器
MRIA	Media Resource Interface Adapter	媒体资源接口板

续表

MRS	Media Resource Server	媒体资源服务器
MSAP	Multi-Services Access Platform	基于SDH的多业务接入平台
MSC	Mobile Switching Center	移动交换中心
MSGI	Multimedia Signaling Gateway unit	多媒体信令处理板
MSTP	Multi-Service Transfer Platform	基于SDH的多业务传送平台
MSU	Message Signaling Unit	消息信令单元
MTA	Media Terminal Adapter	媒体终端适配器
MTBF	Mean Time Between Failures	平均故障间隔时间
MTP	Message Transfer Part	消息传递部分
NAS	Network Access Server	网络接入服务器
NAT	Network Address Translation	网络地址转换
NGN	Next Generation Network	下一代网络
OAM	Operation Administration and Maintenance	运行、管理和维护
ODF	Optical Distribution Frame	光纤配线架
OMAP	Operation and Maintenance Application Part	操作维护应用部分
OMC	Operation and Maintenance Center	操作维护中心
OPC	Original Point Code	源信令点编码
OSI	Open System Interconnection	开放系统互联
OSNR	Optical Signal Noise Ratio	光信噪比
OSTA	Huawei Open Standards Telecom Architecture Platform	华为开放标准通信结构平台
OTDR	Optical Time Domain Reflectometer	光时域反射仪
OTN	Optical Transport Network	光传送网
OUT	Optical Transform Unit	光转换单元
PA	Power Amplifier	功率放大器
PBX	Private Branch Exchange	用户小交换机
PCM	Pulse Code Modulation	脉冲编码调制
P-CSCF	Proxy-Call Session Control Function	代理呼叫会话控制功能
PGND	Protective Ground	保护地

续表

PMD	Polarization Mode Dispersion	偏振模色散
POTS	Plain Old Telephone Service	普通老式电话业务
PPPoE	Point to Point Protocol over Ethernet	基于以太网的点对点协议
PRA	Primary Rate Access	基群速率接入
PSTN	Public Switched Telephone Network	公用交换电话网
RAS	Registration, Admission and Status	注册、许可、状态
REL	Release Message	释放消息
RLC	Release Complete	释放完成消息
RSVP	Resource Reservation Protocol	资源预留协议
RTCP	Real time Transport Control Protocol	实时传输控制协议
RTP	Real-time Transport Protocol	实时传输协议
RTSP	Real Time Streaming Protocol	实时流传输协议
RTT	Round Trip Time	往返时间
SAP	Session Announcement Protocol	会话通知协议
SCCP	Signaling Connection Control Part	信令连接控制部分
SCP	Service Control Point	业务控制点
S-CSCF	Serving-Call Session Control Function	服务呼叫会话控制功能
SCTP	Stream Control Transmission Protocol	流控制传输协议
SDH	Synchronous Digital Hierarchy	同步数字体系
SDP	Session Description Protocol	会话描述协议
SG	Signaling Gateway	信令网关
SGP	Signaling Gateway Process	信令网关进程
SIGTRAN	Signaling Transport	信令传输协议
SIP	Session Initiation Protocol	会话启动协议
SIUI	System Interface Unit	系统接口板
SLF	Subscription Locator Function	签约定位功能
SLS	Signaling Link Selection	信令链路选择编码
SMUI	System Management Unit	系统管理板

续表

SNCP	SubNetwork Connection Protection	子网连接保护
SNMP	Simple Network Management Protocol	简单网络管理协议
SNTP	Simple Network Time protocol	简单网络时间协议
SP	Signaling Point	信令点
SSM	Service Switching Module	业务交换模块
SSM	Synchronization Status Message	同步状态信息
SSP	Service Switching Point	业务交换点
STP	Signaling Transfer Point	信令转接点
SUA	SCCP User Adaptation	SCCP用户适配层
TCAP	Transaction Capabilities Application Part	事务处理能力应用部分
TCP	Transfer Control Protocol	传输控制协议
TDM	Time Division Multiplexing	时分复用
TMG	Trunk Media Gateway	中继媒体网关
TPS	Tributary Protect Switch	支路保护倒换
TUA	TCAP User Adaptation	TCAP用户适配层
TUP	Telephone User Part	电话用户部分
UA	Universal Access Unit	通用接入单元
UAC	User Agent Client	用户代理客户端
UAS	User Agent Server	用户代理服务器
UDP	User Datagram Protocol	用户数据报协议
UMG	Universal Media Gateway	通用媒体网关
UP	User Part	用户部分
UPWR	Universal Power	二次电源板
URI	Uniform Resource Identifiers	统一资源标识符
URL	Uniform Resource Locator	统一资源定位器
V5UA	V5.2 User Adaptation	V5.2用户适配层
VAD	Voice Activity Detection	语音激活检测
VLR	Visitor Location Register	拜访位置寄存器
WAN	Wide Area Network	广域网
WLL	Wireless Local Loop	无线本地环路
WS	Workstation	工作站

参考文献

[1] 桂海源，张碧玲. 软交换与NGN[M]. 北京：人民邮电出版社，2009.

[2] 蔡康等. 下一代网络（NGN）业务及运营[M]. 北京：人民邮电出版社，2004.

[3] 王可等. 软交换设备配置与维护[M]. 北京：机械工业出版社，2013.

[4] 全国通信专业技术人员职业水平考试办公室组编. 通信专业实务—交换技术[M]. 北京：人民邮电出版社，2008.

[5] U-SYS SoftX3000基础数据配置指南[Z]. 华为技术有限公司，2008.

[6] U-SYS SoftX3000业务数据配置指南[Z]. 华为技术有限公司，2008.

[7] 贾璐. 光传输系统运行与维护[M]. 北京：机械工业出版社，2012.

[8] TA000203 华为光网络设备维护速查手册ISSUE1.0.

[9] 孙学康，毛京丽. SDH技术[M] . 北京：人民邮电出版社. 2002.

[10] 张越. SDH技术在数字光传输中的应用[J] . 光纤技术，2007. 28（6）：5-7.

[11] 刘强，段景汉. 通信光缆线路工程与维护[M]. 西安：西安电子科技大学出版社，2003.

[12] 李立高. 通信光缆工程[M]. 北京：人民邮电出版社，2009.

[13] 中兴通讯学院. 对话光通信[M]. 北京：人民邮电出版社，2010.

[14] Optix Metro 1000 产品概述[Z]. 华为技术有限公司，2002.

[15] Optix Metro 3000 产品概述[Z]. 华为技术有限公司，2002.

[16] OSN9500 产品概述[Z]. 华为技术有限公司，2002.

[17] OSN3500 产品概述[Z]. 华为技术有限公司，2002.

[18] OSN1500 产品概述[Z]. 华为技术有限公司，2002.

[19] SDH高级培训[Z]. 华为技术有限公司，2002.

[20] U-SYS SoftX3000 软交换系统 维护手册 应急维护分册[Z]. 华为技术有限公司，2006.

[21] U-SYS SoftX3000 软交换系统 维护手册 例行维护分册[Z]. 华为技术有限公司，2006.

[22] U-SYS SoftX3000软交换系统 对接数据配置[Z]. 华为技术有限公司，2010.

[23] 甘忠平. 交换设备配置与维护[M]. 北京：人民邮电出版社，2014.